**JEFFREY M. MASSON
UND SUSAN McCARTHY**

Wenn Tiere weinen

Deutsch von Catharina Berents

ROWOHLT

Die Originalausgabe erschien 1995 unter dem Titel
When Elephants Weep: The Emotional Lives of Animals
im Verlag Delacorte Press, New York
Umschlag- und Einbandgestaltung Walter Hellmann
(Foto: G. P. Reichelt/Look)

1. Auflage März 1996
Copyright © 1996 by Rowohlt Verlag GmbH,
Reinbek bei Hamburg
When Elephants Weep Copyright © 1995
by Jeffrey Masson and Susan McCarthy
Alle deutschen Rechte vorbehalten
Satz aus der Sabon (Linotronic 500)
Gesamtherstellung Clausen & Bosse, Leck
Printed in Germany
ISBN 3 498 04377 3

*For Leila
and Daniel*

INHALT

**Vorwort: Auf der Suche
nach dem Herzen des Anderen** 11

1 Zur Verteidigung der Gefühle 27

Die faktische Unmöglichkeit, Gefühle zu ignorieren 30
Gefühle in Gefangenschaft – «Das zählt nicht» 32
Die Komplexität der Gefühle 35
Tiere und ihre Gefühle: wissenschaftliche und
nichtwissenschaftliche Ansichten 37
Die Definition von Gefühlen 39
Funktion und Nutzen der Gefühle 41
Funktionslust 43
Eine Doppelmoral 45
Sprache und ihre Ungewißheiten 48
Kommunikation ohne Sprache 52
Die Erforschung des verbotenen Themas 55

2 Gefühllose Bestien 57

Unsere edlen Gefühle 60
Die gefühllosen Anderen 63
Anthropomorphismen 64
Ansteckende Anthropomorphismen 67
Sprachliche Tabus 70
Namensgebung 71
Anthropomorphismus, der keiner sein will 74
Die Rechtfertigung der Ichbezogenheit
des Menschen 75

Die Zuweisung von geschlechtsspezifischen
Rollen an Tiere 77
Anthropozentrik 79
Tiere als Heilige und Helden 80
Zoomorphismus 82

3 Angst, Hoffnung und die Grausamkeit der Träume 83

Furcht: Ein Gefühl mit Schlüsselfunktion 85
Ein Abbild des Schreckens 86
Was Tiere fürchten 89
Angst und Selbstverteidigung 90
Allein und verlassen 92
Wie man lernt, sich zu fürchten 94
Ängste ohne Namen 95
Die Angst um andere 96
Das Spektrum der Furcht 99
Mutig wie ein Löwe 100
Die Notwendigkeit von Furcht 102
Inseln der Furchtlosigkeit 104
Das Gegenteil von Furcht 105

4 Liebe und Freundschaft 108

Für Tiere zu fein 109
Elternliebe 111
Ist es Liebe? 119
Adoption 122
Prägung 124
Gesellige Tiere 126
Freundschaft 128
Wenn Tiere Haustiere haben 131
Romantische Liebe 133

5 Kummer, Trauer und die Knochen von Elefanten 144

Die Trauer um die Nächsten 146
Einsamkeit 152
In Gefangenschaft 153
Depression und erworbene Hilflosigkeit 157

6 Die Fähigkeit, Freude zu empfinden 168

In Freiheit schwelgen 180
Das Spiel 185
Spiele 191
Spiele zwischen verschiedenen Arten 192

7 Wut, Herrschaft und Grausamkeit in Frieden und Krieg 197

Krieg unter Tieren 199
Kampf um Ressourcen 202
Vergewaltigung 207
Wut und Aggression 208
Folter: Die Katze und die Maus 212
Surplus killing 215
Das Ziel der Grausamkeit 216
Eifersucht: ein «natürliches» Gefühl? 218
Aggression und ihre Vermeidung 222

8 Mitleid, Rettung und die Altruismus-Debatte 224

Mitleid für Kranke und Verletzte 229
Die Altruismusdebatte 235
Mitleid zwischen den Arten 241
Selbstmitleid 244
Dankbarkeit 246
Rache 250

9 Scham, Schamröte und verborgene Geheimnisse 256

Scheu, Bescheidenheit und Peinlichkeit 260
Erröten 263
Die Vorteile von Scham 265
Schuld 271

10 Die Schönheit, die Bären und die untergehende Sonne 273

Künstlerische Schöpfung 286
Kultur und das Konzept der Schönheit 295

11 Religiöse Impulse, Gerechtigkeit und das Unsagbare 299

Religion und die Seele 300
Moral und Gerechtigkeitssinn 301
Der Erzähltrieb 303
Emotionen, die nur Tiere haben 308
Unbewußte Emotionen 310
Gefühlsintensität 312
Über die Artenschranke hinweg 314

Schluß: Die Welt mit fühlenden Kreaturen teilen 317

Anmerkungen 330

Bibliographie 372

Danksagungen 388

Register 389

Über die Autoren 399

VORWORT: AUF DER SUCHE NACH DEM HERZEN DES ANDEREN

«Man weiss, dass der indische Elephant zuweilen weint.»
Charles Darwin

Tiere weinen. Sie geben ihrem Schmerz und ihrer Qual hörbar Ausdruck, indem sie um Hilfe rufen. Die meisten Menschen glauben deswegen, daß Tiere unglücklich sein können und daß sie von elementaren Gefühlsregungen wie Glück, Wut und Furcht bewegt werden. Laien brauchen nicht davon überzeugt zu werden, daß ihre Hunde, Katzen, Papageien oder Pferde fühlen. Sie glauben es nicht nur, sie haben den lebenden Beweis vor ihren Augen. Sie können einschlägige Geschichten über ihre Tiere erzählen. Aber zwischen diesem Standpunkt des gesunden Menschenverstandes und dem offiziellen Standpunkt der Wissenschaften klafft ein enormer Abstand. Durch rigoroses Training und gewaltige geistige Anstrengungen ist es den meisten Naturwissenschaftlern und besonders den Verhaltensbiologen gelungen, sich gegenüber der Frage des Gefühlslebens der Tiere immun zu machen.

Mein eigenes Interesse an dieser Frage resultiert aus Erfahrungen, die ich mit Tieren gemacht habe: traumatischen, aber auch tief anrührenden Erfahrungen, und aus der Feststellung des starken Kontrastes zwischen der Unzugänglichkeit der menschlichen Emotionen auf der einen und der durchsichtigen Klarheit der Gefühlswelt der Tiere auf der anderen Seite, so wie sie mir in meinen Tieren und besonders in Tieren der Wildnis begegnete.

1987 besuchte ich ein indisches Wildreservat, das für seine Elefanten berühmt ist. Eines Morgens machte ich mich mit einer Freundin auf den Weg in den Dschungel. Nach anderthalb Kilometern stießen wir auf eine Herde von etwa zehn Elefanten, darunter kleine Kälber, die friedlich grasten. Meine Freundin blieb in respektvoller Distanz stehen, ich aber näherte mich den Tieren bis auf einen Abstand von sechs Metern. Ein großer Elefant wandte sich mir zu und wedelte mit den Ohren.

Unerfahren, wie ich im Umgang mit Elefanten war, konnte ich nicht wissen, daß das Tier mich warnte. Unbekümmert wie im Zoo oder in Gegenwart von Babar oder einem anderen Bilderbuchelefanten dachte ich, ich könnte mit den Elefanten kommunizieren. Mir kam ein Sanskrit-Vers in den Sinn, mit dem Ganesha, der Hindu-Gott, der Elefantenform annimmt, begrüßt wird, und so rief ich: «*Bhoh gajendra*» – Sei gegrüßt, Herr der Elefanten.

Der Elefant trompetete. Einen Moment lang dachte ich, er habe mich ebenfalls begrüßen wollen. Dann machte er mir klar, daß er an meinen Phantasien nicht teilhatte. Mit einer überraschenden Wendung ging er direkt auf mich los. Zu meiner Bestürzung mußte ich sehen, wie ein Tier seine zwei Tonnen Lebendgewicht in meine Richtung lenkte. Dieses Tier war nicht niedlich, und es ähnelte auch nicht Ganesha. Ich drehte mich um und rannte um mein Leben.

Ich wußte, daß ich in großer Gefahr war und fühlte, wie der Elefant näher kam. (Später erfuhr ich mit Entsetzen, daß Elefanten schneller sind als Menschen; sie erreichen bis zu 45 Stundenkilometer). In der Meinung, daß ein Baum mir den sichersten Schutz böte, lief ich auf einen herabhängenden Ast zu und sprang hoch. Er war zu hoch. Ich lief um den Baum herum und gelangte in hohes Gras. Laut trompetend verfolgte mich der Elefant um den Baum herum. Kein Zweifel, er wollte mir an den Kragen, wollte mich mit seinem Rüssel niederschlagen und zu Tode trampeln. Ich dachte, ich hätte nur noch wenige Sekunden zu leben und war vor Angst wie von Sinnen. Ich erinnere, wie ich dachte: «Wie konntest du nur so blöde sein und dich einem wilden Elefanten nähern?» Ich stolperte und fiel ins hohe Gras.

Der Elefant hielt inne, da er mich aus den Augen verloren hatte. Er hob seinen Rüssel und schnüffelte, um meine Witterung aufzunehmen. Zum Glück haben Elefanten keine guten Augen. Es war mir klar, daß ich mich jetzt nicht bewegen durfte. Nach Momenten, die nicht enden wollten, wandte er sich ab und rannte in eine andere Richtung, um nach mir zu suchen. Sofort raffte ich mich auf und schlich mich langsam und zitternd zu der Stelle zurück, von wo aus meine entsetzte Freundin das Ganze beobachtet hatte, fest davon überzeugt, sie würde zur Zeugin meiner letzten Minuten werden.

Hätte ich nur die geringsten Kenntnisse von Elefanten gehabt, so wäre ich nicht in diese Situation geraten. Eine Herde mit kleinen Kälbern reagiert besonders empfindlich auf mögliche Gefährdungen. Elefanten haben es nicht gerne, wenn man in ihr Territorium eindringt. Wenn sie mit den Ohren flattern, ist das als Warnung zu verstehen.

Ich dagegen wurde von der Vorstellung und dem Wunsch bewegt, daß ein wilder Elefant gerne mit mir zusammentreffen würde. Mein Fehler war es, zu glauben, ich könnte mit einem fremden Tier unter diesen Bedingungen kommunizieren. Er kommunizierte sehr deutlich mit mir: Er war wütend; ich sollte verschwinden. Ich glaube, daß dies eine realistische Beschreibung der Situation ist.

Im Gegensatz zu Tieren haben Menschen ein eher distanziertes Gefühlsleben. Was mich angeht, so erfahre ich Emotionen wie Wut, Liebe, Eifersucht, Erleichterung, Neugier, Mitleid im Traum mit einer Intensität, die im wachen Zustand nie erreicht wird. Wem gehören diese Emotionen? Gehören sie mir? Sind Gefühle eigentlich so beschaffen? Im Traum sind sie absolut: Ich empfinde unbedingte Liebe für Menschen, die ich in der Tat liebe, aber nicht in diesem Ausmaß. Als ich Psychoanalytiker war, dachte ich, daß es sich dabei um Gefühle handelte, die ich im Alltagsleben unterdrückte. Ich hielt sie für die wirklichen Gefühle, fand nur den Zugang zu ihnen versperrt. Erst wenn ich die Kontrolle über mich aufgab, im Schlaf etwa, konnten sie an die Oberfläche kommen. Irgendwie mußte ich einen Weg finden, um mein Ich zu überlisten und zu ihnen in ihrer unverstellten Reinheit vorzudringen. Konnte es sein, daß Tiere einen direkteren Zugang zu dieser Gefühlswelt hatten, der meinem bewußten Ich versperrt war?

Und dann ist da die Frage nach den Gefühlen der anderen. Was könnte interessanter sein, als die Gefühle der anderen kennenzulernen? Fühlen sie genau dasselbe wie ich? Ich habe meine Schwierigkeiten, dieses durch Reden oder Lesen herauszufinden. Lieder, Gedichte, Literatur, ein Spaziergang in den Wäldern – dies alles evoziert bestimmte Gefühle. Manchmal sind sie fremd, komplex, unerklärbar, ja bizarr, oft intensiv jenseits aller Vorstellungskraft. Woher kommt das? Ich frage mich das seit langem. Warum habe ich dieses Gefühl? *Was* ist das, was ich fühle? Welchen Namen könnte ich dafür finden?

Während meiner Ausbildung zum Psychoanalytiker entdeckte ich, daß Analytiker nicht wirklich an Gefühlen interessiert sind. Um es genauer zu sagen: Sie beschränken ihr Interesse darauf, die Bedeutung eines Gefühls für das Seelenleben zu definieren; oder sie diskutieren die Frage, ob eine Gefühlsreaktion angemessen oder unangemessen war. Ich dachte damals, daß Angemessenheit eine unsinnige Kategorie sei. Gefühle existierten ganz einfach. Sie schienen ungerufen aufzutreten. Sie waren geheimnisvolle Gäste, schwer festzuhalten. Manchmal dachte ich, ich könnte etwas für den Bruchteil einer Sekunde fühlen, aber dann war alles wie ausgelöscht und nicht mehr zugänglich. Manchmal wachte ich mitten in der Nacht auf und erinnerte ein Gefühl, das ich einmal gehabt hatte, und fühlte eine Art von Verlust.

Die Psychoanalyse behauptet von sich, ihr gehe es um Gefühle, besonders um tiefe Gefühle. Für den Psychoanalytiker besteht das *Wesen* einer Person nicht in ihren Gedanken oder Leistungen, sondern in ihren *Gefühlen*. Die Standardfrage des Therapeuten, die heute schon fast komisch wirkt, lautet: «Was fühlen Sie dabei?» Sie ist die entscheidende Frage, und sie ist schwer zu beantworten. Wir wissen nicht immer, was wir fühlen – daraus entwickelte Freud schon früh das Konzept der unbewußten Gefühle, zu denen wir keinen Zugang haben. Das Ziel der Psychoanalyse war es also von Anfang an, das Unbewußte ins Bewußtsein zu heben und unterdrückte Gefühle an die Oberfläche kommen zu lassen. Doch wurde und wird die Frage von Emotionen im Traum in der psychologischen Literatur kaum behandelt.

Was mich an Tieren in diesem Zusammenhang faszinierte, war der offene Zugang, den sie zu ihren Emotionen zu haben schienen. Die Tiere, so dachte ich, brauchten keine Träume, um zu fühlen, sie zeigten ihre Gefühle ununterbrochen. Ärgere sie, und sie zögern nicht, es dir zu zeigen. Sei nett zu einer Katze, und sie schnurrt und schmiegt sich an dich. Was gibt es Zufriedeneres als eine schnurrende Katze? Ein Hund wedelt mit seinem Schwanz und zeigt mehr echte Freude an deinem Kommen, als du es von einem Menschen erwarten könntest. Was gibt es Glücklicheres als einen Hund? Was strahlt mehr Frieden aus als eine Kuh? Oder sind dies nur menschliche Projektionen?

Als Kind hatte ich eine Ente, die offenbar mich für ihre Mutter hielt. Sie folgte mir auf all meinen Wegen. Als wir Urlaub machten, kümmerte sich ein Nachbar um sie. Bei unserer Rückkehr fragte ich ihn als erstes, wie es war mit meiner Ente, und er antwortete: «Sie war köstlich.» Seit diesem Tag bin ich Vegetarier. Ich kann immer noch nichts essen, was Augen hat. Ich könnte den Vorwurf nicht ertragen.

Ich liebe Hunde. Ich war immer der Überzeugung, daß sie ein höchst intensives Gefühlsleben haben. «Nein, Misha, wir gehen jetzt nicht raus.» *Was?* Die Ohren richteten sich auf. *Habe ich richtig gehört?* «Tut mir leid, Misha, jetzt nicht.» Das war endgültig. Die Ohren legten sich wieder an. Misha warf sich auf den Boden. Seine Enttäuschung war nicht zu übersehen. Ebenso unverkennbar und intensiv war seine Freude, wenn ich sagte: «Okay, hol deine Leine, wir gehen spazieren», und wenn er dann vorauslief, Blätter jagte, plötzlich kehrtmachte, im Wald verschwand, um hinter mir oder vor mir wieder aufzutauchen. Auch die Zufriedenheit war offensichtlich, die er ausstrahlte, wenn wir wieder nach Hause kamen, wenn ich ein Feuer im Kamin anzündete und las, während er neben mir lag, den Kopf auf meinem Knie. Als er älter wurde und nicht mehr so beweglich war, glaubte ich spüren zu können, wie er in Gedanken die Schauplätze seines früheren Lebens aufsuchte. Heimweh? Bei Hunden? Ja, warum nicht? Darwin hielt das für möglich.

In seinem Buch *Der Ausdruck der Gemüthsbewegungen bei dem Menschen und den Thieren* wagte Darwin es, sich in das Bewußtsein eines Hundes zu versetzen: «Können wir denn sicher sein, daß ein alter Hund mit einem hervorragenden Gedächtnis und einiger Phantasie, wie sie in seinen Träumen zutage tritt, niemals seine früheren Jagdabenteuer rekapituliert und damit über eine Form von Selbstbewußtsein verfügt?» Ähnlich gelagert und noch suggestiver seine Frage: «Aber wer kann sagen, was Kühe fühlen, wenn sie um einen sterbenden oder todten Genossen herumstehen und ihn anstarren?» Darwin scheute sich nicht, über Gebiete zu spekulieren, die wissenschaftlich noch nicht erhärtet waren.

Ein weiterer Grund, der mich intensiver über die Gefühle der Tiere nachdenken ließ, waren die üblichen Eindrücke, die man auf Zoobesuchen erhält. Wir alle wurden schon einmal mit dem traurigen, verzweifelten Blick eines Orang-Utans konfrontiert, mit einem nervös hin und her laufenden Wolf oder mit einem regungslos dasitzenden Gorilla, der offensichtlich verzweifelt war und vielleicht die Hoffnung, jemals wieder frei zu sein, aufgegeben hatte.

Maßgeblich für mein Denken über die Gefühle der Tiere war Donald R. Griffins Buch *The Question of Animal Awareness*. Als es 1976 erschien, wurde es heftig kritisiert, weil darin die Möglichkeit eines intelligenten Lebens der Tiere diskutiert und die Frage aufgeworfen wurde, ob die Wissenschaft sich je ernsthaft mit ihrer Wahrnehmung und ihrem Bewußtsein auseinandergesetzt hat. Griffin erforscht zwar den Bereich der Gefühle nicht, doch ist er der Ansicht, daß man ihn näher untersuchen müßte. Diese überzeugenden und intellektuell anregenden Studien weckten bei mir das Verlangen nach vergleichbaren Publikationen über die Gefühlswelt der Tiere, doch ich mußte feststellen, daß es in der neueren Forschung nichts zu diesem Thema gab.

Warum war das so? Ein Grund ist, daß Naturwissenschaftler, Zoologen und Verhaltensforscher Angst davor haben, daß man ihnen Anthropomorphismus vorwerfen könnte, eine Form von Blasphemie in den Naturwissenschaften. Die Gefühle der Tiere sind nicht nur kein respektables Thema für die Forschung, auch die mit dem Begriff Gefühl in Verbindung stehenden Worte sollten nicht auf Tiere angewendet werden. Warum ist es so umstritten, das Innenleben, die emotionalen Fähigkeiten, die Glücksgefühle, den Ärger, die Wehmut und die Traurigkeit von Tieren zu untersuchen? Jane Goodall schrieb kürzlich in bezug auf ihre Arbeit über Schimpansen: «Als ich Anfang der sechziger Jahre unbekümmert Worte wie ‹Kindheit›, ‹Jugend›, ‹Motivation›, ‹Erregung› und ‹Stimmung› verwendete, wurde ich scharf kritisiert. Ein noch größeres Verbrechen war meine Behauptung, daß Schimpansen ‹Persönlichkeit› hätten. Daß ich Tieren menschliche Eigenschaften zuschrieb, war eine der schlimmsten ethologischen Sünden. Ich hatte mich damit des Anthropomorphismus schuldig gemacht.»

Nun wollte ich aus Neugier auf systematischem Wege mehr über die Gefühle der Tiere erfahren, doch mir wurde klar, daß das Buch, nach dem ich suchte, noch geschrieben werden mußte. Zu den ersten, die ich über die Emotionen der Tiere befragte, gehörten Wissenschaftler, die mit Delphinen arbeiteten. Delphine legen eine solche Freude an ihren Kunststücken an den Tag, ja selbst daran, neue zu kreieren, daß eine ausgeprägte emotionale Komponente bei ihnen nicht von der Hand zu weisen ist. Ich besuchte die *Marine World Africa USA* in der Nähe von Berkeley in Kalifornien, um Diana Reiss, eine führende Delphin-Forscherin, zu treffen. Sie zeigte mir «ihre» vier Delphine in einem großen sauberen Becken, die sie alle beäugten und ihre Bewegungen beobachteten und nur darauf warteten, daß sie zu ihnen ins Wasser kam und mit ihnen spielte. Es fiel mir nicht schwer zu glauben, daß diese Tiere glücklich waren, an diesem Ort zu leben. Ich fragte sie danach. Sie bestätigte das. Sie sagte: «O ja, sie fressen, sie paaren sich, sie sind körperlich gesund, sie freuen sich über die Spiele, die ich im Rahmen meiner Untersuchungen erfinde.» Ich nickte zustimmend. Doch dann fragte ich mich: Reicht das aus, um zu behaupten, daß diese Tiere glücklich sind? Ich erinnerte mich daran, daß George Adamson, der Ehemann von Joy Adamson, der Autorin des berühmten Buches *Die Löwin Elsa*, in seiner Autobiographie schrieb: «Ein Löwe ist kein Löwe, wenn seine ganze Freiheit darin besteht, zu fressen, zu schlafen und sich zu paaren. Er hat es verdient, frei zu jagen und sich seine Beute frei auszuwählen, sich selbst seine Gefährtin auszusuchen, für sein Territorium zu kämpfen und zu sterben, wo er geboren ist – in der Wildnis. Er sollte dieselben Rechte haben wie wir.»

In dem Glauben, daß Experten, die über Tiere forschen und mit Tieren arbeiten, persönliche Erlebnisse mit ihnen gemacht haben, die sie nicht in eine wissenschaftliche Veröffentlichung einfließen lassen würden, fragte ich einige der führenden Wissenschaftler im Bereich der Delphin-Forschung nach ihren Erfahrungen mit den Gefühlen ihrer Delphine. Sie weigerten sich, darüber zu spekulieren, ja selbst einige Beschreibungen preiszugeben. Einer sagte: «*Gefühle*, ich weiß nicht, was das ist.» Ein anderer leitete diese Angelegenheit an eine seiner Studentinnen weiter, damit andeutend, daß dieses Thema unter seiner wissenschaftlichen (männlichen?) Würde war.

Was diese Gelehrten behaupteten, wurde von ihrem eigenen Handeln widerlegt. Einer umarmte seinen preisgekrönten Delphin in einem deutlich emotional geladenen Moment, zumindest für den Forscher. Ein anderer konnte abends kaum nach Hause gehen, so sehr gefesselt war er von seinem «Thema», wie er sich auszudrücken pflegte. Die Studentinnen hatten zahlreiche Geschichten von gegenseitiger Zuneigung zwischen Forschern und Delphinen zu erzählen, selbst in bezug auf frei lebende Delphine. Es ist schwer zu glauben, daß diese Wissenschaftler intensive Gefühle Kreaturen entgegenbringen, von deren Emotionslosigkeit sie überzeugt sind.

In jedem Fall bleibt die Frage offen, wie man wissen kann, daß ein Tier keine Gefühle hat, ohne dieser Problematik je nachgegangen zu sein. Wenn man zu dem Schluß kommt, daß ein Tier keine Gefühle hat oder nicht in der Lage ist zu fühlen, ohne Nachforschungen angestellt zu haben, so schließt man sich damit einem Vorurteil an, was in den Augen der Wissenschaft eine unwissenschaftliche Vorgehensweise ist. Das ist nicht der einzige Bereich, in dem Wissenschaftler an unwissenschaftlichen Dogmen festhalten. Denken wir nur daran, wie lange Psychoanalytiker den sexuellen Mißbrauch von Kindern geleugnet haben. Dieses Verbrechen hat es schon lange vor Freud gegeben, doch hat seine Fehlinterpretation, daß es in der Regel nur in der Phantasie existiert, dazu beigetragen, daß die Wahrheit nicht ans Licht kam, bis die Frauenbewegung die tatsächliche Verbreitung von Kindesmißhandlungen aufdeckte.

Auf der Suche nach Informationen darüber, wie Trainer mit den Gefühlen der Tiere umgehen, die sie in ihren Shows einsetzen, wandte ich mich an den Direktor für Öffentlichkeitsarbeit der *Sea World* in San Diego. Er sagte mir unverblümt, daß er die Annahme von Gefühlen bei Tieren mißbillige und nicht wolle, daß *Sea World* mit meinen Recherchen assoziiert werde, da sie einen «Beigeschmack von Anthropomorphismus» hätten. Um so erstaunter war ich, als ich die Show sah, in der ein Killerwal und ein Delphin darauf trainiert worden waren, zu winken, Hände zu schütteln und die Zuschauer naßzuspritzen. Sie waren dazu erzogen worden, sich wie Menschen zu benehmen – genauer: wie Menschen, die man zu amüsanten Sklaven geformt hat, die im Dienste der kommerziellen Ausbeutung stehen.

Die Vergleichende Psychologie untersucht bis heute das Verhalten und die physischen Reaktionen von Tieren und setzt sich mit den evolutionstheoretischen Erklärungsmodellen dafür auseinander, doch sie macht einen großen Bogen um die mentalen Zustände, die untrennbar mit dem Verhalten der Tiere verbunden sind. Wenn es darum geht, diesen Bereich zu untersuchen, konzentriert man sich meist auf die kognitiven und weniger auf die emotionalen Fähigkeiten der Tiere. Die neuere Disziplin der Ethologie, der Wissenschaft vom Verhalten der Tiere, die auf einer strikten Trennung zwischen den Arten besteht, sucht ebenfalls eher nach funktionalen und kausalen als nach emotional bedingten Erklärungsmustern für das Verhalten der Tiere. Interpretationsansätze, die sich auf kausale Zusammenhänge stützen, geben der «absoluten Kausalität» – das Tier paart sich, um seine Art zu erhalten – den Vorzug vor der «relativen Kausalität» – das Tier paart sich, weil es verliebt ist. Obwohl sich diese beiden Erklärungen nicht notwendigerweise ausschließen und obwohl einer der bekanntesten Vertreter der Ethologie, Konrad Lorenz, mit Überzeugung von verliebten, von entmutigten, von traurigen Tieren sprach, hielt die Disziplin weiterhin daran fest, daß Gefühle kein Gegenstand der Forschung seien.

Mit dem Beginn der Laborversuche mit Tieren, die verstärkt in den sechziger Jahren einsetzten, distanzierte man sich von der Möglichkeit, daß Tiere Gefühle haben, noch weiter. Damit unterstützte man diejenigen Wissenschaftler, die schmerzhafte Experimente an Tieren durchführten, bei ihrer Arbeit, weil sie in dem Glauben bleiben konnten, daß Tiere keinen Schmerz empfinden oder nicht leiden oder daß ihr Schmerz letztlich so verschieden von dem der Menschen ist, daß sie diese Komponente bei der Gestaltung ihrer Experimente vernachlässigen konnten. Das berufliche und finanzielle Interesse an der Fortsetzung von Tierversuchen erklärt zum Teil, warum nach wie vor die Annahme abgelehnt wird, daß Tiere über ein komplexes Gefühlsleben verfügen und nicht nur in der Lage sind, Schmerz zu empfinden, sondern auch höhere Gefühle wie Liebe, Mitleid,

Selbstlosigkeit, Ärger und Wehmut zu entwickeln. Die Anerkennung dieser Möglichkeit würde moralische Verpflichtungen mit sich bringen. Wenn Schimpansen Einsamkeit und seelische Qualen erleben können, dann ist es offensichtlich falsch, sie für Experimente einzusetzen, bei denen sie isoliert gehalten werden und sich täglich vor Schmerzen fürchten müssen. Darüber müßte endlich ernsthaft debattiert werden.

Einige der innovativsten Untersuchungen an Tieren richten sich heute auf Sprachgebrauch, auf Formen des Bewußtseins und auf andere kognitive Fähigkeiten, so daß die Mißachtung der Gefühlswelt der Tiere möglicherweise bald ein Ende findet. Freilich muß man sehen, daß Themen wie die Erkenntnisfähigkeit und das Bewußtsein bei Tieren nicht nur verlockender, sondern auch einfacher zu testen sind, als das bei dem Thema Gefühle der Fall ist. Intelligenz ist in der Tat etwas Faszinierendes, doch muß ein Lebewesen nicht intelligent sein, um zu fühlen – das gilt für Menschen wie für Tiere. Die Daten, die wir über die Gefühle von Tieren haben, stammen nicht aus den Labors, sondern aus der Feldforschung. Einige der angesehensten Tierforscher, von Jane Goodall bis zu Frans de Waal, können es sich aufgrund ihrer herausragenden Stellung leisten, unorthodoxe Begriffe wie *Liebe* und *Leiden* zu verwenden. Doch diese Aspekte ihrer Forschung werden nahezu ignoriert, und für weniger etablierte Wissenschaftler bleibt es ein Berufsrisiko, mit solchen Begriffen zu operieren.

Doch es gibt Anzeichen für grundlegende Änderungen. Kürzlich schrieb Sue Savage-Rumbaugh, eine Wissenschaftlerin am *Yerkes Primate Center* in Atlanta, Georgia, im Vorwort ihres Buches *Ape Language*:

Wenn man hinter das etwas anders geformte Gesicht eines Affen schaut, kann man ebenso leicht und präzise wie beim Menschen dessen Gefühle ablesen. Bis auf Selbsthaß vielleicht gibt es nur wenige Gefühle, die Affen nicht mit uns teilen. Sie durchleben und kommunizieren Gemütszustände wie Überschwenglichkeit, Freude, Schuld, Reue, Verachtung, Unglaube, Ehrfurcht, Traurigkeit, Verwunderung, Zärtlichkeit,

Loyalität, Wut, Mißtrauen und Liebe. Vielleicht sind wir eines Tages imstande, die Existenz solcher Gemütszustände neurologisch nachzuweisen. Bis dahin werden nur diejenigen, die so eng mit Affen zusammenleben und kommunizieren, wie sie das mit ihrer eigenen Spezies tun, verstehen, wie groß die Summe der Gemeinsamkeiten zwischen Affen und Menschen ist.

Zu wissen, was wir fühlen, ist eine Möglichkeit, aber vielleicht nicht die beste, herauszufinden, ob ein Tier ähnlich empfindet. Sind die Gemeinsamkeiten und Unterschiede zwischen Mensch und Tier die einzige oder die wichtigste Frage in diesem Zusammenhang? Sicher können wir uns darin üben, eine einfühlende Phantasie in bezug auf andere Spezies zu entwickeln. Wenn wir wissen, worauf wir bei Mienenspiel, Gesten, Haltungen und Verhaltensweisen zu achten haben, können wir lernen, offener und sensibler zu sein.

Wir müssen unsere Vorstellungskraft erweitern, über unsere Grenzen ausdehnen und Dinge beobachten, die wir zuvor nicht realisiert haben. Wir sollten uns selbst keine Schranken setzen und uns von den Texten oder dem Meinungskonsens der Wissenschaftler nicht einschüchtern lassen. Was haben wir zu verlieren, wenn wir mit Hilfe unserer Phantasie die Grenzen unseres Sympathieempfindens und unseres Horizontes erweitern? Ich entschloß mich, wissenschaftliche Abhandlungen über Tiere auszuwerten und herauszufinden, ob sie versteckte Informationen über die Gefühle der Tiere enthielten, selbst wenn dieses Thema nicht explizit thematisiert wurde. Bis jetzt hat noch kein prominenter Wissenschaftler eine fruchtbare Analyse der Gefühle bei Tieren unternommen. Wir können nur für die Tiere wie auch für die Menschen hoffen, daß die Wissenschaftler sich davon überzeugen lassen, einen ernsthafteren Blick auf die Gefühle der Tiere zu werfen, mit denen wir gemeinsam auf dieser Welt sind.

In diesem Buch will ich zeigen, daß Tiere aller Arten ein komplexes Gefühlsleben haben. Obwohl viele Wissenschaftler glauben, daß die Tiere, die sie beobachteten, Gefühle zeigten, haben nur wenige darüber geschrieben. Das ist der Grund, warum meine Koautorin und ich eine Menge wissenschaftlicher Literatur gesichtet und nach nicht anerkannten Beweisen durchgekämmt haben. Ich berufe mich im folgenden auf eine lange Liste von wissenschaftlichen Augenzeugen, vor allem auf Experten, die sich dem Studium der wildlebenden Tiere gewidmet haben. Ich habe mich im wesentlichen auf anerkannte Forscher beschränkt, so daß auch Skeptiker erkennen können, daß die Beweisführung auf der Basis sorgfältig durchgeführter Studien an Tieren aus den unterschiedlichsten Lebenszusammenhängen aufgebaut wurde.

Diese Feldforschungen beweisen, warum die meisten Laien immer davon überzeugt waren, daß Tiere lieben und leiden, weinen und lachen, daß ihre Herzen vor Erwartung schneller schlagen und in Verzweiflung langsamer. Sie sind einsam, verliebt, verärgert oder neugierig; sie blicken in Sehnsucht zurück und mit Erwartung in eine glückliche Zukunft. Kurzum: Sie *fühlen*.

Niemand, der mit einem Tier zusammengelebt hat, würde das bestreiten. Aber viele Wissenschaftler tun genau das, und deswegen habe ich versucht, ihre Bedenken vielleicht detaillierter, als es für den Laien nötig erscheinen mag, auszuräumen. «Das ist doch eine Selbstverständlichkeit», sagt der Besitzer eines Haustiers. «Das ist eine ungeheure Behauptung», sagt der Wissenschaftler. Dieses Buch verfolgt die Absicht, den Abgrund zwischen denjenigen, die Tiere schon immer ohne Vorurteile beobachtet haben, und den Wissenschaftlern, die sich nicht auf das Territorium der Gefühle wagen wollen, zu überbrücken.

Viele Forscher haben es vermieden, über die Gefühle von Tieren nachzudenken, weil sie die nicht unbegründete Angst hatten, des Anthropomorphismus beschuldigt zu werden. Das ist der Grund, warum ich den Themenbereich Anthropomorphismus ausführlich behandelt habe. Könnte er von seinen negativen Assoziationen befreit werden, so wäre die Erforschung der Gefühle bei Tieren auf einer wissenschaftlichen Ebene und frei von unnötigen Ängsten möglich.

Ebenso habe ich die Argumentation der Evolutionsbiologen objektiv zu beurteilen versucht, um herauszufinden, wann sie das Gefühlsleben der Tiere erklären hilft und wann sie diese Realität eher verstellt.

Es wird die Leser und Leserinnen überraschen, wie unerwartet emotional manche Tiere sich verhalten: ein Elefant, der sich eine Maus als Haustier hält; eine Schimpansin, die darauf wartet, daß ihr totes Baby zurückkommt; ein Bär, der in Verzückung vergeht, wenn er einen Sonnenuntergang betrachtet; Büffel, die Schlittschuh laufen und ihr Vergnügen daran haben; ein Papagei, der meint, was er sagt; ein Delphin, der seine eigenen Spiele erfindet – und immer in ihrer Nähe Wissenschaftler, die sich weigern, solche für uns offensichtlichen Reaktionen als das zu nehmen, was sie sind.

In der Zusammenfassung setze ich mich mit den moralischen Konsequenzen auseinander, die ein angemessenes Verständnis der Gefühlswelt der Tiere mit sich bringt.

Wir werden sehen, daß Tiere Ärger, Angst, Liebe, Freude, Scham, Mitleid und Einsamkeit in einem solchen Ausmaß empfinden können, wie wir das bisher nur aus Romanen oder Fabeln kennen. Vielleicht beeinflußt das nicht nur unser Denken über Tiere, sondern auch die Art und Weise, wie wir sie behandeln.

Je klarer es für mich wurde, daß Tiere tiefe Gefühle haben, desto größer wurde meine Empörung über jegliche Form von Tierversuchen. Können wir diese Experimente noch rechtfertigen, wenn wir wissen, was die Tiere bei diesen Torturen fühlen? Ist es möglich, weiterhin Tiere zu essen, wenn wir wissen, wie sie leiden? Wir sind entsetzt, wenn wir lesen, daß Menschen andere Menschen töten, um Teile von ihnen zu verkaufen. Doch jeden Tag werden Elefanten wegen ihrer Stoßzähne, Rhinozerosse wegen ihres Horns, Gorillas wegen ihrer Hände abgeschlachtet.

Wenn die Menschen langsam realisieren, was für empfindsame Kreaturen Tiere sind, dann müßte es eigentlich immer schwieriger werden, diese Grausamkeiten zu rechtfertigen. Darauf hoffe ich.

Jeffrey Moussaieff Masson
Half Moon Bay, April 1995

1 ZUR VERTEIDIGUNG DER GEFÜHLE

Irgendwo in Indien sucht eine blinde Fluß-Delphinin ihren Gefährten. Sie wird sich an seiner Seite unter den dunklen Wassern des Ganges zur Ruhe betten. Sie hat ihr Augenlicht niemals vermißt. Diese Delphine finden alles, was sie brauchen, indem sie auf Echos lauschen. Hochüber ihnen in den Lüften schauen Kraniche mit ihren goldenen Augen herab. Sie sind auf dem Weg von China zu ihren Brutplätzen in Westsibirien. Was geht in ihren Herzen oder in den Herzen der Delphine vor? Obgleich sie weit entfernt von uns sind, befinden sich ihre von Unruhe und Zufriedenheit erfüllten Lebensweisen nicht außerhalb unseres Vorstellungsvermögens. Wenn der Delphin aus dem trüben Wasser auftaucht oder die Kraniche ihre Hälse im Flug rekken, überkommt uns ein plötzliches Gefühl der Vertrautheit, wir erkennen, daß wir mit ihnen ein gemeinsames emotionales Erbe teilen. Sie fühlen, und wir fühlen, ganz gleich, wie schwierig es auch sein mag, ihre Gefühle näher zu bestimmen.

Nach einem vielversprechenden Beginn vor 120 Jahren, als Charles Darwin dieses Thema zum Gegenstand seines Buches *Der Ausdruck der Gemüthsbewegungen bei dem Menschen und den Thieren* machte, haben nur wenige Naturwissenschaftler anerkannt, darüber geforscht oder Überlegungen dazu angestellt, daß Tiere Gefühle haben könnten. Die Kräfte, die selbst gegen die bloße Annahme eines Gefühls bei Tieren opponieren, sind so stark, daß die Beschäftigung mit diesem Thema rufschädigenden Charakter hat, ja beinahe tabu erscheint. Die Fachliteratur ist voll von Beobachtungen, Beschreibungen und Anekdoten, die andeuten, daß Tiere Emotionen haben und zum Ausdruck bringen, oder die zumindest dazu auffordern, diese Möglichkeit weiter zu erforschen. Bis jetzt ist jedoch verschwindend wenig auf diesem Gebiet geschehen.

G. G. Rushby, ein Jagdaufseher in Tansania (seinerzeit: Tanganjika), verantwortlich für die Beaufsichtigung der Elefanten, beobachtete drei Elefantenweibchen und ein halbwüchsiges Männchen in hohem Gras. Da es seine Aufgabe war, die Population der Elefanten in Grenzen zu halten, schoß er die Weibchen nieder und verwundete das halbwüchsige Tier leicht. Zu seiner Bestürzung tauchten plötzlich zwei Jungtiere auf, die zu den Weibchen gehörten und im hohen Gras verborgen geblieben waren. Schreiend und mit seinem Hut wedelnd bewegte er sich auf sie zu, in der Hoffnung, sie zur Herde zurückzutreiben, wo sie von anderen Elefanten adoptiert werden könnten. Der verwundete Elefant indessen, benommen und hilflos, wußte nicht, welchen Weg er einschlagen sollte. Anstatt zu fliehen, nahmen die beiden Jungtiere ihn in ihre Mitte und führten ihn aus der Gefahrenzone heraus.

Schrecken, Mitleid und Mut, wie sie in dieser Reihenfolge als Reaktionen aufgetreten sind, könnten die Welt davon überzeugen, daß Tiere tiefe emotionale Empfindungen haben, doch in der wissenschaftlichen Literatur gibt es nur wenig Platz dafür. Bislang hat man vereinzelte Vorkommnisse dieser Art als «Anekdoten» abgetan, gleichwohl gibt es keinen Grund, solche Ereignisse, auch wenn sie selten sind, zu ignorieren. Man bemüht sich auch nicht, nach weiteren Beispielen zu suchen oder gar die Probleme experimentell anzugehen, denn für Wissenschaftler ist es höchst verachtenswert, «Anekdoten» in der Beweisführung zu berücksichtigen. In bezug auf die Fähigkeit zweier Schimpansen, Sherman und Austin, in der ihnen beigebrachten Taubstummensprache zu improvisieren und neue Kombinationen zu benutzen, spricht die Primatenforscherin Sue Savage-Rumbaugh von «den vermutlich wichtigsten Ergebnissen, die wir bisher gefunden haben», fügt aber gleich hinzu, «daß wir es vermieden haben, davon in unseren Publikationen zu sprechen».

Zweifelsohne stellen Anekdoten für Wissenschaftler Hürden dar, nicht nur, weil es unmöglich ist, deren äußere Umstände zu überprüfen, sondern auch, weil man meistens nicht über ausreichende Dokumentationen verfügt und mit einer einmaligen Begebenheit keine Statistik anlegen kann. Aber selbst wenn, wie im Fall der Schimpansen Sherman und Austin, die neue Zeichen-Kombinationen gebrauchten, alles minuziös beschrieben wird und unter kontrollierten Bedingungen stattgefunden hat, verhindert die Einmaligkeit eines solchen Falles seine Anerkennung. Man wertet die experimentelle Beweisführung um so vieles höher als die persönliche Erfahrung, daß der Eindruck entstehen muß, es handle sich um ein religiöses und nicht um ein logisches Prinzip.

Jane Goodall ist der Ansicht, daß die Weigerung der Wissenschaft, anekdotische Fallbeispiele anzuerkennen, ein ernstes Problem ist, das alle Forschungsbereiche betrifft: «Ich habe immer Anekdoten gesammelt, da ich denke, daß sie sehr, sehr wichtig sind – gerade weil sie von den meisten Wissenschaftlern verachtet werden. ‹Ach, das ist nur eine Anekdote.› Was ist anekdotisch? Eine Anekdote ist eine gewissenhafte Beschreibung eines seltenen Ereignisses.» Sie berichtet von einer wissenschaftlichen Assistentin, die in einem Untersuchungslabor die Reaktionen von männlichen Rhesusaffen auf ihre weiblichen Artgenossen dokumentierte, welche entweder mit Hormonen behandelt worden waren oder denen man die Eierstöcke entfernt hatte: «Sie erzählte mir, (...) daß sie es am faszinierendsten fand, daß ein altes Weibchen in allen Stadien der hormonellen Behandlung, bis hin zur Entfernung ihrer Eierstöcke, am beliebtesten bei den Männchen blieb. Aber es handelte sich um nur ein Tier, und deswegen ignorierte man diese Beobachtung. Es gibt wahrscheinlich Tausende vergleichbarer Fälle, die es nicht geschafft haben, sich in die Fachliteratur einzuschleichen.»

Solche Beobachtungen würden eine reichhaltige und anregende Basis für weitere Analysen und Forschungen abgeben, doch noch stehen sie nicht zur Verfügung. Außerdem ist es üblich, bei ihrer Beschreibung Begriffe zu verwenden, die den Hinweis auf Gefühle vermeiden, doch eine solche trockene Deskription ist nicht notwendigerweise auch richtiger.

Dieses Buch definiert *Gefühle* als subjektive Erfahrungen, die ein Mensch zum Ausdruck bringt, wenn er sagt: «Ich bin traurig» oder «Ich bin glücklich» oder «Ich bin enttäuscht» oder «Ich vermisse meine Kinder». Ein Gefühl unterscheidet sich nicht von einer Leidenschaft, von einer Empfindung oder von dem, was die Wissenschaft einen «Affekt» nennt. Der Begriff *Stimmung* bezieht sich dagegen auf Gefühle, die eine längere Zeit anhalten. Mit alledem meinen wir also ganz einfach innere Gefühlszustände, wir meinen das, was gefühlt wird.

Die faktische Unmöglichkeit, Gefühle zu ignorieren

Die meisten Menschen, die in engem Kontakt mit Tieren arbeiten, wie etwa Tierlehrer, nehmen es als eine Gegebenheit, daß Tiere Gefühle haben. Aus Erzählungen von Menschen, die mit Elefanten arbeiten, wissen wir zum Beispiel, daß man die «Stimmung» oder «Laune» eines Elefanten nur auf eigene Gefahr ignoriert. Die britische Philosophin Mary Midgley faßt das sehr schön in Worte:

Es mag sein, daß Elefantenführer über Elefanten eine Menge falscher Ansichten haben, da diese anthropomorpher Art sind – sie interpretieren außergewöhnliche Verhaltensweisen der Elefanten falsch, da sie sich an den Verhaltensmustern der Menschen orientieren, was wissenschaftlich eine nicht anerkannte Vorgehensweise ist. Aber würden sie sich nicht an diesen alltäglichen Gefühlen orientieren – würden sie nicht beachten, daß ihr Elefant glücklich, verärgert, ängstlich, aufgeregt, müde, gereizt, neugierig oder wütend ist, sie würden nicht nur ihre Arbeit verlieren, sie wären sehr bald tot.

Ein Tier zu dressieren, hat nur wenig Erfolg, wenn der Dresseur keinen Einblick in die Gefühlswelt seiner Tiere hat. Manche Tiererzieher sagen, daß sie mit bestimmten Tieren besser arbeiten können als mit anderen, weil sie die Empfindungen einer bestimmten Art oder eines bestimmten Individuums besser verstehen. Der Zirkus-Dompteur Gunther Gebel-Williams berichtet, daß die verschiedenen Tiger, mit denen er gearbeitet hat, individuelle Gefühle gezeigt haben: «Nicht jeder Tiger (...) kann dazu erzogen werden, durch einen Feuerreifen zu springen. Wenn ich dieses Kunststück in die Tigernummer aufnehmen wollte, mußte ich unter den zwanzig Tieren, mit denen ich arbeitete, einige finden, die sich nicht vor Feuer fürchteten. Das war nicht immer leicht, denn die meisten Tiger wagen sich nicht in die Nähe von Flammen.»

Die Angst davor, Tierverhalten an menschlichen Verhaltensweisen zu messen, kann die Erfolge eines Tierlehrers sehr beeinträchtigen. Der Vorsteher einer Schule für Blindenhunde in San Rafael, Kalifornien, Mike Del Ross, sagt: «Je größer unsere Bereitschaft ist, einen Hund verstehen zu lernen, desto besser verstehen wir ihn auch.»

Wenn man Tierlehrer fragt, ob sie mit Hunden arbeiten wollten, wenn diese keine Gefühle hätten, so reagieren sie sehr überrascht auf einen solchen Gedanken. Kathy Finger antwortete: «Ich glaube nicht, denn es macht einen Teil der Arbeit mit Hunden aus, deren Gefühle verstehen zu lernen, sie zu lieben und zu respektieren.» Del Ross erklärte: «Völlig ausgeschlossen. Was wäre denn noch da, wenn sie keine Gefühle hätten?»

Im Bereich der wissenschaftlichen Tierbeobachtung ist eine solche Einfühlung in die Psyche der Tiere umstritten. Aber es ist oft sehr fruchtbar, sich zu fragen, was man an der Stelle des Tieres fühlen würde. Die meisten Wissenschaftler, die wildlebende Tiere beobachten, ziehen ihre Schlußfolgerungen, indem sie versuchen, sich in die Tierpsyche einzufühlen; sie erklären sich die verschiedenen Verhaltensweisen etwa nach dem Muster: «Wenn *ich* meinen engsten Gefährten verloren hätte, hätte ich auch keinen Appetit.» Es hat sich herausgestellt, daß es sinnvoll ist, über Gefühle nachzudenken, wenn man bestimmte Verhaltensweisen verstehen will.

Gefühle in Gefangenschaft –
«Das zählt nicht»

Gefühle, die Tiere in Gefangenschaft oder Haustiere zeigen, werden häufig als belanglos abgetan. Man begründet das damit, daß Tiere in Gefangenschaft in unnatürlichen Verhältnissen leben und daß Haustiere sich nicht so verhalten, wie Tiere das wirklich tun – als ob es sich nicht um wirkliche Tiere handeln würde. Natürlich unterscheiden sich domestizierte Tiere von wilden, doch bedeutet domestiziert und zahm nicht dasselbe. Domestizierte Tiere oder Haustiere sind Tiere, die dazu gezüchtet worden sind, mit Menschen zusammenzuleben – ihre genetische Struktur hat sich verändert. Hunde, Katzen und Kühe sind Haustiere, nicht aber in Gefangenschaft lebende Elefanten. Schon seit Generationen dressieren die Menschen Elefanten, doch sie züchten die Tiere nicht – wie von Anbeginn werden sie gejagt und gezähmt. Da die Spezies der Elefanten unverändert geblieben ist, sind Erfahrungen mit zahmen oder gefangenen Elefanten sehr wohl relevant für die Verhaltensweisen wildlebender Elefanten.

Obwohl Haustiere und wilde Tiere nicht identisch sind, haben sie doch vieles gemeinsam. Was wir von den einen wissen, kann für die anderen von Bedeutung sein. Der Naturforscher George Schaller schreibt: «Ein liebevoller Hundebesitzer kann uns mehr über das Bewußtsein von Tieren erzählen als ein Verhaltensforscher in irgendeinem dieser Untersuchungslabors.» Die Biologin Lory Frame studierte Wildhunde in der Serengeti und machte die faszinierende Beobachtung, daß die dominanten Tiere in diesem Rudel (die einzigen, die sich fortpflanzen) wenig Ähnlichkeit mit Haushunden haben. «Ich schien Maya und Apache auf einer intuitiven Ebene zu verstehen. Und mir wurde bewußt, daß das so war, weil mich ihr untergeordnetes Verhalten an unsere Hunde erinnerte. Nicht daß der Hund bei uns zu Hause von der duckmäuserischen Art gewesen wäre – im Gegenteil, als ich ein Kind war, fühlte ich mich von ihm sehr eingeschüchtert. Aber die Art, wie Maya mit dem Schwanz wedelte, erinnerte an das Verhalten, das wir von unseren Haushunden erwarten und für gewöhnlich auch gezeigt bekommen. Gleichwohl sind Wildhunde anders (...). Ich habe zum Beispiel selten gesehen, wie sich einer freute oder mit dem Schwanz wedelte. Sie wirkten sehr ernst und gefährlich. Wenn ich Sioux zu Fuß traf, kletterte ich auf den nächsten Baum. Mit Maya verstand ich mich besser, ich streichelte ihren Kopf und bot ihr Kekse an.» Was sie aus ihrer Erfahrung mit Haushunden wußte, half ihr, ihre Beobachtungen an Wildhunden zu verstehen.

Daß in Gefangenschaft lebende und domestizierte Tiere in «unnatürlichen Verhältnissen» leben, ist kein Grund, die an ihnen gemachten Beobachtungen weniger ernst zu nehmen. Menschen leben in ebenso unnatürlichen Umständen. Wir sind nicht für die Welt geschaffen, in der wir heutzutage leben, mit ihren unwürdigen Verhältnissen und unmenschlichen Anforderungen, wie zum Beispiel in einem Klassenzimmer zu sitzen oder nach der Stechuhr zu arbeiten. Aber: Nur weil wir nicht mehr in den Savannen Afrikas in einer kleinen Gruppe von Jägern und Sammlern leben, halten wir unsere Gefühle nicht für unecht oder gar inexistent. Wir selbst sind domestizierte Tiere. Wir existieren weit entfernt von unseren «Ursprüngen», und doch betrachten wir unsere Gefühle als echt und als für unsere Spezies charakteristisch. Warum soll das nicht auch für Tiere gelten? Es ist nicht natürlich für uns Menschen, eingesperrt zu sein. Und wenn man uns ins Gefängnis steckt, wird niemand daran zweifeln, daß unsere Gefühle echt sind, auch wenn wir anders fühlen als gewöhnlich. Ein Tier, das im Zoo oder als Haustier lebt, kann Gefühle haben, die es unter «normalen» Umständen nicht hätte, aber dennoch sind diese Gefühle nicht weniger real.

Um herauszufinden, ob ihre Beobachtungen an Zwergmungos, die in Gefangenschaft leben, etwas über die in der freien Wildnis lebenden Mungos aussagen, hat Anne Rasa, Autorin des Buches *Die Perfekte Familie. Leben und Sozialverhalten der afrikanischen Zwergmungos*, diese Tiere über mehrere Jahre im Busch von Kenia studiert. Sie hat entdeckt, daß Mungogesellschaften, die in großen Gehegen leben, sich bis auf zwei Ausnahmen sehr ähnlich verhalten wie in der Wildnis: Die wilden Mungos benötigen mehr Zeit, um Futter zu sammeln und haben folglich weniger Zeit, zu spielen oder soziale Kontakte zu knüpfen. Ihr Leben wird ebenso von der Einwirkung anderer Arten bestimmt. Adler und Schlangen sind ihre natürlichen Feinde, so daß sie sehr viel Zeit damit verbringen, auf der Lauer liegende Schlangen zu vertreiben. Außerdem stehen sie mit dem größeren Blacktip-Mungo, das an seiner schwarzen Schwanzspitze zu erkennen ist, auf Kriegsfuß. Für gewöhnlich ignorieren sie Eidechsen und Erdhörnchen, obwohl sie gelegentlich versuchen, mit ihnen zu spielen. Man kann also sagen, daß das emotionale Spektrum bis zu einem bestimmten Grad von den äußeren Umständen beeinflußt wird – Charaktereigenschaften wie Neugier und Verspieltheit sind jedoch sowohl bei in Gefangenschaft lebenden als auch bei frei lebenden Mungos bekannt.

Andererseits können die anderen Lebensbedingungen in der Gefangenschaft die Verhaltensweisen der Tiere sehr wohl verändern. Weibliche Paviane etwa, die man als Gruppe in einem Gehege hält, entwickeln eine streng organisierte Hierarchie, so wie man sie in freier Wildbahn nie beobachtet hat. Wir behaupten also nicht, daß die Gefühle und Verhaltensweisen von Tieren sich in Gefangenschaft nicht verändern, sondern insistieren lediglich darauf, daß gefangene und wilde Tiere gleichermaßen Gefühle haben und daß die Gefühle der wilden Tiere ebenso echt sind wie die der gefangenen Tiere und folglich ebenso wert, erforscht zu werden.

Die Komplexität der Gefühle

Gefühle kommen selten allein, isoliert von anderen Empfindungen vor. In verschiedenen Situationen paaren sich bei Menschen Empfindungen wie Wut und Angst, Angst und Liebe, Liebe und Scham, Scham und Kummer. Bei Tieren ist das nicht anders. Eine Delphinmutter zum Beispiel, die ihr totes Baby tagelang mit sich herumträgt, empfindet Liebe ebenso wie Trauer. Hope Ryden beschreibt, wie ein halberwachsenes Wapitikalb ein anderes Kalb beschützte, das von Kojoten gerissen worden war. Nachdem die Herde weitergezogen war, blieb das Kalb mehr als zwei Tage über dem Kadaver stehen, scheuchte die Kojoten aggressiv fort und beschnupperte von Zeit zu Zeit das Gesicht des toten Kalbs. Erst als die Kojoten den Kadaver schon zu Teilen aufgefressen hatten, zog das Kalb weiter. Vielleicht fühlte das Kalb Trauer; vielleicht sehnte es sich schließlich nach dem Rest der Herde; vielleicht war es zornig auf die Kojoten; vielleicht hatte es Angst vor ihnen. Möglich, daß es für das tote Kalb so etwas wie Liebe empfand. Daß seine Gefühle vielschichtig waren und schwierig zu interpretieren sind, bedeutet nicht, daß sie nicht existieren.

Man darf auch nicht annehmen, daß alle Tiere das gleiche Gefühlsleben haben. So wie das Verhalten der Arten differiert, so können auch ihre emotionalen Strukturen verschieden ausfallen. Dies wird oft übersehen, wenn man tierisches Verhalten exemplarisch interpretiert. Man sagt: «Gänse paaren sich fürs Leben.» Oder: «Rotkehlchen werfen ihre Jungen aus dem Nest, wenn diese groß genug sind, um für sich selbst zu sorgen.» Oder: «Der Rüde bleibt nicht bei der Hündin, um ihr bei der Aufzucht der Welpen zu helfen – so ist es nun einmal.» So geht man von der falschen Annahme aus, daß alle Lebewesen sich gleich verhalten und daß dies auch für Menschen gilt. Aber wenn Gänse sich fürs Leben paaren, dann gilt das nicht für Waldhühner. Das männliche Waldhuhn paart sich mit so vielen Weibchen, wie es kann, und überläßt diesen die Aufzucht der Jungen. Das Tasmanische Huhn paart sich häufig mit zwei Männchen, und das Trio zieht dann zusammen die Jungen auf. Während Rotkehlchen in sehr jungem Alter flügge werden, bleiben junge Kondore viele Jahre lang bei ihren Eltern. Diese Unterschiede sind das Material, aus denen eine Art soziobiologischer Smalltalk seine «Erkenntnisse» über menschliches Verhalten schöpft: Man nimmt sich das Tier, dessen Verhalten einem geeignet erscheint, um ein menschliches Betragen als «natürlich» zu charakterisieren. Aber innerhalb einzelner Tierarten kann es auch zu Unterschieden in der Ausprägung ihrer Gefühle kommen. Die Tatsache, daß Elefanten Mitleid und Kummer empfinden, besagt nicht automatisch, daß Pferde zu Mitleid fähig sind oder Pinguine Kummer haben. Vielleicht stimmt das, vielleicht auch nicht.

Tiere unterscheiden sich auch als Individuen: Unter den Elefanten zum Beispiel gibt es solche, die ängstlich sind, und solche, die kühn sind. Der eine ist jähzornig, der andere friedfertig. Aus viktorianischer Zeit ist uns folgender Bericht über Arbeitselefanten überliefert: «Es gibt unter ihnen fleißige Arbeiter und solche, die sich drücken; manche haben freundliche Gemüter und manche sind wahre Sauertöpfe. Einige von ihnen transportieren Baumstämme, die bis zu zwei Tonnen schwer sind, ohne zu murren, und andere, die genauso stark sind, stellen sich fürchterlich an wegen eines Hölzchens.» Theodore Roosevelt schreibt: «Was Mut und Kühnheit anbelangt, so unterscheiden sich Bären genauso wie Menschen ... Den einen Grizzly kann man kaum zur Gegenwehr reizen, der andere wird bis zum Ende gegen alle Widerstände besinnungslos kämpfen oder gar ohne Herausforderung angreifen. ... Obwohl das so ist, verallgemeinern auch alte und erfahrene Jäger, die als Klasse sehr eng und voreingenommen denken, genauso rasch wie Anfänger die allgemeinen Charaktereigenschaften von wilden Tieren.»

Tiere und ihre Gefühle: wissenschaftliche und nichtwissenschaftliche Ansichten

Für Laien, die mit Tieren umgehen, ist das Vorhandensein von Gefühlen beim Tier ein Faktum. Sie vertrauen auf ihre Wahrnehmungen und auf logische Schlüsse. Wer hört, wie Vögel eine Katze in der Nähe ihres Nestes attackieren, hält sie für wütend. Wenn ein Eichhörnchen vor uns flüchtet, denken wir, daß es sich fürchtet. Wir sehen, wie eine Katze ihre Jungen leckt und unterstellen, daß sie ihre Kinder liebt. Ein Singvogel jubiliert, und wir halten das für Glück. Auch diejenigen, die wenig Erfahrung mit Tieren haben, neigen dazu, solche Äußerungen als emotionale Zustände zu interpretieren, die ihnen als Menschen vertraut sind. Auf diese Weise kann die Beschreibung des Tierlebens durch einen Laien reicher und vielleicht auch genauer ausfallen, als wenn ein Verhaltensforscher das gleiche versucht und sich nicht darum bemüht, die Gefühle der Tiere systematisch und in der Tiefe zu erforschen.

Wenn es auch an einer kontinuierlichen wissenschaftlichen Auseinandersetzung mit diesem Problem fehlt, so ist doch das Interesse an den Realitäten des Tierlebens größer geworden. Forscher verschiedener Disziplinen sind gemeinsam der Überzeugung, daß tierisches Verhalten ein äußerst komplexes Phänomen ist – in kognitiver, wahrnehmungs- und verhaltenstheoretischer, individueller und sozialer Hinsicht. Dementsprechend sind sie vorsichtiger geworden, wenn es um die Festlegung dessen geht, was ein Tier kann und was es nicht kann. Wir Menschen erkennen, daß wir es nicht wissen und daß wir erst anfangen zu lernen.

Das Studium der Gefühle ist eine anerkannte Wissenschaft; es sind in der Regel studierte Psychologen, die in diesem Bereich tätig sind, aber sie beschränken ihre Untersuchungen auf die Gefühlswelt der Menschen. Das Standardwerk *The Oxford Companion to Animal Behavior* gibt den Verhaltensforschern folgenden Ratschlag: «Man ist gut beraten, das Verhalten zu erforschen und nicht den Versuch zu unternehmen, die ihm zugrundeliegenden Gefühle zu verstehen.» Ich frage warum? Die Gefühle der Tiere mögen vielleicht schwer zugänglich und kaum nachweisbar sein, aber das bedeutet nicht, daß sie nicht existieren und daß sie nicht wichtig sind.

Auch Menschen sind sich nicht immer darüber im klaren, was sie fühlen. Wie Tiere sind sie oft nicht in der Lage, ihre Gefühle in Worte zu fassen. Das bedeutet nicht, daß sie keine Gefühle haben. Sigmund Freud dachte einst über die Möglichkeit nach, daß ein Mann seit sechs Jahren in eine Frau verliebt ist und sich dessen auch viele Jahre später noch nicht bewußt ist. Er hatte diese Empfindung, aber er wußte nicht davon. Es mag paradox klingen, paradox, weil wir, wenn wir von Gefühlen sprechen, Gefühle meinen, die uns bewußt sind. Freud schreibt in seinem Artikel «Das Unbewußte» von 1915: «Zum Wesen eines Gefühls gehört es doch, daß es verspürt, also dem Bewußtsein bekannt wird.» Aber es steht auch außer Zweifel, daß wir Gefühle «haben», von denen wir nichts wissen.

In der psychiatrischen Fachsprache gibt es den Begriff «Alexithymie», der den Zustand eines Menschen bezeichnet, der nicht in der Lage ist, seine Gefühle zu beschreiben oder sie zu erkennen, der sie nur zu definieren vermag, indem «er sie bestimmten körperlichen Empfindungen oder Reaktionen zuordnet, sie aber nicht mit seinen Gedanken in Verbindung bringen kann». Solche Menschen sind durch ihre Unfähigkeit, Gefühle zu verstehen, gehandikapt. Es ist seltsam, daß die Untersuchung von Tierverhaltensweisen verlangt, daß derjenige, der diese Untersuchungen durchführt, sich selbst in einen Zustand der Alexithymie versetzt.

Die Definition von Gefühlen

In der Theorie unterscheiden die Psychologen ein Repertoire grundlegender menschlicher Gefühle, von denen sie behaupten, daß sie allgemein verbreitet, in ihrer Eigenart erkennbar und angeboren seien. Diese Elementargefühle müssen wir uns wie die Primärfarben vorstellen, die vielerlei Mischungen hervorbringen können. Ein Psychologe stellte eine Liste von 154 verschiedenen Gefühlsbezeichnungen von Abscheu bis Zorn zusammen. Bei alledem sind sich die Theoretiker nicht darüber einig, welche der Gefühle die elementaren sind. Descartes kannte sechs «affectus»: Liebe (amor), Haß (odium), Erstaunen (admiratio), Begehren (cupiditas), Freude (gaudium) und Trauer (tristitia). Kant dagegen vier: Liebe, Hoffnung, Freude und Traurigkeit, William James von vier: Liebe (love), Furcht (fear), Kummer (grief) und Zorn (anger). Der Behaviorist J. B. Watson definierte drei Hauptgefühle und belegte sie mit den Buchstaben X, Y und Z, in etwa gleichbedeutend mit Furcht, Zorn und Liebe. Neuere Forscher wie Robert Plutchik, Carroll Izard und Silvan Tomkins kamen auf entweder sechs oder acht elementare Gefühle, konnten sich aber nicht auf dieselben einigen. Auf den meisten Listen, die heute im Umlauf sind, fehlt die Liebe. Viele Wissenschaftler sprechen in dieser Beziehung vorzugsweise von Trieb oder Motiv, wenn sie sich überhaupt mit diesem Thema abgeben. Von all diesen Gefühlen, die auf den gebräuchlichen Listen auftauchen, haben nun einige Forscher behauptet, daß sie auch bei Tieren zu beobachten seien.

Es gibt darüber hinaus sicher noch weitere Gefühle und ihre Abwandlungen, die von Zeit zu Zeit jeder haben kann, egal welcher Kultur er angehört. Eine vollständige Liste von Gefühlen aufzustellen, ist nach Ansicht der polnischen Linguistin Anna Wierzbicka gefährlich, da sie in einigen nicht westlichen Kulturen wie etwa bei den Aborigenes in Australien beobachten konnte, daß ein soziales Konzept, das unserem Begriff von Scham nahekommt, aber nicht mit ihm identisch ist, in diesen

Kulturen eine zentrale Rolle spielt, in unseren Kulturen aber fehlt. Das Wort, das dieses Gefühl bezeichnet, umfaßt unser Konzept von «Scham», «Peinlichkeit», «Scheu» und «Respekt». Gleichwohl hat es den Anschein, als ob auch Repräsentanten anderer Kulturen dieses Gefühl wiedererkennen könnten.

Wir sollten uns davor in acht nehmen, irgendein Gefühl ausschließlich einem bestimmten Teil der Weltbevölkerung zuzusprechen. Schließlich ist es noch nicht so lange her, daß Ethnologen der Ansicht waren, daß einige «niedere» Kulturen nicht das gesamte Repertoire «westlicher» Gefühle zum Ausdruck bringen und folglich auch nicht erleben können. Es schien also zwecklos zu sein, unter irgendwelchen Bergstämmen nach Mitleid oder ästhetischer Empfindsamkeit zu forschen, genauso wie es heute unsinnig erscheint, ästhetisches Entzücken bei Bären feststellen zu wollen. Eine der «großen» anthropologischen Schriften vom Anfang unseres Jahrhunderts trug den Titel *Les fonctions mentales dans les sociétés inférieures* (1910) (Die geistigen Funktionen in den minderwertigen Gesellschaften) – ihr Autor, Lucien Lévy-Bruhl, war damals Professor an der Sorbonne. Solche Vorurteile lassen sich nur langsam abbauen. Hier soll die Annahme gelten, daß Gefühle, gleich welcher Art, allgemein verbreitet sind. So entnehmen wir es den großen Werken der Weltliteratur oder erfahren doch aus ihnen, daß die Fähigkeit zu diversen Gefühlen die Kulturgrenzen durchbricht und so auch diejenigen erreicht, die vielleicht emotional anders strukturiert sind beziehungsweise andere Nuancen und Werte pflegen. Wenn jedoch Gefühle Kulturgrenzen überschreiten können, warum dann nicht auch die Grenzen zwischen verschiedenen Spezies?

Dieses Buch diskutiert die Gefühle der Tiere in der Reihenfolge, die sich nach ihrer Plausibilität für Menschen richtet. Daß Tiere Furcht empfinden, werden die meisten konzedieren. Dagegen wird man Liebe, Trauer oder Freude, die als «höhere» Gefühle gelten, anderen Arten nicht ohne weiteres zugestehen. Wenn auch viele Menschen bereit sind, bei Tieren Wut zu diagnostizieren, behaupten einige erfahrene Tiertrainer, daß Tiere diese Gefühlsregung nicht kennen. Die von seiten der Soziobiologen geführte Altruismus-Debatte mündete in der weitverbreiteten Ablehnung der Möglichkeit, daß Tiere Mitleid empfinden können. Ebenso wie Scham, das Gefühl für Schönheit, Kreativität, Gerechtigkeitssinn oder andere eher schwer zu fassende Gefühlsregungen vermutet man am allerwenigsten bei Tieren das Mitleid.

Funktion und Nutzen der Gefühle

Wozu sind Gefühle da? Die meisten Nichtwissenschaftler werden sich über eine solche Frage wundern. Gefühle sind einfach da. Sie rechtfertigen sich selbst. Gefühle geben dem Leben Bedeutung und Tiefe. Sie bedürfen keiner weiteren Gründe, um zu existieren. Anderseits sind viele Biologen, die der Evolutionslehre folgen, im Gegensatz zu den Verhaltensforschern der Ansicht, daß einige Empfindungen primäre Funktionen im Sinne des Selektionsprinzips haben. Bei Tieren wie bei Menschen tritt Furcht auf, um vor Gefahren zu warnen, Liebe ist nötig, um für die Nachkommen Sorge zu tragen, Wut hilft uns, Widerstand zu leisten. Aber die Tatsache, daß ein Verhalten im Sinne der Überlebensfunktion wichtig ist, bedeutet nicht notwendigerweise, daß es in dieser Funktion aufgeht. Andere Wissenschaftler haben das gleiche Verhalten auf Konditionierung zurückgeführt und als angelernte Reaktion bezeichnet. Natürlich gibt es auch Reflexe oder feststehende Verhaltensmuster, die auftreten, ohne daß bewußte Gefühle involviert sind. Ein Möwenjunges pickt nach einem roten Fleck über ihm. Das Elterntier hat einen roten Fleck am Schnabel; das Jungtier pickt also nach dem Schnabel des Elterntieres. Die erwachsene Möwe füttert ihr Junges, wenn dieses an ihrem Schnabel pickt. Diese Interaktion bedarf keiner Emotionen.

Gleichzeitig gibt es keinen Grund dafür, daß eine solche Interaktion notwendigerweise ohne Emotionen auskommen muß. Bei Säugetieren, Menschen eingeschlossen, die ein Kind geboren haben, beginnt die Milch häufig automatisch zu fließen, wenn ein Neugeborenes schreit. Dieser Vorgang wird nicht verstandesmäßig gesteuert, sondern ist ein Reflex. Das bedeutet aber nicht zugleich, daß das Füttern von Neugeborenen nur eine Reflexhandlung ist und nicht auch Ausdruck von Liebe sein kann. Menschen haben eine emotionale Beziehung zu ihren Handlungen, selbst wenn sie auf eine Konditionierung zurückzuführen sind oder wenn es sich um Reflexvorgänge handelt. Seitdem wir Reflexe benennen können und bedingtes Verhalten weit verbreitet, meßbar und erforscht ist, versuchen die meisten Wissenschaftler, das Verhalten von Tieren allein auf dieser Argumentationsebene zu erklären. Das ist einfacher.

Wissenschaftler, die sich gegen das Vorhandensein von Gefühlen und Bewußtsein bei Tieren aussprechen, berufen sich häufig auf das denkökonomische Prinzip oder *Ockhams Rasiermesser*. Nach diesem Prinzip darf man beim Erklären und Beweisen nur das absolut Notwendige, die jeweils einfachste Hypothese annehmen. Dazu der Verhaltensforscher Lloyd Morgan: «Auf keinen Fall dürfen wir eine Verhaltensweise als das Ergebnis einer höheren Fähigkeit interpretieren, wenn wir es als das Ergebnis einer Fähigkeit interpretieren können, die auf der psychologischen Skala tiefer rangiert.» Diese Regel, nur den einfachsten Erklärungen Glauben zu schenken, ist nicht unangreifbar. Und die Art zu kategorisieren, also Fähigkeiten entweder als höher oder als niedriger zu bezeichnen, hat zu zahlreichen fragwürdigen Annahmen geführt. Emotionen hält man normalerweise für höherrangig, ohne sagen zu können, warum dies so sein soll. Außerdem ist die Welt durchaus kein Ort, wo nur die Gesetze der Ökonomie herrschen. Gordon Burghardt nennt als Gegenbeispiel: «Den Ursprung des Lebens durch Schöpfung zu erklären, ist einfacher, als das indirekte Funktionieren der Evolution zu verstehen.»

Weil die meisten Forscher Verhalten lieber so erklären, daß es möglichst glatt den Regeln der heute gültigen Methodologie gehorcht, weigern sie sich, für das Verhalten von Tieren auch noch andere Ursachen in Betracht zu ziehen als nur Reflexe und Konditionierungen. Die wissenschaftliche Orthodoxie verkündet: Was man nicht eindeutig messen oder testen kann, das kann nicht existieren und verdient also keine ernsthafte Untersuchung. Aber wenn man Verhalten von Tieren durch Emotionen erklärt, muß das durchaus nicht unabsehbar komplex oder untestbar sein. Solche Erklärungen sind nur schwieriger zu verifizieren mit den herkömmlichen Methoden der Wissenschaft. Dazu wären intelligentere und durchdachtere Methoden nötig. In den meisten Bereichen der Wissenschaft ist man jedenfalls bereit, sich sukzessive einem Gegenstand anzunähern, den man letztlich vielleicht doch nicht begreifen kann, als ihn vollständig außer acht zu lassen.

Funktionslust

Die Evolutionsbiologie untermauert die Ansicht, daß Tiere fühlen können. Nach diesem Denkmodell hat alles, was im Kampf ums Überleben zählt, Bedeutung für die natürliche Auslese. Gefühle können ein Verhalten motivieren, das im Überlebenskampf gefragt ist. Die Chance, daß ein Tier überlebt, wenn es aus Angst davonläuft, ist wahrscheinlich größer, als wenn es nicht weglaufen würde; umgekehrt gilt aber auch, daß ein anderes Tier, das sein Territorium entschlossen verteidigt, vielleicht länger und besser leben kann. Ein Tier, das seine Kinder liebt und schützt, wird mehr überlebende Nachkommen haben als andere. Einem Tier kann es Vergnügen bereiten, schnell zu rennen, ausdauernd zu fliegen oder tief zu graben. Der Begriff *Funktionslust* bezeichnet die Freude an dem, was man am besten beherrscht: das Vergnügen, das Katzen haben, wenn sie auf einen Baum klettern, oder Affen, wenn sie sich von Ast zu Ast schwingen. Dieses Vergnügen, dieses Glücksgefühl ist wohl der Grund dafür, daß ein Tier so etwas tut und damit die Wahrscheinlichkeit seines Überlebens verbessert.

Aber nicht alle Handlungen, die gefühlsmäßig motiviert sind, bringen einen Vorteil im Rahmen des Selektionsprinzips. Ein liebendes Tier mag viele Nachkommen haben, also ist Liebe im Sinne des Überlebens wirksam, doch ein liebendes Tier kann sich ebenso um ein mißgebildetes Junges oder um einen Gefährten kümmern, der keine Chance zu überleben hat, oder es kann sich selbst in Gefahr bringen, wenn es um einen toten Gefährten trauert. Ebenso ist es möglich, daß dieses Tier fremde Kinder adoptiert und also seine eigenen Gene nicht weitergibt. Solches Verhalten würde seine *fitness for survival* nicht vergrößern, sondern sie möglicherweise sogar schwächen. Vermutlich stehen viele Handlungsweisen bei Tieren nicht ausschließlich im Zeichen des Überlebenskampfes, sondern sind einfach gefühlsmäßig motiviert. Und dennoch behält die Liebesfähigkeit einen hohen Überlebenswert, da sie ja zur Folge hat, daß ein Tier viele Nachkommen hinterläßt. Wenn ein Verhalten, das für gewöhnlich anpassungsförderlich (adaptiv) ist, auch auftritt, wenn es keinen Überlebensvorteil mit sich bringt, so kann das bedeuten, daß ein alles übergreifendes Gefühl das Verhalten gesteuert hat und nicht eine Adaption im engeren Sinne. Systematische Beobachtungen dieser Art könnten die Theoriebildung über Emotionen fördern und sogar ihr Vorhandensein testen.

Biologen argumentieren häufig auf der Ebene der Evolutionstheorie, um ein bestimmtes Verhalten bei Tieren zu erklären und die Frage der Gefühle nicht erörtern zu müssen. Wissenschaftler behaupten zum Beispiel, daß Singvögel nicht singen, weil es ihnen Freude bereitet oder weil sie ihren Gesang schön finden, sondern weil sie auf diese Weise ihr Territorium markieren und möglichen Gefährten ihre Paarungsbereitschaft signalisieren. So würde Vogelgesang als eine aggressiv und sexuell bestimmte Funktion eine genetische Erklärung für Verhalten bieten. In der Tat mag ja der Gesang des Vogels seine territorialen Ansprüche ausdrücken und mag tatsächlich ein paarungswilliges Weibchen anlocken, aber das schließt nicht aus, daß der Vogel singt, weil er glücklich ist und seinen Gesang schön findet. Der Primatenforscher Frans de Waal sagt dazu: «Wenn ich ein Dohlenpärchen sich gegenseitig zärtlich und geduldig putzen sehe, dann ist mein erster Gedanke nicht, daß diese Vögel das tun, um Überlebenshilfe für ihre Gene zu leisten. Dies wäre auch eine irreführende Ausdrucksweise, da sie das Präsens gebraucht, wo doch evolutionäre Erklärungen sich nur im Imperfekt geben lassen können.» Statt dessen begreift de Waal das Tun der beiden Vögel als Ausdruck von Liebe und Erwartung oder, und da nimmt er sich ein wenig zurück, von «exklusiver Bindung».

Ähnliches läßt sich von menschlichem Verhalten sagen: Man *kann* es, wie die Soziobiologen es häufig tun, als positiven Wert im Überlebenskampf begreifen, aber diese Erklärung muß nicht die einzige sein. Wenn Menschen, die eigentlich in einer monogamen Beziehung leben, außereheliche Affären haben, geschieht das nicht immer, weil sie ihre Chance, Kinder zu bekommen, erhöhen wollen, indem sie andere Frauen schwängern als diejenige, mit der sie ein beträchtliches Elternschaftsengagement verbindet, oder weil sie sich mit genetisch überlegenen Männern paaren wollen zugunsten ihrer Nachkommen. Im Gegenteil: Ehebrecherinnen und Ehebrecher tun meist alles, um keine Kinder zu bekommen. Obgleich sexueller Mißbrauch von Kindern weit verbreitet ist, hat er keinen Überlebenswert. Wenn die Menschen den Gesetzen der Evolution unterworfen sind, aber Gefühle haben, die nicht im Sinne der Selektion erklärt werden können, wenn sie Emotionen haben, die ihnen keine Vorteile einbringen, warum sollten wir dann annehmen, Tiere handelten ausschließlich zugunsten ihrer eigenen Fortpflanzung?

Eine Doppelmoral

Wir Menschen haben für uns ganz andere Maßstäbe geltend gemacht als für Tiere. Menschen gesteht man Gefühle zu, die gewöhnlich mit Hilfe von Sprache zum Ausdruck gebracht werden, etwa mit Sätzen wie: «Ich liebe dich» oder «Es ist mir egal» oder «Ich bin traurig». Die Menschen verbringen einen großen Teil ihres Lebens damit, sich mit ihren Gefühlen oder mit denen ihrer Mitmenschen auseinanderzusetzen. Aber obwohl man sich darüber einig ist, daß manche Menschen in bezug auf ihre Gefühle lügen, um Vorteile zu erzielen, oder daß andere sich über ihre eigenen Gefühle im Irrtum befinden oder gar nicht wissen, was sie eigentlich fühlen, oder ihre Gefühle unglaubwürdig zum Ausdruck bringen, gibt es nur sehr wenige, die daran zweifeln, das es Gefühle gibt – bei ihnen selbst und bei anderen Menschen. Die Hauptmethode bei der Beweisführung sind wahrscheinlich Analogie und Empathie: Wir wissen, daß wir Gefühle haben, weil sie uns verändern, ebenso wie sie andere verändern. Da sich die anderen ähnlich wie wir selbst verhalten und Ähnliches zum Ausdruck bringen, wissen wir, daß auch sie Gefühle haben.

Aber eine solche Art des Schließens hat ihre Grenzen: Aus unseren Erfahrungen lernen wir, daß andere Menschen Dankbarkeit empfinden, denn sie handeln oder äußern sich entsprechend. Aber das wirft noch kein Licht auf die Frage, ob Löwen Dankbarkeit empfinden können. Andererseits haben Menschen, selbst wenn sie auf einem hohen kulturellen Niveau leben, noch sehr viel von einer Tierart an sich; die Verbindung physischer und psychischer Komponenten bei Gefühlen könnte also sehr wohl bei Tieren wie bei Menschen vorliegen. Man kann Gefühle zwar nicht einfach auf eine Mischung von Hormonen reduzieren, doch bis zu welchem Grad auch immer Hormone für Gefühle beim Menschen verantwortlich sind, sie können es ebenso bei Tieren sein. Chemische Substanzen wie Oxytocin, Adrenalin, Serotonin und Testosteron, von denen man weiß, daß sie Verhaltensweisen und Gefühle bei Menschen beeinflussen, hat man auch bei Tieren nachgewiesen. Bei dem Versuch, menschliches Verhalten anhand von hormonell gesteuerten Prozessen im Körper zu erklären, sind nicht nur gravierende Fehler gemacht worden, sondern es sind auch sehr schädliche Nebenwirkungen daraus entstanden; man sollte sich davor in acht nehmen, dieselben Fehler in bezug auf Tiere zu wiederholen.

Im Gegensatz zu dem Glauben, daß Gefühle nur aus den unvergleichlichen geistigen Kräften des Menschen hervorgehen, ist zu betonen, daß der dazugehörige physikalische Ablauf ein sehr primitiver ist. Der Teil des Gehirns, der Emotionen übermittelt, das sogenannte limbische System, ist, phylogenetisch betrachtet, eines der ältesten Funktionssysteme im Gehirn, so daß man gelegentlich vom «Reptiliengehirn» spricht. Vom physiologischen Standpunkt betrachtet, wäre es ein biologisches Wunder, wenn Menschen die einzigen Lebewesen wären, die Gefühle hätten. Können wir dann nicht endlich auch nachweisen, daß Katzen ihre Jungen lieben oder die Katzenkinder ihre Mutter. Wenn Messungen belegen, daß die Hormonwerte im Blut bei Katzen ansteigen, wenn sie ihre Jungen sehen oder wenn elektrische Energien bestimmte Bereiche des Katzengehirns aktivieren, würde man das als Beweis gelten lassen? Viele Wissenschaftler würden diese Frage immer noch verneinen: Wir werden nie wissen, ob Katzen lieben. Zwar sind die meisten Augenzeugen überzeugt, daß Katzen ihre Jungen lieben, was sie ganz schlicht aus dem Verhalten der Katzenmutter schließen. Doch Naturwissenschaftler ziehen es vor, diese Ansicht abzulehnen.

Ist es möglich, daß die Aussage: «Der Affe ist eindeutig traurig» gar nicht so verschieden ist von der Aussage: «John ist eindeutig traurig»? Das *eindeutig* weist auf eine Interpretation hin; sie bezieht sich auf einen sozial kodierten Tatbestand, den wir als Indiz für Traurigkeit gelten lassen. John starrt seit Stunden auf den Boden und seufzt. Der Affe genauso. Und wenn John sich weigert zu essen, tut das der Affe vielleicht auch. Wenn John gefragt wird, wie er sich fühlt, schaut er weg. Wir – und auch er selbst – würden in diesem Fall nicht sagen, daß er nicht in der Lage sei, Traurigkeit zu empfinden. Wir können uns im Falle des Affen täuschen. Aber ebenso können wir uns in bezug auf John getäuscht haben. Möglicherweise empfindet er etwas völlig anderes. Apathie vielleicht oder Existenzangst. Vielleicht haben wir sein Verhalten, seine Mimik und seine Laute mißverstanden. Der Begriff *eindeutig* besagt, wie sicher wir uns in bezug auf eine Sache sind, aber diese Sicherheit ist im Falle des Menschen nicht so sicher und im Falle des Tieres nicht so unsicher, wie wir angenommen hatten.

Sprache und ihre Ungewißheiten

Menschen sind der Sprache mächtig, was einen der Hauptunterschiede zwischen Menschen und anderen Lebewesen ausmacht. Tiere können ihre Gefühle nicht auf eine Weise ausdrücken, die Menschen zuverlässig verstehen, dennoch ist die Sprachbarriere zwischen Menschen und Tieren nicht absolut. Außerdem kann man sich auch auf die Sprache, wenn es um die Gefühle zwischen Menschen geht, nicht als Richtmaß verlassen. Wenn ein Gefühl verbal bestätigt wird, heißt das noch lange nicht, daß es auch existiert. Ebensowenig kann man behaupten, ein Gefühl existiere nicht, weil die Fähigkeit, es zum Ausdruck zu bringen, nicht existiert. Sehr gehemmte, zurückgebliebene Menschen können gar nicht über ihre Gefühle sprechen, was nicht heißt, daß sie keine haben. Stumme haben natürlich Gefühle. Intellektuell gebildete Menschen können über ihre Gefühle Lügen äußern oder sie verbergen. Intellektualität mag die Menschen von den anderen Tieren unterscheiden, wenn auch nur graduell, aber selbst bei den Menschen stehen Intelligenz und Emotion in keiner engen Korrelation.

Die Sprache ist ein Teil der Kultur, und die Kulturen überall auf der Welt unterscheiden offenbar zwischen denselben Gefühlslagen und beziehen sich auf dieselben Erfahrungswerte. Aber können wir ein Gefühl empfinden, für das es in unserer Kultur keinen Begriff gibt? Ohne Zweifel wird in der einen Kultur ein Gefühl definiert, das in der anderen nicht vorkommt, nur heißt das nicht, daß dieses Gefühl nicht überall gefühlt werden kann. Es mag nicht einfach sein, es in der anderen Sprache zu bestimmen und auszudrücken, ebenso wie es sicher schwierig ist, darüber nachzudenken oder es anderen mitzuteilen. Diese Gefühle haben eine Art Eigenleben, aber wir fühlen sie trotzdem. Ganz genauso können Tiere Gefühle haben, die, selbst wenn sie dazu in der Lage wären, nur schwer in Worte gefaßt werden könnten, aber aus diesem Grund würden diese Gefühle nicht weniger echt sein. Trotz dieser Sprachbarriere teilen Menschen bei weitem den größten Teil der Gefühle, zu denen sie fähig sind, mit den Tieren.

Das Vorurteil, daß nur Menschen denken und fühlen können, weil nur Menschen in der Lage sind, ihre Gedanken und Gefühle in Worte – geschriebene oder gesprochene – zu fassen, ist alt. Descartes glaubte, daß Tiere denkunfähige Kreaturen: *automata*, Maschinen seien:

Denn es ist ganz auffällig, daß es keinen so stumpfsinnigen und dummen Menschen gibt, nicht einmal einen Verrückten ausgenommen, der nicht fähig wäre, verschiedene Worte zusammenzuordnen und daraus eine Rede aufzubauen, mit der er seine Gedanken verständlich macht; und daß es im Gegenteil kein anderes Tier gibt, so vollkommen und glücklich veranlagt es sein mag, das ähnliches leistet. Dies liegt nicht daran, daß den Tieren Organe dazu fehlten ... Dies zeigt nicht bloß, daß Tiere weniger Verstand haben als Menschen, sondern vielmehr, daß sie gar keinen haben.

Ein unbekannter Zeitgenosse von Descartes bekräftigt diese Aussage:

Die [cartesischen] Wissenschaftler teilten seelenruhig Schläge an ihre Hunde aus und verspotteten diejenigen, die, in der Annahme, daß diese Schmerz empfinden können, die armen Kreaturen bedauerten. Sie behaupteten, die Tiere seien wie Uhren, deren Schreie, die sie ausstoßen, wenn man sie schlägt, wie das Geräusch einer kleinen Feder sind, die man berührt, doch ihre Körper hätten keinerlei Empfindung. Sie nagelten die armen Tiere an ihren vier Pfoten auf Bretter, um sie zu vivisezieren und ihren Blutkreislauf zu studieren, ein Thema, das damals sehr umstritten war.

Im Gegensatz dazu behauptete Voltaire, Vivisektion zeige deutlich, daß Hunde dieselben *organes de sentiment* besitzen wie Menschen: «Antworte mir, du, der du glaubst, daß Tiere nur Maschinen sind. Hat die Natur für die Tiere diese ganze Maschinerie der Gefühle eingerichtet, damit sie keine Gefühle empfinden können?» An einer anderen Stelle in *Le philosophe ignorant* kritisiert er Descartes, indem er sagt, daß dieser «sogar so weit geht, zu behaupten, daß Tiere schiere Maschinen sind, die sich nach Futter umschauen, selbst wenn sie keinen Hunger haben, die organischen Vorrichtungen besitzen, um zu fühlen, jedoch niemals ein einziges Gefühl verspüren, die schreien, ohne Schmerz zu empfinden, die ihr Wohlbefinden zeigen, ohne Freude dabei zu haben, die ein Gehirn besitzen, aber nicht eines einzigen Gedankens fähig sind und die damit ein einziger ständiger Widerspruch der Natur mit sich selbst seien.» Bereits 1738 setzte sich Voltaire mit den humanen Ansichten Isaac Newtons auseinander und mit dessen Überzeugung, die er zusammen mit dem Philosophen John Locke vertrat, daß Tiere dieselben Gefühle wie Menschen haben. Voltaire schrieb: «Er [Newton] war der Ansicht, daß es ein furchtbarer Widerspruch sei zu glauben, daß Tiere fühlen könnten, und ihnen dennoch Leiden zuzufügen.»

Es ist wahr, daß die meisten Tiere keine Sprache sprechen, die Menschen verstehen können. Aber ist die Fähigkeit zu sprechen als Indiz für Gefühle wirklich so wichtig, wie einige Philosophen glaubten? Verschiedene Schimpansen und andere Großaffen verfügen über ein Vokabular der Amerikanischen Taubstummensprache (American Sign Language, ASL), das mehr als hundert Wörter umfaßt. Sie kommunizieren nicht nur mit Menschen, sondern auch mit ihren eigenen Artgenossen. Liegt die Vermutung nicht nahe, daß sie schon zuvor in der Lage gewesen sind, anderen Affen einige dieser Informationen über ein anderes Verständigungssystem als die Taubstummensprache zu vermitteln? Warum hätten sie auf die Wissenschaftler warten sollen, um etwas zu tun, was sie sowieso schon konnten? Die Tatsache, daß Affen keine Stimmbänder haben, bedeutet nicht, daß sie nicht fähig sind zu kommunizieren. Auf den ersten Sturm der Begeisterung, welcher von den signalisierenden Affen hervorgerufen wurde, folgte in der Wissenschaft eine völlige Ablehnung und Mißachtung derselben, als Individuen und als Spezies. Und wenn schon die Äußerungen, die Affen in bezug auf ihr Futter oder ihr Spielzeug machen, derart vehement in Frage gestellt wurden, dann kann man sich sicher vorstellen, wie die Reaktion auf ihre Gefühlsäußerungen ausfallen würde. Tiefverwurzelte Vorurteile bekräftigen die Ansicht, daß wir nichts über die Gefühle von Tieren wissen können, da diese nicht sprechen können; doch würden sie eine Sprache sprechen, die wir Menschen verstehen, würden wir wahrscheinlich behaupten, daß das, was sie sagen, etwas anderes bedeutet als bei uns.

Selbst wenn Tiere unsere Menschensprache sprechen, nehmen manche Menschen sie noch längst nicht beim Wort. Seit sechzehn Jahren wird Alex, ein afrikanischer Graupapagei, von der Psychologin Irene Pepperberg trainiert, die die kognitiven Fähigkeiten bei Vögeln untersucht. Alex ist der einzige Papagei auf der Welt, von dem wir wissen, daß er die Worte, die er sprechen kann, auch versteht. Er weiß die Namen von fünfzig Gegenständen, sieben Farben und fünf Formen. Er kann bis zu sechs Gegenstände aufzählen und weiß, welcher von zweien kleiner ist. Ebenso hat er eine Menge «funktionaler» Phrasen aufgeschnappt. Er hat zum Beispiel gelernt: «Ich gehe jetzt.» Er hört das die Leute in Frau Pepperbergs Labor sagen. Irene Pepperberg berichtet, was sie tun, wenn Alex ausgeschimpft wird: «Wir sagen: ‹Nein! Böser Junge!› Und wir gehen hinaus. Und er weiß, was er in diesem Zusammenhang darauf zu antworten hat. Er holt uns zurück, indem er sagt: ‹Komm her! Es tut mir leid!›» Alex hat zu sagen gelernt, daß es ihm leid tut, weil er gehört hat, wie es die Menschen sagen. Er weiß, wann man das sagt. Ob es ihm auch leid tut? Dazu Pepperberg: «Er beißt, dann sagt er: ‹Es tut mir leid› und beißt erneut. Es gibt kein Anzeichen der Reue!» Genauso wie bei vielen Menschen.

Da ist ein Tier, das uns auf verbalem Wege mitteilen will, daß es Bedauern empfindet, und wir glauben ihm nicht. Wenn es ihm wirklich leid täte (in unserem Verständnis des Wortes), daß er gebissen hat, würde er dann sofort wieder beißen? Vielleicht schon. Was auch immer in Alex vorgeht, er ist motiviert, Ausdrücke der menschlichen Sprache für menschliche Gefühle zu lernen – vielleicht, um aus den Menschen bessere Gefährten für Papageien zu machen. Alex mag keine Reue empfinden, wenn er jemanden gebissen hat. Vielleicht hat aber auch Irene Pepperberg keine Worte für das, was Alex von ihr erwartet; vielleicht hat sie niemals so empfunden wie Alex. Das menschliche Vokabular ist erstaunlich schmal, wenn es um den Ausdruck positiver sozialer Beziehungen geht, und bemerkenswert reich, wenn die negativen Eigenschaften von Individuen bezeichnet werden sollen. Könnte nicht die Gesellschaft, die in den Wipfeln des Urwaldes lebt, über Grade sozialer Nähe und Zuneigung verfügen, die wir Menschen nicht in Sprache zu fassen vermögen? Vielleicht sind wir es, die noch einiges zu lernen haben.

Kommunikation ohne Sprache

Die nonverbale Kommunikation hat in den letzten Jahren unter Wissenschaftlern und Therapeuten großes Interesse gefunden. Viele komplexe Gemütsverfassungen können einfacher durch Gesten vermittelt werden als durch Sätze, während sich andere der Sprache völlig entziehen. Der Versuch, subtile, schwer zu fassende Gefühle zu vermitteln, läßt jeden Menschen die Unzulänglichkeit der Sprache empfinden. Die Dichtung ist letztlich ein solcher Versuch, Emotionen, Stimmungen, Gemütsverfassungen und selbst Gedanken zu vermitteln, die oft nur schwer zu greifen sind und der Alltagssprache zu trotzen scheinen. Die Künste und das Schweigen reden dort, wo Worte versagen.

Es gibt kaum Zweifel daran, daß Menschen ihre Gedanken

und Gefühle auch *ohne* Worte vermitteln, und die Ansicht, daß ein großer Teil der Kommunikation mit anderen Menschen auf nonverbalem Wege stattfindet, setzt sich immer mehr durch. Ebenso wie die Körpersprache der Menschen, die sich in Gesten und expressiven Handlungen und in Ausdrucksformen wie Pantomime und Tanz verständigen, sollte man auch die nonverbalen Gefühlsäußerungen der Tiere nicht außer acht lassen.

Tiere übermitteln Informationen an andere Tiere und auch an Menschen, die «auf Empfang eingestellt» sind, durch Laute, Gesten, Handlungen und Posen. Obwohl die Untersuchungen dieser Ausdrucksschemata voranschreiten, ist die Fähigkeit, diese Informationen zu verstehen, selbst bei Spezialisten noch sehr unterentwickelt. Das gilt vor allem für diejenigen, die mit der betreffenden Spezies nicht so vertraut sind. Die Tiere untereinander verstehen diese Signale selbst speziesübergreifend viel besser. Elizabeth Marshall Thomas vermutet sogar, daß Tiere die menschlichen Körpersignale wesentlich besser verstehen können, als Menschen dies, konfrontiert mit den Signalen aller anderen Lebewesen, vermögen. «Mag sein, daß wir Menschen andere Lebewesen so gut beherrschen, gerade weil wir zur Kommunikation unfähig sind.» Und de Waal beklagt sich darüber, daß Affen die menschliche Körpersprache so perfekt verstehen, daß sich diejenigen, die mit ihnen arbeiten, sofort durchschaut fühlen.

David Macdonald hat fünfzehn Jahre lang Rotfüchse erforscht, er hat sie aufgezogen und mit ihnen gelebt. Er versteht ihre Körpersprache. Er kann mit einem Blick erkennen, ob ein Fuchs glücklich oder erregt oder nervös ist. Ohne Einschränkungen beschreibt er sie als verspielt, wütend, töricht, ängstlich, zutraulich, zufrieden, kokett oder gedemütigt. Sein Buch *Running with the Fox* schildert die Körpersprache seiner Füchse so anschaulich, daß sie leicht auch von denjenigen erlernt werden kann, die mit dieser Spezies nicht so vertraut sind. Doch weil die Gefühle von Tieren keinen wissenschaftlich legitimierten Themenbereich darstellen, zieht sich Macdonald hinter die folgenden Kautele zurück, wenn er die Frage diskutiert, ob Füchse mit Lust töten: «Angenommen, daß sie Gefühle haben, welche Menschen identifizieren können (...).» Er nennt diese Frage «philosophisch nicht zu lösen». Für die meisten Laien dagegen ist diese Frage genauso gut zu beantworten wie die Frage, ob andere Menschen Gefühle haben, sadistische eingeschlossen.

In Konrad Lorenz' Buch *Das Jahr der Graugans* lautet eine Bildunterschrift zu einem Foto, auf dem ein Ganter zu sehen ist: «Nachdem Ado [ein anderer Ganter] Selma endgültig erobert hatte [seine frühere Gefährtin], brach Gurnemanz, den wir hier sehen, buchstäblich zusammen.» Für jemanden, der sich nur gelegentlich mit Gänsen beschäftigt, ist das nicht sichtbar. Es könnte ebensogut eine glückliche oder eine wütende Gans sein. Da Gänse keine Mimik haben, besteht auch kaum die Möglichkeit, eine Veränderung am Gesichtsausdruck abzulesen. Nur seine langjährige Erfahrung ermöglichte es Lorenz, die Körpersprache der Gänse zu verstehen. Die Positur und die Kopfhaltung von Gurnemanz geben Auskunft über seine demoralisierende Niederlage. Anderswo beschreibt Lorenz die Posen, Gesten und Laute der Gänse als siegessicher, unsicher, angespannt, froh, traurig, wachsam, entspannt oder bedrohlich.

Es ist möglich, daß Gänse und andere Tiere förmlich platzen vor Gefühlen und daß diese ihnen «ins Gesicht geschrieben stehen», so daß es nur einiger Praxis bedarf, sie zu lesen. Wir sind durch Unwissenheit, mangelndes Interesse und durch unser ausbeuterisches Verhalten (etwa Tiere essen zu wollen) in unserem Verständnis eingeschränkt, und unsere anthropozentrische Voreingenommenheit verhindert, daß wir etwaige Gemeinsamkeiten erkennen. Wir halten uns für Götter, doch wie können wir Götter sein, wenn wir den Tieren ähnlich wären?

Die Erforschung des verbotenen Themas

Die Standards, nach denen man die Existenz der Gefühle bei Tieren definiert, sollten denen entsprechen, die auch für Menschen gelten.

Wir sollten nicht länger nach Beweisen für das Vorhandensein von Gefühlen bei Tieren suchen, genausowenig wie wir das für die menschlichen Gefühle tun; und genauso wie den Menschen sollte es Tieren erlaubt sein, ihre eigene Gefühlssprache zu sprechen, die zu verstehen denjenigen überlassen bleibt, die sie verstehen wollen.

Auch die menschlichen Gefühle entziehen sich einer genauen wissenschaftlichen Untersuchung.

Es gibt in der Tat keinen von der Wissenschaft anerkannten Beweis für die Fähigkeit des Menschen, zu empfinden. Was ein Mensch empfindet, ist niemals vollkommen zugänglich für einen anderen. Es ist nicht nur unsicher, ob unsere Gefühle mitteilbar sind; mit letzter Sicherheit werden wir die Komplexität der Gemütsverfassung eines anderen nicht erfassen können.

Wir glauben zu wissen, daß jemand traurig oder vereinsamt oder vergnügt ist, doch es ist schwer, die Nuancen und spezifischen Färbungen seines emotionalen Zustands zu erfassen. Wir leben vielleicht nicht jeder separat in seiner eigenen Gefühlswelt, aber die Innerlichkeit eines anderen Menschen, sofern sie individuell ist, bleibt letzten Endes ein Geheimnis.

Die Lebensbeschreibung eines normalen Menschen, in der es niemanden gäbe, der geliebt würde, der liebte oder geliebt werden wollte, in der sich niemand vor etwas fürchtete, in der niemand wütend würde oder jemanden wütend machte, in der es keine tiefe Verzweiflung gäbe, in der niemand stolz auf das wäre, was er geleistet hat, in der sich nie jemand schämen oder schuldig fühlen würde – eine solche Lebensbeschreibung wäre total unnatürlich, unrealistisch und armselig. Man würde sagen, sie sei unmenschlich.

Wenn man das Leben der Tiere unter Aussparung des Gefühlslebens beschreibt, entspräche das ebensowenig der Wahrheit, wäre das ebenso oberflächlich und verfälschend – man würde sie ihrer Ganzheit berauben. Um Tiere zu verstehen, muß man also verstehen, was sie fühlen.

2 GEFÜHLLOSE BESTIEN

Wir Menschen haben in unserer Geschichte vielfache Anstrengungen unternommen, uns von den Tieren zu unterscheiden. Wir sprechen, wir denken, wir haben Phantasie, wir können vorausschauen, wir verehren, wir lachen – sie tun das alles nicht. Das Insistieren auf einem nicht überbrückbaren Abgrund zwischen Menschen und anderen Tieren scheint einem historischen Bedürfnis zu gehorchen. Warum definieren wir uns so häufig in Abgrenzung zu Tieren? Welche Funktion erfüllt diese Unterscheidung zwischen Mensch und Tier?

Auf zwei Weisen gelangt man zu diesen Unterscheidungen. Viele Autoren verweisen auf menschliche Defizite und erklären sie für einzigartig. Am häufigsten wird hier die Tatsache angeführt, daß Menschen einander bekämpfen. Autoren, welche diese Strategie einschlagen, wollen ihre Leser mit moralischen Botschaften erreichen. Im ersten nachchristlichen Jahrhundert gibt Plinius d. Ä. in seiner *Naturgeschichte* zu bedenken: «Löwen bekämpfen einander nicht, Schlangen greifen nicht Schlangen an, und die Monster der Tiefsee wüten nicht untereinander. Was jedoch den Menschen anbelangt, so sind die meisten seiner Mißgeschicke von seinen Mitmenschen verursacht.» Wenn Ariost im *Orlando Furioso* (1532) schreibt: «Der Mensch ist das einzige Tier, das seinesgleichen verletzt», so meint er das auch als Ermahnung. In James Froudes *Oceana* von 1886 liest man: «Wilde Tiere töten niemals um des Vergnügens willen. Der Mensch ist darin einzig, daß ihm die Qual und der Tod seiner Mitmenschen Freude bereiten.» Und noch in diesem Jahrhundert konstatierte William James: «Der Mensch ist ganz einfach das furchtbarste aller Beute machenden Tiere und das einzige, das systematisch die eigene Art vernichtet.» In diesen Feststellungen geht es nicht so sehr um die Eigenarten der Tiere als darum, die Menschen vom Totschlag anderer Menschen abzubringen. Daß sie sich schlimmer als die Tiere betragen, soll sie zu schamvoller Einsicht bringen.

Ganz anders verfährt die zweite Strategie des Tier-Mensch-Vergleichs, die bei weitem die häufigste ist. Sie streicht die menschlichen Vorteile heraus: unsere Intelligenz, unsere Bildung, unseren Sinn für Humor, unser Wissen von unserem Ende. Bei William Hazlitt im 19. Jahrhundert klingt das so: «Der Mensch ist das einzige Lebewesen, das lacht und weint, denn nur ihm ist das Unterscheidungsvermögen dafür gegeben, wie die Dinge sind und wie sie sein sollten.» In unserem Jahrhundert behauptete der Philosoph William Ernest Hocking: «Der Mensch ist das einzige Lebewesen, das sich mit dem Tod befaßt und das sich über seine Bestimmung Gedanken macht.» Nur dem Menschen wird der Sinn für Humor und für tugendhaftes Verhalten zugeschrieben, ebenso die Fähigkeit, Werkzeuge anzufertigen und zu nutzen. Wiederum gilt, daß es solchen Autoren mehr darum geht, didaktisch auf Menschen einzuwirken, als darum, Tiere zu beobachten und zu verstehen.

Immer haben Mensch-Tier-Vergleiche den Philosophen als eine reiche Quelle für moralische Belehrungen gedient; das gilt besonders für die Zeiten, da die Natur sentimentalisiert und als vorbildhaft in Anspruch genommen wurde. Buffon etwa, der große französische Naturforscher des 18. Jahrhunderts, begann seinen auf sehr poetische Weise verfaßten Essay «Über die Natur der Tiere», indem er sagte, daß Tiere zwar weder denken können noch ein Erinnerungsvermögen haben, aber durchaus zu Gefühlen fähig seien, und zwar «in einem größeren Maße als die Menschen». Buffon glaubte an die Vorteile des tierischen Gefühlslebens. Menschen, so schrieb er, führen ein Leben in stiller

Verzweiflung, und die «meisten Menschen sterben an gebrochenem Herzen». Im Gegensatz dazu behauptet er: «Tiere versuchen niemals, Situationen Vergnügen abzugewinnen, in denen es kein Vergnügen gibt; durch ihre Gefühle sicher angeleitet, machen sie nie einen Fehler in ihren Entscheidungen; ihr Verlangen steht immer in einem proportionalen Verhältnis zu den Möglichkeiten, Freude zu empfinden: Das Maß ihrer Freude ist abhängig von ihren Empfindungen, und ihre Empfindungen sind bedingt durch das, was ihnen Freude bereitet. Die Menschen haben im Gegensatz dazu das Verlangen, aktiv Situationen herbeizuführen, die ihnen Vergnügen bereiten, was nichts anderes bedeutet, als den natürlichen Lauf der Dinge zu stören; indem sie ihre Gefühle zu forcieren versuchen, verstoßen sie gegen ihr Wesen, und nichts kann das große Loch, was in ihrem Herzen entsteht, wieder füllen.» Er endet damit, daß er die «unendliche Distanz» hervorhebt, «die das höchste Wesen zwischen Tier und [Mensch] gelegt hat».

Die zeitgenössische Diskussion des Tier-Mensch-Gegensatzes hat sich nur wenig mit der Realität des Tieres beschäftigt und weder auf die Seite des Tieres noch auf die des Menschen neues Licht geworfen. Kürzlich schrieb N. K. Humphrey: «Die Menschen sind die am höchsten entwickelten geselligen Kreaturen, die es auf der Welt je gegeben hat. Ihre sozialen Bindungen sind intensiv und komplex, und sie sind von einer derartigen biologischen Bedeutung für sie, wie das bei keinem anderen Lebewesen der Fall ist.» Wenn wir bedenken, wie wenig wir über die Beziehungen der «anderen Lebewesen» zueinander wissen, erscheint eine solche Aussage unverantwortlich.

Wie wenig wir wissen und wieviel wir vorgeben zu wissen, wird durch den Tatbestand illustriert, daß die Verhaltensforscher bis vor kurzem den Grundsatz aufrechterhielten, daß es nur bei Menschen einen weiblichen Orgasmus gebe. Noch 1979 betonte der Anthropologe Donald Symons, daß der «weibliche Orgasmus ein Charakteristikum nur unserer eigenen Spezies ist». Als man diese Frage näher untersuchte und die gleichen physiologischen Grundsätze gelten ließ wie bei Menschen, fand man heraus, daß das Makaken-Weibchen offensichtlich einen Orgasmus haben konnte. Der Primatenforscher Frans de Waal beobachtete dasselbe bei weiblichen Zwergschimpansen (*Bonobo*), und zwar an ihrem Verhalten. Für viele Fragen dieser Art, vor allem wenn sie die Menschen-Frau einbeziehen, gilt, daß sich damit nur die wenigsten Wissenschaftler systematisch auseinandergesetzt haben; mal ganz abgesehen davon, daß noch nicht einmal die obligatorischen Feldforschungen durchgeführt wurden. Vielleicht gefiel den meisten männlichen Naturforschern der Gedanke, daß Frauen dank ihrer einzigartigen Fähigkeit zum Orgasmus jederzeit Sex haben wollen, wohingegen Tierweibchen Sex nur während der Brunst und damit nur zu Zwecken der Fortpflanzung haben wollen.

Unsere edlen Gefühle

Die Menschen haben von jeher ihre Einzigartigkeit von ihren «höheren» Gefühlen abgeleitet. Nur Menschen sind, wie man sagt, zu noblen Gefühlen wie Mitleid, wahrer Liebe, Selbstlosigkeit, Bedauern, Gnade, Ehrfurcht, Würde und Bescheidenheit fähig. Andererseits hat man den Tieren die «niederen» Gefühle wie Grausamkeit, Stolz, Habgier, Aggressivität, Eitelkeit und Haß zugewiesen. Hier spielt offenbar die Furcht eine große Rolle, unser Selbstverständnis, einzigartig und nur für noble Gefühle bestimmt zu sein, könne verletzt werden. Auf diese Weise wird nicht nur das Thema, ob Tiere zu Empfindungen fähig sind, sondern auch die Art ihrer Empfindungen als Bekräftigung der Grenzen zwischen den Spezies eingesetzt. Was liegt hinter dieser «Wir-Sie»-Mentalität verborgen, hinter diesem Zwang zu beweisen, daß wir anders sind, anders auch auf emotionaler Ebene? Warum ist diese Unterscheidung zwischen Mensch und Tier für uns so wichtig?

Um diese Frage zu beantworten, müssen wir zunächst die verschiedenen Standards in Betracht ziehen, die wir für unsere eigene Spezies entwickelt haben. Seit eh und je definieren sich dominante Gruppen, indem sie sich höhere Eigenschaften zuweisen als den Gruppen, die sie dominieren. Weiße Menschen unterscheiden sich von schwarzen Menschen nach Maßgabe des unterschiedlichen Melaningehalts ihrer Haut; Männer unterscheiden sich von Frauen anhand primärer und sekundärer Geschlechtsmerkmale. Diese an sich empirischen Unterscheidungskriterien werden dann zu den Faktoren erhoben, welche die soziale Dominanz einer Gruppe über eine andere bewirken. Es entsteht der Anschein, daß die Unterscheidungskriterien selbst und nicht die sozialen Konsequenzen, welche aus den einmal getroffenen Unterscheidungen resultieren, für diesen Prozeß der Diskriminierung verantwortlich sind. So haben die Definitionen von Mensch und Tier bewirkt, daß der Mensch an der Spitze bleibt. Und so können Menschen von der Art und Weise profitieren, wie sie mit Tieren umgehen – indem sie sie verletzen, einsperren, ihre Arbeitskraft ausbeuten, sie essen, sie angaffen und sie als Anzeichen höheren sozialen Status besitzen. Jedes menschliche Lebewesen, das die Wahl hat, würde sich nicht auf diese Weise behandeln lassen. Einen besonders dreisten Ausdruck dieser Vorurteile und eine Andeutung ihrer sozialen Konsequenzen finden wir in dem Artikel «Tiere» der *Encyclopedia of Religion and Ethics*, publiziert im Jahre 1908:

Die Zivilisation, oder vielmehr die Erziehung, hat bewirkt, daß wir uns über den tiefen Graben bewußt geworden sind, der zwischen Menschen und niederen Tieren verläuft ... Auf den niedrigsten Stufen der Kultur, die entweder bei anderen Rassen vorkommen, die als ganze unterhalb der europäischen Rasse existieren, oder beim unkultivierten Teil der zivilisierten Bevölkerung anzutreffen sind, gibt es keine angemessenen Unterscheidungskriterien zwischen Menschen und Tieren ... Der Wilde ... schreibt den Tieren ein wesentlich komplexeres Zusammenspiel von Gedanken und Gefühlen und eine sehr viel größere Wirkungsbreite von Wissen und Macht zu, als das in Wirklichkeit der Fall ist ... So wundert es kaum, daß seine Beziehung zu den Tieren nicht von Überlegenheit, sondern von Ehrfurcht geprägt ist.

Die Tiere können also nur von einer niederen Art von Menschen, von Menschen, die den Tieren näher sind, geschätzt werden. Matt Cartmill setzt sich in seiner Kulturgeschichte des Jagdtriebs *Das Bambi-Syndrom* mit den menschlichen Rationalisierungen dieses Abstandes auseinander:

> Bei der Fixierung der Grenze zwischen Tieren und Menschen haben die Naturforscher eine große Erfindungsgabe gezeigt, wenn es darum ging, Merkmale allein für den Menschen zu beanspruchen und nicht auf Tiere übertragbar zu machen. Betrachten wir etwa unser angeblich großes Gehirn. Menschen hält man für intelligenter als Tiere, und deswegen müssen sie größere Gehirne haben. Tatsache ist, daß Elefanten, Wale und Delphine absolut größere Gehirne haben als wir und daß kleine Nagetiere und Affen relativ größere Gehirne haben – relativ zum Gewicht ihrer Körper. Die Wissenschaftler, die sich mit diesen Fragen auseinandersetzen, haben sich dann darangemacht, die Parameter von Gehirngröße neu zu bestimmen, indem sie zum Beispiel das Gehirngewicht durch eine Stoffwechselrate oder durch eine andere exponentielle Größe teilen, um auf diese Weise einen Standard aufzustellen, demzufolge die Tiergehirne doch als kleiner eingestuft werden konnten. Der einzigartige Gehirnumfang des Menschen erweist sich auf diese Weise als eine Definitionssache.

Dies ist keineswegs das einzige Beispiel einer Manipulation wissenschaftlicher Daten zum Zwecke der Festschreibung menschlicher Dominanz. In seinem Buch *Der falsch vermessene Mensch* analysiert Stephen Jay Gould überzeugend die bewußten oder unbewußten Manipulationen der Größe Gehirnumfang, die beweisen sollten, daß die Rasse, welcher der jeweilige Wissenschaftler angehört, den höchsten Intelligenzquotienten besaß. (Ein aktuelles Beispiel für den Versuch, die Naturwissenschaften gewaltsam in den Dienst der Rassendiskriminierung zu stellen, ist das Buch *The Bell Curve* von Murray und Herrnstein. Dieses abstoßende Plädoyer beweist klar und deprimierend, daß meßbare Intelligenz noch lange keine Garantie ist für intelligentes Denken.)

Die gefühllosen Anderen

Die Annahme, daß Tiere keine Gefühle haben, rechtfertigte deren Mißhandlung, und zwar bis zu einem solchen Grad, daß man lange Zeit dachte, sie würden keinen Schmerz empfinden, weder in physischer noch in psychischer Hinsicht. Aber wenn man ein Tier auf eine Weise verletzt, die auch einen Menschen verletzen würde, sind seine Reaktionen denen des Menschen sehr ähnlich. Es schreit auf, läuft weg, untersucht oder leckt seine Wunden, zieht sich zurück und ruht sich aus. Tierärzte zweifeln nicht daran, daß Tiere Schmerz empfinden können, und arbeiten in ihrer Praxis mit schmerzstillenden und betäubenden Mitteln. Das einzige Kriterium, das ein Tier nicht erfüllt, wenn es um den Vergleich mit dem Menschen in Sachen Schmerzempfindung geht, ist seine Fähigkeit oder Unfähigkeit, diese Empfindung in Worte zu fassen. Doch sagt man vom Fisch, der am Haken hängt, daß er nicht zappelt, weil er Schmerz oder Angst empfindet, sondern weil dies ein Reflex ist. Von Hummern, die in kochendes Wasser geworfen werden, oder von jungen Hunden, deren Schwänze kupiert werden, geht die Rede, daß sie nichts dabei empfinden. In dem Buch *Haben Tiere ein Bewußtsein?* von Volker Arzt und Immanuel Birmelin (1993) wird das Gegenteil gesagt: «Daß wir diese Signale so unmittelbar verstehen, ist nur ein weiteres Zeichen, daß wir die Grundkonstruktion unseres Schmerzapparates mit anderen Säugetieren teilen.» Wenn die Forschung sich diesem Gegenstand dezidiert zuwendet, dann kommt sie zu Ergebnissen, die auf einer Linie mit unserem gesunden Menschenverstand liegen: Der augenfällige Schmerz des Fisches, der am Haken zappelt, ist echt.

Dominante Gruppen haben sich immer von der Vorstellung einlullen lassen, daß ihre Untergebenen weniger leiden oder, wenn überhaupt, Schmerzen nicht so stark empfinden, was zur Folge hat, daß sie ohne Schuldgefühle und Sanktionen mißhandelt oder ausgebeutet werden konnten. In der Geschichte der Vorurteile gilt es als ausgemacht, daß niedere Klassen und fremde Rassen relativ unsensibel sind. Auf einer vergleichbaren Ebene liegt die Tatsache, daß man bis 1980 Operationen an Säuglingen mit ruhigstellenden, aber nicht mit betäubenden Mitteln durchgeführt hat, weil es als etabliertes Wissen galt, daß Kleinkinder keine Schmerzen empfinden. Ohne jegliche Evidenz war man der Ansicht, ihr Nervensystem sei noch nicht voll entwickelt. Erst vor kurzem hat man diesen Mythos korrigiert, als Untersuchungen zeigen konnten, daß Kinder, die keine schmerzstillende Medikation erhielten, eine längere Genesungszeit nach ihrer Operation brauchten.

Eine ähnlich scheinheilige Haltung existiert in bezug auf die Gefühle der Armen und Fremden, die in unterentwickelten oder unaufgeklärten Kulturen leben, und in bezug auf Kinder, von denen man glaubt, daß sie noch nicht gelernt haben, wie voll entwickelte Menschen zu fühlen. Wenn Babys lächeln, so wird oft behauptet, es sei eine rein körperliche Reaktion auf Blähungen. Das Baby reagiere nicht auf andere Menschen oder aus Freude, sondern auf seine Verdauung. Obwohl Erwachsene nicht als Folge von Unbehagen in der Magengegend lächeln, ist diese Ansicht weit verbreitet – wenn sie auch selten von den Eltern der Kleinkinder geteilt wird. Untersuchungen haben erwiesen, daß das Lächeln von Babys in keiner Abhängigkeit zu Blähungen steht. Aber Wirkungen haben sie nicht gezeigt. Viele Menschen begnügen sich eben damit zu glauben, daß Kleinkinder weniger entwickelte oder gar keine Gefühle haben.

Wenn es so einfach ist, das Gefühlsleben von anderen Menschen zu verneinen, wie einfach ist es dann erst, das Gefühlsleben von Tieren zu verneinen?

Anthropomorphismen

Das größte Hindernis, das der Erforschung der Gefühlswelt der Tiere im Weg stand, war der übermächtige Wunsch, Anthropomorphismen zu vermeiden. Man spricht von

Anthropomorphismen, wenn man menschliche Charakteristika wie Denken, Gefühl, Bewußtsein oder Motivation auf Nichtmenschliches überträgt. Wenn Menschen sagen, daß sich die Elemente gegen sie verschworen haben, um ihr Picknick zu ruinieren, oder den Baum ihren Freund nennen, dann handelt es sich um Anthropomorphismen oder Vermenschlichungen. Nur wenige Menschen glauben wirklich, daß das Wetter ein Komplott gegen sie geschmiedet hat, aber Vermenschlichungen in bezug auf die Tierwelt sind gang und gäbe. Außerhalb wissenschaftlicher Kreise spricht man durchaus von den Gedanken und Gefühlen der Haustiere und der wildlebenden oder der in Gefangenschaft gehaltenen Tiere. Doch einige Wissenschaftler betrachten schon die bloße Erwähnung, daß Tiere Schmerz empfinden, als einen schweren Irrtum, der auf einen Anthropomorphismus zurückzuführen ist.

Besonders gerne projizieren wir auf Hunde und Katzen menschliche Qualitäten, zu Recht und zu Unrecht. Es ist sehr verbreitet, Haustieren unangemessene Gedanken und Gefühle beizumessen: «Sie versteht jedes Wort, das man ihr sagt.» – «Er singt sich das Herz aus dem Leibe, um zu zeigen, wie dankbar er ist.» Einige Leute stecken Hunde gegen ihren Willen in Kleidungsstücke und machen ihnen Geschenke, für die sie sich nicht interessieren, oder übertragen ihre Ansichten auf sie. Manche Hunde werden sogar dazu erzogen, Menschen anzugreifen, die einer anderen Rasse angehören als ihre Eigentümer. Viele Hundebesitzer neigen zu der Ansicht, daß Katzen selbstsüchtige, gefühllose Kreaturen sind, die skrupellos ihre naiven Besitzer ausnützen, während Hunde liebevolle, loyale, arglose Gefährten sind. Im Normalfall haben wir jedoch ein verhältnismäßig realistisches Bild von den Fähigkeiten und Eigenschaften unserer Haustiere. Wenn man mit einem Tier zusammenlebt, erkennt man sehr bald, wo dessen Möglichkeiten und Grenzen liegen. Doch auch hier, wie bei eng zusammenlebenden Menschen, sind vorgefaßte Meinungen oft überzeugender als tatsächliche Erfahrungen und produzieren ihre eigenen Realitäten.

Betrachten wir drei Äußerungen über das Verhalten eines Hundes: «Brandy ist verärgert, da wir seinen Geburtstag vergessen haben.» – «Brandy fühlt sich ausgeschlossen und verlangt nach Aufmerksamkeit.» – «Brandy zeigt das submissive Verhalten eines niedrigrangigen Caniden.» Die beiden ersten Äußerungen kann man als Anthropomorphismen bezeichnen, während die letzte Ethologenjargon ist, wie ihn die Verhaltensforscher sprechen. Bei dem ersten Statement handelt es sich um einen Irrtum, der menschliche Eigenschaften auf den Hund überträgt, um eine Projektion also; der Hundebesitzer wäre traurig, wenn man seinen Geburtstag vergessen würde, und er nimmt dasselbe für seinen Hund an. Die Annahme jedoch, daß Hunde wissen, was Geburtstage und Geburtstagspartys sind, ist abwegig. Das dritte Statement gibt ein «Ethogramm» des Hundeverhaltens, das jegliche Nennung von Gedanken und Gefühlen vermeidet. Es ist eine lückenhafte Beschreibung, die sich bewußt auf die reine Deskription eines Vorgangs beschränkt und seine Erklärung vermeidet, wodurch sie ihre eigene Voraussagefähigkeit schmälert. Die zweite Äußerung interpretiert die Gefühle des Hundes. Sie kann zwar falsch sein, ein Anthropomorphismus ist sie aber nur dann, wenn sich Hunde nicht ausgeschlossen fühlen können oder Aufmerksamkeit nicht fordern können. Fast jeder Hundebesitzer weiß, daß das nicht stimmt. Schließlich stellt sich diese Äußerung als die sinnvollste von den dreien heraus.

Am häufigsten trifft man wohl auf Anthropomorphismen, wenn es um wilde Tiere geht. Seit die Menschen mit Haustieren zusammenleben, können falsche Theorien über sie einfach durch faktische Erfahrungen widerlegt werden. Doch da der Kontakt, den die meisten Menschen mit wilden Tieren haben, sehr beschränkt ist, brauchen sich die Theorien nicht auf Widerlegung einzurichten und es bleibt uns überlassen, uns blutrünstige Wölfe, heiligmäßige Delphine oder Krähen vorzustellen, die sich an parlamentarische Regeln halten.

Die Forschung bezeichnet Anthropomorphismus als einen großen Fehler, ja als Sünde. Unter Wissenschaftlern ist es üblich, davon zu sprechen, daß Anthropomorphismen «begangen» werden. Ursprünglich gebrauchte man diesen Begriff in der Religion, wenn menschliche Qualitäten und Charakteristika auf Gott übertragen wurden. In einem umfangreichen Artikel zu diesem Thema in der *Encyclopedia of Religion and Ethics* schreibt Frank B. Jevons 1908: «Die Ursprünge des Anthropomorphismus liegen in der Tendenz, Objekte zu personifizieren, seien es sinnliche oder geistige Phänomene – wir begegnen dieser Tendenz sowohl in bezug auf Tiere, als auch in bezug auf Kinder und Wilde.» Menschen schaffen also die Götter nach ihrem eigenen Bilde. Der Vorsokratiker Xenophanes (565–480 v. Chr.) gab dafür das berühmteste Beispiel. Er bemerkte, daß die Äthiopier ihre Götter als Schwarze darstellen, während die Thraker blauäugige und rothaarige Götter kennen, und «wenn Ochsen und Pferde Hände hätten und malen könnten», dann würden die Darstellungen ihrer Götter Ochsen und Pferden gleichen. Der Philosoph Ludwig Feuerbach konstatierte, daß Gott nichts anderes sei als eine Projektion unserer Vorstellung des Menschen auf eine himmlische Leinwand. In den Naturwissenschaften gilt es als Sünde gegen die Hierarchie, wenn menschliche Eigenschaften Tieren zugestanden werden. Ebenso wie Menschen nicht sein durften wie Gott, so dürfen heute Tiere nicht sein wie Menschen.

Ansteckende Anthropomorphismen

Angehenden Verhaltensforschern wird eingebleut, daß der Anthropomorphismus einer der größten Fehler ist. David McFarland erklärt: «Häufig werden sie ganz speziell darauf trainiert, der Versuchung zu widerstehen, das Verhalten anderer Arten nach der Maßgabe ihrer vertrauten Erklärungsmodelle von Verhaltensweisen zu interpretieren.» In seinem jüngst erschienenen Buch *The New Anthropomorphism* schreibt der Verhaltensforscher John S. Kennedy: «Da die Erforschung von

Tierverhalten ihre Wurzeln im Anthropomorphismus hatte, wurde sie unweigerlich – und das gilt bis zu einem bestimmten Ausmaß auch heute noch –, davon geprägt. Es war ein schwerer Kampf, sich von diesem Inkubus zu befreien, und der Kampf ist noch nicht vorbei. Anthropomorphismen sind immer noch ein größeres Problem, als die meisten Neo-Behavioristen heute glauben. (...) Wenn die Erforschung des Tierverhaltens zu einer Wissenschaft heranreifen will, muß sie sich zunächst von dem falschen Ansatz des Anthropomorphismus befreien.» Die einzige Hoffnung des Autors besteht darin, «den Gebrauch von Anthropomorphismen unter Kontrolle zu bringen, selbst wenn man ihn nicht vollkommen abschaffen kann. Denn wenn die Neigung zum Anthropomorphismus uns Menschen wahrscheinlich genetisch und kulturell eingeimpft ist, so bedeutet das nicht, daß man diese Krankheit nicht behandeln kann.»

Der Philosoph John Andrew Fischer bemerkt: «Der Begriff ‹Anthropomorphismus› geht Naturwissenschaftlern wie Philosophen so leicht über die Lippen, daß die Vermutung naheliegt, hierbei handle es sich um einen ideologisch mißbrauchten Begriff, nicht anders als bei jenen politischen oder religiösen Begriffen (‹Kommunist› oder ‹Konterrevolutionär›), die keiner näheren Erklärung bedürfen, wenn man sie gebraucht.»

In einer Wissenschaft, die von Männern beherrscht wurde, war man lange der Ansicht, daß Frauen besonders anfällig seien, wenn es um Einfühlung und um die Ansteckung durch Anthropomorphismus gehe. Und gerade deswegen, weil sie zu empfindsam seien, hielt man sie im Verhältnis zu Männern für minderwertig; man glaubte, Frauen würden sich zu stark mit den Tieren identifizieren, die sie untersuchten. Das ist ein Grund dafür, warum männliche Forscher so lange keine Frauen dazu animierten, als Verhaltensbiologinnen zu arbeiten. Sie hielten sie für zu emotional; sie dachten, daß ihre Gefühle ihre Entscheidungen und Beobachtungen beeinflussen könnten. Man befürchtete, daß Frauen, indem sie ihre eigenen Gefühle stärker als Männer auf die Tiere projizierten, die Forschungsergebnisse verfälschten. So fließen das Vorurteil über ein Geschlecht und das Vorurteil über Spezies auf einem Gebiet zusammen, wo wir eigentlich Objektivität erwarten könnten.

Wenn man einem Wissenschaftler Anthropomorphismus vorwirft, so beschuldigt man ihn der Unzuverlässigkeit. Man betrachtet dieses Vergehen als eine Arten-Konfusion, die eine klare Unterscheidung zwischen dem Subjekt und dem Objekt der Forschung nicht mehr zuläßt. Aber wenn man einem Tier Gefühle wie Freude oder Trauer zuweist, kann man nur von Anthropomorphismus sprechen, wenn man davon überzeugt ist, daß Tiere diese Gefühle nicht empfinden können. Viele Wissenschaftler haben sich für diese Auffassung entschieden, obwohl sie sich auf keinerlei Beweise stützen kann. Es ist nicht eigentlich so, daß Gefühle wirklich verneint werden, sondern sie werden für zu gefährlich erachtet, um Gegenstand des wissenschaftlichen Diskurses zu sein – ein wahres Minenfeld subjektiver Meinungen, das lieber nicht betreten werden soll. Das hat zur Folge, daß abgesehen von den ganz berühmten Wissenschaftlern jeder seinen Ruf und seine Glaubwürdigkeit riskiert, wenn er sich an dieses Gebiet heranwagt. So glauben zwar viele Naturforscher, daß Tiere Gefühle haben, doch sie sind nicht nur unwillig, sich dazu offen zu bekennen, sie weigern sich auch, dieselben zum Gegenstand ihrer Forschung zu machen oder ihre Studenten dazu zu animieren. Es kommt sogar vor, daß sie ihre Kollegen angreifen, die die Sprache der Gefühle zu sprechen versuchen. Naturwissenschaftliche «Laien», die wissenschaftlich glaubhaft sein wollen, müssen sehr vorsichtig vorgehen. Der Verwalter eines international anerkannten Instituts für Tier-Training berichtet: «Wir nehmen zu der Frage, ob Tiere Gefühle haben, nicht Stellung, aber ich bin mir sicher, daß jeder von uns, mit dem Sie darüber sprechen, folgende Antwort geben würde: ‹Sicher haben sie Gefühle.› Aber als Organisation wollen wir nicht zitiert werden mit der Aussage, daß sie Emotionen haben.»

Sprachliche Tabus

Aus der Überzeugung, daß Anthropomorphismus ein schrecklicher Fehler, eine Sünde oder eine Krankheit ist, ergeben sich weitere Tabus der Forschung, Sprachregelungen einbegriffen. Ein Affe ist nicht wütend, er zeigt Aggression. Ein Kranich empfindet keine Zuneigung, er vollzieht Balzverhalten oder parentales Verhalten. Ein Gepard fürchtet sich nicht vor einem Löwen, er zeigt Fluchtverhalten. Bleibt man bei dieser Ausdrucksmanier, so wäre auch de Waals Gebrauch des Wortes *Versöhnung* in bezug auf Schimpansen, die wieder zusammenkommen, nachdem sie sich gestritten haben, kritikwürdig: Wäre es nicht objektiver, von einer «ersten postkonfliktären Kontaktaufnahme» zu sprechen? Im Streben nach Objektivität bedarf es offenbar dieser distanzierten Sprache und der Kraft, sich mit dem Leid anderer Kreaturen nicht zu identifizieren.

Gegen diese orthodoxe Einstellung der Wissenschaft hat der Biologe Julian Huxley das Argument gesetzt, daß es sowohl wissenschaftlich legitim wie auch der Forschung dienlich sei, sich in das Leben der Tiere hineinzuversetzen. Huxley stellte mit dem Buch *Die Löwin Elsa und ihre Tochter* von Joy Adamson einen der außergewöhnlichsten Berichte vor, in dem es um die innige Verbindung zwischen einem Menschen und einer in freier Wildbahn lebenden Löwin geht:

Wenn man wie Mrs. Adamson (oder wie übrigens auch Darwin) die Geste oder Pose eines Tieres mit psychologisch geprägten Begriffen wie Wut, Neugier, Affektion oder Eifersucht zu interpretieren versucht, wird man von einem konsequenten Behavioristen eines Anthropomorphismus beschuldigt, jenes Fehlers, hinter der Tierhaut einen menschlichen Geist wirken zu sehen. Das muß nicht unbedingt so sein. Der wahre Verhaltensforscher sollte sich auf seine evolutionäre Herkunft besinnen. Schließlich ist er selbst ein Säugetier. Um Verhalten in seiner ganzen Breite interpretieren zu können, muß er eine Sprache entwickeln, die sich sowohl auf seine Mit-Säugetiere als auch auf seine Mit-Menschen anwenden läßt. Und solch eine Sprache muß genauso über subjektive wie über objektive Begriffe verfügen, sie muß Furcht genausogut wie Fluchtinstinkt, Neugier genausogut wie Erkundungsdrang enthalten und muß diese Begriffe in Abstimmung mit allen Feinheiten der behavioristischen Terminologie verwenden.

Huxley schwamm gegen den Hauptstrom wissenschaftlichen Denkens, als er dies 1961 schrieb, und daran hat sich bis heute wenig geändert. Einschlägig ist der Fall von Alex, dem afrikanischen Graupapageien, der so abgerichtet wurde, daß die verschiedenen Versuchsanordnungen verhinderten, daß seine Reaktionen reflexhaft ausfielen oder ihn langweilten. Als Irene Pepperberg in einem Aufsatz über Alex das Wort *Langeweile* gebrauchte, erhoben die Herausgeber der wissenschaftlichen Zeitschrift Einspruch. Dazu bemerkte sie:

Einer meiner Kritiker hat mich deswegen scharf verurteilt. Dennoch, du beobachtest den Vogel ziemlich lange, er schaut dich an, er sagt: «Ich gehe jetzt», und er geht weg! Der Kritiker meinte, daß ein anthropomorpher Begriff in einer wissenschaftlichen Zeitschrift nichts zu suchen habe. (...) Gut, ich kann so viele Termini aus der Reiz-Reaktions-Psychologie gebrauchen, wie man will. Tatsache ist, daß viele seiner Verhaltensweisen sehr schwer zu beschreiben sind, wenn man keine anthropomorphen Begriffe gebraucht.

Was ist falsch an der Idee, die solche Beobachtungen nahelegen, daß sowohl Papageien wie Menschen die Fähigkeit haben, sich zu langweilen?

Namensgebung

Unter Verhaltensforschern hat lange das Tabu bestanden, den Tieren Namen zu geben. Um sie auseinanderzuhalten, hat man sie lieber «Adult, männlich, 36» oder «Juvenil, grün» genannt. Dagegen haben die meisten Feldforscher diese Regel mißachtet und haben zumindest für den eigenen Gebrauch die Tiere, die sie Tag für Tag beobachteten, mit Namen wie Tupfennase und Fleckschwanz, Flo und Figan oder Cleo, Freddy und

Mia benannt. In ihren Veröffentlichungen benutzen einige neutralere Formen der Identifikation, andere dagegen bleiben bei ihren Eigennamen. Sy Montgomery berichtet, daß der Anthropologe Colin Turnbull sich 1981 weigerte, eine Empfehlung für Dian Fosseys Buch über Berggorillas auszusprechen, weil sie den Affen Namen gegeben hatte. In Laboratorien ist es vielleicht deswegen weniger üblich, Tiere mit Namen zu versehen, weil das Bauern auch nicht tun, die ihre Tiere schlachten: Eigennamen haben eine humanisierende Wirkung, und es fällt schwerer, einen Freund zu töten.

Entgegen der Behauptung, daß man Tieren menschliche Charaktereigenschaften zuweist, wenn man ihnen Namen gibt, behauptet die Elefanten-Forscherin Cynthia Moss, daß ihr immer das Umgekehrte passiert: «Wenn man mich Personen vorstellt, die Amy oder Amelia oder Alison heißen, so denke ich unwillkürlich an die Augenlider, den Kopf oder die Ohren des gleichnamigen Elefanten.» Die Regel, keine Namen zu geben, hat sich allmählich abgeschwächt unter den Primatenforschern, vielleicht weil gerade diejenigen, die mit Namen arbeiten und auch dazu stehen, hervorragende Forschungsergebnisse vorgelegt haben. Der Wildbiologe Bekoff und der Philosoph Jamieson sind der Ansicht, daß es nicht nur erlaubt, sondern auch ratsam sei, Tieren innerhalb eines Forschungsprojekts Namen zu geben, da die Möglichkeit der Einfühlung das Verständnis der Tiere erleichtere. Noch kürzlich (1987) wurden Verhaltensforscher, die in Namibia Elefanten beobachteten, von der Park-Verwaltung angewiesen, den Tieren Nummern zu geben, da Namen zu sentimental seien. Nummern sind zugegebenermaßen viel unmenschlicher, doch sind sie auch «wissenschaftlicher»? Wenn man einen Schimpansen Flo oder Figan nennt, kann man von einem Anthropomorphismus sprechen, doch das gilt ebenso, wenn man ihm eine Nummer gibt. Schimpansen werden sich wohl kaum lieber F2 oder JF3 nennen als Flo oder Figan.

Wir wissen nicht, ob Tiere sich selbst oder anderen Tieren Namen geben. Wir wissen aber, daß Tiere andere Tiere wiedererkennen und als Individuen unterscheiden. Die Menschen treffen Unterscheidungen mit Hilfe von Namen. Es ist möglich, daß der Große Tümmler die Pfeifsignale eines anderen identifizieren und imitieren kann und damit wie mit einem Namen operiert. Ein ähnliches Phänomen hat man auch bei Vögeln, die in Gefangenschaft leben, beobachtet. Wenn man Raben und Schamadrosseln von ihren Gefährten trennt, «geben sie in regelmäßigen Abständen Geräusche oder Fragmente einer Melodie von sich, die sonst nur deren Partner hervorgebracht hat. Wenn der Vogel, der so ‹benannt› wurde, diese Geräusche hört, kehrt er zurück, wann immer das möglich ist.» Die Fähigkeit, den Gefährten bei seinem Namen zu rufen, könnte in der freien Natur noch hilfreicher sein. Einige Tiere zeigen eine emotionale Regung, wenn man ihnen einen Namen gibt. Mike Tomkies schreibt in *Last Wild Years*: «Nur der Ignorant wird meine Praxis, den Tieren Namen zu geben, die über Jahre mit mir zusammengelebt haben, mit Verachtung strafen. Solange es kein unfreundlich klingendes Geräusch ist, ist es ziemlich egal, welchen Namen wir gebrauchen, aber es besteht kein Zweifel, daß Tiere oder Vögel anders reagieren und vertrauensvoller werden, sobald sie einen Namen haben.»

Wenn solche Namensgebung die Einfühlung in die Tiere fördert, dann kann das die Einsicht in ihr Wesen eher fördern als behindern. Was die Attacke auf den Anthropomorphismus außer acht läßt, ist der grundlegende Sachverhalt, daß Menschen Tiere sind. Um die Philosophin Mary Midgley zu zitieren: «Wenn einige Leute sich im Umgang mit Tieren albern verhalten, dann bleibt der Gegenstand als solcher doch ein ernsthafter. Tiere sind nicht wie Kaugummi oder wie Wasser-Ski, das heißt, sie sind nicht zum Vergnügen der Menschen da, *sondern sie sind die Gruppe von Lebewesen, zu der auch die Menschen gehören. Wir sind nicht etwa wie die Tiere, wir sind Tiere.*» Sich so zu verhalten, als ob Menschen eine von den Tieren völlig verschiedene Klasse von Lebewesen seien, geht an den fundamentalen Realitäten vorbei.

Anthropomorphismus, der keiner sein will

Sogar entschiedene Gegner des anthropomorphen Denkens gestehen zu, daß eben dieses bei der Vorhersage tierischen Verhaltens gute Dienste leistet. Wenn wir uns die Gefühle oder Gedanken eines Tieres vorstellen, dann können wir besser erraten, wie es sich verhalten wird. Solche Vermutungen haben eine hohe Erfolgsquote. Wenn richtige Voraussagen auch nicht beweisen, daß ein Tier tatsächlich gefühlt oder gedacht hat, was ihm unterstellt wurde, so haben wir es doch mit einem Standard-Test wissenschaftlicher Untersuchungsmethoden zu tun. Der Behaviorist John S. Kennedy, der Anthropomorphismus als eine Art Krankheit betrachtet, räumt gleichwohl ein, daß auf diese Weise Voraussagen gelingen. Kennedy behauptet, daß Anthropomorphismus Erfolg hat, weil Tiere im Laufe ihrer Entwicklung sich angewöhnt haben, so zu handeln, als ob sie dächten und fühlten: «Es ist der natürlichen Auslese und nicht dem Tier an sich zuzuschreiben, daß tierisches Verhalten in den meisten Fällen ‹Sinn macht›, wie wir zu sagen pflegen.»

Obwohl Kennedy «die Annahme, daß sie Gefühle haben und mit Bedacht handeln», ablehnt, merkt er an, daß Einfühlung sehr hilfreich sein kann, wenn es darum geht, Fragen zu beantworten oder Voraussagen zu machen. So ist es zum Beispiel möglich vorauszusagen, daß eine Gepardin, die Angst um ihre Jungen hat, sich in die Nähe eines Löwen wagt, um diesen von ihren Kindern wegzulocken. In Kennedys Sprachgebrauch würde dieses Verhalten der Gepardin nicht bedeuten, daß sie Angst um das Leben ihrer Jungen hat, sondern nur, daß ihr Verhalten den Anschein erweckt, sie habe Angst um ihre Jungen. Ihr Verhalten damit zu erklären, daß sie so viele Nachkommen wie möglich durchbringen will, ist zulässig. Nicht zulässig aber ist es, zu vermuten, daß die Angst um das Leben ihrer Kinder die einzige Motivation für ihre Handlungsweise ist, ganz zu schweigen davon, was sie fühlen würde, wenn der Löwe sie erwischen würde. Warum ist es so unmöglich zu wissen, was Tiere fühlen, ganz gleich wie viele oder welche Art von Anzeichen wir dafür haben? Und warum sollen unsere Annahmen über die Gefühle der Tiere so kategorial anders beschaffen sein, als unsere Annahmen über die Gefühle der Menschen?

Die Rechtfertigung der Ichbezogenheit des Menschen

Es gibt keinen sicheren Weg zu erfahren, was eine andere Person empfindet, doch nur wenige Menschen, selbst Philosophen, gehen so weit in ihrem Solipsismus (die Überzeugung, daß das Ich nichts anderes als das Ich kennt). Die Gefühle der anderen zu verstehen, heißt nicht allein, ihre Sprache zu verstehen, sondern ebenso ihre Verhaltensweisen zu beobachten, ihre Gestik und Mimik zu verstehen und mit der Zeit Gewohnheiten festzustellen. Auf dieser Basis werden Schlüsse gezogen und die Entscheidungen im alltäglichen Leben getroffen.

Wir lieben bestimmte Menschen, hassen andere, vertrauen einigen und fürchten wieder andere, auf dieser Basis treffen wir unsere Entscheidungen. Den Gefühlen der anderen Menschen zu trauen, ist eine Voraussetzung menschlichen Zusammenlebens. N. K. Humphrey: «Ich kenne keinen anderen Menschen, der ein mit meinem vergleichbares Hungergefühl hat. Es bleibt jedoch dabei, daß das Konzept Hunger, das ich aus meiner Erfahrung ableite, mir hilft, die Eßgewohnheiten anderer zu verstehen.» Gegen die Behauptung, daß wir Menschen nichts von dem Schmerz der Tiere wissen, kontert Mary Midgley: «Wenn eine Folterin ihr Tun damit entschuldigt, über die Empfindungen anderer könne man nichts Gewisses aussagen, dann würde sie damit keinen Menschen überzeugen. Wissenschaftler sollten nicht versuchen, das Gegenteil zu erreichen.» Indem sie eine erstaunliche Passage aus Spinozas *Ethik* zitiert, macht Midgley eine stark ausgeprägte Ichbezogenheit dafür verantwortlich, daß der Mensch von seiner natürlichen Dominanz so überzeugt ist:

Es erhellt hieraus, daß jenes Gesetz, das kein Tier zu schlachten erlaubt, mehr in einem eitlen Aberglauben und in weibischer Barmherzigkeit als in der gesunden Vernunft begründet ist. Das Gebot der Vernunft, unseren Nutzen zu suchen, lehrt zwar, daß wir uns mit den Menschen verbinden müssen, nicht aber mit den Tieren oder mit Dingen, deren Natur von der menschlichen Natur verschieden ist; wir haben vielmehr ihm zufolge das selbe Recht auf die Tiere, das diese auf uns haben. Ja, da eines jeden Recht durch seine Tugend oder Kraft definiert wird, haben die Menschen ein weit größeres Recht auf die Tiere, als diese auf die Menschen. Damit verneine ich jedoch nicht, daß die Tiere Empfindung haben, wohl aber verneine ich, daß es deswegen nicht erlaubt sein soll, für unseren Nutzen zu sorgen und sie nach Belieben zu gebrauchen und so zu behandeln, wie es uns am besten paßt, da sie ja der Natur nach nicht mit uns übereinstimmen und ihre Affekte von den menschlichen Affekten der Natur nach verschieden sind.

Spinoza hält sich nicht weiter mit der Frage auf, woher er weiß, daß Tiere anders fühlen als Menschen, oder was die menschliche Ausbeutung und Tötung der Tiere rechtfertigt. Er sagt ganz einfach, daß wir mehr Macht haben als sie, und Macht schafft Recht. José Ortega y Gasset verteidigt die Jagd mit ähnlichen Ergebnissen, indem er darauf besteht, daß das Opfer geradezu danach verlangt, geopfert zu werden:

Aber das Jagen ist, wie ich gelegentlich schon andeutete, eine Beziehung, die gewisse Tiere dem Menschen auferlegen, und zwar geht das so weit, daß unser Wille und unsere Überlegung mitwirken müssen, um nicht zu versuchen, sie zu jagen. (...) Bevor jemand Bestimmtes sie verfolgt, fühlen sie sich schon als mögliche Beute und gestalten ihr ganzes Dasein im Sinne dieser Situation. So verwandeln sie jeden normalen Menschen, auf den sie stoßen, automatisch in einen Jäger. *Die einzig passende Antwort für ein Wesen, das ganz in der Besessenheit lebt, ein Erlegtwerden zu vermeiden, ist der Versuch, sich seiner zu bemächtigen.* [Hervorhebung von José Ortega y Gasset.]

Ein solch trügerischer Anthropomorphismus, der auf einem ebenso trügerischen Modell vom Menschen basiert, offenbart tiefverborgene Annahmen und Interessen. Ortega y Gassets Behauptung, daß gejagte Lebewesen ihren eigenen Tod suchen, ist den Mutmaßungen über Vergewaltigungen sehr verwandt. Eine übliche Entschuldigung des Täters ist die Behauptung, daß Frauen vergewaltigt werden wollen, daß sie ihre eigene Mißhandlung suchen und anstreben, besonders dadurch, daß sie sie zu verhindern suchen. Genauso ist die Verteidigung der Jagd angelegt, die das Bestreben der Tiere, nicht gefangen zu werden, als ihre «Obsession» bezeichnet, die dahingehend interpretiert wird, daß die Tiere das, was sie am meisten fürchten, auch am meisten herbeiwünschen.

Einfachere Formen des Anthropomorphismus können sich mit Beobachtungen mischen und diese verfälschen. Der schwedische Naturforscher Carl Linné, der im 18. Jahrhundert gelebt und eine Klassifikation der Lebewesen entwickelt hat, schreibt über Frösche: «Diese widerwärtigen, ekelhaften Tiere sind (...) wegen ihres kalten Körpers, ihrer blassen Farbe, ihres knorpeligen Skeletts, ihrer schmutzigen Haut, ihres grimmigen Aussehens, ihrer berechnenden Augen, ihres abstoßenden Geruchs, ihrer rauhen Stimme, ihrer armseligen Wohnstätte und ihres schrecklichen Giftes zu verachten.» Alle diese Bezeichnungen sind darauf zurückzuführen, was Linné empfand, als er einen Frosch sah. Es handelt sich um reine Projektionen. *Berechnend* ist kein wissenschaftlicher Begriff, um die Augen eines Frosches zu beschreiben. Es handelt sich hier eher um Kunstprosa – sie beschreibt kaum etwas in der physischen Welt, vermittelt aber eindrucksvoll den inneren Zustand, die Subjektivität des Forschers.

Die Zuweisung von geschlechtsspezifischen Rollen an Tiere

Ein weiteres Problem, das die anthropomorphisierende Tendenz aufgeworfen hat, sind die von uns definierten Geschlechterrollen, die wir auf die Tiere übertragen. Diese geschlechtsspezifischen Rollenzuweisungen sind oft ebenso falsch wie unser Verständnis von Tierverhalten. Menschen erwarten manchmal von männlichen Tieren, daß sie eine Herde führen oder dominanter und aggressiver sind als ihre weiblichen Artgenossen, selbst von Spezies, die in Wirklichkeit ganz anders organisiert sind. In einem Fernsehfilm über Geparden im Serengeti-Nationalpark in Tansania hieß das männliche Jungtier «Tabu», das weibliche «Tamu», was auf Swahili «Ärger» und «Liebreiz» bedeutet. Von einer «Liebreiz» erwartet man etwas anderes als von einem «Ärger». Sicher ist der Satz «Ärger schleicht um mein Zelt» bedrohlicher als der Satz «Liebreiz schleicht um mein Zelt». Soziobiologen tendieren dazu, die Vorurteile, die die Menschen von männlichen und weiblichen Eigenschaften haben, zu bekräftigen, indem sie sie als «natürlich» bezeichnen; damit ist gemeint, daß sie auch auf das Reich der Tiere übertragbar sind. Wie schon ausgeführt: wenn man nur die richtigen Arten auswählt, kann man nahezu alles beweisen. Es ist kein Zufall, daß man die menschliche Gesellschaft so lange mit der der Paviane verglichen hat, obgleich Paviane viel stärker sexuell dimorph sind als Menschen und nicht in Paaren leben. Der Vergleich scheint zum Ziel zu haben, Menschenfrauen eine geschlechtsspezifisch minderwertige Rolle aufzuerlegen, indem man an einem angeblich natürlichen Modell Maß nimmt.

Ein ernsthaftes Problem in bezug auf Mensch-Tier-Vergleiche ist unser unzulängliches Wissen über das Leben der Tiere, vor allem wenn es um zentrale Fragen geht wie zum Beispiel: Welche Rolle spielt die kulturelle Überlieferung beim Lernen von Tieren in der Wildnis? Elefanten beispielsweise lernen von der älteren Generation, welche Menschen sie zu fürchten haben, sie greifen auf die Erfahrungen zurück, die die Herde mit Menschen gemacht hat. Mike Tomkies hat beobachtet, wie ein Jungadler das Jagen und Töten lernte, indem er die von einem Elternteil demonstrierten Verhaltensweisen wiederholte. Es war in dieser Situation völlig klar, daß das erwachsene Tier weniger daran interessiert war, selbst Beute zu machen, als seinem Nachkommen das Jagen beizubringen. Offenbar ist einem Adlerjungen diese

Fähigkeit nicht angeboren. Er mußte sie erlernen, sie also auf einem kulturell geprägten Wege erwerben. Das ist ein natürlicher Vorgang, aber ebenso auch ein Lernprozeß; aber weil es sich um eine erlernte Fähigkeit handelt, ist diese nicht notwendigerweise als unnatürlich zu bezeichnen. Wenn man den Begriff *natürlich* benutzt, um die Art und Weise zu bezeichnen, wie ein Adler tötet, dann kann damit zunächst nur der in der freien Natur beobachtete Vorgang des Tötens gemeint sein. Die Unterscheidung zwischen angeboren und natürlich einerseits und kulturbedingt und erlernt andererseits verliert im Licht neuerer Erkenntnisse bezüglich der Frage, was Tiere von ihren Artgenossen lernen, immer mehr an Gültigkeit.

Anthropozentrik

Das wahre Problem der Anthropomorphismus-Kritik ist die *Anthropozentrik*: Der Mensch im Zentrum aller Erklärungen, Beobachtungen und Begebenheiten, beherrscht von einer Gruppe auserwählter Männer, diese Konstellation ist für einige der größten Denkfehler in der Wissenschaft verantwortlich: in der Astronomie, in der Psychologie oder in der Verhaltensforschung. Innerhalb einer anthropozentrischen Geisteshaltung nehmen Tiere den Status minderwertiger Menschen ein, was ihre tatsächliche Wesensart völlig außer acht läßt. In dieser Haltung spiegelt sich der tiefe Wunsch des Menschen, sich von den Tieren zu unterscheiden, um seine Position an der Spitze der Evolution und der Nahrungskette nicht zu gefährden. Die Vorstellung, daß Menschen und Tiere, trotz ihrer gemeinsamen Abstammung, völlig verschieden sind, ist viel irrationaler als die umgekehrte Vorstellung, daß Tiere genauso sind wie wir.

Aber selbst wenn sie uns überhaupt nicht ähnlich wären, so wäre das kein Grund, sie nicht um ihrer selbst willen zu erforschen. J. E. R. Staddon sagt, «daß die Psychologie eine der grundlegenden Wissenschaften ist, um Intelligenz und adaptives

Verhalten, wo immer sie auftreten, zu erforschen, so daß man Tiere um ihrer selbst willen und daraufhin untersuchen kann, was sie uns über die natürlichen und evolutiven Gesichtspunkte von Intelligenz mitteilen können. Tiere sollen nicht länger als Ersatzmenschen betrachtet oder als Instrumente menschlicher Problembewältigung mißbraucht werden.» Der Erkenntnisgewinn, der aus solchen Untersuchungen hervorgeht, bleibt ein wissenschaftlicher Gewinn, ganz gleich, ob er zur Lösung menschlicher Probleme beiträgt oder nicht.

Tiere als Heilige und Helden

Tiere zu idealisieren, ist eine weitere Form des Anthropomorphismus, freilich weniger häufig als deren Herabqualifizierung und Dämonisierung. Die Überzeugung, daß sich Tiere durch alle die Tugenden auszeichnen, die wir Menschen anstreben, aber keinen von unseren Fehlern haben, ist anthropozentrisch bedingt, denn darin verborgen ist die Obsession durch die abstoßenden und sündhaften Seiten des Menschen – der Mensch-Tier-Vergleich dient hier wieder nur als Folie. In dieser sentimentalen Weltanschauung ist die Natur der Platz, an dem es keine Kriege, keine Morde, keine Vergewaltigungen und keine Suchtkranken gibt. Diese Überzeugung wird von der Realität entkräftet. Täuschung hat man bei vielen Tieren – von Elefanten bis zu Polarfüchsen – beobachtet. Ameisen halten Sklaven. Schimpansen greifen unmotiviert und mit mörderischen Absichten eine andere Schimpansenschar an. Zwergmungo-Gruppen führen territoriale Kämpfe mit anderen Gruppen. Der Fall zweier Schimpansen, Pom und Passion, die die Jungen anderer Schimpansen getötet und aufgefressen haben, ist in den Studien von Jane Goodalls Forschungsteam sehr gut dokumentiert. Man hat beobachtet, daß Orang-Utans von ihren Artgenossen vergewaltigt worden sind. Löwenmännchen töten häufig die Jungen ihrer neuen Gefährtinnen, wenn diese von einem anderen Löwen gezeugt wurden. Bei jungen Hyänen, Füchsen und Eulen konnte man beobachten, wie sie ihre Geschwister töten und auffressen.

Nicht alles ist so beschaffen, wie sich Menschen ihre tierischen Verwandten vorstellen. Man muß für Jane Goodalls Reaktion auf das Betragen einiger Schimpansen Sympathie haben, die ein altes alleinstehendes Tier in ihrer Horde, dessen Beine durch Poliomyelitis vollkommen gelähmt waren, attackierten oder ihm aus dem Weg gingen. In der Hoffnung, seine Gefährten, die sich gerade groomten, dazu zu bringen, auch ihn zu groomen, hangelte er sich einen Baum hinauf:

Mit einem lauten Grunzer der Freude streckte er grüßend die Hand nach ihnen aus, aber noch bevor er sie berührt hatte, sprangen sie, ohne sich nach ihm umzusehen, fort und setzten ihre Hautpflege auf der anderen Seite des Baumes fort. Volle zwei Minuten saß der alte Gregor regungslos da und starrte ihnen nach. Dann ließ er sich langsam wieder zur Erde herab. Als ich ihn allein dasitzen sah und dann zu den anderen hinaufschaute, die nach wie vor mit ihrer Hautpflege beschäftigt waren, stieg in mir ein Gefühl auf, das ich nie zuvor gekannt hatte und bis heute nie wieder gespürt habe: ein Gefühl des Hasses auf die Schimpansen.

Es ist sicher sehr schwer, nach solchen Erfahrungen das Verhalten von Tieren zu romantisieren.

Schon lange hat man nicht mehr den Löwen als den König der Tiere bezeichnet (mit Ausnahme des berühmten Walt Disney-Films), aber in letzter Zeit hat man ein romantisierendes Bild von Delphinen entwickelt, die klüger, freundlicher, vornehmer, friedliebender und besser geeignet für das Zusammenleben in Gruppen seien als Menschen. Hier wird das gut dokumentierte Faktum außer acht gelassen, daß Delphine sehr aggressiv sein können. Kürzlich hat man sogar entdeckt, daß einige Delphine ihre Artgenossen vergewaltigen. Gleichwohl erreicht tierische Grausamkeit nicht das Ausmaß menschlicher, und in punkto Vergewaltigung werden Delphine niemals mit Menschen gleichziehen. Eine repräsentative Studie von 1977 hat gezeigt, daß beinahe fünfzig Prozent aller Frauen in einer amerikanischen Großstadt mindestens einmal Opfer einer Vergewaltigung oder versuchten Vergewaltigung geworden sind. Kindesmißhandlung mag in der Wildnis hin und wieder vorkommen, aber kein Vergleich mit den Ergebnissen einer 1983 von derselben Forscherin durchgeführten amerikanischen Studie, die besagt, daß jedes dritte Mädchen als Kind sexuell mißbraucht worden ist.

Zoomorphismus

Wenn Menschen Tiere falsch verstehen, weil sie annehmen, daß sie uns ähnlicher sind, als das wirklich der Fall ist, können dann Tiere ebenfalls ihre Gefühle auf uns übertragen? Begehen Tiere dann etwas, was man als Zoomorphismus bezeichnen müßte, weisen sie ihre Eigenschaften den Menschen zu? Eine Katze, die einem Menschen Tag für Tag tote Nagetiere, Eidechsen und Vögel anbietet, ganz gleich wie oft diese Geschenke mit Ekel beantwortet werden, legt zoomorphistisches Verhalten an den Tag. Es ist genauso, als ob man einer Katze etwas Süßes zum Naschen anbieten würde, was Kinder manchmal tun. In ihrem Buch *Das geheime Leben der Hunde* schreibt Elizabeth Marshall Thomas: «Wenn ein Hund mit einem Knochen einem menschlichen Beobachter droht, nimmt er tatsächlich an, der Mensch wolle dieses schleimige, schmutzstarrende Ding gern haben. Der Hund legt seinen eigenen Maßstab an oder ‹verhundlicht› den Menschen.» Müßte ein Hund die Geschichte des Menschen schreiben, würden viele grundlegende Eigenschaften fehlen, auf die wir stolz sind, umgekehrt würde dasselbe für eine Geschichte gelten, die wir über irgendeine Tierzivilisation schreiben.

3 ANGST, HOFFNUNG UND DIE GRAUSAMKEIT DER TRÄUME

Daß schreckliche Erfahrungen in den Träumen von Tieren wiederkehren können, das werden Verhaltensforscher wohl kaum zugestehen. Und doch gibt es den Bericht eines «Waisenhauses für Elefanten» in Kenia über das Verhalten von ganz jungen Elefanten, welche erlebt haben, wie ihre Familien von Wilderern getötet und wie den Toten die Stoßzähne abgesägt wurden. Diese Kälber wachen des Nachts auf und schreien. Was könnte diesen nächtlichen Schrecken verursacht haben, wenn nicht die alpdruckhaften Erinnerungen an ein Trauma.

Der Wildbiologe Lynn Rogers hat Jahrzehnte damit verbracht, Schwarzbären zu studieren, ihnen durch Wälder und Sümpfe zu folgen. Als Student lernte er bei dem Bärenforscher Albert Erikson. Eines Tages nahmen sie von einem betäubten wilden Bären eine Blutprobe ab, als dieser plötzlich erwachte. Der Bär schlug einen Haken nach Erikson. Zu Rogers' großer Überraschung schlug Erikson zurück. Der Bär wandte sich nun Rogers zu. Erikson sagte: «Schlag zu!» Rogers gehorchte und schlug den Bären, welcher auf der Stelle umdrehte und weglief. Rogers sagt: «Ich lernte damals, wie hilfreich es war, die Handlungsweise der Bären vor dem Hintergrund ihrer und nicht meiner Angst zu interpretieren.»

Eine anthropomorphe Einstellung kann dazu führen, daß wir fälschlicherweise die Bären nach der Maßgabe unserer eigenen Gefühle zu verstehen suchen: Wir fürchten sie, also nehmen wir sie als wütend und feindlich wahr. Der umgekehrte Fehler, der aus einem anthropomorphen Ansatz entsteht, wäre der, den Bären vergleichbare Gefühle gänzlich abzusprechen. Rogers lernte, die Emotionen der Bären zu verstehen, indem er begriff, daß sie Angst empfanden, was diese Angst auslöste und wie man eine solche Reaktion vermeiden konnte. «In dem Moment, in dem ich die Angst der Bären in meiner Wahrnehmung von ihnen berücksichtigte und alles, was mir Angst einflößte, im Sinne der Bären interpretierte, war es sehr einfach für mich, ihr Zutrauen zu gewinnen und mich in ihrer Nähe zu bewegen, bei ihnen zu schlafen, kurz all die Dinge zu tun, die man tun muß, um zu erfahren, wie ein Tier in seiner eigenen Welt lebt.»

Rogers verstand sich auf den Umgang mit den wilden Bären schließlich so gut, daß er sich des Nachts wenige Schritte von ihrem Lager niederlassen konnte, ja sogar fähig war, ihre Jungen zu berühren. Auf die Frage, ob Wissenschaftler nicht normalerweise Begriffe wie *Angst* und *Zutrauen* meiden, wenn sie das Verhalten von Tieren beschreiben, antwortete er: «Ja, aber ich glaube, wir kommen der Wirklichkeit näher, wenn wir diese Gefühle nicht ignorieren, sondern anerkennen. Wir sprechen hier von Grundgefühlen, welche Menschen und Tiere gemeinsam haben.»

Seine Beschreibung eines aufgestörten Bären zeigt, wie Menschen das Verhalten von Bären «lesen» lernen können. «Man kann ganz nahe an einem Bären dran sein, und alles ist in Ordnung, bis plötzlich irgendein kleines nichtidentifiziertes Geräusch weit weg im Wald ertönt. Dann ist der Bär auf einmal wie ausgewechselt und in Alarmbereitschaft. (...) Wenn es so weit kommt, daß der Bär einen tiefen Atemzug holt – das ist das erste Anzeichen von Furcht –, und wenn er seine Ohren aufstellt, dann bedeutet das: ‹Laß ihm mehr Raum, steh ihm nicht im Wege, sonst verpaßt er dir einen Schlag.› Er fühlt sich durch etwas bedroht, und er braucht Handlungsraum und Ruhe, um damit fertig zu werden. Nachdem mir Bären in solchen Situationen unmißverständlich bedeuteten, mich zu entfernen, habe ich diese Lektion beherzigt.»

Furcht: Ein Gefühl mit Schlüsselfunktion

Von allen Gefühlen, welche bei Tieren in Frage kommen, ist Furcht dasjenige, welches auch Skeptiker meistenteils anerkennen und welches von der Vergleichenden Psychologie erforscht worden ist. Ein Grund dafür ist, daß furchtsames Verhalten sich im Evolutionsprozeß als vorteilhaft erweist. Furcht ist ein Mechanismus, welcher defensives Verhalten auslöst; so liegt ihr Wert für den Überlebenskampf bei jedem Lebewesen, das zur Verteidigung fähig ist, auf der Hand. Furcht kann bewirken, daß Tiere wegrennen, untertauchen, sich verstecken, um Hilfe rufen, ihre Schalen schließen, ihre Stacheln aufstellen, ihre Zähne fletschen. Wenn ein Tier sich nicht verteidigen könnte, dann würde furchtsames Verhalten keinen Vorteil bringen. Doch von Furcht weiß man auch, daß sie die Chancen des Überlebens behindert: Die Handlungen eines Menschen oder eines Tieres in Panik sind nicht immer die klügsten; man denke an den zu Tode erschrockenen Soldaten auf dem Schlachtfeld, der kopflos in das gegnerische Feuer läuft.

Es fällt den Menschen leicht zu glauben, daß Tiere Furcht empfinden, weil sie es sind, die sehr häufig diese Reaktion auslösen und weil sie daran vielleicht sogar Vergnügen finden. Ein Stadtbewohner, der Tiere sonst nur aus dem Zoo kennt, hat wahrscheinlich schon Vögel aufgescheucht, Insekten vertrieben, hat gesehen, wie Katzen vor Hunden oder Hunde vor größeren Hunden fliehen, und ist sich deswegen absolut sicher, daß Tiere Furcht empfinden.

Auch ist keine überlegene Intelligenz notwendig, um sich zu fürchten. Intelligenz kann subtilere Anlässe ausmachen, furchtsames Verhalten zu zeigen, aber die weniger Intelligenten finden immer noch genug Gründe, sich zu fürchten. Wer jedoch darauf besteht, daß Menschen und andere Tiere durch einen tiefen Abgrund voneinander getrennt sind, wird sich durch die Vorstellung, daß Tiere Furcht empfinden, nicht weiter herausgefordert fühlen. Vielleicht wird er überhaupt nicht von einem einschlägigen Gefühl sprechen. Wenn Wörterbücher Furcht umstandslos als Gefühl klassifizieren, dann entspricht die Definition, die im *Oxford Companion to Animal Behavior* erscheint, wohl eher den Vorstellungen der Behavioristen: «Ein motivierter Zustand, welcher durch spezifische Reize ausgelöst wird und im Normalfall Verteidigungsverhalten oder Flucht zur Folge hat.»

Ein Abbild des Schreckens

Es ist nicht schwer, Furcht im Labor nachzuweisen. (Es gibt wohl kaum ein Tier, das sich nicht vor einem Untersuchungslabor fürchten würde.) Eine kleine Elektrode im Corpus amygdaloideum eines Katzengehirns erzeugt Wachsamkeit, eine größere erzeugt Schrecken. Einer Ratte, bei der man diesen «Mandelkörper» entfernt hat, verliert ihre Angst vor Katzen und würde geradewegs auf diese zugehen. Verhaltensforscher, die an der New York University Ratten dazu abgerichtet haben, einen Elektroschock zu erwarten, wenn sie einen bestimmten Ton hörten, haben zu ihrer Überraschung entdeckt, daß der Nerv, der den Impuls, diesen bestimmten Ton zu fürchten, weitergibt, direkt vom Ohr in den Mandelkörper weiterläuft, anstatt wie sonst üblich über den entsprechenden Bezirk der Gehirnrinde. Es gibt eine Theorie, die besagt, daß der Mandelkörper mit einigen Lernprozessen emotionale Werte verbindet. In der Endokrinologie hat man herausgefunden, daß Hormone wie Adrenalin und Noradrenalin daran beteiligt sind, daß Angstmeldungen übermittelt werden. Genforscher behaupten, daß in einem über zehn Generationen durchgeführten Züchtungsprozeß zwei verschiedene Arten von Ratten aus einem elterlichen Stamm hervorgehen können, und zwar eine ängstliche und eine gelassene.

Aber selbst Biologen geben zu, daß physiologische Symptome allein das Phänomen Furcht nicht ausreichend beschreiben. Der

Philosoph Anthony Kenny führt das Beispiel eines Menschen an, der unter Höhenangst leidet und der die entsprechenden Situationen tunlichst vermeidet, im Gegensatz etwa zu einem relativ angstfreien Bergsteiger. Der Mensch, der Höhen meidet und dies erfolgreich tut, wird selten Anzeichen von Furcht erkennen lassen. Der Bergsteiger dagegen, der sich öfter in Gefahr begibt, wird auch öfter Angst haben, doch wird man nicht sagen können, daß ihn Höhen mehr schrecken. Vielleicht ist der Begriff der «Gegenphobie», den der Psychoanalytiker Otto Fenichel geprägt hat, in diesem Zusammenhang hilfreich. Er benutzte ihn im Falle von Menschen, welche nach demjenigen Objekt trachten, welches sie am meisten fürchten, weil diese Furcht unbewußt bleibt. So gibt es Bergsteiger, die sich vor großen Höhen fürchten, sich diese Furcht aber nicht eingestehen können. Ihr Verhalten ist eine Art von tiefer Überkompensation, ein innerer Selbstbetrug, der darauf aus ist, das Objekt der Furcht, das zugleich auch ein Objekt der Faszination ist, ständig präsent zu halten. Ist also Beherrschung das Ziel dieser Anstrengungen, vergleichbar dem bekannteren Zwang zur Wiederholung von Traumata?

Vielleicht tritt die Gegenphobie nicht nur bei Menschen auf. Viele Tiere, die zu den Beutearten gehören, legen ein makabres Interesse am Tod ihrer Leidensgenossen an den Tag. Hans Kruuk, der in der Serengeti das Verhalten von Hyänen erforscht hat, stellte mit Verwunderung fest, daß die Hyänen und auch andere Raubtiere von Gnus oder Gazellen dabei beobachtet wurden, wie sie sich auf ihre Opfer stürzten. Man hat in diesem Zusammenhang vom «Faszinationsverhalten» gesprochen oder vom «Gaffer-Phänomen». Solche Zuschauer werden auch dann angezogen, wenn das Opfer nicht der eigenen Spezies angehört. Beutetiere zeigen sich auch an ihren Feinden interessiert, wenn diese nicht auf Raubzug sind, beobachten sie und folgen ihnen bisweilen. Es ist möglich, daß ein Gepard, der von einer Herde Gazellen beobachtet wird, plötzlich einen Satz macht und eine von ihnen reißt – das Verhalten der Gazellen ist also sehr gefährlich. Kruuk vertritt die Ansicht, daß dieses gefährliche Verhalten selektiv wirksam wird, indem es entweder hilfreich für die Beutetiere ist, die auf diese Weise ihren Feind im Auge behalten und so einen etwaigen Hinterhalt verhindern können, oder indem sie lernen, das Wissen über ihren Feind für sich auszuwerten. In seiner klassischen Studie über das Rotwild schreibt F. Fraser Darling, daß «Rotwild das auffällige Bestreben hat, jeden Menschen oder jedes Objekt außerhalb seines Blickfeldes für eine Gefahrenquelle zu halten». Es handelt sich hier vielleicht ebenfalls um ein Beispiel von Gegenphobie.

In *Der Ausdruck der Gemüthsbewegungen bei dem Menschen und den Thieren* legte Darwin eine systematische Studie darüber an, wie Tiere sich gebärden, wenn sie Angst haben. Er erkannte, daß bei Menschen wie bei Tieren die meisten oder alle der folgenden Beobachtungen zutreffen: Augen und Mund geöffnet, rollende Augen, Herzrasen, zu Berge stehende Haare, zitternde Muskeln, Zähneklappern und Versagen der Schließmuskeln. Die angsterfüllte Kreatur erstarrt an ihrem Platz oder duckt sich. Diese Regeln treffen für ein beachtliches Spektrum verschiedener Arten zu. Auf gewisse Weise überrascht es, daß auch Delphine mit den Zähnen klappern und man das Weiße in ihren Augen sieht, wenn sie Angst haben, oder daß den Gorillas in Angstsituationen die Knie zittern. Diese bekannten Verhaltensweisen erinnern uns an unsere Verwandtschaft mit den Tieren. Melvin Konner schrieb: «Wir sind nicht metaphorisch gesprochen, sondern tatsächlich im biologischen Sinne wie eine Hirschkuh, die vor Tagesanbruch im diffusen Licht steht und nasses Gras kaut, ihre Nase an ihrem kleinen Kitz reibt, in den Nebel schnaubt, sich in Geborgenheit fühlt und plötzlich ohne erkennbaren Grund aufgeregt umherblickt.»

Symptome für Furcht können aber auch je nach Spezies variieren. Wie Douglas Chadwick berichtet, erkennt man die erschrockene Bergziege daran, daß sie ihre Ohren zurücklegt, ihre Zunge zwischen den Lippen hervorschnellen läßt, sich duckt und ihren Schwanz hochstellt. Das Junge stellt seinen Schwanz hoch, wenn es um Aufmerksamkeit heischt oder wenn es saugen will. Das erwachsene Tier benutzt dieses Zeichen, wenn es Angst hat. Wenn der Schwanz nur teilweise gereckt wird, dann heißt das laut Chadwick: «Ich bin beunruhigt.» Ein voll aufgerichteter Schwanz bedeutet: «Ich hab Angst!» Oder vielleicht: «Hilfe, Mama!»

Der Vogelkundler Wolfgang de Grahl weist darauf hin, daß erschrockene junge Graupapageien nicht nur wild umherflattern, sondern auch ihre Köpfe in einem abgelegenen Winkel verbergen, wenn sich Menschen ihrem neuen Habitat nähern. De Grahl zufolge glauben diese Vögel wie der sprichwörtliche Vogel Strauß, der seinen Kopf im Sand versteckt, daß sie auf diese Weise nicht gesehen werden können. Aber wahrscheinlich handelt es sich hier um eine Überinterpretation der Dummheit dieser Vögel. Menschen, welche ihre Augen zuhalten oder ihr Gesicht von der Ursache des Schreckens abwenden, glauben nicht, daß sie nicht gesehen werden können. Vielleicht ist es so, daß die Papageien wie die Menschen den Anblick des Schrecklichen nicht ertragen können, oder daß sie versuchen, sich nicht von ihren Gefühlen überwältigen zu lassen.

Was Tiere fürchten

Weil Menschen mit Pferden seit so langer Zeit zusammenleben und arbeiten, ist wohl bekannt, was bei diesen Tieren Schrecken auslösen kann. Abgesehen von so selbstverständlichen Ursachen wie dem Auftreten von Raubtieren lassen sich Pferde durch unvertraute Bewegungen, Geräusche und Gerüche aus der Ruhe bringen. Veränderungen in ihrer Umgebung machen Pferde oft scheu. Sehr nervöse Pferde werden sogar durch eingebildete Veränderungen beeinflußt: Ein Gegenstand, an dem ein Pferd unzählige Male vorbeigegangen ist, scheint ihm auf einmal Schrecken einzujagen, obwohl man keine Änderungen erkennen kann. Wovor das eine Pferd scheut, das läßt das andere Pferd ungerührt, und einige Pferde zeigen so gut wie nie Furcht. Pferde können sich auch vor Orten fürchten, welche nicht nach Pferd riechen. Ein Pferd, das sich ohne Umstände in Pferdetrailer führen läßt, weigert sich vielleicht, einen fabrikneuen zu betreten.

Individuelle Erfahrungen spielen auch eine Rolle bei der Entstehung von Furcht bei einem bestimmten Tier, das die Lernfähigkeit besitzt, etwas zu fürchten, was es zuvor nicht gefürchtet hat. Das sagt uns auch der gesunde Menschenverstand. Wenn man zum Beispiel will, daß ein Hund einen Stock apportiert, und er statt dessen sich vor Furcht zusammenkrümmt, sobald man den Stock aufhebt, dann ist die Vermutung naheliegend, daß der Hund früher geschlagen wurde. Tiere bilden Assoziationen der Furcht im Zusammenhang mit Gegenständen aus, welche ihnen in der Vergangenheit Schrecken eingeflößt haben. Erinnerungen daran können durch analoge Phänomene oder vielleicht sogar durch abschweifende Gedanken ausgelöst werden.

Tiere lernen, Angst zu haben, um Schmerz zu vermeiden. Laborratten, die wie jedes Tier Schmerz fürchten, lernen einen elektrischen Schock zu fürchten. Kojoten lernen, die Stacheln des Stachelschweins zu fürchten. Affen lernen, daß ein Fall aus großer Höhe schmerzhaft sein kann.

Angst und Selbstverteidigung

Die meisten Tiere fürchten ihre Feinde, was sich von selbst versteht. Wie sie diese als solche erkennen, wenn sie sie noch nie in Aktion gesehen haben, ist nicht immer klar, aber die Reaktion ist eindeutig. In den Rocky Mountains beobachtete Douglas Chadwick einmal, wie ein Luchs sich an einen großen Ziegenbock heranpirschte. Er schlich sich auf einen Felsvorsprung genau oberhalb des Bocks und damit in eine Position, die zum Absprung wie geschaffen war. Während er noch zögerte, entdeckte der Bock den Luchs und zog sich in eine Ecke zurück.

Nach einer Weile erschien er wieder, stampfte mit seinen Füßen und machte sprunghafte Bewegungen in Richtung der Katze, wobei er mit seinen Hörnern nach ihr stieß. Der Luchs schaute sich das eine Zeitlang an, schlenkerte hin und wieder eine Pfote in Richtung Ziegenbock, um sich schließlich ganz zu entfernen. Der Bock ließ sich also zuerst von dem Luchs einschüchtern, verlor dann aber seine Furcht und wurde seinerseits aggressiv. Dieses Verhalten beeindruckte den Luchs so sehr, daß er von einem sofortigen Angriff absah und schließlich ganz aufgab.

Bei der Erkennung von Raubtieren kann als ein Faktor die angeborene Reaktion auf starrende Blicke gelten. Man hat herausgefunden, daß Vögel eher eine ausgestopfte Eule anfallen, wenn diese Augen hat. Küken, die noch nie ein Raubtier gesehen haben, gehen Objekten aus dem Weg, die Augen oder augenähnliche Flecken haben, zumal wenn diese Augen groß sind. Bei wilden Vögeln, die eine Futterstelle aufsuchen, ist die Fluchtbereitschaft größer, sobald die Vorrichtung mit realistischen Augenmotiven bemalt ist. Dann flüchten die Vögel mit Schrecken. Auch die Angst, aus großer Höhe zu fallen, scheint den meisten Tieren angeboren zu sein. Die Nachkommen fast aller Spezies (der Mensch eingeschlossen) reagieren angesichts eines steilen Abhangs mit Panik, selbst wenn sie noch nie mit einem solchen konfrontiert worden sind. Höhenangst wird offenbar bei einigen Spezies leichter ausgelöst. Eine Kreatur etwa, die in hochgelegenen Gegenden lebt, kann nicht überleben, wenn sie sich zu oft in Panik versetzen läßt. Doch selbst bei den von Chadwick beschriebenen Bergziegen gab es Anzeichen von Furcht, wenn sie an Hängen Halt suchten, die selbst für sie zu steil waren, oder wenn Geröll unter ihnen abzurutschen begann. Ein Braunbärjunges, das in den McNeil River in Alaska fiel und in die Richtung der Stromschnellen abgetrieben wurde, legte vor Furcht seine Ohren an und rollte mit seinen weit aufgerissenen Augen. Seine Mutter sah ihn fallen, schien nicht sonderlich beängstigt zu sein, erst als ihr Junges schon ein ganzes Stück fortgetrieben worden war, folgte sie ihm. Vielleicht hatte sie nicht realisiert, daß das, was für sie selbst ungefährlich ist, für ihr Junges durchaus gefährlich sein kann. Aber vielleicht war ihr auch klar, daß sich ihr Kind nicht in Gefahr befand. Dem jungen Bären gelang es, mit eigener Kraft aus dem Wasser herauszukommen.

Allein und verlassen

Für gesellige Tiere und für die Nachkommen fast aller Spezies bedeutet das Alleinsein Gefahr. Die Angst vor dem Alleinsein ist oft schwer zu unterscheiden von der Angst, sich zu verirren. Thomas Bledsoe berichtet von Wingnut, einem ausgesprochen furchtsamen Braunbärjungen am McNeil River, das sich buchstäblich vor seinem eigenen Schatten fürchtete. Der Kleine hatte Angst davor, allein gelassen zu werden, und jedesmal, wenn seine Mutter ihn zum Fischen verließ, gebärdete er sich «hysterisch», bis sie zurückkam. Wiederum gut möglich, daß hinter dieser Reaktion eine frühere Erfahrung stand. Ein Schweinswalmännchen namens Keiki, das in einem Tiefseeaquarium gelebt hatte, ließ man in einer benachbarten Bucht frei. Von seinen Gefährten getrennt, einer unbekannten Umgebung ausgesetzt, geriet er in Panik, klapperte mit den Zähnen und rollte mit den Augen.

Zoowärter berichten, daß bei Elefanten (vor allem bei jungen Elefanten), die in Gefangenschaft leben, der «Sekundenherztod» vorkommt und sie an «gebrochenem Herzen» sterben, wenn sie von ihrer Gruppe getrennt und in ein separates Gehege verlegt werden. Jack Adams vom Center for the Study of Elephants spricht in diesem Fall von einer «erdrückenden Angst».

Genauso wie Pferde sich vor ungewohnten Dingen fürchten, reagieren in Gefangenschaft lebende, aber ungezähmte Graupapageien auf Veränderungen in ihrer Umgebung mit Mißtrauen. Sie hungern lieber tagelang, als aus einer neuen Schüssel zu fressen. Selbst wenn sie gelernt haben, einer bestimmten Person zu vertrauen und von dieser Futter zu bekommen, ist es möglich, daß ein Wechsel der Kleidung sie beunruhigt. Ein Ornithologe berichtet, daß eine Gruppe mißtrauischer Papageien Erdnüsse von seiner Mutter akzeptierte, nur wenn sie ihre Schürze trug. Für diese Angst vor dem Unbekannten hat man den Begriff Neophobie geprägt. Neophobien, hervorgerufen durch ungewohnte Situationen, können sich bei Tieren in sonderbaren Verhaltensweisen äußern. Der indische Tierschützer Billy Arjan Singh hat ein verwaistes Leoparden- und ein Tigerbaby aufgezogen. In beiden Fällen war die junge Katze beim Anblick des Dschungels zu Tode erschrocken und mußte mit viel Geduld beruhigt werden. Indem man die Katzen wiederholt in den Dschungel ausführte, konnte man sie davon überzeugen, daß dieser Ort einen Besuch wert ist.

Cody, ein Orang-Utan, der von Menschen aufgezogen worden war, geriet bei seiner ersten Konfrontation mit einem Artgenossen in Panik. Sein Fell sträubte sich am ganzen Körper. Er wich vor Angst zurück, versteckte sich hinter seinen menschlichen «Eltern» und klammerte sich so fest, daß er blaue Flecken hinterließ. Der friedliche Orang-Utan, der ihn so in Angst versetzte, war seine wirkliche Mutter.

Jim Crumley berichtet von einer Schar Singschwäne, die auf einem Feld in Schottland Rast machte, als plötzlich eine Welle der Unruhe durch die Schar ging. Die schlafenden Vögel erhoben ihre Köpfe und schauten nach Westen, aber dann kehrte wieder Ruhe ein. Die Schwäne hatten sich gerade wieder besonnen, als sie unvermittelt erneut aufschreckten; ihre Köpfe schossen hoch, und sie alarmierten sich gegenseitig. Das geschah dreimal, bevor der verdutzte Crumley begriff, was die Schwäne so beunruhigte. Ein Gewitter war im Anzug, und die Schwäne hatten das eher bemerkt als er. Er beobachtete sie im darauffolgenden Unwetter und stellte fest, daß sie auf die Blitze nicht reagierten, daß jeder Donnerschlag sie aber in Panik versetzte.

Wie man lernt, sich zu fürchten

Furcht ist zumeist erlernt. Das besagt auch die klassische Theorie der Konditionierung, nach der Tiere, Menschen eingeschlossen, lernen, negativ belegte Reize mit bestimmten Situationen zu verbinden. Man darf die unterschiedlichen Verhaltensweisen der Lebewesen also nicht vorschnell als angeboren oder instinktiv bezeichnen, denn sie können ebenso auf schlechten Erfahrungen basieren oder von Artgenossen gelernt worden sein. Elizabeth Marshall Thomas berichtet von den Ängsten eines Huskys namens Koki, der sich zähneklappernd und mit gesträubten Haaren zusammenkauerte, wenn er das sausende Geräusch hörte, das ein Schlag mit dem Stock oder dem Seil verursacht. Marshall Thomas fügt hinzu, «wenn die Stimme eines Mannes verriet, daß er Alkohol getrunken hatte», ergab sich derselbe Effekt. Es ist wahrscheinlich, daß Koki dabei eher auf den Geruch als auf das Geräusch reagiert hat, denn Alkohol verändert den Geruch des menschlichen Atems. Doch hat die Hündin in jedem Fall gelernt, sich vor betrunkenen Männern zu fürchten. Die Vermutung, daß Koki einmal von einem betrunkenen Mann geschlagen wurde, ist kaum von der Hand zu weisen.

Die oben erwähnten klassischen Verhaltenslehren gerieten in Schwierigkeiten, als man herausfand, daß einige Reize sehr viel häufiger Angst auslösen als andere. Ratten zum Beispiel tendieren dazu, Nahrung mit Krankheit zu assoziieren; sind sie einmal von einem bestimmten Nahrungsmittel krank geworden, so vermeiden sie dieses in Zukunft. Im Gegensatz dazu sind sie kaum dazu zu bringen, einen elektrischen Schock oder ein lautes Geräusch mit Krankheit zu assoziieren, ganz gleich wie oft in Experimenten die beiden Reize miteinander gekoppelt werden. Viele Menschen fürchten sich vor Schlangen und Spinnen, obwohl sie niemals schlimme Erfahrungen mit ihnen gemacht haben und sie in der Regel auch sehr selten zu Gesicht bekommen. Doch wie Martin Seligman in diesem Zusammenhang betont hat, gibt es nur sehr wenige Menschen, die sich vor Hämmern und Messern fürchten, obwohl die Wahrscheinlichkeit sehr viel größer ist, daß man durch diese Werkzeuge schon Verletzungen davongetragen hat. Vielleicht ist es die Gewöhnung an den (ungefährlichen) Normalgebrauch dieser Gegenstände, welche uns die Furcht vor ihnen nimmt.

Bergziegen haben gelernt, Lawinen aus Schnee oder Geröll zu fürchten und sich dementsprechend zu verhalten. Wenn sie in der Höhe das Geräusch des Abrutschens hören, dann stellen sie ihre Schwänze auf, legen die Ohren an und flüchten unter den nächsten schützenden Felsvorsprung. Wenn keiner in der Nähe ist, dann stampfen sie auf, ducken sich und pressen sich gegen den Berg. Einige Ziegen machen sich erst im letzten Moment davon.

Ängste ohne Namen

Daß man sich ohne konkrete Ursache fürchten kann, ist eine weit verbreitete Erfahrung; man spürt einfach, daß ein unbekanntes Verhängnis droht. Oder wir ängstigen uns, wenn wir ein ungewohntes Terrain betreten, so wie Singhs Tiger- und Leopardenjungen. Wir fühlen, daß etwas Schlimmes passieren könnte, auch wenn wir nicht wissen, was. Furcht kann ohne ein Objekt auftreten.

Im Hwange-Nationalpark von Zimbabwe findet jährlich ein Culling unter den Elefanten statt. Zu diesem Zweck werden einige Familiengruppen von Flugzeugen in die Richtung von Jägern getrieben, welche alle Tiere bis auf die jungen Kälber abschießen, die dann zum Verkauf abtransportiert werden. Die Kälber irren herum, schreien und suchen nach ihren Müttern. Einmal bemerkte ein Führer, der in einem privaten Wildgehege neunzig Meilen entfernt vom Nationalpark Dienst tat, daß achtzig Elefanten an dem Tag von ihren normalen Weidegründen verschwunden waren, als in Hwange das Culling begann. Er entdeckte sie einige Tage später im hintersten Winkel des Geheges und so weit wie möglich entfernt vom Park zusammengerottet.

Man hat kürzlich herausgefunden, daß Elefanten mit Hilfe von Infraschall-Lauten über weite Strecken miteinander kommunizieren können. So würde es nicht überraschen, wenn die Elefanten im Gehege eine sie ängstigende Nachricht von den Hwange-Elefanten erhalten hätten. Aber wenn die Kommunikation zwischen Elefanten nicht sehr viel nuancierter ist als bisher angenommen, dann kann diese Botschaft nicht sehr spezifisch gewesen sein. Die Elefanten im Gehege müssen gewußt haben, daß den anderen etwas Schlimmes zugestoßen war, aber sie konnten kaum wissen, was es genau war. Die Ursache ihrer Furcht war wenig konkret, die Furcht selber war real.

Die Angst um andere

Menschen haben Angst nicht nur um sich selbst, sondern auch um andere. Dies grenzt an Einfühlung, ein Vermögen, das man Tieren weit weniger einräumt als Angst. Während die Beispiele von Tieren, die Angst um sich selber haben, sehr zahlreich sind, wird sehr viel seltener beschrieben, daß Tiere Angst um ihre Artgenossen haben. Oft sind die genannten Situationen doppeldeutig: Ein Affe, bei dem physische Anzeichen für Angst zu beobachten sind, während er sieht, wie ein anderer Affe angegriffen wird, mag eher Angst um sich selbst als potentielles Opfer haben, als sich für das andere Tier zu fürchten. Den eindeutigen Beweis dafür, daß Tiere Angst empfinden können, findet man erwartungsgemäß bei Eltern, die sich um ihre Jungen fürchten.

Der Wildbiologe Thomas Bledsoe beschreibt das Verhalten von Red Collar, einer Grizzlybär-Mutter, deren Jungen verschwunden waren, während sie im McNeil River Lachs fischte, an einer Stelle, an der sich Bären versammeln. Zuerst suchte sie flußauf- und -abwärts die Ufer ab, dann kletterte sie auf einen steilen Felsvorsprung und blickte umher, immer schneller und schneller rennend. Speichelnd und nach Luft ringend, stellte sie sich auf ihre Hinterbeine, um weiter in die Ferne sehen zu können, und reckte ihren Kopf in alle Himmelsrichtungen. Nach einigen Minuten gab Red Collar die Suche auf und ging wieder fischen. Ein solches Verhalten gibt uns zu denken und läßt verschiedene Möglichkeiten der Interpretation zu: Entweder die Bärin hatte schlicht das Interesse an ihren Jungen verloren (womit sich Menschen nur schwer identifizieren könnten), oder sie glaubte, daß sie nicht in Gefahr wären. Es ist sicher von Interesse zu erwähnen, daß die Kinder von Red Collar mit einer anderen Bärenfamilie gegangen waren und sich tatsächlich in Sicherheit befanden. Bledsoe fügt hinzu, daß einmal zwei von Red Collars Jungen sich für drei Tage einem anderen Bären angeschlossen hatten, bevor sie die Ausreißer wiedertraf und zu sich zurückholte.

Eltern fürchten nicht nur, ihre Jungen zu verlieren, sondern auch, daß sie verletzt werden könnten. Big Mama, eine ebenfalls von Bledsoe beobachtete Bärin, zeigte sich beunruhigt, als ihre neugierigen einjährigen Jungen sich entschlossen hatten, ihre menschlichen Beobachter näher zu erkunden. Sie folgte ihnen und gab Alarmrufe von sich, bis ihre Jungen die Menschen in Ruhe ließen. Lynn Rogers, der die kleineren Schwarzbären studiert, sagt, daß eine Bärenmutter im Anzug von Gefahr ihre Jungen nicht nur auf die Bäume scheucht, sondern sie auch dazu ermuntert, auf Bäume mit einer härteren Rinde, wie Kiefern, zu klettern, da diese von kleinen Jungbären einfacher zu erklimmen sind als etwa Espen mit einer weicheren Rinde. Paul Leyhausen hat bei mehreren Katzen beobachtet, wie sie ihren Jungen erlauben, Mäuse zu jagen, aber eingreifen, wenn sie Ratten nachstellen. Als man sie von der Mutter getrennt hatte, stellte sich bei Versuchen heraus, daß die Katzenkinder durchaus in der Lage waren, Ratten zu jagen.

Bergziegen sind äußerst wachsam, wenn es darum geht, ihre Jungen vor gefährlichen Abstürzen zu bewahren. Douglas Chadwick zufolge haben sie die Tendenz, sich unterhalb der Kinder am Berg aufzuhalten, wenn diese sich bewegen oder schlafen. Die Lebendigkeit des Nachwuchses zwingt sie zu konstanter Wachsamkeit. Chadwick berichtet von einer Bergziege: «Ich konnte ihren Schrei hören, als das Junge einen gefährlichen Sturz tat. Dann eilte sie zu ihm, leckte und liebkoste es und ermunterte es, an ihr zu saugen.» Der Schrei der Mutter entspricht ganz und gar der menschlichen Reaktion im Angesicht eines solchen Sturzes; es ist ein perfektes Indiz für einfühlendes Verhalten.

Ein Wanderfalke griff jedesmal einen seiner Söhne an, wenn dieser sich zu dicht an menschliche Beobachter heranwagte. Es ist wahrscheinlich, daß der Jungvogel sein Verhalten dementsprechend geändert hat und seinen Beobachtern von da an aus dem Weg geht. Die Angst des Vatertieres um seinen Nachkommen hat das Verhalten des Jungvogels verändert.

Gesellig lebende Tiere können um andere Mitglieder ihrer Gruppe Angst haben. In einem Experiment wollte man die Reaktionen einiger junger Schimpansen auf einen «mutigen Mann» und einen «feigen Mann» testen. Die Schimpansin Lia ging dem mutigen Mann aus dem Weg, doch Mimi kämpfte mit ihm. Eines Tages bog der mutige Mann Mimis Finger so weit zurück, bis sie zu schreien begann. Lia mischte sich ein, hielt aber inne, als sie geboxt wurde (ein schönes Beispiel für die Eleganz von experimenteller Forschung). Anschließend konzentrierte Lia ihre Anstrengungen darauf, Mimi zurückzuhalten, indem sie sie bei ihren Händen nahm und beiseite zog. In einer Gruppe von Schimpansen, die im Institut für Primaten-Forschung in Oklahoma im Käfig gehalten wurde, verhielt sich eine Schimpansin mit Kind, der man zuvor die Babys weggenommen hatte, sehr furchtsam, wenn Wissenschaftler sich ihr näherten. Das galt auch für die anderen Schimpansen der Gruppe in den benachbarten Käfigen. In diesem Fall ist es jedoch nicht klar, ob die anderen Schimpansen tatsächlich Furcht empfanden, oder ob sie nicht einfach feindselige Reaktionen zeigten. Die tiefsitzenden Ängste, welche die Laborhaltung in einem Tier bedingen kann, sind niemals untersucht worden. Vermutlich ist das ethische Dilemma, das aus der Verursachung solcher Ängste resultiert, zu offensichtlich, um in einer wissenschaftlichen Untersuchung anerkannt zu werden.

Das Spektrum der Furcht

Eine leichte Form von Furcht – die Bereitschaft zu furchtsamem Verhalten –, die man als eine Art Vorsicht oder Besorgnis bezeichnen könnte, ist offenbar für den Überlebenskampf von Bedeutung. Der aufgeschreckte Wurm hört den sich nähernden Vogel und zieht sich zurück. Wenn sich dieses Gefühl intensiviert und sich als Unbehagen auf das Gemüt legt, dann ist aus dem Schrecken Angst geworden. Die Psychiatrie lebt davon, daß einige Menschen infolge ihrer schweren Angstzustände nahezu lebensunfähig sind, während ihre Umwelt der Ansicht ist, diese Angst sei unnötig und übertrieben.

Sehr große Angst kann ebenso wie große Schmerzen einen Schockzustand hervorrufen. Für den Terminus Schock gibt es eine medizinische Definition, und es besteht kein Zweifel, daß auch Tiere in diesen Zustand versetzt werden können. Hans Kruuk beschreibt, wie ein solcher Schockzustand bei Gnus aussieht, die von Hyänen eingekreist worden sind. Diese Tiere versuchen kaum noch, sich zu verteidigen, wenn sie erst einmal zum Stillstand gebracht worden sind. Sie stehen auf einem Fleck, stöhnen und werden von den Hyänen gerissen.

Pandora, eine zwei Jahre alte Bergziege, der man einen Sender anlegen wollte, wurde von dem Wildbiologen Douglas Chadwick und seiner Frau zu diesem Zweck mit einer Salzlecke in eine Falle gelockt. Zuerst versuchte sie alles, um zu entkommen. Sie versuchte über die Einzäunung zu springen, richtete ihre Hörner gegen Chadwick, und als man ihr ein Seil anlegte und versuchte, sie niederzuzwingen, bäumte sie sich wieder auf. Erst als man ihr die Augen verband, verfiel sie in einen Schock und wurde ohnmächtig. Da Pandora sich bei diesem Gerangel nur leicht verletzt hatte, ist diese Ohnmachtsreaktion auf ihre große Angst zurückzuführen. (Nachdem man ihr den Sender angelegt hatte, weckte man sie mit Riechsalz auf und ließ sie laufen; Anzeichen von Unwohlsein gab es keine.)

In Afrika wurde ein Büffel von einem Löwen zu Fall gebracht, aber nicht verletzt; er hatte einen Schock und lag einfach auf dem Boden, während der Löwe (vermutlich ein unerfahrenes Tier) am Schwanz des Büffels kaute. Dieses Beispiel zeigt, daß Furcht nicht immer hilft, um zu überleben.

Mutig wie ein Löwe

Mut, der manchmal als ein Gefühlszustand bezeichnet wird, ist in Relation zu Furchtsamkeit zu betrachten. Leider sind Charaktereigenschaften wie Mut oder Kühnheit nur ansatzweise für den Menschen definiert, so daß es sehr schwer ist, dieselben bei Tieren festzustellen. Oft denkt man, daß Mut ein Mittel gegen Furcht ist, daß er diese überwinden will. Aber ist eine gefährliche Aktion ein Indiz für Mut, wenn man dabei keine Angst hatte? Oder beweist sie nur dann Mut, wenn man sich dabei gefürchtet hat?

Hans Kruuk führt mehrere Beispiele an, in denen eine Gnu-Kuh und ihr Kalb von Hyänen gejagt wurde. Immer wenn die Hyänen das Kalb erreicht hatten, drehte sich die Mutter um und attackierte sie und rammte sie so heftig, daß sie umgeworfen wurden. Vielleicht zählt das als mutiges Verhalten. Ohne ein Kalb würde ein Gnu einfach weiterlaufen. Die Furcht macht, daß sie das Weite sucht. Auf der anderen Seite würde ein Mensch in ähnlicher Situation vielleicht sagen: «Ich war so wütend, daß ich meine Angst vergaß.» Vielleicht ist auch die Gnu-Mutter so wütend, daß sie ihre Furcht vergißt. Ist sie deswegen mutig?

In einem Fernsehfilm über Geparden wurde ein Löwin gezeigt, wie sie einen Wurf von Gepardenjungen tötet. Sie war noch damit beschäftigt, als die Mutter zurückkehrte. Die Gepardin begann die Löwin zu umkreisen und sprang dann nach einem Moment des Zögerns auf die Löwin zu, um von ihr verfolgt zu werden. Die Jungen waren zu diesem Zeitpunkt schon tot, was die Gepardin wahrscheinlich noch nicht wußte. Offensichtlich fürchtete sie, daß die (viel größere) Löwin ihre Jungen töten und sie selbst angreifen könnte. Ihr Versuch, die Löwin wegzulocken, könnte als ein mutiger Akt bezeichnet werden. Nachdem die Löwin weg war, fand die Gepardin ihre toten Jungen, schnappte sich eines und trug es davon. In einem plötzlich aufziehenden Gewitter sah man sie dann, über ihr totes Kind gebeugt, im Regen sitzen. Als der Regen vorbei war, trottete sie davon, ohne zurückzublicken.

Auch Charles Darwin hat sich für Mut bei Tieren interessiert:

Vor mehreren Jahren zeigte mir ein Wärter im zoologischen Garten ein paar tiefe und kaum geheilte Wunden in seinem Genick, die ihm, während er auf dem Boden kniete, ein wüthender Pavian beigebracht hatte. Der kleine amerikanische Affe, welcher ein warmer Freund dieses Wärters war, lebte in demselben großen Behältnis und fürchtete sich schrecklich vor dem großen Pavian, sobald er aber seinen Freund, den Wärter, in Gefahr sah, stürzte er nichtsdestoweniger zum Entsatz herbei und zog durch Schreien und Beißen den Pavian so vollständig ab, daß der Mann im Stande war, sich zu entfernen, nachdem er, wie der ihn behandelnde Arzt später äußerte, in großer Lebensgefahr gewesen war.

Für Darwin gab es also keinen Zweifel, daß «so etwas» wie ein Affe ein guter Freund sein kann und in diesem Fall ein sehr mutiger. Für diese «Tendenz, Tierverhalten zu anthropomorphisieren» hat man ihn in neuerer Zeit häufig kritisiert und gesagt, es sei «kein Wunder, daß er Beweise für alle diese menschlichen Attribute [an Tieren] habe finden können, selbst für moralisches Verhalten und Mut». Es hat einigen Wissenschaftlern offenbar gründlich mißfallen, daß es ausgerechnet der große Darwin war, der die Geschichte von dem mutigen kleinen Affen erzählt hat, der für ein Mitglied einer anderen Spezies sein eigenes Leben und damit das Fortbestehen seiner eigenen Art aufs Spiel gesetzt hat, wobei nicht Abhängigkeit, sondern pure Freundschaft seine Beweggründe waren. Die Wissenschaft sieht es nicht sehr gerne, wenn der Begründer der Evolutionstheorie Begriffe wie *Mut* und *Tapferkeit* auf Affen anwendet.

Elefantenkälber, ebenso wie Bergziegenkitze und Bärenjungen, fürchten sich nicht immer vor dem, wovor sie sich fürchten sollten, wenn es nach ihren Eltern ginge. Cynthia Moss, die Elefanten in Kenia untersucht, berichtet, daß sehr junge Kälber verhältnismäßig furchtlos erscheinen. Sie steigen auf ihren Land Rover und untersuchen diesen, während innen Menschen sitzen. Es entstehen häufig dadurch Konflikte, daß die Mütter und Tanten der Kälber beunruhigt sind. Sie würden sie dann am liebsten zurückscheuchen, doch sie trauen sich nicht nahe genug an das Auto heran. Sie bauen sich davor auf, scharren mit den Füßen hin und her oder pendeln nervös mit einem Bein. Wenn sich das Kalb dann vielleicht ablenken läßt, ziehen die ausgewachsenen Elefanten es an sich, tasten es ab und machen drohende Gesten in Richtung des Fahrzeugs.

Die Notwendigkeit von Furcht

Wenn diese Elefantenkälber ausgewachsen sind, dann haben sie sicher noch andere angstmachende Situationen erlebt, als Menschen in einem Land Rover anzutreffen. Es gibt im Leben einer jeden Kreatur Dinge, die mit Angst verbunden sind. Aber wie steht es um Tiere, die so beschützt leben, daß sie niemals mit Situationen konfrontiert werden, die ihnen Angst bereiten? Was passiert mit ihrer Fähigkeit, Angst zu empfinden? Es ist möglich, daß sich ein solches Lebewesen in jedem Fall fürchtet, daß seine Angst sich aber an Objekten manifestiert, die ganz willkürlich erscheinen. Die Gorillafrau Koko wurde in einem Zoo geboren und wuchs in einer behüteten Umgebung unter Menschen auf. Nie wurde Koko mit größeren und älteren Gorillas, Leoparden, Jägern oder anderen Faktoren konfrontiert, die ihr Angst gemacht haben könnten. Doch sie hatte zum Beispiel Angst vor

Alligatoren, obwohl sie nie welche gesehen hatte. Jahrelang fürchtete sie sich vor Spielzeugalligatoren, außer man hatte deren Unterkiefer entfernt. Doch sie fürchtete sich nicht vor ihrer Alligatorpuppe, mit der sie Fangspiele veranstaltete. Einmal bedrohte sie eine Helferin, indem sie ihr in amerikanischer Taubstummensprache zu verstehen gab, daß sie, wenn sie sich mit dem Mittagessen nicht beeile, von einem Alligator gejagt werden würde. Sie hatte auch Angst vor Leguanen, vor allem vor einem zahmen Leguan, mit dem sie häufiger zusammenkam. Obwohl dieser Leguan, den man als «komatös» charakterisierte, sie nie bedrohte, flüchtete Koko in ihr Zimmer, wenn er erschien.

Es ist möglich, daß Kokos Angst vor Echsen und Alligatoren instinktiv ist oder zum Teil auf Instinkten basiert. Vielleicht wird diese Ängstlichkeit aber auch dadurch verstärkt, daß Koko ansonsten in einer Umgebung lebt, in der sie sich vor nichts zu fürchten braucht. Möglicherweise brauchen Ängste immer ein Objekt, auf das sie sich beziehen. Und wenn ein Kind auch noch so behütet und geborgen aufwächst, in seiner magischen Phantasie wird es sich Vampire, Werwölfe und Feuerwehrautos so zurechtdenken, daß sie zu solchen angstauslösenden Gegenständen werden. Jahre später schien Koko ihre Alligatorenängste verloren zu haben, vielleicht weil man ihr Dutzende von Spielzeugalligatoren der unterschiedlichsten Art geschenkt hatte.

Die Schimpansin Viki, die von Menschen großgezogen wurde, hatte so panische Angst vor Ölzeug, daß man sie davon abhalten konnte, in Räume zu gehen, in denen sie nichts zu suchen hatte, indem man eine Öljacke oder Ähnliches über die Türklinke hängte. Die berühmte Washoe hingegen, die sich völlig unbeeindruckt von Ölzeug zeigte, fürchtete sich vor Staubwedeln. Moja, eine Schimpansin aus derselben Gruppe, hatte zwar keine Angst vor Staubwedeln, doch fürchtete sie sich so sehr vor den Eiswürfelgittern aus den Gefrierschalen, daß die Forscher sie in Schubladen und Schränken versteckten und nur hervorholten, wenn Moja ungezogen war, um sie mit dem gefürchteten Anblick des Plastikgitters zu bestrafen.

Durch den geschickten Einsatz von narrativen Mitteln wurden Washoe und die anderen Schimpansen in der Gruppe dazu gebracht, vor einem nichtexistenten «Schauerhund» Angst zu haben. Das rührte daher, daß man der sorglosen Washoe beizubringen versuchte, das Zeichen für «Nein» häufiger zu gebrauchen. Eines Abends schaute einer der Forscher, Roger Fouts, aus dem Fenster von Washoes Trailer und gab Washoe per Zeichensprache zu verstehen, er sehe einen großen schwarzen Hund mit langen Zähnen, der Schimpansen-Babys fresse. Er fragte Washoe, ob sie rausgehen wolle, und bekam ein eindeutiges «Nein» zur Antwort. Bei anderer Gelegenheit, etwa wenn Washoe nicht reingehen wollte, gaben die Betreuer ihr per Zeichen zu verstehen, sie sähen den großen schwarzen Hund kommen – und schon war Washoe drinnen.

Inseln der Furchtlosigkeit

Auf einsamen Inseln begegnen Reisende manchmal Tieren ohne Furcht. Diese kühnen Kreaturen rennen nicht weg, wenn sie einen Menschen sehen, sondern schauen erwartungsvoll zu, wie er sich mit einem Netz oder einem Gewehr ihnen nähert. Der Botaniker Sherwin Carlquist beschreibt eine solche Begegnung mit einer Unterart der Kanincheneule, die er auf einer Insel antraf. Er näherte sich ihr und machte einige Fotografien, während die Eule sich nicht rührte und träge mit den Augen blinzelte. Eine Schlange kroch vorbei, und Carlquist hob sie hoch. Die Schlange ließ sich davon nicht stören, sondern legte sich um seine Schultern und ließ es zu, daß er sie den ganzen Tag mit sich herumtrug. In derselben Inselgruppe war es Carlquist möglich, See-Elefanten, die auf dem Strand lagen, und Tölpel, die auf ihren Eiern saßen, zu berühren. An anderer Stelle traf er eine große Eidechsenart an, die so friedlich war, daß sie sogar «einen kleinen Stups mit dem Schuh über sich ergehen ließ ohne Reaktion».

Eine Gruppe von Biologen, die nach einer anstrengenden Reise auf einer unbewohnten Insel landete, legte eine Ruhepause ein. Ein Forscher schlief am Strand ein. Ein Zaunkönig setzte sich auf seinen Fuß, untersuchte die Schnürsenkel, hüpfte um den Körper herum, setzte sich auf das Kinn und schaute, sehr zum Ergötzen der Begleiter, lange und sorgfältig in jedes Nasenloch, bevor er davonflog. Solche Furchtlosigkeit trifft man bei Lebewesen an, die auf kleinen Inseln leben, wo Raubtiere nur in geringer Zahl oder gar nicht vorkommen. Carlquist bemerkt dazu: «Extreme Scheu ist keine Tugend, wenn es um evolutionäre Vorteile geht. Wenn ein Vogel viel Zeit damit verschwendet, bei falschem Alarm wegzufliegen, dann hat er viel weniger Zeit zur Nahrungsaufnahme und für andere wesentliche Aktivitäten. So hat in einer Umgebung, die frei von Raubtieren ist, ein relativ unbekümmertes Tier bessere Chancen als ein Tier, das sich häufig beunruhigen läßt.» Wir wissen nicht, ob solche inselzahmen Tierarten andere Ängste hegen, etwa vor Höhen oder vor Wasser, aber die Wahrscheinlichkeit spricht dafür. Viele solcher Spezies sind ihrem Untergang furchtlos und ruhig entgegengegangen. Der Riesenalk und die Dronte sind nur zwei von vielen Arten, die ausgerottet wurden, weil sie vor hungrigen Menschen oder deren Begleittieren nicht geflohen sind.

Das Gegenteil von Furcht

Wenn wir sagen, daß Furcht ein Gefühl ist, das Gefahr signalisiert, dann wäre das Gegenteil ein Gefühl, das etwas Gutes in Erwartung stellt, das Gefühl der Hoffnung. Bei Menschen kann Hoffnung wie auch Furcht unbewußte und irrationale, aber auch bewußte und logische Qualitäten haben. An Haustieren schätzen wir ihre (durchaus begründete) Hoffnung, gefüttert zu werden, und ihre ungebrochene Vorfreude darauf. Hunde wirbeln herum, Katzen schnurren laut und reiben sich an Gegenständen, Menschen oder anderen Tieren, wenn sie ihr Fressen erwarten.

Als Washoe älter wurde, hatte sie ein Baby, das vier Stunden nach der Geburt an einem Herzfehler starb. Drei Jahre später gebar sie ihr zweites Kind, Sequoyah. Sequoyah kränkelte und starb trotz hingebungsvoller Pflege von Washoe an Lungenentzündung im Alter von zwei Monaten. Da die Forscher beschlossen hatten, daß Washoe ein Kind großziehen sollte, starteten sie eine hektische Suche nach einem Ersatz und fanden schließlich Loulis, ein zehn Monate altes Schimpansenkind. Fünfzehn Tage nach Sequoyahs Tod ging Fouts zu Washoes Käfig und signalisierte ihr: «Ich habe ein Kind für dich.» Washoe standen alle Haare zu Berge. Sie gab ihrer großen Erregung deutlichen Ausdruck, indem sie schrie, aufrecht umherstolzierte und wiederholt das Zeichen für Baby machte. «Als sie aber ‹mein Baby› signalisierte, wußte ich, daß wir Schwierigkeiten bekommen würden», sagte Fouts. Als er mit Loulis zurückkehrte, fiel Washoes Vorfreude sofort in sich zusammen. Ihr Fell legte sich, und sie weigerte sich, Loulis aufzuheben; teilnahmslos gab sie das Zeichen für Baby. Nach einer Stunde jedoch näherte sie sich ihm und versuchte mit ihm zu spielen. Noch am selben Abend wollte sie, daß er in ihren Armen schlief, so wie das Sequoyah getan hatte. Zuerst gelang ihr das nicht, aber am nächsten Morgen waren sie eng umschlungen, und von dieser Zeit an war Washoe Loulis eine hingebungsvolle Mutter, und dieser lernte nach und nach einen fünfzig Zeichen umfassenden Wortschatz von Washoe und den anderen Schimpansen in der Gruppe. Aus dieser Geschichte wird klar, daß Washoe die Hoffnung hatte, Sequoyah wiederzusehen, als man ihr mitteilte, daß sie ein Baby bekommen würde.

Ludwig Wittgenstein war der Ansicht, daß Tiere Furcht, aber nicht Hoffnung empfinden können. In den vierziger Jahren schrieb er: «Man kann sich ein Tier zornig, furchtsam, traurig, freudig, erschrocken vorstellen. Aber hoffend? Und warum nicht? Der Hund glaubt, sein Herr sei an der Tür. Aber kann er auch glauben, sein Herr werde übermorgen kommen?» Wittgenstein behauptet, daß nur diejenigen, die über Sprache verfügen, auch hoffen können. Diese These darf bis heute als unbewiesen gelten. Und es gibt wenig Gründe, daran zu zweifeln, daß ein Tier sich die Zukunft vorstellen oder vielleicht von ihr träumen kann. Tiere verfügen vielleicht nicht über die Sprache der Hoffnung, aber ihre einschlägigen Gefühle teilen Menschen und Tiere gleichermaßen. Wenn Tiere die Vergangenheit erinnern und im Traum rekapitulieren können, wenn Furcht erneut durchlebt werden kann, warum soll es dann ausgeschlossen sein, daß sie eine Zukunft imaginieren und entwerfen, die ohne Furcht ist?

4   LIEBE UND FREUNDSCHAFT

Es geschah in den dreißiger Jahren, daß eines Abends Ma Shwe, ein Arbeitselefant, und ihr drei Monate altes Kalb vom Hochwasser des Oberen Taungdwin-Flusses in Burma überrascht wurden. Ihre Treiber eilten zu der Stelle, als sie die Schreie des Kalbs hörten, konnten aber nicht eingreifen, denn die steilen Böschungen des Flusses waren vier bis fünf Meter hoch. Ma Shwe konnte noch stehen, aber ihr Kalb trieb schon im Wasser. Die Mutter verhinderte sein Wegtreiben, indem sie das Kalb mit ihrem Körper zurückhielt. Bald jedoch wurde das Kalb von den schnell ansteigenden Wassermassen mitgerissen, und Ma Shwe schwamm ihm hinterher, um es nach vierzig Metern wieder zu packen. Sie preßte das Kalb mit ihrem Kopf gegen die Böschung, richtete sich dann auf ihren Hinterbeinen auf und hob das Kind mit ihrem ganzen Körper auf eine Felsplatte, die eineinhalb Meter erhöht lag. Darauf fiel sie in den reißenden Strom zurück und verschwand.

Die Elefantentreiber konzentrierten ihre Aufmerksamkeit auf das Kalb, welches auf dem engen Felsen kaum Platz hatte, wo es in zweieinhalb Meter Tiefe zitternd stand. Eine halbe Stunde später schaute J. H. Williams, der englische Manager des Elefantencamps, auf das Kalb hinunter und fragte sich gerade, wie er es retten könne, als er «den grandiosesten Ausruf der Mutterliebe hörte, dessen ich mich entsinnen kann. Ma Shwe hatte den Fluß durchquert, die Böschung überwunden und war auf ihrem Weg zurück, so schnell sie konnte. Dabei stieß sie die ganze Zeit ihre Rufe aus, ein herausforderndes Gebrüll, das in den Ohren ihres

Kalbes reine Musik war. Die zwei kleinen Ohren, die aussehen wie Indien auf der Landkarte, waren aufgestellt, um den einzigen Laut zu empfangen, der in dieser Situation zählte, den Ruf der Mutter.»

Als Ma Shwe sah, daß ihr Kind auf der anderen Seite des Flusses in Sicherheit war, ließ sie jenen rollenden Laut hören, den Elefanten von sich geben, wenn sie zufrieden sind. Man brach die Hilfsaktion ab. Am nächsten Morgen hatte Ma Shwe den Fluß überquert, der kein Hochwasser mehr führte, und das Kalb hatte den Felsen verlassen.

Für Tiere zu fein

Die Menschen glauben zu wissen, was Liebe ist, und messen ihr einen hohen Wert bei. Viele Theoretiker betrachten sie jedoch nicht als ein Gefühl, sondern als einen Trieb, dem Hunger vergleichbar. Wie man sich auch entscheidet, in wissenschaftlichen Kreisen ist es gemeinhin untersagt, im Zusammenhang mit tierischem Verhalten von Liebe zu sprechen. Wäre der gerade zitierte Williams ein Verhaltensforscher gewesen, dann hätte er vermutlich das Wort *Liebe* in seiner Beschreibung des Verhaltens von Ma Shwe und ihrem Kind vermieden. Er hätte statt dessen den Begriff *Bindung* gebraucht. In ihrer Kritik an Harry Harlows Entzugsexperimenten, bei denen junge Rhesusaffen ohne Mütter aufwachsen mußten, fragt die Biologin Catherine Roberts: «Weiß er nicht, das menschliche Liebe eine andere Qualität hat als tierische? Weiß er nicht, daß eine menschliche Mutter einem abstrakten Gesetz des Guten folgt und daß deswegen die menschliche Liebe im Unterschied zur tierischen ihre ontogenetischen Wurzeln in einer geistigen Bindung zwischen Mutter und Kind hat?» Mit anderen Worten: Tiere können nicht wie Menschen lieben, weil die Art ihrer Bindung keine geistige ist.

Die Evolutionstheorie hat den Überlebenswert der Liebe für

höher angesetzt denn ihre Authentizität als Gefühl. Der Autor eines populärwissenschaftlichen Buches bemerkt, daß Tiere, die sich fürs Leben paaren, besondere Wertschätzung genießen, und fügt hinzu: «Es ist jedoch wichtig festzuhalten, daß diese Tiere nicht die ‹wahre Liebe› kennen, sondern dem Diktat ihrer Gene folgen. Sie funktionieren als Maschinen, die aufs Überleben getrimmt sind; ihr einziger Lebenszweck besteht darin, ihre eigenen Gene durch Fortpflanzung dem Genpool zu erhalten. Wenn ein Männchen das Gefühl hat, daß seine Partnerin die Jungen ohne ihn aufziehen kann, dann wird er keine Sekunde bei ihr bleiben. Und das würde nicht ein Verlassen in unserem Sinne bedeuten, wir bräuchten also kein Mitleid mit dem Weibchen empfinden. Beide verfolgen nur den ihnen eingeschriebenen Plan, der zur besten Positionierung ihrer Gene führt; sie folgen einem Verhaltensmuster, das adaptiv ist und deswegen auch schön genannt werden kann.» Wie auch immer sie das menschliche Paarungsverhalten unter wissenschaftlichen Gesichtspunkten betrachten, die meisten Menschen würden in diesen Ausführungen nicht ein akkurates Bild ihrer eigenen Liebes- und Familienbeziehungen wiedererkennen. Doch besteht der Unterschied zwischen Menschen und Tieren in diesem Punkt? Würde man diejenige menschliche Liebe als die «schönste» bezeichnen, welche dazu führt, daß die dominanten Gene sich vermehren? Die Tatsache, daß ein Tier auf der einen Seite als eine Maschine und auf der anderen als ein Lebewesen beschrieben wird, welches sich die Frage stellt, ob seine Gefährtin die Jungen alleine aufziehen kann, ist nur eine von vielen Inkonsequenzen des hier vorliegenden Denkmodells. Anscheinend objektive Feststellungen, welche die Komplexität des Innenlebens auf seine Funktionen reduzieren, kommen allzu häufig vor. Vielleicht hat das Gefühl der Liebe ja wirklich einen Wert, welcher der Evolution zugute kommt. Elizabeth Marshall Thomas sagt von dem Hundepärchen Maria und Misha:

Gängigem Vorurteil nach ist romantische Liebe mit der daraus erwachsenden sexuellen und sonstigen Treue kein Gefühl, das man Hunden zuschreiben könnte, ohne sie zu vermenschlichen. Keineswegs. Die Geschichte von Misha und Maria zeigt nicht weniger als irgendeine menschliche Liebesgeschichte den evolutionären Wert romantischer Liebe. Die Macht, die Romeo und Julia zueinander trieb, ist nicht weniger stark und wichtig, wenn sie von einer nichtmenschlichen Spezies empfunden wird. Schließlich gibt die Stärke der Bindung dem Männchen nicht nur größere Sicherheit, daß er statt Tybalt oder Bingo der Vater der später zur Welt kommenden Kinder ist, sondern führt auch dazu, daß beide Eltern bereit sind, bei der Aufzucht dieser Kinder zusammenzuarbeiten.

Man hat Frau Thomas kritisiert, weil sie in bezug auf ihre Hunde von *Liebe* und nicht von *Bindung* spricht, obwohl sie darauf hinweist, daß dieses Gefühl einen wichtigen Zweck in einem wissenschaftlich abgesicherten Rahmenkonzept erfüllt.

Elternliebe

Die Evolutionstheorie legt nahe, daß Elternliebe etwas sehr Sinnvolles ist. Sie trägt dazu bei, daß mehr Nachkommen überleben. Wenn die Eltern ihre Jungen beschützen, dann können diese größer werden, bevor sie sich zu verteidigen haben. Ein Pavianjunges kann den Status seiner Mutter in der Gruppe erben, und eine herangewachsene Schwarzbärin kann das Territorium ihrer Mutter benutzen, solange ihre Mutter es noch selbst besetzt. Ein Jungtier kann Überlebenstechniken erlernen, während es im Schutze seiner Eltern aufwächst. Vielleicht lehren die Eltern ihm sogar einige dieser Techniken, obwohl man sich darüber noch nicht einig ist.

Aber nicht alle Lebewesen kümmern sich um ihre Jungen. Eine Schildkröte legt ihre Eier in den Sand und verschwindet. Vermutlich würde sie ihre Brut nicht einmal erkennen, geschweige denn ein Gefühl wie Liebe für sie empfinden. Wenn ein

Tier jedoch Eier legt und sie behütet, wie das bei Krokodilen der Fall ist, dann muß es dafür eine Motivation geben und auch einen Antrieb, der es den Eltern verbietet, die eigene Brut aufzufressen. Man muß das nicht gleich Liebe nennen – so simple Mechanismen wie eine Sperre, die das Fressen von Eiern und jungen Krokodilen verbietet, könnte hier wirksam sein. Aber Fürsorge kann auch als Indiz für Liebe verstanden werden. Krokodile graben ihre Jungen aus dem Gelege aus, wenn sie schlüpfen, sie beschützen die Babys, tragen sie in ihrem Maul und reagieren prompt auf ihre Hilferufe. Die Weibchen des südostasiatischen Diadem-Schmetterlings bleiben bei ihren Eiern und bewachen sie. Dieser Einsatz erhöht offenbar deren Überlebenschancen. Manchmal harrt ein solches Weibchen auch bis zum Tode aus, und die erstarrten Überreste halten über den noch nicht ausgeschlüpften Eiern Wache.

Weibliche Wolfsspinnen bewachen nicht nur ihre Eier, sondern tragen auch ihre Jungen auf dem Rücken mit sich herum. Vielleicht geschieht dies, damit die kleinen Spinnen das Jagen lernen. Wahrscheinlicher ist aber, daß sie diesen Schutz brauchen, solange sie noch wachsen. J. T. Moggridge berichtet von einer Falldeckelspinne, die er seiner Sammlung einverleiben und in Alkohol aufbewahren wollte. Er wußte, daß sich Spinnen noch eine ganze Zeitlang bewegen, nachdem man sie in Alkohol eingelegt hat; er hielt dies aber für eine reine Reflexhandlung. Moggridge entfernte die kleinen Spinnen von der Mutter und ließ diese in ein Gefäß mit Alkohol fallen. Als er glaubte, daß sie verendet war, schickte er die 24 kleinen Spinnen hinterher. Zu seinem Schrecken streckte die Mutter ihre Beine aus, zog die Kinder an ihre Seite und hielt sie umschlossen, bis sie wirklich tot war. Nach dieser Erfahrung gebrauchte Moggridge nur noch Chloroform.

Kann eine Spinne ihre Jungen lieben? War es nur ein Reflex, als die Falldeckelspinne ihre Kinder an sich zog? In diesem Falle erscheint das möglich, aber man wird hier schwer Sicherheit erlangen. Vorstellbar wäre ein einfacher Instinkt, der das Tier zwingt, alles an sich zu ziehen, was wie ein Spinnenkind aussieht. Vielleicht hätte sie ja auch alle anderen Gegenstände ergriffen, die zufällig in der alkoholischen Flüssigkeit getrieben hätten. Eine Wolfsspinne kümmert sich genauso intensiv um fremde wie um die eigenen Spinnenkinder. Dieses Verhalten kann, muß aber nicht von einem Affekt begleitet werden.

Liebt eine Spinne ihre Eier? Es ist so schwer, sich in eine Spinne hineinzuversetzen, daß wir auf der Grundlage unseres heutigen Wissens kaum zu vernünftigen Schlüssen gelangen können. Auf der anderen Seite muß man in Betracht ziehen, daß Spinnen im Laufe der Evolution nicht nur komplexe Gifte und Verdauungssäfte, sondern auch Spinnfäden von verschiedener Machart entwickelt haben, die aus sechs unterschiedlichen Arten von Drüsen kommen. Und der Bau eines Spinnennetzes verlangt Leistungen von hoher Komplexität. Mit anderen Worten: Man kann sich auf den Standpunkt stellen, daß eine Spinne keineswegs ein einfacher Organismus ist und daß die Herausbildung eines Verhaltens wie Mutterliebe, evolutionär gesprochen, eine mindere Errungenschaft ist als der Bau eines Netzes. Eines Tages werden wir darüber mehr wissen. Was wäre, wenn man zum Beispiel entdeckte, daß der Anblick ihrer Jungen bei der Mutter Hormone freisetzt, die man bei höheren Tierarten mit dem Gefühl der Liebe in Verbindung bringt? Wäre das ein Beweis dafür, daß Spinnen ihre Kinder lieben? Und wenn dieses Hormon nur bei Spinnen auftritt? Würde das heißen, daß Liebe nicht im Spiel wäre?

Wenn wir das Innenleben von Lebewesen verstehen wollen, die so anders sind als wir, dann ist es hilfreicher und korrekter, nicht an eine Hierarchie zu denken, welche den Menschen an die Spitze stellt, sondern an ein Spektrum von Gemeinsamkeiten des Kreatürlichen. Eine Spinne könnte ein sehr reiches Innenleben und einen Überfluß an Gefühlen besitzen, von denen einige so verschieden gelagert sind, daß das Repertoire unserer Gefühle besser nicht als Bezugsmaßstab herhalten sollte.

Wenn also die Frage, ob Spinnen Elternliebe entwickeln, unbeantwortet bleiben muß, scheint die Sachlage im Falle der sogenannten höheren Lebewesen so gut wie eindeutig. Deren Verhalten ist so komplex, daß eine Erklärung, die nur von Hemmungen, Reflexen und eingeschliffenen Handlungsmustern spricht, offenkundig zu kurz greift. Elterliche Liebe bedeutet: die Jungen zu füttern, sie zu säubern, mit ihnen zu spielen und sie vor äußeren Gefahren und ihrer eigenen Unerfahrenheit zu schützen. Säugetiere, selbst ganz «primitive» wie Schnabeltiere und Kurzschnabel-Ameisenigel, säugen ihre Jungen. Die säugende Mutter ist extrem verwundbar, so daß sie einem Zusammentreffen mit anderen erwachsenen Tieren möglichst aus dem Weg geht – ein Verhalten, das eigentlich den mütterlichen Schutzinstinkten widerspricht.

Junge Säugetiere sind am sichersten in ihrem Nest aufgehoben. In einer Reihe von klassischen Experimenten mit Ratten hat man Rattenbabys aus ihrem Nest genommen und auf den Käfigboden gelegt. Die Muttertiere und in einigen Fällen auch Weibchen, die keine Jungen hatten, waren eifrig damit beschäftigt, die Babys wieder in ihre Nester zurückzubringen. Sie überquerten sogar ein unter Strom stehendes Gitter, um zu ihren Jungen zu gelangen und ihre eigenen wie auch die fremden so schnell wie möglich zurückzuholen. Da man herausfinden wollte, wie lange dieses Verhalten dauern würde, setzte man einer Ratte nicht weniger als 58 Babys vor; sie schnappte sich jedes einzelne und stopfte es in ihr Nest. «Am Ende des Experiments, das wir stoppen mußten, da es keine weiteren Jungtiere mehr gab, wirkte die Ratte ebenso eifrig wie zu Beginn.» Dieses Verhalten fördert das eigene Überleben nicht. Ein vergleichbares Verhalten legen Dickschnabellummen (pinguinähnliche Seevögel) an den Tag, wenn man zu ihnen auf die Felsen klettert, um die Jungtiere zu beringen: Die meisten erwachsenen Tiere fliegen in Panik davon, bis auf einige, die unerschüttert sitzen bleiben. Angsterfüllte Küken, deren Eltern geflohen sind, flüchten sich zu den zurückgebliebenen erwachsenen Tieren. Biologen, die Seevögel erforschen, sagen: «Es ist nicht ungewöhnlich, daß ein brütendes Tier vergeblich versucht, ein Dutzend und mehr Küken zu beschützen.»

Im Gegensatz zu den eifrigen Ratten und entschlossenen Lummen lassen die Weibchen der Nubischen Steinböcke, die Drillinge anstatt von Zwillingen bekommen haben, ein Kitz zurück. Vielleicht kann die Mutter für drei Kinder nicht genügend Milch produzieren und vermeidet so, daß alle unterernährt werden. Wenn eine Löwin alle ihre Jungen bis auf eines verloren hat, so ist es möglich, daß sie auch noch ihr letztes verläßt. Einige Biologen sind der Ansicht, daß es für die Löwin eine zu große Verschwendung wäre, die Energie, die ausreichen würde, einen ganzen Wurf aufzuziehen, in nur ein Junges zu investieren. Ihr Instinkt sagt ihr, daß es effizienter wäre, statt dessen erneut Junge auszutragen. Aber was für ein Instinkt ist das, der entscheidet, welche Investition sich lohnt und welche nicht, und wie unterscheidet er sich von jenen Instinkten, die bewirken, daß sich ein Tier in Zugzwang für die schwierigere, aber liebevollere Möglichkeit entscheidet? Wir wissen von Menschen, daß sie sich ähnlich verhalten. Was in den Ziegen und Löwinnen vorgeht, die solchen Situationen ausgesetzt sind, das wissen wir bis jetzt noch nicht.

Wenn die kleinen Säugetiere heranwachsen, werden sie von ihren Eltern gefüttert. Einige Tiere lassen ihre Kinder einfach etwas von ihrem Futter stehlen, während andere ihnen Futter bringen. Ein Seevogel beginnt die Aufzucht seiner Jungen oft damit, daß er halb verdaute Nahrung aufstößt und damit die Jungvögel füttert. Wenn diese größer geworden sind, bringen die Eltern ihnen ganze Fische, die sie so lange hinhalten, bis das Junge den Fisch auf die richtige Weise verschluckt. Heranwachsende Jungtiere spielen gerne, manchmal mit ihren Geschwistern, manchmal mit ihren Eltern. Wie jedermann weiß, der Kätzchen und Welpen beobachtet hat, können die Jungtiere mit ihren Eltern sehr roh umgehen. Bei dem Studium afrikanischer Wildhunde hat man die Beobachtung gemacht, daß drei Wochen alte Welpen sich äußerst aggressiv gebärdeten, wenn die männlichen

Hunde ihnen und ihrer Mutter Nahrung brachten. Wenn die Mutter sich ein Stück Fleisch genommen hatte, welches eines ihrer Kinder ebenfalls begehrte, dann versenkte das Junge seine scharfen Zähne in das Gesicht der Mutter, bis sie von der Beute abließ. Ältere Welpen liefen den erwachsenen Tieren auf der Jagd hinterher und machten sich über die Kadaver der Beutetiere her, wobei sie bisweilen die älteren Tiere ins Hinterteil bissen, um sie zu vertreiben.

Eine der wichtigsten Aufgaben der Eltern ist der Schutz der Jungen. Tierkinder sind in der Regel klein, ungeschickt und schutzbedürftig, das heißt, sie sind die ideale Beute für Raubtiere. Einige Eltern schützen ihre Jungen, indem sie sie verstekken. Oft müssen die Eltern kämpfen, um ihren Nachwuchs zu retten. Typisch ist der folgende Fall: Ein Löwe wurde beobachtet, wie er eine Herde von sechs Giraffen angriff. Diese rannten davon, aber ein Kalb fiel zurück. Es half nichts, daß seine Mutter versuchte, das Kalb zu schnellerem Laufen anzuhalten – als sie sah, daß dies keinen Erfolg hatte, blieb sie schützend vor ihrem Jungen stehen und erwartete den Angriff des Löwen. Die Mutter setzte sich damit einer großen Gefahr aus, denn Löwen gelingt es oft, Giraffen zu reißen. Der Löwe schlich in Kreisen um die Giraffen herum, und die Mutter verfolgte jede seiner Bewegungen. Jedesmal wenn er näher kam, trat sie mit den Vorderbeinen nach ihm. Nach einer Stunde gab der Löwe auf und verließ die Szene. Die zwei Giraffen kehrten zur Herde zurück.

Die Bereitschaft der Elterntiere, ihre Nachkommen durch Kampf zu verteidigen, ist wohl bekannt, zumal es oft Menschen sind, von denen die Bedrohung ausgeht. Aber diese Art der Bedrohung ist so gefährlich, daß die Begegnung von Mensch und Tier nur selten in einem wirklichen Zweikampf endet. Das letzte Nest des Schreikranichs in den Vereinigten Staaten fand der Ornithologe und Eiersammler J. W. Preston in Iowa. Er schrieb: «Als ich mich dem Nest näherte, kam der Vogel, der sich von ihm entfernt hatte, zurückgerannt. Seine Flügel und seinen Schwanz hatte er ausgebreitet, Kopf und Schultern erschienen knapp über der Wasseroberfläche. Er fing an, Moos und Äste mit dem Schnabel aufzunehmen und sie herausfordernd um sich zu werfen. Dann breitete er sich mit einem jämmerlichen Ausdruck auf dem Wasser aus und bat mich, seine Schätze zu schonen, was ich, herzlos wie ich war, nicht tat.» Es könnte sich dabei sowohl um einen männlichen wie um einen weiblichen Kranich gehandelt haben, denn das Geschäft des Brütens besorgen beide.

Tiere versuchen auch, ihre Jungen zu retten, wenn diese nicht von Raubtieren bedroht sind, so wie es der Fall einer Katze lehrt, die niemals vorher ins Wasser gegangen war, aber sofort in ein Schwimmbecken sprang, um ihre Kinder zu retten. Im Norden der Hudson Bay traf der Forschungsreisende Peter Freuchen auf eine Familie von Wölfen, die aus zwei Erwachsenen und vier Jungen bestand. Die Wölfe heulten. Eines der jungen Tiere war in eine Falle getreten, die in einem Steinhügel versteckt worden war. Die anderen Wölfe hatten schon viele große Steine weggeräumt und die gefrorene Erde rund um den Stein, an dem die Falle befestigt war, weggekratzt, um das Junge zu befreien. Wenn Menschen sich auf diese Weise um ihre Kinder kümmern, dann nennen wir das Liebe.

Da es in der Literatur so viele Beispiele für die Mutterliebe gibt, sei betont, daß auch Vaterliebe bei einigen Arten vorkommt. Man schätzt, daß dies für zehn Prozent der Arten gilt, die zu den Säugetieren gehören. Die Sorge der Väter reicht von geringer bis zu vollkommener Hingabe. Der Tierschützer Gerald Durell hat die Geburt von Pinseläffchen im Jersey Zoo beschrieben. Nachdem die Mutter die üblichen Zwillinge zur Welt gebracht hatte, übernahm der Vater sie, wusch sie und schleppte sie mit sich herum, wohin er auch immer ging, und kehrte zur Mutter nur zurück, wenn es Zeit zum Säugen war. Als die Äffchen älter wurden, entfernten sie sich von seiner Seite, um die Gegend zu erkunden. Wenn der Vater das Gefühl hatte, daß ihre Sicherheit bedroht war, rannte er zu ihnen und griff sie sich. In der Wildnis verhalten sich Pinseläffchenväter auf dieselbe

Weise. Oft stehen sie der Mutter bei der Geburt bei. Man hat beobachtet, wie Löwenäffchen Früchte für ihre Kinder in ihren Fingern zerquetscht haben, wenn die Zeit des Säugens vorbei war. Auch die Väter der Eulenaffen oder Nachtaffen tragen die Kinder, spielen mit ihnen und teilen mit ihnen ihre Nahrung. Das hat zur Folge, daß ein Affenvater oft hinter der Mutter und seinen älteren Kindern hinterherläuft und bei den Nahrungsbäumen erst dann ankommt, wenn diese schon halb abgefressen sind. Die Mutter säugt das Kind und gibt es dann dem Vater zurück.

David Macdonald, der Rotfüchse erforscht, beschreibt, wie sich ein frischgebackener Vater beinahe vor Fürsorge für seine Kinder überschlägt:

Smudge war fast komisch in seinem hausväterlichen Fleiß. Bevor er selbst auch nur ein Stückchen gefressen hatte, sammelte er so viel Futter wie möglich in seinen aufgeplusterten Backen und lud es vor Whitepaws Bau ab. Dort wartete er dann jaulend vor dem Eingang. Wenn sie nicht sofort herauskam, dann benutzte er seine Nase wie einen Billard-Queue und stieß das Futter in kleinen Portionen durch den Eingang in den Bau.

Als die Jungen älter waren, wollte Smudge mit seinen Jungen spielen, was die Mutter und ihre Schwestern aber nicht immer gestatteten. «Smudge schlich in der Gegend herum, bis Big Ears [die Tante mütterlicherseits] eingeschlafen war, verständigte sich daraufhin leise mit seinen Kindern, die sich dann wegschlichen, um mit ihm zu spielen. Doch sobald deren Übermütigkeit zu Quieken und Quietschen führte, wachte Big Ears auf und wies Smudge energisch zurecht.»

Das psychoanalytische Paradigma, das zwischen Vätern und Söhnen einen Kampf auf Leben und Tod fordert, behauptet gleichzeitig, daß solches Verhalten ein Gesetz der Natur sei. Wie die Soziobiologie hat sich auch die Psychoanalyse hauptsächlich auf die Beispiele gestützt, die ihre Theorien direkt bestätigen. Gegenbeispiele hat man ignoriert. So wäre zum Beispiel dagegenzuhalten, daß bei den Zebras die Väter sich mit ihren erwachsenen Söhnen gut vertragen. Die Söhne verlassen die Herde nicht, weil sie verdrängt werden, sondern weil sie nach Gefährten Ausschau halten, mit denen sie spielen können. Wildbiologen wollten einmal einen viereinhalb Jahre alten Hengst, der noch in der Herde seines Vaters lebte, markieren, um herauszufinden, welche Wege er in Zukunft gehen würde. Zu ihrem großen Kummer tötete der Betäubungspfeil das Tier. Der alte Hengst ging wieder und wieder zu seinem toten Sohn und versuchte ihn wiederzubeleben. Später am Tag wurde er beobachtet, wie er von Herde zu Herde wanderte und nach seinem Sohn rief.

Direkte Fürsorge von Vätern findet man bei vielen Vogelarten, zum Beispiel beim Kiwi, der die Eier ausbrütet und seine Jungen ohne Hilfe der Mutter aufzieht. In vielen anderen Fällen hat es den Anschein, daß die Väter ihre Kinder lieben oder zumindest an ihrer Gesellschaft Freude haben – wir erwähnen nur den Biber, der mit seinen Kindern spielt, den Wolf, der seine Welpen an seinem Schwanz kauen läßt, den Zwergmungo, der seine Kinder mit auf Beutezug nimmt.

Ist es Liebe?

Tiereltern handeln also auf diese und andere Weise, weil sie anscheinend ihre Nachkommen lieben. Das Argument, daß dieses Verhalten nicht mit menschlicher Liebe gleichgesetzt werden kann, ist ein klassisches Beispiel für das Phänomen, das Roger Fouts den «Gummimaßstab» genannt hat, der wechselnde Standards für menschliches und für nichtmenschliches Verhalten kennt. Wenn man wissen will, ob eine Affenmutter ihr Junges liebt, dann muß man auch fragen, wie wir wissen können, ob unsere Nachbarn ihr kleines Kind lieben. Sie füttern und versorgen es. Sie kitzeln es und spielen mit ihm. Sie verteidigen es mit ihrer ganzen Kraft. Aber all das soll im Falle des Affen nicht als Beweis gelten.

Im Unterschied zum Affen können unsere Nachbarn *sagen*, daß sie ihr Baby lieben. Aber woher wissen wir, daß sie die Wahrheit sprechen? In letzter Instanz können wir nicht genau wissen, was andere Menschen meinen, wenn sie von Liebe sprechen. Aber in Wirklichkeit sind wir uns ziemlich sicher, daß sie ihr Baby lieben. Wenn wir vom Gegenteil hören, sind wir geschockt. Wenn wir von Kindesmißhandlung erfahren, sind wir entrüstet, zum Teil deswegen, weil wir glauben, daß hierbei gegen das Gebot der Liebe verstoßen wurde. So glauben auch die meisten Menschen ganz einfach, daß die Affenmutter ihr Kind, die Hundemutter ihre Welpen und die Katzenmutter ihre Kätzchen liebt. Die meisten Wissenschaftler würden sich dieser Meinung ebenfalls anschließen, zögern nur, dies in einer Veröffentlichung zu tun. Ein Skeptiker könnte natürlich nach wie vor das Gegenargument vertreten, daß Tiermütter aus reinem Instinkt heraus handeln. Aber dies könnte natürlich auch für unsere Nachbarn gelten. Alles hängt davon ab, ob wir Liebe als Instinkt begreifen, und wenn wir das tun, ob das bedeutet, daß Gefühle der Liebe dadurch ausgeschlossen sind. Das Pendant der Elternliebe ist die Liebe der Kinder zu ihren Eltern. Dieses Gefühl ist schwieriger festzumachen. Was auch immer ein kleines Tier an Zuwendung zu seinen Eltern erkennen läßt – die Tigerjungen, die ihre Mutter lecken, die Jungwölfe, die ihren Vater begrüßen –, der Skeptiker wird dies als eine Äußerung des Eigennutzes bezeichnen. Die kleineren Tiere wollen einfach dort sein, wo die Nahrung, die Wärme und die Sicherheit gewährleistet sind. In der Regel kämpfen die Tierjungen nicht, um ihre Eltern zu schützen. Wir wissen aber, daß in einem Fall der heranwachsende Pavian Paul seine Mutter gegen ausgewachsene männliche Affen in der Horde verteidigte. Er war dabei nicht sehr erfolgreich, aber sein Beobachter meinte, daß er eine Menge riskierte, um seine Mutter zu verteidigen. Wenn sie größer geworden sind, zögern viele junge Tiere, wenn es darum geht, die Familie zu verlassen, so daß sie von ihren Eltern aktiv vertrieben werden müssen. Doch kann dieses Faktum nicht allein beweisen, daß sie ihre Eltern lieben. Vielleicht wollen sie einfach nicht den Schutz und ihre eingeschliffenen Gewohnheiten aufgeben und in ein fremdes Territorium aufbrechen. Nicht alle Jungtiere werden vertrieben; manche Familien bleiben unzertrennlich. Schimpansen leben normalerweise in der Horde ihrer Mütter. Sie verbringen ihre Zeit miteinander, und die jungen Affen helfen ihren Müttern bei der Aufzucht der nächsten Generation. Ähnliches gilt für Elefanten. Auch sie leben in stabilen mütterlichen Herden und kooperieren auf erstaunliche Weise miteinander. Hier spielen Tanten eine große Rolle bei der Aufzucht der Kinder.

In einer Zookolonie von Pavianen entfernten die Forscher diejenigen weiblichen Tiere, deren Menstruationszyklus nach der Geburt eines Kindes wieder einsetzte – zu diesem Zeitpunkt waren ihre Kinder etwa sechs Monate alt. Andere Weibchen der Herde übernahmen deren Aufzucht. Nach sieben oder acht Monaten wurden dann die eigentlichen Mütter wieder zurückgebracht, oft in betäubtem Zustand. Jedesmal wenn solch ein bewußtloses Tier hereingetragen wurde, fing ihr Kind an, den sogenannten «lost baby»-Schrei auszustoßen. Dann ging das Kind zu seiner Mutter, und die Mutter-Kind-Beziehung wurde wiederhergestellt. Trotz der großen Fürsorge, welche diese jungen Affen von anderen erfahren hatten, erkannten sie ihre Mütter wieder und verlangten nach ihnen. Paviane sind jedoch Individualisten, und ein kleines Affenkind entschied sich dafür, bei seiner Ziehmutter zu bleiben.

Jane Goodall hat die Reaktion eines männlichen Schimpansen namens Flint festgehalten, der acht Jahre alt war, als seine Mutter Flo starb. Flint saß viele Stunden lang neben ihrem Körper und zog sie gelegentlich an der Hand. Im Laufe der folgenden Tage wurde er zunehmend apathisch. Drei Tage, nachdem seine Mutter gestorben war, wurde beobachtet, wie er einen Baum bestieg und dort die Schlafstelle betrachtete, die er noch wenige Tage zuvor mit seiner Mutter geteilt hatte. Seine Lethargie wurde immer größer, und er starb noch im selben Monat, vermutlich an einer Magen-Darm-Entzündung. Goodalls wissenschaftliche Schlußfolgerung lautete: «Es ist wahrscheinlich, daß die psychologischen und physiologischen Aufregungen, die der Verlust ausgelöst hat, ihn für eine Krankheit empfänglicher machten.» Sy Montgomery zitiert, wie Goodall dasselbe knapp in unsere Alltagssprache übersetzte: «Flint starb aus Trauer.»

Adoption

Wie flexibel elterliche Liebe ist, zeigt sich an den Tieren, die nichtverwandte Babys adoptieren. In der Wildnis lebende Schwarzbären können zum Beispiel von den sie beobachtenden Forschern häufig dazu gebracht werden, verwaiste Kinder zu adoptieren. In Afrika haben Wissenschaftler junge Mantelpaviane und Pavianbabys entführt und sie in der Nähe einer anderen, nichtverwandten Gruppe freigelassen. Ohne Umschweife wurden diese kleinen Affen von noch jungen männlichen Pavianen angenommen, die sich sehr liebevoll um sie kümmerten. In der Regel ist es so, daß je jünger ein Tier ist, desto größer seine Chance ist, adoptiert zu werden.

Noch größere Flexibilität in bezug auf elterliche Liebe zeigen Tiere, die die Jungen anderer Spezies adoptieren. Der Forscher, der einer Ratte die Möglichkeit bot, 58 Rattenbabys zu adoptieren, setzte seine Experimente damit fort, daß er weiteren Muttertieren artfremde Babys anbot. Ohne zu zögern, adoptierten die Ratten Mäuse- und Kaninchenkinder. Sie brachten auch kleine Kätzchen in ihr Nest und versuchten zu verhindern, daß man diese wieder herausholte. Aber da Kätzchen von ihrer Mutter im Liegen gesäugt werden und Ratten das im Stehen tun, gelang es den Ratten nicht, sie zu säugen, obwohl sie mit Mühen versuchten, die Katzenbabys in die richtige Position zu bringen. Weil sie wissen wollten, wie weit sie dieses Experiment treiben konnten, boten die Forscher den Ratten zwei Bantamhuhn-Küken an. Die Ratten versuchten «eifrig und zu wiederholten Malen», auch diese in ihr Nest zu befördern. Dies freilich war ein schwierigeres Geschäft, da die Küken «aufgeregt umherflatterten», als die Ratten sie im Nacken zu packen versuchten, um sie ins Nest zu bringen.

Es gibt natürlich unzählige vergleichbare Fälle, wo Hunde oder Katzen verwaiste Stinktiere oder Ferkel adoptiert haben, und man kann häufig Fotografien von solchen merkwürdigen Familien in den Zeitungen betrachten. Es gibt eine alte Geschichte, die von einer ungewöhnlichen Adoption berichtet, die nicht von Menschen in die Wege geleitet wurde:

In Northrepps Hall, in der Nähe von Cromer, dem Sitz des verstorbenen Sir Fowell Buxton, gab es eine große Kolonie von Papageien und Aras, denen man neben dem Wohnhaus eine große offene Vogelvoliere mit Unterschlupfen, in denen die Vögel sich aufhalten konnten, eingerichtet hatte. Aber da die Vögel sich in der Regel im Wald wohler fühlten, ... kamen sie nur zum Fressen nach Hause, wenn sie das wohlvertraute Klingen des Löffels auf dem Blechnapf hörten. Dann landete eine bunt gefiederte Vogelschar auf dem Futterplatz – ein Bild, das man in England nicht sehr häufig zu Gesicht bekam. Die Verschläge waren also praktisch unbewohnt, und eine Katze befand einen davon als ideal, um ihre Kinder zu gebären. Als die Katzenmutter einmal auf Futtersuche war und eines der Papageienweibchen zufällig in das Vogelhaus kam und die Kätzchen dort in ihrem Nest antraf, adoptierte es diese, als ob es die eigenen Kinder wären. Einer von Lady Buxtons Männern fand das Papageienweibchen, wie es ihre ungewöhnlichen Adoptivkinder mit ihren Flügeln bedeckte.

Andere Spezies kennen die Adoption offenbar nicht. Wir haben wissenschaftliche Berichte darüber, daß ein Gnu-Kalb, das in einer großen Herde seine Mutter verloren hat, nicht adoptiert wird und sterben muß. Solche Fälle werfen die Frage auf, wieweit Auswählen elterliche Liebe beeinflußt. Wir Menschen schätzen es überhaupt nicht, wenn Eltern nicht sagen können, ob ein Baby ihres ist oder nicht, aber wir heißen es auch nicht gut, wenn Eltern sich allzu schroff abschotten gegen die Kinder anderer Eltern. Beide Reaktionen sind mit dem Konzept elterlicher Liebe nicht unvereinbar, aber wir bewerten die eine höher als die andere.

Prägung

Enten- und Gänseküken vertrauen und folgen demjenigen Lebewesen, das sie unmittelbar nach dem Ausschlüpfen zu Gesicht bekommen. Sie werden «geprägt» auf das betreffende Lebewesen. So ist eine Stockente nicht nur dazu geboren, eine Stockente zu lieben, und eine Krickente ist nicht nur dazu geboren, eine Krickente zu lieben. Sie sind dazu geschaffen, jeden zu lieben, der die Verantwortung für sie übernommen hat. Für eine Stockente ist das normalerweise eine Stockente, und für eine Krickente ist es eine Krickente, aber man weiß von Stockenten, die von Menschen aufgezogen worden sind, daß sie ihren Zieheltern sehr nahe stehen können. Oft sagt man von einem Tier, das von Menschen großgezogen wurde: «Es glaubt, daß es ein Mensch *ist*.» Oder aber es denkt, der Mensch ist eine Stockente. Beide Möglichkeiten illustrieren die Flexiblität der kindlichen Liebe.

Über Eltern und Kinder hinaus kann die Liebe sich auch auf andere Familienmitglieder erstrecken. Ein junger Wild-Elefant zum Beispiel hing genauso an seiner Großmutter namens Teresia wie an seiner Mutter. Er trank bei seiner Mutter und ging dann zu Teresia, die über fünfzig Jahre alt war, stand in ihrer Nähe oder folgte ihr. Bei vielen Arten, vom Biber bis zum Gibbon, kommt es vor, daß die jungen Tiere bei ihren Eltern bleiben und mithelfen, die Nachkommen aufzuziehen. Junge Kojoten etwa unterstützen ihre Eltern bei der Aufzucht nachfolgender Generationen. Diese älteren Geschwister füttern, putzen, schützen und beaufsichtigen die Welpen. Dieses Arrangement, das nach dem Modell einer Leihmutter funktioniert, kommt zum einen den Eltern zugute, die jede Form von Hilfe benötigen, um ihre Kinder aufzuziehen, zum anderen nützt diese Einrichtung aber auch den Kindern, die auf diese Weise mehr ausgewachsene Tiere um sich haben, die für ihr Wohlergehen sorgen. In einigen Fällen sind diese Helfer Geschwister der Eltern und nicht der Jungen. Wenn die Eltern getötet wurden, können die Geschwister, Tanten und

Onkel die Jungen aufziehen, wenn diese nicht zu klein sind. In einem Rudel von Wildhunden in der afrikanischen Savanne starb eine Mutter von neun Welpen, die fünf Wochen alt waren. Offenbar waren sie alt genug, um sich auf feste Nahrung umzustellen; das restliche Rudel, das sich aus fünf Rüden zusammensetzte, zog die Kleinen erfolgreich groß.

Anhänger der Evolutionstheorie konnten auf verschiedene Weise, jedoch ohne den Begriff der Zuneigung auch nur zu erwähnen, nachweisen, daß diese Lebensform auch Vorteile für die Geschwister, Tanten und Onkel mit sich bringt. Sie haben wahrscheinlich mehr Zeit, bessere Jäger zu werden. Gibt es keine ausreichenden Jagdgebiete für die Kojoten, so ziehen sie aus und kämpfen um ein neues Gebiet. Ebenso vergrößern sie auch die Chance, daß ihr Erbgut weitergetragen wird, da sie es mit ihren jüngeren Geschwistern, Nichten und Neffen teilen. Aber denkbar ist auch, daß sie ihre Familie lieben.

Für einjährige Biber ist es sehr typisch, daß sie bei ihren Eltern bleiben und helfen, die jüngeren Geschwister zu versorgen. Françoise Patenaude, die in Quebec wilde Biber beobachtete, berichtet von einjährigen Tieren, die Babys hüten und für diese Futter besorgen. Während des Winters war die ganze Familie mehr oder weniger auf ihren Bau beschränkt. Es geschah mehr als einmal, daß ein Biberkind am Eingang des Baus ins Wasser fiel und einer der Einjährigen es wieder herausfischte und in seinen Armen ins trockene Innere zurückbrachte. (Biber können auf ihren Hinterbeinen laufen und Gegenstände oder sehr kleine Biber mit ihren Vorderbeinen transportieren.) Die Einjährigen spielen dann später mit ihren kleinen Geschwistern und beteiligen sich an jeglicher Form von elterlicher Fürsorge, ausgenommen natürlich das Säugen.

Gesellige Tiere

Gesellige Tiere, die in Gruppen leben, verhalten sich meist sehr freundlich gegenüber anderen Mitgliedern ihrer Gruppe, selbst dann, wenn diese nicht zu ihren Verwandten gehören. Pavianherden und Gruppen von Zebras oder Elefanten sind nicht einfach nur große Ansammlungen von Fremden. Diese Beziehungsstrukturen können weit über reine Toleranz hinausgehen und zu einer Form der Notwendigkeit werden: Ein Affe, den man allein gelassen hat, wird genauso eifrig nach seinesgleichen suchen, wie er nach Futter sucht, wenn er hungrig ist. Soziale Tiere pflegen Beziehungen untereinander, von denen manche sehr liebevoll sind. Löwinnen babysitten füreinander, genauso wie das manchmal Hauskatzen tun. Innerhalb von Paviangesellschaften gibt es Verbindungen zwischen den einzelnen Tieren, die sich aufeinander verlassen können, zum Beispiel wenn es in der Gruppe Streit gibt.

Elefanten nehmen anscheinend Rücksicht auf Mitglieder ihrer Herde. Ein Pulk afrikanischer Elefanten zog nur sehr langsam weiter, weil ein Tier sich nie ganz von einem Beinbruch erholt hatte, der ihm als Kalb widerfahren war. Ein Parkwächter berichtete, daß er auf eine Herde gestoßen war, in der es eine Elefantenkuh gab, die ihr totes Kalb mit sich herumtrug und es dort ablegte, wo immer sie fraß und trank. Die Kuh kam nur sehr langsam voran, doch die Herde wartete auf sie. Hier drängt sich die Vermutung auf, daß auch Tiere genauso wie Menschen nicht nur im Sinne des Überlebenskampfes handeln. Alles spricht dafür, daß die Erkenntnisse der Evolutionstheorie genausowenig die Gefühle der Tiere erklären können wie die der Menschen. Ein vereinzeltes Beispiel wie dieses, ganz gleich, wie gut es dokumentiert ist, vermag das evolutionsbiologische Paradigma für Gefühle nicht zu erschüttern, aber es wirft Fragen auf, mit denen sich die Biologen erst noch auseinandersetzen müssen. Das Verhalten dieser Elefantenherde scheint so wenig Überlebensvorteil zu erbringen, daß uns die Vermutung nahegelegt wird, daß sie ihre um ihr Baby trauernde Freundin *lieben* und sie unterstützen wollen.

Ebenso wie bei Menschen tritt Liebe bei Tieren oft gepaart mit Bewunderung auf und kann auch auf andere Spezies übertragen werden. Wölfe bringen ihre Bewunderung für die dominanten Tiere (die sogenannten Alpha-Wölfe) in ihrem Rudel zum Ausdruck. Bei den nächsten Verwandten der Wölfe, den Hunden, hat sich diese Fähigkeit, zu bewundern, auf den häuslichen Bereich übertragen. Das Verhalten, das ein gewöhnlicher Hund seinem Herrchen entgegenbringt, entspricht in seiner zuvorkommenden Freundlichkeit dem Verhalten, welches ein Wolf angesichts eines Alpha-Wolfes zeigt.

Auch andere Spezies sind dazu bereit, den beschriebenen Status auf Menschen zu übertragen. Dies trifft auf Jennifer Zeligs zu, die sich mit Seelöwen befaßt und diese Tiere trainiert. Ihre erfolgreichen Versuche, die Seelöwen zu dressieren, ihnen beizubringen, Gegenstände unter Wasser aufzunehmen oder andere Aufgaben zu verrichten, sind auf das Bestreben der Tiere zurückzuführen, ihr zu Gefallen zu handeln und Lob und Aufmerksamkeit von ihr zu bekommen. Sie hat sie nie mit Futter belohnt, sie arbeitet nur mit ihnen, wenn sie bereits gefüttert sind. Man könnte hier einwenden und sagen, daß es sich nicht um Liebe handelt, da Jennifer Zeligs den Seelöwen zum Vorteil Aufmerksamkeit, Grooming und Spaß gewährt; und das sei der Grund für die Aufmerksamkeit, welche die Tiere ihrer Trainerin zuteil werden lassen. Aber ist die Liebe zwischen Menschen so verschieden? Muß Liebe ohne Belohnung bleiben, um echt zu sein? Tatsache ist, daß Seelöwen in der Lage sind, Liebe und Zuneigung zu empfinden. Daß sie die Fähigkeit zu solchen Gefühlen unter bestimmten Bedingungen auch über ihre Artgrenzen hinaus ausdehnen, das macht nur diese Bedingungen deutlicher. Zwei Seelöwen können Zuneigung füreinander empfinden, und Zeligs profitiert davon, daß sie dieses Gefühl auf Menschen ausdehnen.

Häufig, aber nicht immer liegt der Vorteil geselligen Verhaltens auf der Hand. Hans Kruuks Forschungen zur Tüpfelhyäne haben gezeigt, daß deren soziales Verhalten sehr vorteilhaft ist, doch als er sich den Dachsen zuwandte, war das schon nicht mehr so klar. Obwohl Dachse in einem Bau oder einer Höhle in Gemeinschaft leben, gehen sie nicht zusammen auf Futtersuche, beschützen nicht gemeinsam ihr Territorium, verteidigen sich nicht gegenseitig und ziehen nicht gemeinsam ihre Jungen auf. «Dachse benutzen keine Alarmsignale, so daß sie nicht einmal die Mitglieder ihrer Gruppe vor einer drohenden Gefahr warnen.» Den einzigen Vorteile, den Kruuk feststellen konnte, ist der, daß die Dachse aneinandergekuschelt warm schlafen können.

Wenn es wirklich stimmt, daß die gesellige Lebensform den Dachsen keine Vorteile im Überlebenskampf bringt, warum leben sie dann zusammen? Vielleicht weil sie ganz einfach das Zusammensein mit anderen genießen.

Freundschaft

Normalerweise sind Tiere nur freundlich zu anderen Tieren, die ihrer eigenen Spezies angehören. Vielsagende Ausnahmen treten bei gefangenen Tieren in Erscheinung, die oft getrennt von ihren Artgenossen leben müssen oder mit Tieren anderer Spezies zusammengelegt worden sind. Unter diesen Bedingungen schließen einige Tiere Freundschaft mit Angehörigen anderer Arten, auch mit Menschen. John Teal, der den Versuch unternahm, Moschusochsen zu züchten, die ja in ihrem Bestand gefährdet sind, war einmal mit ihnen in einem Gehege eingesperrt, als einige Hunde angerannt kamen. Zu seinem Entsetzen schnaubten und stampften die Moschusochsen und stürmten dann auf ihn zu. Doch noch bevor er sich rühren konnte, hatten die Ochsen einen Schutzring um ihn gebildet und ihre Hörner in die Richtung der Hunde gestreckt. Auf diese Weise schützen Moschusochsen ihre Jungen vor Raubtieren. Aber die Freundschaft mit einem Tier, das einer anderen Art angehört, bedeutet nicht automatisch, daß gegenüber der gesamten Art ein freundschaftliches Verhältnis besteht. Ein zahmer Leopard, der mit einer Hündin aufgewachsen war und gerne mit ihr spielte, versuchte andere Hunde zu erlegen, selbst solche, die seiner Freundin glichen.

Obwohl das selten vorkommt, hat man doch wilde Tiere beobachtet, die in freundschaftlichen Verbindungen zusammenleben. Der Biologe Michael Ghiglieri, der geduldig vor einem Früchte tragenden Baum in den Regenwäldern Tansanias auf Schimpansen wartete, war sehr erstaunt, als der erste, ein Männchen, in Begleitung eines ausgewachsenen Pavianmännchens erschien.

Das Angebot einer Freundschaft wird nicht immer freundlich aufgenommen. Wildhunde und Hyänen in der Serengeti sind Konkurrenten, die sich regelmäßig ihre Beute wegnehmen. Eine Gruppe von Wildhunden, die die Beute von Tüpfelhyänen gestohlen hatte, jagte anschließend hinter einer der Hyänen her, welche so schlimm ins Hinterteil gebissen wurde, daß sie in einem Loch sitzen blieb und knurrte, bis die Hunde verschwunden waren. An diesem Abend, als sich die Hunde zur Ruhe legten und die Hyänen immer noch herumschlichen, näherte sich eine junge Hyäne (noch in ihrem flaumigen Fell) dem Alpha-Hund Baskerville und beschnupperte ihn interessiert. Baskerville zuckte und knurrte, und jedesmal, wenn er wieder einschlafen wollte, rückte die Hyäne etwas näher. Als die Hyäne anfing, Baskerville zu lecken und ihn zu groomen, schien er das zunächst zu ignorieren. Die Beobachter berichten, daß Baskerville nicht schlief und sich seine Augen immer mehr weiteten, als die junge Hyäne mit ihren Gefälligkeiten fortfuhr. Baskerville rollte sich zusammen und sah über seine Schultern, doch die kleine Hyäne lag ruhig neben ihm und war offenbar bereit, die Nacht an seiner Seite zu verbringen. Das war zuviel für Baskerville. Er sprang auf und fing an, laut zu bellen. Das Rudel wachte auf und zog weiter, verfolgt von sieben Tüpfelhyänen. Schließlich gelang es den Wildhunden, den Hyänen zu entkommen, aber als sie am nächsten Morgen eine Gazelle rissen, wurde sie ihnen von den Hyänen gestohlen. Wenn man die Beziehung zwischen Hyänen und Wildhunden betrachtet, so verwundert es kaum, daß Baskerville die Annäherungsversuche der jungen Hyäne zurückgewiesen hat. Wahrscheinlich ernten viele freundliche Gesten zwischen wilden Tieren aus denselben Gründen ganz ähnlich abweisende Reaktionen.

Es kommt vor, daß Tiere aus Verzweiflung unter anderen Arten Freunde suchen. In Madagaskar hatte man einen pechschwarzen Mohrenmaki gefangen und ihn in ein anderes Gebiet gebracht, wo er weglief. Dort gab es keine Mohrenmakis, so daß er sich einer Gruppe von Kattas anschloß, einer anderen madegassischen Maki-Art mit langem, schwarz und weiß geringeltem Schwanz. Diese beiden Arten haben verschieden gefärbtes Fell, geben unterschiedliche Laute von sich, haben andere Sekretdrüsen und andere Markiergewohnheiten. Die Kattas hießen den Mohrenmaki nicht gerade willkommen, doch sie tolerierten ihn. Die Männchen ordneten sich ihm unter, so wurde er automatisch das dominante Männchen der Gruppe. Die Weibchen erlaubten ihm jedoch nicht, daß er sie mit seinem Duft markierte, und sie ließen es auch nicht zu, daß er sich neben sie setzte, um sie zu groomen. Während der Paarungszeit konnte er sich einem Weibchen namens Grin nähern, die es in fünf von fünfundzwanzig Versuchen zuließ, daß er sich neben sie setzte, doch sie wollte sich nicht mit ihm paaren, obwohl sie sich schon mit einigen Kattamännchen gepaart hatte. Am freundlichsten kamen ihm die junge Kattas entgegen, die es erlaubten, daß er sich zu ihnen setzte und die ihn auch, zuweilen sogar aus eigener Initiative, groomten. Obwohl der Mohrenmaki in der Kattagruppe nur teilweise akzeptiert wurde, bedeutete das doch sehr viel für ihn.

Selbst ein Tier, das nicht zu den geselligen gehört, kann in Gefangenschaft Freunde machen. Ozelots zum Beispiel, von denen man sagt, daß sie Einzelgänger sind, freunden sich sehr gerne mit Menschen an. Verwundert über die Freundlichkeit seines Ozelots, stellte Paul Leyhausen die Vermutung auf, daß diese

Katzen die Fähigkeit besitzen, so liebenswert wie kleine Kätzchen zu sein, doch als Erwachsene nicht anders können, als in einer anderen Katze einen Rivalen oder einen Eindringling zu sehen. Menschen seien, so seine Hypothese, einerseits ähnlich genug, um Freunde zu sein, andererseits aber zu verschieden, um als Feinde betrachtet zu werden. «So ist zwischen Menschen und solitären Katzenarten eine echte und dauernde Freundschaft möglich, wie sie bei Katzen unter sich vielleicht nie vorkommt. Die einzelne, erwachsene Katze ‹möchte› also – wenn die oben dargelegte Hypothese zutrifft – eigentlich gern mit anderen Katzen freundlich sein; sie befindet sich ihnen gegenüber aber in einer ähnlichen Stimmungslage wie ein eigenbrötlerischer Mensch, der alle anderen vor den Kopf stößt und auf die Frage, warum er eigentlich keine Freunde habe, erstaunt antwortet: ‹Ich möchte ja furchtbar gern, aber die anderen sind doch alle so ekelhaft!›»

Es kommt selten vor, daß Tiere mit Menschen Freundschaft schließen, wenn sie nicht in Gefangenschaft leben, da es für sie viel besser ist, Freunde aus ihrer eigenen Spezies zu haben, außerdem fürchten sie sich in der Regel vor Menschen. Biber tolerieren, wenn man ihnen Zeit gibt, Menschen, die sich richtig benehmen können. Wenn Menschen ihnen ihr Lieblingsfutter anbieten, kommen sie auch ganz nah heran, sie gehen sogar so weit, auf ihren Schoß zu klettern, um an ihr Lieblingsfutter zu gelangen. Sie unterscheiden die Menschen, die sie kennen, von Fremden. Und doch gibt es keinen Grund anzunehmen, daß Biber die Gesellschaft von Menschen wirklich schätzen. Angstfreiheit ist noch lange keine Freundschaft.

Wenn Tiere Haustiere haben

Freundschaft zwischen Menschen und Tieren kommt sehr häufig vor, wenn das Tier ein Haustier ist. Auch Tiere haben gelegentlich Haustiere – vor allem in Gefangenschaft lebende Tiere, denn sich ein Haustier zu halten, ist ein Luxus. Lucy, einer Schimpansin, die von Menschen aufgezogen wurde, gab man eine Katze, um sie aus ihrer Einsamkeit zu befreien. Als Lucy die Katze das erste Mal sah, standen ihr die Haare zu Berge. Sie fing an zu grunzen, griff nach der Katze, schmiß sie zu Boden, schlug um sich und versuchte sie zu beißen. Die zweite Begegnung verlief ganz ähnlich, aber beim dritten Treffen verhielt sie sich ruhiger. Sie wunderte sich, daß ihr das Kätzchen folgte, und eine halbe Stunde später nahm sie es auf den Arm, küßte und umarmte es und legte ein vollkommen verändertes Verhalten an den Tag. In der Folge groomte sie das Kätzchen und wiegte es in ihren Armen, trug es mit sich herum, baute Nester für die Kleine und beschützte sie vor den Menschen. Sie benahm sich so, wie Kinder das tun, die unrichtige Vorstellungen davon haben, was für ihre Haustiere gut ist. Die kleine Katze «schien nie Angst zu haben, von der Schimpansin herumgetragen zu werden», doch sie weigerte sich, an Lucys Bauch zu hängen, so daß diese sie entweder in einer Hand trug oder die Katze veranlaßte, auf ihrem Rücken zu reiten. Das Gorillaweibchen Koko entwickelte eine tiefe Zärtlichkeit für ein Hauskätzchen, das sie selbst «All Ball» taufte. Das muß wahre Liebe sein, denn dieses Verhalten hat keinen Überlebenswert.

Wir wissen von Pferden, daß sie sich mit anderen Tieren, zum Beispiel mit Ziegen, anfreunden. Sie sind sehr bemüht, die Ziegen nicht zu verletzen. Berichte von Rennpferden, die apathisch sind und nicht rennen wollen, wenn sie von ihrer Freundin, der Ziege, getrennt wurden, gibt es viele. Diese Ziegen haben den Status von Haustieren. Die Pferde wissen sehr wohl, daß die Ziegen einer anderen Spezies angehören, sie mögen sie dennoch. Ebenso berichtet man von einem in Gefangenschaft lebenden Elefanten, der für eine Maus immer ein bißchen von seinen Körnern übrigließ.

Romantische Liebe

Sosehr wir die Freundschaft und die familiäre Liebe auch schätzen, die romantische Liebe bewundern wir am meisten, aber wir würden sie am allerwenigsten den Tieren zugestehen. Einige Menschen betrachten die romantische Liebe als etwas so Seltenes, daß sie annehmen, daß diese in anderen Kulturen gar nicht vorkommt, geschweige denn bei Tieren. Man behauptet, daß die Idee der romantischen Liebe in Europa im Mittelalter geboren wurde und daß sie nur ein Zeitvertreib der Privilegierten sei. In jedem Fall erachteten die Anthropologen, die das Verhalten von Menschen untersuchen, dieses Thema bis 1992, bis die American Anthropological Association darüber eine Tagung veranstaltete, für nicht erforschenswert. Der Ethnologe William Jankowiak erzählte, daß es drei Jahre gedauert hat, diese Tagung zu organisieren. «Als ich die Leute anrief, haben manche einfach nur gelacht.» Als man ihn fragte, warum die romantische Liebe bisher so außer acht gelassen wurde, sagte Jankowiak, daß in der Wissenschaft Einigkeit darüber geherrscht habe, daß «diese Verhaltensweise kulturspezifisch sei». Er wies auch darauf hin, daß die Fachwelt seinerzeit linguistischen Beweisen besonderen Wert beimaß. «Das vorherrschende Modell war ein linguistisches, das besagte: was in der Sprache nicht vorkommt, das ist unwichtig.» Nicht nur, daß es in manchen Kulturen keine Begriffe für die romantische Liebe gibt, das Phänomen taucht auch in keinem ethnologischen Lexikon auf. «Sie selber haben keine Kategorien dafür.»

Als Jankowiak seine Kollegen fragte, ob sie an der Tagung über Liebe teilnehmen wollten, antworteten sie ihm, daß die romantische Liebe in den von ihnen untersuchten Kulturen nicht existiere. Er fragte sie, ob es in diesen Kulturen heimliche Liebschaften gebe oder ob sich jemand weigere, eine arrangierte Hochzeit zu akzeptieren, oder ob jemand mit seinem oder seiner Geliebten durchbrenne oder aus Liebeskummer Selbstmord begehe. Die Antwort war regelmäßig: Ja, so etwas komme schon vor, doch die Forscher hätten Fälle dieser Art nicht weiter untersucht.

Ein anderer Grund, warum man die romantische Liebe in anderen Kulturen ignoriert hat, ist die Ansicht, dabei handle es sich um einen Spleen. Wie Charles Lindholm, ein Pionier auf diesem Gebiet, gesagt hat: «Das allgemeine Paradigma der Ethnologie, ja aller Sozialwissenschaften, ist utilitaristisch und zielt auf Gewinnmaximierung. Romantische Liebe paßt ja nicht besonders gut in dieses Denkmodell ... Wenn da zwei Menschen sind, die füreinander ihr Leben hingeben, dann sieht das ja nicht gerade nach Gewinnmaximierung aus.» Er lachte. «Außerdem ist das etwas Peinliches. Man fragt die Leute über ihre intimen Beziehungen aus, und das ist einem Ethnologen, wie jedem anderen auch, nicht sehr angenehm.» Auch sei das akademische Milieu allgemein der Liebeserforschung alles andere als günstig. «So ein Thema gilt als Frauensache, nicht wahr? Und das bedeutet: karriereschädigend.»

Die Abwertung der Liebe als etwas Überflüssiges und als Weiberkram, das Fehlen sprachlicher Belege, die Betonung des Nutzenkalküls, die Scheu vor Peinlichkeit, das Fehlen eines theoretischen Gerüsts und selbst die Karriere-Frage – all dies zusammen erklärt wohl, wieso es auch keine Studien über dieses Phänomen in der Tierwelt gibt.

Selbst Jane Goodall, die viel Licht in die Gefühlswelt der Schimpansen gebracht hat, ist der Ansicht, daß diese Tiere keine romantische Liebe kennen. Sie beschreibt den Fall der Schimpansen Pooch und Figan, die, als Pooch geschlechtsreif war, wiederholt zeigten, daß sie Sympathien füreinander hatten, und ihre Gruppe verließen, um zusammen einige Tage im Urwald zu verbringen. Ein sehr außergewöhnliches Verhalten für Schimpansen, die normalerweise bei ihrer Gruppe bleiben, wenn sie sexuell aktiv sind. Goodall schreibt: «Wenn aber solche Beziehungen auch so etwas wie Vorformen der menschlichen Liebe sein mögen, so kann ich mir doch nicht vorstellen, daß Schimpansen Gefühle füreinander entwickeln, die in irgendeiner Weise der Zärtlichkeit, der Fürsorge, der Toleranz und der seelischen Beglückung vergleichbar wären, die die Zeichen der menschlichen Liebe in ihrem echtesten und tiefsten Sinne sind. (...) Das höchste, was das Schimpansenweibchen von seinem Freier erwarten kann, ist eine kurze Werbung, ein sexueller Kontakt, der, wenn es hoch kommt, eine halbe Minute dauert, und danach gelegentlich ein wenig soziale Hautpflege. Die Romantik, die Rätselhaftigkeit und die grenzenlose Freude der menschlichen Liebe sind den Schimpansen unbekannt.» Vielleicht ist das richtig. Aber wir können nicht mit Bestimmtheit sagen, was Schimpansen fühlen, und ob sie nicht endloses Vergnügen in einer ebenbürtigen Affenliebe finden, die wir nicht kennen.

Einige Tiere paaren sich fürs Leben und bleiben so lange zusammen, wie sie leben. Andere paaren sich, um sich sofort wieder zu trennen. Unter den Tieren, die in Beziehungen von längerer Dauer leben, bilden einige Paare, einige größere Gruppen, wie zum Beispiel Dreiergruppen oder «Harems» wie die See-Elefanten. Evolutionsbiologen verstehen dieses Verhalten funktional als ein Mittel, die Aufzucht des Nachwuchses zu sichern, aber diese Annahme kann nicht verallgemeinert werden. So weiß man von den Borstenzähnerfischen, die in den Korallenriffen von Hawaii leben, daß sie sich um ihre Eier oder Larven zwar nicht kümmern, doch sehr wohl dauerhafte Paarbindungen eingehen.

Es gibt das Argument, daß zwischen Tieren, die keine Partnerschaft kennen, sondern sich nur paaren und sich dann wieder trennen, ein Gefühl wie Zuneigung nicht vorkommt, aber das ist unlogisch. A.J. Magoun und P. Valkenburg haben in ihrem Flugzeug die Spuren von Vielfraßen in der Tundra verfolgt und das Paarungsverhalten dieser seltenen und allein lebenden Spezies erforscht. Ein außenstehender Beobachter kann diesen Forschern zufolge den Eindruck gewinnen, daß bei der Paarung aggressive Männchen auf zurückhaltende Weibchen treffen. Sie wurden jedoch durch das Verhalten eines nichtidentifizierten Männchens und eines Weibchens überrascht, das sie F9 nannten. Die beiden Tiere erkundeten eine Felsengruppe in der Tundra. Sie spielten. Sie wälzten sich auf dem Boden. Wie ein spielfreudiger Hund preßte sich F9 vorne gegen den Boden, wedelte mit dem Schwanz und sprang dann in großen Sätzen davon. Als das Männchen auf ihr Beschnuppern nicht reagierte, drehte sich F9 um und versetzte ihm mit ihrer Hüfte einen Stoß. Nach dem Spiel ruhten die Tiere eine Weile und paarten sich dann. Zwei Tage später trennten sie sich, vermutlich für immer. Ihr Verhalten kann als eine freundliche, spielerische Form von Interaktion beschrieben werden, nicht nur von der schieren Lust eines Partners oder von den Zufällen des Zusammentreffens bestimmt. Ist es sinnvoll, dieses Verhalten Liebe zu nennen? Zuneigung? Gegenseitiges Interesse? F9 war gerade ein Jahr alt, also könnte man ihre Verspieltheit ihrer Jugend zuschreiben. Doch selbst wenn das der Fall wäre, heißt das nicht, daß sie emotional nicht engagiert gewesen ist.

Es könnte eingewandt werden, daß es sich bei dem Gefühl zwischen einem männlichen und einem weiblichen Vielfraß nicht um Liebe handeln kann, weil ihre Begegnungen so kurz sind. Aber die Länge einer Beziehung als Indikator für Liebe zu nehmen, würde heißen, daß zahlreiche Beziehungen zwischen Menschen dieses Prädikat auch nicht verdienen.

Man kann mit guten Gründen behaupten, daß F9 und ihr Gefährte während dieser wenigen Tage sich an der Gegenwart des anderen erfreut haben und daß sie einander mochten. Sie hätten ja nicht miteinander zu spielen brauchen – sie taten es, weil sie Lust dazu hatten.

Wenn es bedenklich erscheint, die kurzen Affären der Vielfraße mit der Vorstellung einer Romanze zu verbinden, was gilt dann für Tiere, die sich ein Leben lang aneinander binden? Es sind dies Tiere, die umeinander werben, sich paaren, die ihre Jungen gemeinsam aufziehen und die zusammenleben und sich nur zum Zwecke der Aufzucht der Jungen trennen. Zuzeiten leben sie in größeren Gruppen zusammen, zu anderen Zeiten verlassen sie die Gruppe, so etwa wenn Schwäne anfangen, ihr Nest zu bauen. Pärchen schlafen normalerweise zusammen, putzen einander und gehen in manchen Fällen zusammen auf Nahrungssuche. Sie füttern sich, wenn sie einander umwerben oder wenn ein Tier bei den sehr jungen Nachkommen bleibt. Bei den meisten Tierarten ist die sexuelle Aktivität auf eine kurze Phase beschränkt.

Wenn es um die Frage der Liebe zwischen Tierpartnern geht, wird als Beweis vor allem die Trauer angeführt, die ein Teil zeigt, wenn der andere stirbt. Konrad Lorenz beschreibt als ein typisches Beispiel das Verhalten des Ganters Ado beim Tod seiner Partnerin Susanne-Elisabeth, die ein Fuchs gerissen hatte. Er stand schweigend neben ihrem Nest, in dem ihr angefressener Leichnam lag. In den folgenden Tagen verharrte er in einer gekrümmten Stellung und ließ seinen Kopf hängen. Seine Augen fielen ein. Sein Status in der Schar sank dramatisch, weil er nicht die Kraft hatte, sich gegen die Angriffe anderer Gänse zu verteidigen. Ein Jahr später hatte Ado sich wieder gefangen und eine andere Gans gefunden.

Tiere können sich schlagartig verlieben. Konrad Lorenz sagt, daß dies bei Graugänsen besonders dann geschieht, wenn sie sich als Jungtiere gekannt haben und nach einer Trennung wiederfinden. Er verglich das mit der Frage eines erstaunten Menschen: «Bist *du* das kleine Mädchen mit Zöpfen und Zahnspange, das ich einst gekannt habe?» Er fuhr fort: «Genauso habe ich meine Frau kennengelernt.» Der Ornithologin Mattie Sue Athan zufolge ist es bei einigen der größeren Schreivogelarten durchaus üblich, daß sie sich auf den ersten Blick verlieben, und das nennt man den «Blitz».

Tiere verlieben sich nicht in irgend jemanden. Als Mattie Athan einem männlichen Schirmvogel ein Weibchen mit schönem Federwerk in den Käfig gab, reagierte dieser zu Athans Kummer überhaupt nicht: «Er benahm sich so, als wäre sie Luft.» Einige Monate später wurde Athan ein älteres Weibchen in sehr schlechter Verfassung in Pflege gegeben. Sie hatte sich als Folge der Gefangenschaft ihre Federn ausgerupft. «Vom Hals abwärts besaß sie keine einzige Feder mehr. Die Haut an ihren Füßen war ganz knorrig. Um ihren Schnabel herum hatte sie Falten. Er fand in ihr die Liebe seines Lebens.» Die beiden Vögel wurden sofort ein Paar und zogen eine lange Reihe von Jungvögeln auf.

Zoowärter erfahren zu ihrer Verzweiflung sehr oft, daß viele Tierarten sich nicht wahllos mit Artgenossen paaren. Orang-Utans sind am wählerischsten von allen, obwohl sie sich in der Wildnis nicht zu Paaren zusammentun, die ein Leben lang halten. Zweifelsohne sind wilde Tiere auch wählerisch, aber das ist nicht so offensichtlich, denn sie werden nicht mit anderen Tieren eingesperrt, denen sie sich nicht verbunden fühlen. Timmy, ein Gorilla im Zoo von Cleveland, konnte sich mit zwei Weibchen nicht anfreunden, die ihm vorgestellt wurden, um sich mit ihm zu paaren. Aber als er das Gorillaweibchen namens Katie traf, fühlte er sich sofort zu ihr hingezogen, die beiden spielten miteinander, paarten sich und schliefen zusammen. Als sich herausstellte, daß Katie unfruchtbar war, beschlossen die Zoowärter, Timmy in einen anderen Zoo zu bringen, wo er die Chance gehabt hätte, sich fortzupflanzen und zur Erhaltung seiner vom Aussterben bedrohten Spezies beizutragen. Als in der Öffentlichkeit Aufschreie der Empörung in bezug auf die Trennung von Timmy und Katie zu vernehmen waren, entgegnete der Zoodirektor: «Es macht mich krank, wenn Leute anfangen, in Tieren menschliche Emotionen zu sehen. Und es erniedrigt die Tiere. Wir dürfen sie nicht als eine Art großartiger menschlicher Wesen sehen; es sind Tiere. Wenn die Leute sagen, Tiere hätten Emotionen, dann überschreiten sie die Brücke zur Wirklichkeit.» Diese vehemente Antwort zeigt, wie groß die Furcht vor Anthropomorphismen sein kann, selbst bei Menschen, die mit Tieren arbeiten, wobei die eindeutigen Bekundungen wechselseitiger Freude schlicht unberücksichtigt bleiben.

Sind Tiere, die auf sich selbst gestellt sind, einander treu? Aufsehen hat erregt, wie oft manche Singvögel männlichen und weiblichen Geschlechts untreu waren. Dies hat man mit Hilfe genetischer Analysen bei Elterntieren und deren Nachkommen sowie bei Freilandbeobachtungen der Elterngeneration untersucht. Es überrascht nicht, daß sich die Wissenschaftler nicht zu operettenhaften Versuchskonstellationen durchringen konnten, um herauszufinden, ob Singvögel einer romantischen Verführung widerstehen, gleichwohl ist bekannt, daß einige Tiere der Versuchung einer möglichen Untreue aus dem Weg gehen. Männliche Prairiemäuse zum Beispiel, die sich für ein Weibchen entschieden haben, weichen anderen Tieren, ganz gleich welchen Geschlechts, aus.

Afrikanische Elefantenweibchen lassen sich in der Brunst von Elefantenmännchen begleiten, doch ist nicht klar, ob sie ein bestimmtes Männchen bevorzugen und nur dessen Gesellschaft suchen, oder ob sie dies tun, weil sie von ihrem männlichen Begleiter, der alle anderen in ihre Nähe kommenden Männchen energisch vertreibt, den Schutz vor der Belästigung anderer männlicher Tiere erwarten. Nach Cynthia Moss ist solches Paarbildungsverhalten etwas, das Elefantenweibchen lernen, da junge Elefantinnen, die keine Paarbindung eingehen, von zahlreichen Elefantenbullen «gejagt und belästigt» werden.

Die Weibchen anderer Spezies scheinen nicht so verletzlich zu sein. Nashörner in der Serengeti etwa, die in dem Ruf stehen, Einzelgänger zu sein, tun sich gelegentlich während der Brunstzeit in Paarbindungen zusammen. Ein Beobachter berichtet, wie er das Männchen eines solchen Paares davongehen sah, als ein anderes Männchen in Erscheinung trat und sich mit dem Weibchen paaren wollte, von diesem aber verjagt wurde. Das erste Männchen, mit den sie sich schon gepaart hatte, kam zurück, um erneut mit ihr zu kopulieren. Vermutlich hat also nicht das Desinteresse an einer Paarung das Weibchen dazu veranlaßt, dem zweiten Männchen zu widerstehen, sondern es war ein selektives Verhalten im Spiel – vielleicht Zuneigung. Im Lichte solcher Beobachtungen scheint es möglich zu sein, daß bei Singvögeln, deren Untreue genauestens erforscht worden ist, diejenigen

Tiere, die ihren Gefährten treu bleiben, dies nicht aufgrund mangelnder Gelegenheit, sondern aus Zuneigung tun.

Auch die Hingabe, die sich Partner oft entgegenbringen, läßt auf Liebe schließen. Viele Vogelarten sind Exempel für treues Verhalten. Gänse, Schwäne, Mandarinenten stehen für eheliche Aufopferung, dies bestätigen uns die Wildbiologen. Kojoten, angeblich Meisterbetrüger, könnte man ebensogut als Mustergatten bezeichnen, da sie Paarbeziehungen bilden, die ein Leben lang halten. Beobachtungen an gefangenen Kojoten haben gezeigt, daß diese Tiere bereits, bevor sie sexuell aktiv sind, sich in Paaren zusammentun. Hope Ryden, der Kojotenpaare beobachtete, berichtet, daß sie sich aneinander schmiegen, zusammen Mäuse jagen, sich mit überschwenglichen Gebärden wie Schwanzwedeln, Lecken oder Heulen im Duett begrüßen. Anschließend liebkost das Weibchen ihren Partner mit der Pfote und leckt ihm das Gesicht. Dann rollen sie sich ein, um zusammen zu schlafen; ein Bild, das an romantische Liebe denken läßt. Wie wir auch immer die Liebe zwischen Tieren von der Liebe zwischen Menschen unterscheiden, im Kern scheint beides dasselbe zu sein.

Vielleicht gibt es liebevolles Verhalten in der Tierwelt, weil es bewirkt, daß diese Tiere erfolgreicher sind und mehr Nachkommen erzeugen als andere Tiere, die nicht in einer liebevollen Beziehung leben. Aber liebevolles Verhalten ist unterschiedlich. Instinkte mögen dafür verantwortlich sein, daß Tiere lieben, aber sie bestimmen nicht, wem diese Liebe gilt, wenngleich sie wohl kräftige Hinweise geben. Liebe bewirkt, daß ein Tier sein Junges beschützt und versorgt, aber sie identifiziert nicht das einzelne Junge. Menschen sind da nicht viel anders.

Ein Tier, das mit Tieren einer anderen Spezies aufgewachsen ist, bevorzugt häufig einen Angehörigen eben jener Spezies als Gefährten, wenn sie heranwachsen. Ein Vogel, der von einer Art abstammt, die in Paarbindungen lebt, ist sehr wahrscheinlich in der Lage, seinen Partner zu lieben. Aber er verfügt auch über ganz spezifische Instinkte, die ihn auf eine ganz genau festgelegte

Weise um einen Gefährten werben lassen. Als Tex, ein Schreikranichweibchen, das von Menschen aufgezogen wurde, paarungsfähig war, verweigerte sie sich den männlichen Kranichen. Statt dessen fühlte sie sich von «großen weißen Männern mit dunklen Haaren» angezogen. Da diese Kranichart so stark vom Aussterben bedroht ist, beschloß man, Tex in einen paarungswilligen Zustand zu versetzen, um sie künstlich befruchten zu können. Zu diesem Zweck brachte der Direktor der International Crane Foundation, George Archibald, ein dunkelhaariger Weißer, Wochen damit zu, um Tex zu balzen. «Meine Aufgabe bestand darin, für viele Stunden einfach nur ‹anwesend zu sein›, einige Minuten lang früh am Morgen und noch einmal abends zu tanzen, lange Spaziergänge auf der Suche nach Würmern zu unternehmen, ein Nest zu bauen und das Territorium gegen die Menschen zu verteidigen ...» Die Mühen lohnten sich und hatten ein Kranichjunges zum Ergebnis. Ist der Verlauf des Kranichtanzes und des Nestbaus auf bestimmte Handlungsmuster festgelegt, so scheint das Liebesverhalten der Tiere diffuseren Impulsen zu gehorchen. Wäre Tex unter Kranichen groß geworden, hätte sie sich wie die meisten ihrer Artgenossen in einen Kranich verliebt. Wenn George Archibald von Kranichen aufgezogen worden wäre, in wen hätte er sich verliebt?

Tibby, ein Otter, der in Gavin Maxwells Buch *Raven, Seek Thy Brother* beschrieben wird, wurde von einem Mann aufgezogen, der auf einer schottischen Insel lebte und an Krücken ging. Als dieser ernsthaft erkrankte, brachte er Tibby zu Maxwell und bat ihn, für sie zu sorgen. Kurze Zeit später verstarb er und sah Tibby nie wieder. Tibby akzeptierte das Leben in Gefangenschaft nicht, das Maxwell ihr bot, und entwickelte die Angewohnheit, wegzulaufen und das nächste Dorf zu besuchen. Dort fand sie einen Mann, der an Krücken ging, und beschloß, mit ihm zu leben. Sie versuchte ein Nest unter seinem Haus zu bauen, doch er verjagte sie. Kurze Zeit später verschwand Tibby. Eines Tages erhielt Maxwell einen Anruf von jemandem, der auf einen Otter mit seltsamen Verhaltensweisen aufmerksam geworden war, der selbst versuchte, ihm ins Haus zu folgen. Maxwell erzählt: «Instinktiv fragte ich: ‹Sie gehen nicht zufällig an Krücken?› – ‹Doch›, entgegnete er erstaunt. ‹Aber wie um alles in der Welt können Sie das wissen?›» Es ist möglich, daß Tibby auf Menschen geprägt war, die an Krücken gingen, oder aber sie fühlte sich hingezogen zu diesen Menschen, da sie sie an jenen Mann erinnerten, dem ihre Zuneigung galt und der aus ihrem Leben verschwunden war.

Während wir grundsätzlich davon überzeugt sind, daß Menschen Liebe empfinden können, sind wir eher skeptisch, ob ein ganz bestimmter Mensch einen anderen auch wirklich liebt, was auch immer die beiden sagen. Es gibt Eltern, die ihre Kinder nicht lieben, und manche Kinder hassen ihre Eltern, und manche Ehefrauen und Ehemänner oder Geschwister lieben sich gegenseitig nicht. Dennoch hören wir nicht auf, daran zu glauben, daß Eltern, Kinder, Gatten und Geschwister Liebe empfinden. Es wäre nur konsequent, diesen Maßstab auch für Tiere gelten zu lassen.

Warum hat man die Frage der Liebe zwischen Tieren so sehr vernachlässigt? Warum haben wir uns mit den reichlich dürren Erklärungen von seiten der Evolutionstheorie begnügt? Mit jenen Erklärungen also, die an den Universitäten gelehrt werden und die in ihren Konsequenzen kaum verfolgt werden. Sie besagen, je schwieriger sich die elterliche Fürsorge eines Tieres gestaltet, desto wichtiger wird ein übergreifendes Gefühl wie Liebe, die dieses fürsorgliche Verhalten motiviert. Wenn sich Elternliebe nur dadurch definiert, daß Eltern ihre Kinder nicht auffressen, dann ist kein größeres emotionales Engagement vonnöten. Aber die Kinder zu füttern, zu waschen, das Leben für sie zu riskieren, sie an sich herumbeißen zu lassen, sich das Essen wegnehmen zu lassen, ihren Lärm zu ertragen – da hilft es, wenn man sie innig liebt, zumindest für die Dauer der Aufzucht. Biologisch gesehen ist die Liebe jedoch, ganz gleich wie sie empfunden wird, zunächst einmal ein Mechanismus zur Erzeugung nachfolgender Generationen. Doch könnte das nur eine ihrer Funktionen sein und nicht der eigentliche Grund für ihre Existenz. «Naturwissenschaftliche» Aussagen über die Liebe sagen erstaunlich wenig über das Wesen dieser Gefühlsregung aus. Die Liebe zwischen zwei Frauen, zwischen einem Mann und seinem Vater, zwischen Menschen und ihren Haustieren und zwischen Tier und Tier fand in der Wissenschaft bisher nur wenig Beachtung. Viel häufiger sind solche Gefühle Gegenstand von Verwunderung und Entzücken in intimen Geständnissen, in Gedichten, Romanen und Briefen. Wenn wir uns von der Tyrannei eines rein biologischen Erklärungsmusters befreien könnten, würde das unseren Horizont erweitern. Liebe zwischen Tieren wird uns dann so geheimnisvoll und wundersam erscheinen wie seit ewigen Zeiten die Liebe zwischen Menschen.

5 KUMMER, TRAUER UND DIE KNOCHEN VON ELEFANTEN

In den Rocky Mountains beobachtete der Biologe Marcy Cottrell Houle das Nest zweier Wanderfalken, die er Arthur und Jenny genannt hatte und die im Moment mit der Aufzucht von fünf Jungvögeln beschäftigt waren. Eines Morgens kam nur der männliche Falke zum Nest zurück. Jenny blieb aus, und das Verhalten von Arthur veränderte sich drastisch. Wenn er Futter brachte, wartete er bis zu einer Stunde am Nest und entfernte sich erst dann wieder zur Nahrungssuche – ein Verhalten, das er vorher nie an den Tag gelegt hatte. Er stieß wieder und wieder seinen Ruf aus und wartete auf die Antwort seiner Gefährtin. Oder er schaute ins Nest und rief quasi rufend hinein. Houle bemühte sich, dieses Verhalten nicht umstandslos als Erwartung und als Enttäuschung zu deuten. Es vergingen zwei Tage, und Jenny erschien nicht wieder. Am Abend des dritten Tages stieß Arthur, am Nest sitzend, einen befremdlichen Ton aus, «einen Schrei, wie das Aufheulen eines verwundeten Tieres, den Schrei der leidenden Kreatur». Der schockierte Houle schrieb: «Die Trauer in diesem Aufschrei war nicht zu verkennen; nachdem ich diese Erfahrung gemacht habe, zweifle ich nicht mehr daran, daß ein Tier Empfindungen haben kann, die wir gerne für uns Menschen reservieren würden.»

Nachdem er diesen Schrei getan hatte, saß Arthur bewegungslos auf dem Felsen und rührte sich während des ganzen folgenden Tages nicht. Am fünften Tag nach Jennys Verschwinden versuchte er das Versäumte durch Überaktivität wiedergutzumachen. Er jagte von morgens bis abends und brachte die Beute seiner Brut, ohne eine Pause einzulegen. Vor Jennys Verschwinden war er nicht so eifrig gewesen; nun schlug er an Aktivität und Fürsorge alle Falken, die Houle je beobachtet hatte. Als die Forscher eine Woche nach dem Verschwinden Jennys in das Nest schauten, entdeckten sie, daß drei der Nachkommen verhungert waren, während die beiden anderen unter der Pflege ihres Vaters prächtig gediehen. Houle erfuhr später, daß Jenny wahrscheinlich erschossen worden war. Die beiden überlebenden Kinder erlernten erfolgreich das Fliegen.

Es läßt sich nicht voraussagen, wie stark wir betroffen sind, wenn jemand in unserer Nähe stirbt. Bisweilen zeigen Menschen keine äußerlichen Reaktionen, aber ihr Leben ist zerstört. Sie fühlen auf einer bewußten Ebene vielleicht nichts, vielleicht empfinden sie sogar eine Art Erleichterung, wenn sie im Inneren kaputtgehen und sich nicht wieder erholen. Die äußeren Zeichen des Kummers sagen schon etwas aus, aber sie sagen nicht alles. Introspektion fördert vielleicht mehr zutage, aber auch sie kann in die Irre führen. Im Angesicht der Tiefen menschlicher Trauer sollte sich wissenschaftliche Neugier mit Bescheidenheit paaren: Niemand, ganz bestimmt nicht der somatisch orientierte Psychiater (der das Leid mit Tabletten bekämpft) kann mit Gewißheit sagen, woher der Schmerz kommt, wie lange er anhalten wird und welches seine Symptome sein werden. Und noch größere Bescheidenheit ist angezeigt, wenn es um den Gestaltwandel von Kummer und Trauer bei nichtmenschlichen Wesen geht.

Wenn naturwissenschaftliche Laien über dieses Thema sprechen, dann führen sie als Beweis in der Regel das Verhalten eines in Paarbeziehung lebenden Tieres an, dessen Partner stirbt, oder das Verhalten eines Haustiers, dessen Besitzer stirbt oder weggeht. Dieser Art von Trauer beggnen wir mit Respekt, aber es gibt viele andere Formen von Trauer, die wir nicht erkennen (wollen): die Trauer der Kuh, die von ihrem Kalb getrennt wird, oder die des Hundes, der verstoßen wird. Darüber hinaus gibt es all jene Trauer, von der wir nie etwas erfahren: die un-erhörten Schreie in den Wäldern, Herden auf einsamen Bergen, deren Verluste unbekannt bleiben.

Die Trauer um die Nächsten

Es ist bekannt, daß wilde Tiere um ihre Gefährten trauern. Georg Wilhelm Steller (1709–1746) zufolge lebte die nach ihm benannte und heute ausgerottete Stellersche Seekuh in monogamen Verhältnissen, wobei normalerweise die Eltern zwei Kinder verschiedenen Alters bei sich hatten: «ein erwachsenes und ein kleines Junges». Steller, der seine Forschungen von einem Schiff aus betrieb, konnte beobachten, daß ein Männchen zum Körper seiner toten, von der Mannschaft erschlagenen Partnerin zwei Tage nacheinander an den Strand zurückkehrte, «als wenn es sich nach dessen Befinden erkundigen wollte».

Wie das Schicksal der drei kleinen Wanderfalken zeigt, kann es verheerende Folgen haben, wenn ein wildes Tier seinem Kummer nachgibt. Fasten, Defätismus und Trauern haben keinen Überlebenswert. Während man Liebe leicht auf eine evolutionäre Funktion reduzieren kann (wenn man es denn will), ist Trauer über den Verlust des oder der Geliebten – ebenfalls ein Ausdruck von Liebe – eine Bedrohung fürs Überleben. Trauer muß also eigenständig erklärt werden.

Was Vereinsamung bei Tieren auslöst, läßt sich sehr gut bei Tieren in Gefangenschaft oder bei Haustieren studieren. Bei Elizabeth Marshall Thomas findet man einen bewegenden Bericht über das Verhalten von Maria und Misha, zwei Huskies, die ein Paar bildeten, bis man sie trennte, als Misha von ihren Besitzern weggegeben wurde.

Er [Misha] und Maria hatten gespürt, daß etwas nicht stimmte, als seine Besitzer zum letztenmal gekommen waren, um ihn abzuholen, und Maria hatte verzweifelt versucht, sich mit Misha aus der Tür zu drängen. Als wir sie zurückhielten, lief sie rasch zum Fenstersitz und beobachtete, mit dem Rücken zum Zimmer, wie Misha mit Gewalt ins Auto verfrachtet wurde. In den Wochen danach verließ sie die Fensternische nicht, sondern saß, mit dem Gesicht zum Fenster und dem Schwanz zum Zimmer, verkehrt herum auf dem Sitz, sah hinaus und wartete auf Misha. Schließlich muß ihr bewußt geworden sein, daß er nicht wiederkommen würde. Da veränderte sich etwas in Maria. Sie verlor ihr Strahlen und wurde depressiv. Sie bewegte sich schwerfälliger, war weniger ansprechbar und wurde rasch wütend über Dinge, die sie zuvor kaum zur Kenntnis genommen hätte ... Maria erholte sich nie mehr von ihrem Verlust, und wenn sie auch ihre Stellung als Alphaweibchen nie einbüßte, lag ihr doch nichts mehr an einer dauernden Bindung zu einem Männchen, obwohl im Lauf der Jahre mehrere heiratsfähige Rüden in unser Haus kamen.

Maria wußte, daß Misha für immer aus ihrem Leben verschwunden war. Ihr Verhalten erinnert an menschliche Trauer als Folge einer dauerhaften Trennung oder des Verlusts eines Liebespartners. Wölfe und Kojoten, die mit Hunden eng verwandt sind, bilden auch Paare. Dabei muß man berücksichtigen, daß Haushunde und wilde Hunde unter sehr verschiedenen Bedingungen leben. Vermutlich ist das Verhalten der erstgenannten viel flexibler und viel stärker den Bedingungen angepaßt, die ihnen Menschen einräumen. Wenn also sowohl weibliche wie männliche Haushunde für viele Menschen Symbole der Promiskuität sind, dann ist ihr Sexualverhalten eine Folge der Aufzucht und Haltung von Hunden – es ist bei diesen Tieren nicht naturgegeben. Man muß sich fragen, ob die sogenannte «natürliche» Sexualität des Menschen nicht auch durch soziale Konventionen und Erwartungen hervorgebracht wird.

Einige Tiere, die in der Wildnis nicht paarweise leben, können sehr enge Paarbeziehungen eingehen, wenn sie zu zweit in Gefangenschaft gehalten werden. Das trifft besonders dann zu, wenn diese Tiere nur einander und keinen anderen Umgang haben. Ackman und Alle, zwei Zirkuspferde, teilten einen Stall und ließen keine besonders enge Beziehung zueinander erkennen, bis Ackman plötzlich starb. Die Stute Alle «wieherte ohne Unterlaß». Sie fraß kaum und schlief wenig. Man versuchte sie abzulenken, indem man ihr neue Gefährten gab und besonderes Fressen anbot. Sie wurde ärztlich untersucht und bekam Medikamente. Innerhalb von zwei Monaten starb sie an Auszehrung.

Zwei pazifische «Kiko-Delphine» mit Namen Kiko und Hoku lebten in einem Meeresaquarium in Hawaii. Sie hatten sich eng aneinander angeschlossen und wurden oft dabei beobachtet, wie sie Flosse an Flosse durch ihr Becken schwammen. Als Kiko plötzlich starb, verweigerte Hoku das Futter. Er schwamm langsam im Kreis, mit geschlossenen Augen, «so als wolle er sich nicht mit einer Welt befassen, die ohne Kiko war», wie seine Trainerin Karen Pryor schrieb. Man fand eine neue Gefährtin namens Kolohi für ihn, die neben ihm schwamm und ihn zärtlich berührte. Schließlich öffnete er die Augen wieder und ließ sich wieder füttern. Obwohl er sich durchaus auf Kolohi einließ, hatten seine Beobachter das Gefühl, daß er sie nicht in der gleichen Weise annahm wie Kiko. Wenn wir auch die Interpretation, daß Hoku eine Welt ohne Kiko nicht wahrnehmen wollte, als spekulativ bezeichnen müssen, so ist doch klar, daß Hoku über den Verlust seiner Gefährtin trauerte.

Meeresbiologen, die ein Delphinweibchen mit einer Angel gefangen und in ein Aquarium gesetzt hatten, fürchteten bald um ihr Leben. Pauline (diesen Namen gaben sie ihr) konnte nicht ihr Gleichgewicht halten und mußte andauernd unterstützt werden. Am dritten Tag ihrer Gefangenschaft setzte man einen frischgefangenen männlichen Delphin in ihr Becken. Dies hob ihre Lebensgeister. Der Delphin half ihr beim Schwimmen und stupste sie bisweilen an die Oberfläche. Pauline schien auf dem Weg zu einer vollständigen Genesung zu sein, als sie plötzlich nach zwei Monaten an einem Abszeß starb, den der Angelhaken verursacht hatte, woraufhin der männliche Delphin das Futter verweigerte und drei Tage später starb. Bei der Autopsie fand man ein durchgebrochenes Magengeschwür, das durch sein Trauerfasten akut geworden war.

Es wäre das Ende der meisten Arten, wenn jedes um seine Gefährten trauernde Tier aus Kummer sterben würde. Solche Fälle müssen Ausnahmen bleiben. Aus Kummer sterben ist nicht der einzige Liebesbeweis unter Tieren, aber diese Vorfälle erhellen die Tiefe und das Spektrum emotionaler Möglichkeiten. Wildtiere zeigen auch dann Trauer, wenn nicht die Partner betroffen sind. Löwen bilden keine Paare, aber man hat von einem Löwen gehört, der bei einem erschossenen Löwen ausharrte und sein Fell leckte. Wie so oft sind es die Elefanten, deren Verhalten auf unheimliche Weise an Menschen-Reaktionen erinnert. Cynthia Moss, die viele Jahre lang afrikanische Elefanten in ihrer Umgebung beobachtet hat, berichtet von Mutterelefanten, die in bester Verfasssung waren und lethargisch wurden und hinter ihrer Herde hertrotteten, wenn ihr Kalb gestorben war.

Ein Wildbiologe stieß zufällig auf eine Herde afrikanischer Elefanten, die eine sterbende Matriarchin umgab, als diese schwankte und zusammenbrach. Die anderen Elefanten traten nahe an sie heran und versuchten, sie wieder aufzurichten. Ein junger Bulle benutzte dazu seine Stoßzähne, er schob ihr Futter in den Mund, er bestieg sie, alles umsonst. Die Elefanten streichelten sie mit ihren Rüsseln; ein Kalb kniete nieder und versuchte zu saugen. Schließlich zog die Gruppe weiter, nur ein Weibchen und sein Kalb blieben bei der Toten. Das Weibchen stellte sich mit dem Rücken zu der Matriarchin auf und streckte nur dann und wann einen Fuß aus, um sie zu berühren. Die anderen Tiere riefen nach ihr. Zu guter Letzt gab sie auf und verließ die Szene.

Cynthia Moss beschreibt das Verhalten einer Elefantenherde, die um ein totes Mitglied «untröstlich ihre Kreise zieht und, wenn es sich nicht wieder bewegen will, unsicher anhält, sich nach außen abwendet, die Rüssel kraftlos hängen läßt und nach einer Weile wieder ihr Kreisen aufnimmt und wieder anhält und nach außen schaut». Schließlich realisiert die Gruppe wohl die Tatsache des Todes und «reißt Zweige und Grasbüschel aus, die sie auf und um den Kadaver herum aufhäuft». Daß die Elefanten immer wieder in die andere Richtung schauen, läßt vermuten, daß sie den Anblick unerträglich finden; vielleicht wollen sie in der Nähe bleiben, finden es aber aufdringlich, einem solchen Leiden zuzuschauen. Vielleicht folgen sie einem Ritual, das wir noch nicht verstehen.

Früher dachte man, daß sterbende Elefanten eine Art von Elefantenfriedhöfen aufsuchen. Dies hat sich nicht bestätigt. Dennoch vertritt Moss die Ansicht, daß Elefanten eine Vorstellung vom Tod haben. Sie interessieren sich sehr für Elefantenknochen, nicht für die Knochen anderer Tierarten. Dieses Verhalten nimmt sie derart in Beschlag, daß Filmemacher keine Schwierigkeiten haben, wenn Elefanten Knochen untersuchen. Sie riechen an ihnen, wenden sie, reiben ihre Leiber an ihnen; dann packen sie sie und schleppen sie bisweilen ein Stück weit, bevor sie sie wieder fallenlassen. Ihre größte Aufmerksamkeit gilt Schädeln und Zähnen. Moss gibt zu überlegen, ob die Elefanten dabei versuchen, Individuen wiederzuerkennen.

Einmal brachte Moss den Kieferknochen eines toten ausgewachsenen Weibchens in ihr Lager, um sein genaues Alter festzustellen. Einige Wochen nach dem Tod dieses Tieres wanderte seine Familie durch die Gegend, wo Moss ihr Lager aufgeschlagen hatte. Diese Elefantenfamilie machte einen Umweg, um den besagten Kieferknochen zu untersuchen. Lange nachdem die Gruppe weitergezogen war, stand das siebenjährige Kalb des toten Muttertieres noch im Lager, berührte den Kiefer und wendete ihn mit Hilfe von Füßen und Rüssel. Man kann Moss nur beipflichten, wenn sie daraus schließt, daß das Tier durch irgend etwas an seine Mutter erinnert wurde, vielleicht an die Kontur ihres Kopfes. Es fühlte sie, es erinnerte sich an sie, und wenn wir auch nicht sagen können, welche Gefühle diese Erinnerung auslöste: Sehnsucht, Trauer oder Freude des Wiedererkennens, so kann man doch nicht abstreiten, daß Gefühle mit im Spiel waren.

Das Verhalten einer Gruppe von Gombe-Schimpansen, die erleben, wie einer der ihren tödlich abstürzt, läßt auf eine ähnlich komplexe Gefühlslage schließen. Drei kleine Gruppen von Schimpansen, unter ihnen ein läufiges Weibchen, waren zugegen, als Rix, ein erwachsenes Männchen, in einen Felsspalt fiel und sich das Genick brach. Die Reaktion war chaotisch – schreiende, klagende, sich umarmende, kopulierende, Steine werfende und winselnde Affen. Schließlich legte sich die Aufregung. Für mehrere Stunden versammelten sich die Affen um den Leichnam. Sie rückten näher und schauten schweigend auf Rix' toten Körper, sie kletterten auf Äste, um einen anderen Blickwinkel zu haben. Keinmal berührten sie ihn. Ein männlicher Affe namens Godi schien besonders betroffen, er winselte und stöhnte wiederholt, wenn er Rix anschaute. Er war sehr erregt, als sich einige große Affen dem toten Körper näherten. Nach mehreren Stunden zogen sich die Schimpansen zurück. Bevor sie die Szene verließen, beugte sich Godi noch einmal über Rix und starrte ihn intensiv an – dann eilte er den anderen hinterher.

Während dieses Vorfalls stießen die Schimpansen öfters den «wraah»-Ruf aus, den sie immer dann von sich geben, wenn sie ein unbekanntes menschliches Wesen oder ein Büffel stört, den sie aber auch anstimmen, wen sie einen toten Schimpansen oder Pavian sichten. Bei einer Gelegenheit «wraahten» sie mehrere Stunden lang, als ein Pavian im Kampf mit anderen Pavianen tödlich verletzt wurde.

Eine Schimpansin im Zoo von Arnheim, die verwirrenderweise auf den Namen Gorilla getauft war, hatte mehrere Kinder, die alle ungeachtet ihrer großen Fürsorge starben. Nach jedem Todesfall verfiel sie in eine Depression. Sie blieb wochenlang ohne Unterbrechung in einer Ecke sitzen und kümmerte sich nicht um die anderen Schimpansen. Hin und wieder schrie sie laut auf. Ihre Geschichte hatte ein glückliches Ende: Sie wurde eine erfolgreiche Mutter, als man ihr Roosje, ein zehn Wochen altes Schimpansen-Baby, in Pflege gab, das sie mit der Flasche zu füttern lernte.

Einsamkeit

Unter Einsamkeit scheinen Tiere zu leiden, die in sozialen oder familiären Verbänden leben. Sie ist offenbar ein Faktor, der zum Tode von gefangenen Tieren führen kann. Ob Biber zum Beispiel in der Gefangenschaft überleben, hängt entscheidend davon ab, ob sie einen Gefährten oder eine Gefährtin haben. Ein Wildbiologe bemerkt, daß junge Biber, «wenn sie der Gesellschaft anderer Tiere beraubt sind, einfach dort hocken bleiben, wo man sie hingesetzt hat, und warten, bis sie sterben». Ein einsamer Biber in der Wildnis würde wohl die Suche nach anderen Bibern aufnehmen.

Tiere brauchen die Gesellschaft ihrer eigenen Art wohl viel stärker, als dies Biologen früher angenommen haben. Sie scheuen die Gefühle der Trauer und Einsamkeit. Bei einigen Arten bilden männliche Tiere, die man «aus dem Nest geworfen hat», Junggesellenherden. Männliche afrikanische Elefanten sammeln sich in sogenannten «Bullen-Regionen» in Gruppen. Viele Tiere werden sehr pauschal als Einzelgänger beschrieben. Genaue Beobachtungen vor Ort haben jedoch ergeben, daß Arten, die als klassische Einzelgänger gelten, wie Tiger, Leoparden, Rhinozerosse und Bären, sehr viel mehr Zeit in Gemeinschaft verbringen, als man früher angenommen hat. Die europäische Wildkatze und die Fischkatze gelten ebenfalls als Einzelgänger, bei denen Männchen und Weibchen nur zum Zwecke der Paarung zusammenkommen und sich dann wieder trennen – die Aufzucht der Jungen übernimmt die Mutter allein. Wenn man diese Tiere jedoch in Paaren einsperrt, ergeben sich interessante Beobachtungen. Normalerweise nimmt man das Männchen aus dem Käfig, bevor die Kätzchen geboren werden, um zu verhindern, daß es ihnen Schaden zufügt. Im Krakauer Zoo hat man diese Vorsichtsmaßnahme nicht ergriffen, und das Ergebnis war, daß der Vater, anstatt seine Brut anzutasten, seine Fleischration zu ihrem Lager schleppte und lockende, besänftigende Laute von sich gab. Im Magdeburger Zoo bewachte die männliche Wildkatze, sonst ein zahmes Tier, das Lager Tag und Nacht und griff den Wärter jedesmal an, wenn er zu nahe kam. Der Vater trug Futter herbei, und als die Jungtiere alt genug waren, um aus ihrer Höhle herauszukommen und zu spielen, bedrohte er mit Fauchen alle die Zoobesucher, die seine Kinder nervös machten. Fischkatzen führten im Frankfurter Zoo ebenfalls ein erstaunlich enges Familienleben. Das Männchen sorgte nicht nur für Futter, sondern legte sich oft auch zum Rest der Familie in den Brutkasten. Es war in seiner Vaterfunktion so gewissenhaft, daß es jedesmal, wen die Mutter das Nest verließ, unruhig wurde und zu den Kätzchen in den Brutkasten stieg.

Entweder sind diese Arten also weniger einzelgängerisch veranlagt als angenommen, oder wir haben es mit einem weiteren Beweis für das enorme Anpassungsvermögen von Tieren zu tun. Paul Leyhausen, dem wir diese Beobachtungen verdanken, fragt sich, ob Männchen, die in der Wildnis ohne Weibchen und Nachwuchs leben, in der Gefangenschaft nicht möglicherweise «Reizen unterworfen sind, die normalerweise latente Verhaltensschemata in Aktion versetzen». Wenn das so ist, dann dürfen wir uns die Frage stellen, ob eine männliche Fischkatze, die irgendwo in Südostasien an einem Fluß entlangzieht oder durch einen Wald streift, nicht bisweilen von diesen latenten Verhaltensschemata überkommen wird und sich einsam fühlt.

In Gefangenschaft

Selbst wenn Tiere nicht allein gehalten werden, so kann die Gefangenschaft sie doch traurig machen. Es heißt oft, daß man glückliche Zootiere daran erkennt, daß die Kinder spielen und die Erwachsenen Nachwuchs bekommen. Diesen Standard würden die Zoowärter für sich selbst freilich nicht gelten lassen. Wie Jane Goodall ausführt: «Selbst in Konzentrationslagern sind Babys geboren worden. Und es gibt keinen Grund anzunehmen, daß es bei Schimpansen anders ist.»

Das Leben in Gefangenschaft ist für Tiere verschiedener Arten verschieden schädlich. Löwen können sich anscheinend besser als Tiger mit einem Leben in Faulheit anfreunden, das es ihnen erlaubt, den ganzen Tag in der Sonne zu liegen. Doch auch Löwen sieht man in ihren Käfigen «tigern», in jener Form von stupider Aktivität, die für viele Zootiere so typisch ist. Der Begriff *Funktionslust*, die Lust an der Ausübung der eigenen Fähigkeiten, hat sein Gegenstück in dem Gefühl der Frustration und des Elends, das viele Tiere überkommt, die ihre Fähigkeiten nicht austoben können. Obwohl der Trend bei der Planung und dem Bau von Zoologischen Gärten dahin geht, die Gehege so gut wie möglich an das jeweils natürliche Habitat anzupassen, haben doch viele Zootiere, vor allem die großen, kaum Möglichkeiten, ihre besonderen Fähigkeiten auszuleben. Adler können nicht fliegen, Geparden können nicht laufen, Ziegen haben nur einen einzigen Kletterfelsen.

Die Annahme, daß das Leben in Gefangenschaft Tiere nicht traurig macht, daß sie anders empfinden als etwa in Lagern internierte Heimatvertriebene in Kriegszeiten, hat wenig gute Gründe für sich. Es wäre ja beruhigend, wenn wir glauben dürften, daß regelmäßige Fütterung und medizinische Betreuung die Tiere glücklich machen würden. Unglücklicherweise spricht aber in der Regel nichts dafür. Die meisten Tiere ergreifen jede Möglichkeit, um in die Freiheit zu entfliehen. Die meisten vermehren sich nicht. Einige Tiere sterben, wenn man sie fängt. Manchmal ist Krankheit der Grund oder Stress, der Krankheiten begünstigt. Aber andere sterben ganz offensichtlich aus Verzweiflung – auf ihre Art begehen sie Selbstmord. Wildtiere zum Beispiel können das Futter verweigern und sich auf diese einzige Weise, die ihnen zur Verfügung steht, selbst umbringen. Wir wissen nicht, ob sie dieses Ziel bewußt anstreben, aber es ist eindeutig, daß sie äußerst unglücklich sind. 1913 beschrieb Jasper von Oertzen den Tod eines jungen Gorillas, den man nach Europa transportiert hatte: «Hum-Hum hatte alle Freude am Leben verloren. Sie lebte noch, als sie in Hamburg ankam und weiter nach Stellingen in Begleitung all ihrer Wärter gebracht wurde, aber ihre Lebenskraft kam nicht mehr zurück. Ihre Äußerungen ließen deutlich erkennen, daß sie über den Verlust ihrer glücklichen Vergangenheit trauerte. Man konnte keine Symptome einer tödlichen Krankheit entdecken; es ging ihr wie allen diesen kostbaren Tieren: ‹Sie starb an gebrochenem Herzen.›»

Meeressäugetiere haben eine hohe Sterblichkeitsrate, wenn sie in Gefangenschaft leben, eine Tatsache, die Besucher von Meerwasseraquarien und Ozeanarien selten berücksichtigen. Ein berühmter Pilotwal, der in einem solchen Ozeanarium gehalten wurde, war in Wirklichkeit nicht *ein* Wal, sondern deren dreizehn: Jeder neue wurde unter demselben Namen vorgestellt, so als handele es sich um ein und dasselbe Tier. Man braucht wenig Phantasie, um zu begreifen, wie verschieden die Lebensbedingungen für diese Tiere im Meer und im Ozeanarium sind. Ein Schwertwal kann bis zu neun Meter lang werden, bis zu sechstausend Kilo wiegen und täglich eine Strecke von über hundertfünfzig Kilometern zurücklegen. Kein Aquarium der Welt kann ihm diese Bedingungen bieten. Man nimmt an, daß ihre Lebenserwartung etwa der unseren entspricht. Doch Schwertwale, die in Sea World in San Diego gehalten werden, haben eine durchschnittliche Lebenserwartung von elf Jahren – und dieses Ozeanarium hat die größten Erfolge in der Haltung dieser Tiere aufzuweisen.

Wenn nun aber die Lebensdauer eines Menschen so stark abgekürzt würde, könnte man dann immer noch von Glück sprechen? Wenn man sie danach fragt, ob ihre Tiere glücklich seien, haben etliche Meeressäuger-Trainer ausnahmslos mit Ja geantwortet: Sie essen doch, sie paaren sich (Orcas allerdings bekommen in Gefangenschaft nur extrem selten Junge), und sie werden fast nie krank. Das kann bedeuten, daß sie keine Depression haben; aber bedeutet es auch, daß sie glücklich sind? Weil man genau diese Frage immer wieder aufwirft, drückt sich darin vielleicht ein Unbehagen aus, etwa ein tiefes Schuldgefühl, daß wir Menschen diese munteren Wanderer durch die Weltmeere zu so unnatürlichem Eingesperrtsein verurteilen.

Welche Tiere in Gefangenschaft am meisten leiden, läßt sich nicht immer vorhersagen. Seehunde gedeihen oft prächtig in Ozeanarien und Zoologischen Gärten. Dagegen die Hawaii-Mönchsrobbe, die so gut wie immer eingeht – entweder sie verweigert die Nahrung, oder sie wird krank. Ob nun so oder so, schrieb ein Kenner, sie haben sich durchweg «zu Tode gegrämt».

Am schmerzlichsten stellt sich die Frage nach den Folgen von Gefangenhaltung, wenn man an Tiere denkt, die außer in Gefangenschaft nirgendwo mehr eine Bleibe haben, weil ihr natürliches Wohngebiet (Habitat) verschwunden ist – was bei einer ständig steigenden Zahl von Tierarten der Fall ist – oder weil sie körperlich behindert sind. Als nur noch weniger als ein Dutzend Kalifornische Kondore in freier Wildbahn lebten, gab es heftigen Streit, ob man die letzten Exemplare einfangen solle, damit sie sich in Gefangenschaft wieder vermehrten, oder ob man diese Spezies in Freiheit und Würde aussterben lassen solle, ohne ihnen die Schmach der Gefangenschaft anzutun. Der Kondor ist ein Höhenflieger, der am Tag ohne weiteres achtzig Kilometer zurücklegt. Im Käfig bleibt ihm davon nichts. Schließlich wurden die Vögel doch eingefangen, und eine Zeitlang gab es in Freiheit keine Kalifornischen Kondore mehr. Inzwischen hat man gezüchtete Vögel ausgewildert, um diese Spezies neu aufzubauen.

Erst einmal muß man die Tatsache anerkennen, daß Tiere traurig sein *können*, danach erst läßt sie sich erforschen und verstehen. Zoowärter fragen schon danach, ob Tiere gesund sind und ob sie sich fortpflanzen werden. Aber ganz selten fragen sie: «Was macht dieses Tier wohl *glücklich*?» Die wissenschaftliche Verhaltensforschung hat dazu auch nicht viel Hilfreiches zu sagen gewußt. Im *Oxford Dictionary of Animal Behavior* heißt es: «Mit vernünftigen Gründen ist es wohl gestattet, daß Tiere Not leiden, weil sie nichts essen und trinken können und auf den geselligen Umgang mit ihren Artgenossen verzichten müssen. Aber die Schwierigkeit, Leiden objektiv und überzeugend zu definieren, war ein großes Hindernis auf dem Weg zu einer gesetzlichen Regelung der Tierhaltung, und zwar auch in solchen Ländern, wo es ein waches öffentliches Interesse daran gibt, wie Tiere behandelt werden.»

Depression und erworbene Hilflosigkeit

Extreme Formen von Trauer nennt man bei Menschen Depression. Dies ist ein nichtssagender Deckbegriff, den Psychiater und Psychologen für ganz verschiedene Formen von Melancholie gebrauchen. In der Absicht, ein medizinisches Modell der Psychiatrie zu begründen, haben Wissenschaftler versucht, Depression bei Tieren experimentell zu erzeugen – was in der Praxis bedeutete, daß einige Forscher intensiv daran gearbeitet haben, Tieren eine extrem unglückliche Kindheit zu bereiten.

Was Verhaltensexperimente mit Tieren anbelangt, so gehören zu den bekanntesten Beispielen überhaupt die Versuche, die der Psychologe Harry Harlow an Rhesusaffen anstellte. Berühmt wurden seine Affenkinder, die weiche Muttersurrogate, die man liebkosen konnte, solchen vorzogen, die aus steifem Draht gefertigt waren – dies auch dann, wenn die Draht-Ersatzmütter Milch spendeten. Man hat aus diesen Tierversuchen, die in Wirklichkeit Tierfoltern waren, weitreichende Schlüsse über das menschliche Verhalten abgeleitet, zum Beispiel daß der emotionale Wert mütterlicher Zuneigung wichtiger sein kann als ihr «Nährwert». Die Frage ist, ob es, um diesen Beweis zu führen, eines derart grausamen Experiments bedurft hätte.

Andere Rhesusaffen wurden im Alter von sechs Wochen in sogenannte «Depressionskammern» gesteckt, das waren Schächte aus rostfreiem Stahl, dazu bestimmt, ihre Insassen in tiefe Verzweiflung zu stürzen. Nach fünfundvierzig Tagen Einzelhaft waren die Affen für ihr Leben geschädigt. Monate später noch waren sie teilnahmslos, unfähig zu sozialen Kontakten; sie saßen einfach in einer Ecke und umklammerten sich selbst mit den Armen. Kein Fortschritt der Erkenntnis, keine Beweissicherung vermag einen solchen Mißbrauch zu rechtfertigen.

Bei Hunden, Katzen und Ratten hat man im Labor den Zustand sogenannter «erlernter Hilflosigkeit» herbeigeführt. Die klassische Versuchsanordnung sieht so aus, daß man Hunde in eine Art Harnisch steckt und ihnen in unregelmäßigen Abständen einen Elektroschock versetzt. Dieser Schock kommt unausweichlich, das Tier kann nichts tun, um ihn zu vermeiden oder abzumindern. Nach dieser Phase werden die Hunde in einen zweigeteilten Käfig gebracht. Wenn ein bestimmtes Geräusch erklingt, müssen sie sich in das eine Abteil des Käfigs begeben, um den Schock zu vermeiden. Die meisten Hunde lernen das schnell, aber zwei Drittel der Hunde, die vorher mit unvermeidbaren Schocks traktiert worden waren, bleiben liegen und winseln, versuchen also gar nicht erst, der Folter zu entkommen. Die Erfahrung hat sie gelehrt, sich der Verzweiflung zu überlassen. Dieser Effekt verschwand nach wenigen Tagen. Nur wenn die Hunde viermal pro Woche den unvermeidbaren Schocks ausgesetzt werden, dann wird ihre «erlernte Hilflosigkeit» chronisch. Der Psychologe Martin Seligman, der bei diesen Forschungen führend war und der als Autor des Bestsellers *Learned Optimism* bekannt wurde, behauptet, daß die geschockten Tiere zunächst nur Furcht empfinden, daß sie aber dann, wenn sie merken, daß sie hilflos sind, in Depression versinken. Zur Herleitung seiner Tierexperimente zum Thema erworbene Hilflosigkeit zitiert Seligman die Forschungen von C. P. Richter aus den fünfziger Jahren, der «die Überlegung anstellte, daß eine wilde Ratte notwendig das Gefühl der Hilflosigkeit entwickelt, wenn sie in die Hände des Raubtieres Mensch fällt, der ihr die Schnauzhaare trimmt und sie in ein Gefäß mit heißem Wasser wirft, aus dem sie nicht entkommen kann».

Erworbene Hilflosigkeit hat man auch auf experimentellem Wege bei Menschen erzeugt, wenn auch nicht durch die Anwendung von Elektroschocks. Wenn man Menschen Aufgaben überträgt, bei deren Ausführung sie regelmäßig scheitern, dann werden sie sehr schnell die Selbstwahrnehmung entwickeln, daß sie auch auf anderen Gebieten scheitern oder wenig erfolgreich sind. Personen, die eine solche Serie von Fehlschlägen nicht erlebt haben, sind zu diesem Schluß nicht so schnell bereit. Im realen Leben kann es durchaus sein, daß geschlagene Frauen ihre prügelnden Männer nicht verlassen können, aber der Grund dafür ist nicht allein in einer Einstellung der Frauen zu suchen, die ihnen die Sinnlosigkeit aller Versuche der Befreiung eingibt. Genausogut können die mit dem Weggang verbundenen Risiken und der Mangel an Alternativen eine Rolle spielen. Diese Tierversuche haben keine Beweiskraft für menschliche Beziehungen, obwohl genau dies zu ihrer Rechtfertigung behauptet wird; sie beweisen nichts, was man nicht ebensogut erfahren könnte, indem man mit geschlagenen Frauen über ihr Leben spricht.

Nachdem Seligman experimentell depressive Hunde produziert hatte, versuchte er sie zu heilen. Er setzte seine «hilflosen» Tiere wieder in den Käfig und entfernte die Unterteilung, um es ihnen leichter zu machen, von einer Seite auf die andere zu wechseln und so den elektrischen Schock zu vermeiden. Die entmutigten Hunde unternahmen aber nichts dergleichen, sie entdeckten also nicht, daß sie der Quälerei entkommen konnten. Seligman ging selbst in den Käfig hinein, rief nach ihnen, bot ihnen Futter an – ohne Erfolg: die Hunde bewegten sich nicht von der Stelle. Er mußte sie schließlich an der Leine von einer Ecke in die andere zerren. Bei manchen Tieren geschah dies zweihundertmal, bevor sie realisierten, daß sich die Elektroschocks vermeiden ließen. Seligman zufolge wurden sie von den Symptomen erlernter Hilflosigkeit vollkommen und dauerhaft geheilt. Die schreckliche Erfahrung selbst dürfte aber nicht spurlos an ihnen vorübergegangen sein.

Erlernte Hilflosigkeit wurde in anderen Versuchslabors noch auf ganz andere Weisen erzeugt, bisweilen mit teuflischen Resultaten. Ein Forscher zog Rhesusaffen bis zum Alter von sechs Monaten in totaler Isolation auf, um «soziale Hilflosigkeit» zu induzieren. Dann band er seine Versuchstiere an kreuzförmige Gerüste und setzte sie pro Tag eine Stunde lang in einem Käfig mit anderen jungen Affen aus. Nach anfänglicher Zurückhaltung gingen die Tiere dazu über, ihre gefesselten Genossen zu kneifen und zu stechen, am Haar zu ziehen, die Augäpfel zu quetschen und den Mund zu öffnen. Die gefesselten Tiere wehrten sich, so gut es ging, konnten aber nicht entkommen. Nur Schreien war möglich. Nachdem diese Mißhandlungen zwei bis drei Monate angedauert hatten, veränderte sich das Verhalten der Opfer. Sie wehrten sich nicht mehr, sondern schrien nur noch. Der Leiter dieses Versuchs bemerkt dazu: «Sie ließen jede Gelegenheit verstreichen, die Aggressoren, die ihre Finger oder Sexualorgane ihnen in den Mund steckten, zu beißen.» Diese Affen wurden auf Dauer traumatisiert; sie hatten auch dann vor anderen Affen Angst, wenn man sie freigebunden hatte. Wie die anderen Tierversuche zeichnet sich auch dieses durch seine Grausamkeit aus.

Depression bei Menschen entsteht relativ selten dadurch, daß man seine halbe Kindheit in Isolation verbringt oder nach einer solchen Erfahrung von Gleichaltrigen permanent gequält wird. Seltsamerweise geht die Argumentation der Forscher, die diese Versuche zu verantworten hatten, aber dahin, daß die enge Verwandtschaft von Tier und Mensch es uns ermöglicht, über menschliche Depressionen mehr zu erfahren, wenn wir sie bei Tieren studieren. Aber diese Annahme wirft die ethische Frage auf, die viele Tierschützer stellen: Wenn Tiere auf die gleiche Weise leiden wie wir – und das ist die Voraussetzung und Legitimation dieser Experimente –, ist es dann nicht sadistisch, sie auf diese Weise zu behandeln? Daß Tiere unter Umständen zutiefst unglücklich werden können, steht fest. Aber läßt sich das nicht auch in der freien Natur beobachten? Muß man diese empfindlichen Kreaturen deswegen sinnloser Grausamkeit unterwerfen?

Tiere drücken ihr Leid durch Bewegungen, Körperhaltungen und Handlungen aus. Aber auch ihre Laute künden davon. Wölfe zum Beispiel verfügen über Heullaute für Trauer oder für Einsamkeit, die sich von den Lauten, die sie in Gesellschaft austauschen, unterscheiden. Von anderen Tierarten sagt man, daß sie wehklagen, stöhnen oder weinen können. Als Marchessa, eine ältere Berggorilla-Frau, starb, zog sich das Männchen mit dem silbernen Rückenfell, der *Silverback* der Gruppe, in sich zurück und wimmerte wiederholt – das einzige Mal, daß ein solcher Laut bei einem Silberrücken registriert wurde. Diese beiden wilden Gorillas hatten sicher dreißig Jahre lang zusammengelebt. Über Orang-Utans schreibt ein Forscher: «Wenn sie enttäuscht sind, dann wimmern oder weinen die jungen Tiere sehr häufig, ohne daß sie jedoch Tränen vergießen.»

Niemand kann genau sagen, warum Menschen weinen. Neugeborene weinen, aber Tränen vergießen sie erst, wenn sie schon einige Monate alt sind. Erwachsene weinen seltener, und einige vergießen niemals Tränen. Man hat drei Arten von Tränen klassifiziert: es gibt Dauertränen, welche das Auge feuchthalten, Reflex-Tränen, die auftreten, wenn das Auge durch Gegenstände oder Gase irritiert wird, und emotional bedingte Tränen, die bei Trauer, Glück oder großer Erregung fließen. Letztere unterscheiden sich von den beiden anderen dadurch, daß sie mehr Protein enthalten.

Merkwürdigerweise hat man diesem Thema seit Darwins Studien von 1872 wenig Aufmerksamkeit geschenkt, aber man hat die Vermutung geäußert, daß die emotionalen Tränen sowohl körperliche als auch soziale, sprich: kommunikative Funktionen erfüllen.

Da es möglich ist, daß Menschen tief unglücklich sind und trotzdem nicht weinen, kann man auch nicht genau sagen, warum Tränen so viel bedeuten. Es mag sein, daß unsere Reaktion auf Tränen instinktgegeben ist. Vielleicht genießen ja die Tränen einen so großen Respekt, weil sie möglicherweise unsere ureigenste Gefühlsäußerung sind. Man hat auch darauf hingewiesen, daß alle körperlichen Sekrete wie Kot, Urin und Schleim abstoßenden Charakter haben, ja tabu sind, mit einer Ausnahme – und das sind Tränen. Sie gelten als das einzige Produkt des menschlichen Körpers, das nur beim Menschen vorkommt und uns nicht daran erinnert, was wir mit den Tieren gemein haben.

Aber vielleicht lassen sich nicht nur Menschen von Tränen beeinflussen. Der Schimpanse Nim Chimpsky, der es sich zur Aufgabe machte, traurige Menschen zu trösten, legte besondere Zärtlichkeit an den Tag, wenn er Tränen sah, die er wegwischen konnte. Da ihn Menschen großgezogen hatten, ist es wahrscheinlich, daß er gelernt hatte, von Tränen auf Unglück zu schließen.

Es wäre interessant, wenn man herausfinden könnte, ob Tiere, welche die Bedeutung von Tränen nicht erlernt haben, auf diese als Anzeichen von Traurigkeit bei Menschen oder sogar bei anderen Tieren reagieren. Man könnte dies durch experimentelle Beobachtungen herausfinden. Wenn ein Schimpanse, der unter seinesgleichen aufgewachsen ist, einen weinenden Schimpansen erblickt, würde er dann reagieren, wie es Nim tat? Wenn ein Schimpanse, der an Menschen gewöhnt ist, zum ersten Mal einen Menschen weinen sähe, würde er das als ein Zeichen von Trauer verstehen?

Tränen halten die Augen von Tieren feucht. Ihre Augen wässern auch dann, wenn sie gereizt werden. Tränen können auch die Reaktion auf Schmerzen sein. Man hat sie bei einem verletzten Pferd und bei einem brütenden Graupapagei entdeckt. Einige Tiere sind tränenreicher als andere. Bei Robben, die anatomisch keinen Tränen-Nasen-Kanal *(Canalis nasolacrimalis)* haben, kommt es vor, daß Tränen über ihr Gesicht rollen. Man denkt, daß diese Sekretion ihnen hilft, sich abzukühlen, wenn sie an Land sind.

Als Charles Darwin seine Forschungen für das Buch *Der Ausdruck der Gemüthsbewegungen bei dem Menschen und den Thieren* anstellte, versuchte er auch herauszufinden, ob Tiere Tränen des Gefühls vergießen. Er schrieb bedauernd: «Der *Macacus maurus*, welcher früher in dem zoologischen Garten so reichlich weinte, würde einen schönen Fall zur Beobachtung dargeboten haben. Die beiden Affen aber, welche sich jetzt dort befinden und von denen man annimmt, dass sie zu derselben Species gehören, weinen nicht.» Es gelang ihm nicht, den Beweis für emotionale Tränen bei Tieren zu führen; er hielt sie deswegen für «dem Menschen eigenthümlich».

Darwin vermerkte eine Ausnahme: den Indischen Elefanten. Sir E. Tennant hatte ihm von einigen frischgefangenen Elefanten in Sri Lanka (damals Ceylon) berichtet, die man gefesselt hatte und die nun bewegungsunfähig am Boden lagen, «mit keinen andern Zeichen von Leiden als den Thränen, welche ihre Augen füllten und beständig herabflossen». Ein anderer Elefant sank zu Boden, als man ihn fesselte, und «stiess durchdringendes Geschrei aus, während ihm Thränen seine Backen herabträufelten». Ein gefangener Elefant wird normalerweise von seiner Familie getrennt. Andere Kenner von Elefanten in Ceylon versicherten Darwin dagegen, daß sie keine weinenden Elefanten gesehen hätten und daß die eingeborenen Jäger auch gesagt hätten, nie Elefanten weinen gesehen zu haben. Darwin schenkte jedoch den Beobachtungen Tennants Glauben, denn sie wurden durch einen Elefantenwärter im Londoner Zoo bestätigt, der mehrere Male eine alte Elefantin hatte weinen sehen, als sie «über die Entfernung eines Jungen unglücklich war».

Seit Darwin hat sich an dieser unentschiedenen Sachlage nichts geändert. Die meisten Kenner dieser Tiere haben sie niemals weinen gesehen – oder nur und auch dies nur selten, wenn sie verletzt wurden –, einige wenige Beobachter dagegen haben sie auch ohne Verletzungen weinen gesehen. Der Dompteur eines kleinen amerikanischen Zoos berichtete dem Biologen William Frey, daß sein Elefant namens Okha manchmal weine, aber er nicht sagen konnte, warum. Okha weinte bisweilen, wenn er ausgeschimpft wurde, aber er weinte auch, als einmal Kinder auf ihm reiten durften. Iain Douglas-Hamilton, der viele Jahre mit Afrikanischen Elefanten gearbeitet hat, kann sich an weinende Elefanten nur erinnern, wenn sie verletzt waren. Claudia, eine Elefantin in Gefangenschaft, vergoß Tränen, als sie ihr erstes Kalb mit großen Schwierigkeiten zur Welt brachte.

R. Gordon Cummings, der im 18. Jahrhundert Elefanten in Südafrika jagte, stellte den größten Elefantenbullen, den er je gesehen hatte, und schoß ihn in die Schulter, so daß er nicht entkommen konnte. Der Elefant schleppte sich zu einem Baum und lehnte sich dagegen. Cummings tötete ihn nicht auf der Stelle, sondern entschied sich dafür, abzuwarten und das Tier zu beobachten. Er machte sich Kaffee und beschloß dann herauszufinden, welches die verwundbaren Stellen eines solchen Elefanten seien. Er ging näher heran und feuerte Kugeln in verschiedene Teile des Kopfes. Der Elefant bewegte sich nicht, sondern berührte nur die Wunden mit der Spitze seines Rüssels. «Erstaunt und schockiert darüber, daß ich nur das Leiden des noblen Tieres verlängerte, das seine Haltung mit so großer Würde bewahrte», entschied sich Cummings, wie er schreibt, Schluß zu machen mit ihm und feuerte ihm neunmal hinter die Schulter. «Nun rannen große Tränen aus seinen Augen, die er langsam schloß und wieder öffnete; sein massiger Körper zitterte konvulsivisch, bis er, auf der Seite liegend, verendete.» Dieser Elefant muß größte Schmerzen gehabt haben, und sie allein erklären schon seine Tränen. Von keinem Tier, nur vom Menschen ist bekannt, daß er solche Folterexperimente an Tieren durchführt.

In seinem Buch *Elephant Tramp* (1955) berichtet George Lewis, ein Wanderdompteur, daß er in langjähriger Arbeit mit diesen Tieren nur ein einziges Mal einen Elefanten hat weinen gesehen. Es handelte sich dabei um eine junge, ängstliche Elefantenkuh mit Namen Sadie, die zusammen mit fünf anderen Tieren für eine Nummer des Robbins Brothers Circus trainiert wurde. Die Elefanten mußten schnell lernen, da die Show in drei Wochen beginnen sollte, aber Sadie hatte damit Schwierigkeiten. Unfähig zu begreifen, was man von ihr wollte, entkam sie eines Tages aus dem Ring. «Wir brachten sie zurück und bestraften sie für ihre Dummheit.» (Aus einer anderen Stelle in Lewis' Buch dürfen wir schließen, daß die Bestrafung aus Stockschlägen auf den Kopf bestand.) Zum Erstaunen aller fing die am Boden liegende Sadie zu schluchzen und zu weinen an. Die erschrockenen Dompteure knieten sich neben ihr nieder und streichelten sie. Lewis schreibt, daß er sie nie wieder bestraft habe und daß sie ihre Nummer lernte und ein «guter» Zirkus-Elefant wurde. Seine Dompteur-Kollegen, die niemals einen solchen Vorfall beobachtet hatten, blieben skeptisch. Aber solche Beobachtungen können ja nicht nur Spezialisten machen. Victor Hugo notiert in seinem Tagebuch unter dem 2. Januar 1871: «Den Elefanten im Jardin des Plantes hat man geschlachtet. Er weinte. Man wird ihn jetzt verspeisen.» Daß Elefanten emotionale Tränen vergießen, wird in Indien weithin geglaubt, wo man schließlich seit Jahrhunderten Elefanten hält. Es heißt, daß man den dreitausend Elefanten, die von dem mongolischen Eroberer Timur-Leng 1398 auf dem Schlachtfeld erbeutet wurden, ein Reizpulver in die Augen gerieben hat, damit sie durch Tränen ihrem Verlust Ausdruck verleihen konnten. Douglas Chadwick hat man von einem jungen indischen Elefanten erzählt, der dafür gescholten wurde, daß er zu lebhaft gespielt und jemanden umgerannt hatte, der daraufhin Tränen vergoß. In einem anderen Fall soll ein Elefant, der weggelaufen war, zusammen mit seinem Mahut geweint haben, als man ihn wiederfand. Irgendwo in Asien in einem Stall mit jungen verwaisten Elefanten fand Chadwick ein weinendes Tier. Der Mahut berichtete ihm, daß die Elefantenkinder oft weinten, wenn sie Hunger hätten, und daß sie kurz vor der Fütterung stünden. Doch nachdem es gefüttert worden war, weinte das Tier weiter.

Elefantenführer sagen, daß die Augen von Elefanten reichlich Flüssigkeit absondern, wahrscheinlich um sie feucht zu halten. Flüssigkeit kommt auch aus den Schläfendrüsen hervor, die zwischen Augen und Ohren sitzen. Aber diese beiden Quellen wird niemand verwechseln, der mit Elefanten vertraut ist. Möglicherweise ist der Umstand von Bedeutung, daß viele der Elefanten, die man weinen sah, am Boden lagen, eine für Elefanten nicht übliche Position, die vielleicht verhindert hat, daß die Tränenflüssigkeit ablaufen konnte. Nach allem, was wir wissen, vergießen Elefanten Tränen aus Kummer, aber wenn sie stehen, dann fließen ihre Tränen durch die nasolacrimalen Kanäle ab ins Innere des Rüssels.

Bei einigen anderen Tierarten hat man ebenfalls emotionale Tränen beobachtet. Dem Biochemiker William Frey, der sich vor allem mit menschlichen Tränen befaßt, lagen Berichte über weinende Hunde, besonders über Pudel vor, die in emotionsgeladenen Situationen, etwa wenn sie von ihrem Besitzer verlassen wurden, Tränen vergossen, aber es gelang ihm nie, diese Berichte im Labor durch Experimente zu verifizieren. Nur die Besitzer hatten diese Tränen festgestellt, und man muß dazusagen, daß Pudel in jeder Situation, auch wenn sie glücklich sind, besonders feuchte, schwimmende Augen haben.

Berichtet wurde auch von Tränen, die erwachsene Robben weinten, wenn man ihre Jungen erschlug. Dies ist unbestreitbar wahr, aber da aus den Augen von Robben sehr oft Tränen rollen, ist es nicht mit Sicherheit zu sagen, ob es sich um emotionale Tränen gehandelt hat. Vom Biber wird auch oft erzählt, daß sie weinen können. Fallensteller berichten von Bibern, die in Fallen gefangen weinen, aber dabei könnte es sich um Tränen des Schmerzes handeln. Ein Biologe behauptet, daß Biber ausgiebig weinen, wenn man sie mit den Händen festhält. Dian Fossey berichtet von den Tränen Cocos, eines verwaisten Berggorilla-Mädchens. Coco war drei oder vier Jahre alt, als man bei dem Versuch, sie zu fangen, vor ihren Augen ihre Familie tötete. Sie hatte einen Monat in einem kleinen Käfig verbracht, bevor sie zu Fossey kam, und war in sehr schlechtem Zustand. Sie wurde in einen Innenkäfig mit Fenstern gesetzt. Als sie zum ersten Mal aus einem der Fenster schaute und einen waldbedeckten Berg erblickte, der genauso aussah wie die Berge, in denen sie aufgewachsen war, da begann sie plötzlich «zu schluchzen und richtige Tränen zu vergießen». Für Fossey war dies das erste und einzige Mal, daß sie Tränen bei einem Gorilla beobachtete.

Montaigne, vielleicht der erste westliche Autor, der aus seiner Ablehnung des Jagens keinen Hehl machte, schrieb 1580 in seinem Essay *Von der Grausamkeit* (11. Hauptstück im 2. Buch):

Ich, meines Theils habe nicht einmal ohne Misvergnügen ein unschuldiges Thier, das sich nicht wehren kann, und das uns nicht beleidiget hat, verfolgen und umbringen sehen können. Für mich ist es allezeit ein sehr widriger Anblick, wenn der Hirsch, wie gemeiniglich geschiehet, nachdem er aus dem Athem und matt ist und sich nicht anders zu retten weiß, zurück kehret, seinen Verfolgern selbst in die Hände läuft, und mit Thränen um Gnade bittet.

Letzten Endes ist es nicht wichtig, ob Hirsche, Biber, Robben oder Elefanten weinen. Tränen sind nicht Leid, sondern Zeichen für Leid. Daß es Leiden bei anderen Tieren gibt, dafür gibt es starke Beweise. Man wird kaum anzweifeln können, daß Darwins weinende Elefanten unglücklich waren, selbst wenn ihre Tränen mechanische Ursachen hatten. Eine Robbe ist traurig, wenn ihr Junges getötet wird, ganz gleich, ob sie für wässerige Augen bekannt ist oder nicht. Genauso wie ein Psychiater nicht sicher sein kann, ob ein Patient die Grenze von «normaler» Trauer zu «pathologischer» Trauer überschritten hat, so können Menschen nicht mit Bestimmtheit sagen, daß Trauer jenseits der emotionalen Möglichkeiten eines Tieres liegt. Trauer, Heimweh, Enttäuschung sind Gefühle, die wir aus eigener direkter Erfahrung kennen; das Verhalten von Tieren, die wir ganz genau kennen, deutet auf ihre Gefühlsverwandtschaft mit uns in dieser dunklen Welt. Wenn sich die Forschung ihrer annimmt und versucht, die Trauer von Tieren zu verstehen, dann wird allein schon ihre genaue Beschreibung komplex und subtil vorgehen müssen; sie wird weit über die groben Kategorien und viel zu kurz greifenden Kausalverknüpfungen hinausgehen, welche in der Psychologie des menschlichen Schmerzes vorherrschen.

6 DIE FÄHIGKEIT, FREUDE ZU EMPFINDEN

Weit draußen auf dem Meer umzingelte eine Thunfischfangflotte eine Gruppe von Delphinen, die über einen Thunfischschwarm hinwegschwamm, um sie in einem gigantischen Netz zu fangen. Kleine schnelle Motorboote kreisten die Tiere ein und bildeten eine Mauer aus Lärm, der die Delphine in Schrecken versetzte und ihnen die Orientierung nahm. Sie sanken lautlos in die Netze, und nur die Bewegung ihrer Augen wies darauf hin, daß sie noch lebten. Biologen, die erforschen wollten, wie man Delphine retten kann, sahen das mit Entsetzen. Doch sobald ein Delphin die Korkschwimmer am Netzrand passiert hatte, «*wußte* er, daß er frei war. Er schoß davon, von kräftigen, weitausladenden Schwanzbewegungen angetrieben ... tauchte mit höchster Geschwindigkeit ... hinunter in die Tiefe, um gleich wieder mit einer Reihe von Saltos hoch über die Wellen zu springen».

In seinem Bericht über diese Episode geht der Delphinspezialist Kenneth Norris besonders auf den Zustand der eingeschlossenen Delphine ein und legt sehr überzeugend dar, daß ihr Verhalten nichts mit Apathie zu tun hatte, sondern mit tiefer Angst. Ebenso unwiderleglich ist die Freude der befreiten Delphine, die durch Luft und Wasser springen.

In den Theorien über die menschliche Freude hat man versucht, Kategorien aufzustellen und Kausalitäten zu erklären, hat jedoch vernachlässigt, daß auch Tiere Freude empfinden. Wer jemals einen Hund oder eine Katze hatte, wird nicht daran zweifeln, daß Tiere sich freuen können. Diese offenkundige Freude zu beobachten und zu teilen, ist ja unter anderem der Grund unseres Spaßes an Tieren. Wir sehen, wie sie springen oder rennen, wir hören, wie sie bellen oder zwitschern, und wir übersetzen ihre Freude in Worte wie: «Du bist wieder zu Hause!» – «Du fütterst mich jetzt!» – «Jetzt gehen wir raus!» Wie überschwengliches Glück bei Menschen ist auch dieses ansteckend, so daß Haustiere Auslöser und Vorbilder unserer Freude werden können. Es ist schwer, bei Menschen jenen Grad von unbändiger Ekstase zu finden, wie ihn eine Katze an den Tag legt, die gefüttert werden soll, oder ein Hund, der ausgeführt wird. Wenn diese Freude ein Hirngespinst anthropomorpher Projektion sein sollte, dann würde es sich um eine kollektive Selbsttäuschung von erstaunlichem Ausmaß handeln.

Glück kann man als eine Form von Belohnung, als eine freudige Reaktion auf das Vollbringen einer Leistung verstehen. Wenn sich ein Tier gut fühlt, weil es instinktsicher und angemessen auf die Herausforderungen der Umwelt reagiert, dann kann man sicher sagen, daß das begleitende Glücksgefühl ein Wert im Sinne der Selektionstheorie ist. Aber daraus ergibt sich nicht notwendigerweise, daß das Glück bei Tieren nur existiert, weil es ein Faktor der natürlichen Zuchtwahl ist. Der harte Kampf ums Überleben, zumal ums einigermaßen gute Überleben, macht die meisten Menschen nicht glücklich. Zum Glück scheint eher zu gehören, daß es sich oft nicht oder geradezu widersinnig auf einen rationalen Zweck reduzieren läßt, mit anderen Worten: seine völlige Funktionslosigkeit. Vieles deutet nun darauf hin, daß Tiere ebenso wie Menschen eine solche reine Freude empfinden können.

Zu den zahlreichen Signalen, an denen wir Freude bei Tieren erkennen, gehört ihre Lautgebung. An Hauskatzen schätzen wir, daß sie schnurren, ein Laut, der für gewöhnlich Wohlbefinden zum Ausdruck bringt, aber ebenso dazu dienen kann, ein anderes Tier zu besänftigen. Großkatzen schnurren auch: Geparden etwa schnurren laut, wenn sie sich gegenseitig lekken, und ihre Jungen schnurren, wenn sie sich bei ihrer Mutter ausruhen. Löwen schnurren nicht so häufig wie Hauskatzen und nur beim Ausatmen. Die jungen wie die ausgewachsenen Löwen geben in vergleichbaren Situationen, zum Beispiel wenn sie freundschaftlich miteinander spielen, wenn sie ihre Wangen aneinander reiben, sich lecken oder verschnaufen, ein leises Brummen von sich.

Von glücklichen Gorillas sagt man, daß sie singen. Der Biologe Ian Redmond berichtet, daß sie, wenn sie besonders glücklich sind, Laute hervorbringen, die sich zwischen dem Winseln eines Hundes und dem Singsang eines Menschen bewegen. An einem besonderen Tag, wenn die Sonne scheint und das Essen außerordentlich gut ist, dann ist es möglich, daß die Gruppe ißt und «singt» und sich umarmt. Wölfe mögen, wenn sie heulen, ihr Territorium abstecken und ihren Gruppenzusammenhalt stärken, anderseits sagen Beobachter, daß es sie anscheinend auch glücklich macht.

Lynn Rogers, ein Biologe, der sich mit wilden Tieren beschäftigt, sagte in einem Gespräch, daß die jungen Braunbären ihre Gefühle wesentlich deutlicher zum Ausdruck bringen als die alten. «Wenn sich ein Junges sehr wohl fühlt, vor allem wenn es gesäugt wird, gibt es Laute von sich, die ich Laute des Behagens nennen möchte. Zuerst habe ich diese Töne nur auf das Säugen bezogen, aber dann erkannte ich, daß sie diese Geräusche auch hervorbringen, wenn sie nicht gesäugt werden.» Er machte diese Laute nach: ein leises Quieken. «Sie bringen leise, genüßliche Töne hervor. Eines Tages gab ich einem ausgewachsenen Bären einen Klumpen warmes Fett, das ihm offenbar sehr mundete. Tatsächlich gab er genau dieselben Geräusche von sich, nur in einer tieferen Stimmlage. Ich weiß es nicht: Sind das Glücksgefühle oder nicht? Oder ist es nur Wohlbefinden? In jedem Fall war es ein Ausdruck von Freude.»

Freude kann auch stumm ausgedrückt werden. Die Beobachter von fast allen Tierarten lernen schnell, die Körpersprache eines glücklichen Tieres zu verstehen. Darwin erwähnt das Hüpfen und Springen von Pferden, die auf die Weide gelassen werden, und das Grinsen der Orang-Utans und anderer Affen, die liebkost werden. In einem Brief gibt er einen amüsanten Bericht von tierischem Vergnügen:

Vor zwei Tagen, als es sehr warm war, fuhr ich in den Zoo. Eine glückliche Fügung wollte es, daß an diesem Tag das Rhinozeros das erste Mal in diesem Jahr herausgelassen wurde. – Ein solches Schauspiel hat man selten gesehen, wie das Rhinozeros sich vor Freude aufbäumte und ausschlug (obwohl es weder mit den Vorder- noch mit den Hinterläufen besonders hoch hinaus kam). – Der Elefant, der sich in dem angrenzenden Gehege befand, war sehr erstaunt, das Rhinozeros so wild herumspringen zu sehen: Er trat ans Gitter, schaute sich das Treiben interessiert an, um dann mit ausgestrecktem Schwanz auf der einen und ausgestrecktem Rüssel auf der anderen Seite davonzutraben. Dabei schmetterte er wie ein halbes Dutzend verstimmter Trompeten.

Zeichen der Freude können zweifelsohne auch mißverstanden werden. Einer der vielen Gründe, weswegen der Große Tümmler eine solche Faszination auf uns ausübt, ist sein permanentes «Lächeln», das weniger durch seine Gemütsverfassung als durch die Form seines Kiefers hervorgerufen wird. Da ein Delphin des Mienenspiels nicht fähig ist, «lächelt» er, selbst wenn er wütend oder verzweifelt ist.

Dennoch ist der Biologe Kenneth Norris der Ansicht, daß Menschen und Delphine die emotionale Botschaft vieler Signale des anderen verstehen können. Das heißt, daß die beiden Spezies befähigt sind, Regungen wie Freundlichkeit, Feindseligkeit, Furcht gattungsübergreifend zu verstehen oder zumindest dieses Verständnis sich durch Lernen anzueignen, selbst wenn sie die Laute des anderen nicht beherrschen. Norris führt das «herrische Bellen» eines Spinnerdelphins als ein Indiz für unbändiges Verhalten an, im Gegensatz zu leisem Glucksen, das freundlich gesinnten Austausch meist zwischen Weibchen und Männchen anzeige. Nach Norris ist die Körpersprache, mit der sich Menschenmütter und Delphinmütter mit ihren Babys verständigen, nicht nur vergleichbar, sondern wird auch von beiden Spezies ohne weiteres verstanden.

Als das Eis auf einem Biberteich New Englands nach einem langen Winter geschmolzen war, kamen ein Bibermännchen und seine einjährige Tochter angeschwommen, um nach ihrem Damm zu schauen. Sie schwammen und tauchten übereinander hinweg wie die Tümmler. Anschließend durchquerten sie Seite an Seite den Teich, drehten sich um ihre Achsen, tauchten unter, stießen wieder aus dem Wasser hervor und schlugen Purzelbäume – sie zeigten ihr Vergnügen so demonstrativ, daß es auch ein Nichtschwimmer verstanden hätte.

Was das Verständigungsmittel Sprache im engeren Sinne anbelangt, so wäre darauf hinzuweisen, daß man Menschenaffen das Zeichen für «glücklich» beigebracht hat. Nim Chimpsky gebrauchte dieses «Wort», wenn er erregt war, etwa wenn er gekitzelt wurde. Koko, den man fragte, was Gorillas sagen, wenn sie «glücklich» sind, machte das Zeichen «Gorilla-Umarmung». Ob Nim und Koko sich untereinander mit dem Zeichen «glücklich» verständigen konnten, ist nicht bekannt. Gegen Experimente mit «Affensprache» hat man eingewandt, daß, abgesehen von dem Gorilla Koko, den Tieren nicht antrainiert wurde, Gefühle in «Worten» auszudrücken, obwohl man annehmen darf, daß sie Freunden und Feinden vor allem ihre Gemütszustände mitteilen wollen. Carolyn Ristau schlägt vor: «Es könnte von Interesse sein, den Affen beizubringen, bestimmte Zeichen mit Gemütszuständen wie Aggressivität, Angst, Schmerz, Hunger, Durst oder Verspieltheit zu assoziieren.» Denn dies könnten die Ausdrücke sein, die sie am meisten interessieren.

An einem regenreichen Tag im Bundesstaat Washington ließ man Moja und Tatu, zwei Schimpansen, die der Zeichensprache mächtig waren, in ihr Freigehege. Moja, der Regen haßte, ging hinaus, stürmte aber sogleich in eine Höhle. Tatu erklomm die Spitze eines Klettergerüstes, hockte da im Regen und signalisierte das Herausfallen des Wassers mit «*Out out out out out out*». Ein Forscher kommentierte: «Das sah ganz nach *Singing in the Rain* aus.»

Ein ähnlich expressives Verhalten, der sogenannte «Kriegstanz», wurde bei Bergziegen und Gemsen beobachtet. Ein Tier beginnt sich aufzubäumen, zu springen und mit seinen Hörnern zu stoßen und herumzuwirbeln. Eine Gemse nach der anderen folgt diesem Beispiel, bis schließlich die ganze Schar beteiligt ist. Dieser «Kriegstanz» findet meist im Sommer statt, wenn reichlich Futter vorhanden ist. Der Anblick eines schneebedeckten Abhangs kann der Grund für einen solchen Kriegstanz sein und ein ganzes Rudel bergabwärts schicken: Gemsen, wie sie lustig bockend den Abhang hinunterrutschen, springen und Schnee aufwirbeln. Sie investieren soviel Energie in diesen Tanz, daß es vorkommen kann, daß sie im Sprung fast zwei volle Umdrehungen in der Luft ausführen.

Was macht diese Ziegen so glücklich? Sie haben nichts von einer Erbschaft erfahren, sie haben keinen neuen Job bekommen, noch haben sie ihren Namen in der Zeitung gelesen. Es gibt nichts, worüber sie sich so freuen könnten, außer darüber, daß sie leben, daß die Sonne scheint und daß sie genügend Futter haben. Sie springen vor Freude.

Manchmal ist die Ursache der Freude offensichtlich und leicht zu verstehen, wie etwa die Aufregung, die eine Gruppe Schimpansen ergreift, die gerade einen großen Haufen Futter gefunden hat. Jane Goodall und David Hamburg berichten: «Drei oder vier ausgewachsene Tiere liebkosen sich, umarmen einander, halten sich an den Händen, pressen ihre Lippen aufeinander und geben für einige Minuten lautes Kreischen von sich, bevor sie sich ausreichend beruhigen, um essen zu können.» Die Folgerungen liegen auf der Hand. «Diese Art von Verhalten», so die Autoren, «ist ganz ähnlich wie das eines Kindes, dem man etwas Besonderes versprochen hat und das daraufhin begeistert seine Arme um den Überbringer dieser guten Neuigkeiten legt und vor Freude jauchzt.»

Eine Hauptquelle der Freude für gesellige Tiere ist die Anwesenheit der Familie und der anderen Mitglieder der Gruppe. Nim Chimpsky wuchs die ersten dreieinhalb Jahre seines Lebens in einer Familie unter Menschen auf. Als er ungefähr vier Jahre alt war, arrangierte man ein Wiedertreffen mit seiner ehemaligen Pflegefamilie. Als er sie erspähte, an einem Platz, wo er sie zuvor noch nie gesehen hatte, lächelte er übers ganze Gesicht, kreischte und schlug für drei Minuten auf den Boden ein und blickte von einem Familienmitglied zum anderen. Schließlich beruhigte er sich etwas und umarmte seine Ziehmutter, wobei er immer noch kreischte und unaufhörlich lächelte. Er verbrachte mehr als eine Stunde damit, seine Familienangehörigen zu umarmen und zu groomen und mit ihnen zu spielen, bevor sie wieder gingen. Das war die einzige Gelegenheit, bei der Nim für mehr als nur ein paar Minuten lächelte.

Wiedervereinigungen nach einer Trennung sind ein bekannter Grund für Freude. Zwei Große Tümmler in einem Ozeanarium sahen einander nicht als Rivalen, wie das oft bei gefangenen männlichen Delphinen der Fall ist. Eines der beiden Tiere verlegte man für drei Wochen an einen anderen Ort. Als man es zurückbrachte, waren die beiden sehr aufgeregt. Stundenlang tummelten sie sich Seite an Seite im Becken, und manchmal sprangen sie in die Luft. Für Tage waren sie unzertrennlich und ignorierten den dritten Delphin in ihrem Becken.

Wenn sich zwei verwandte Elefantenherden wiedertreffen, ist das ein sehr emotionsgeladenes Ereignis, voller Verzückung und Dramatik. Cynthia Moss berichtete von einem Treffen zweier solcher Herden, die eine angeführt durch das alte Weibchen Teresia, die andere durch Slit Ear. Noch fünfhundert Meter voneinander entfernt, fingen sie an sich zuzurufen. (Elefanten sind in der Lage, sich über größere Entfernungen hinweg mit Tönen zu verständigen, die wir nicht wahrnehmen können, so daß sie vermutlich schon voneinander wissen, bevor sie beginnen, sich hörbar zu verständigen.) Ihre Köpfe und Ohren waren aufgerichtet, und die kleinen Drüsen aller Elefanten, die zwischen Auge und Ohr sitzen, sonderten Flüssigkeit ab. Sie hielten einen Augenblick an, riefen, erhielten Antwort, änderten ihre Richtung ein wenig und eilten weiter. Slit Ears Herde tauchte hinter einigen Bäumen auf und rannte auf sie zu.

Die Herden rannten schreiend und trompetend aufeinander zu. Teresia und Slit Ear stießen mit den Zähnen an und schlangen ihre Rüssel ineinander und wackelten mit ihren Ohren. Alle Elefanten begrüßten sich auf diese Weise, sie lehnten und rieben sich aneinander, klatschten mit ihren Rüsseln und stießen Trompetenlaute aus. Ihre Drüsen sonderten so viel Flüssigkeit ab, daß sie an ihren Wangen herunterlief. Moss schreibt: «Selbst in Momenten, in denen ich streng wissenschaftlich vorgehe, habe ich keinen Zweifel, daß Elefanten Freude empfinden, wenn sie sich wiederfinden. Es ist freilich nicht dieselbe Freude, die Menschen empfinden und vielleicht noch nicht einmal damit vergleichbar, aber es ist die Freude der Elefanten, und sie spielt in ihrer sozialen Struktur eine sehr wichtige Rolle.» Wir können die Freude der Elefanten als solche nur erkennen, da sie unserer Freude sehr ähnlich ist. Dennoch hat Moss recht, wenn sie sagt, daß wir nicht einfach voraussetzen sollen, daß dieses Empfinden von Freude mit dem unseren identisch ist. Wir wissen nicht, was wir empfinden würden, wenn unsere Drüsen Flüssigkeit absonderten. Wahrscheinlich gibt es unter den Elefanten eine Form der Freude, die sich unseren Erfahrungsmöglichkeiten entzieht.

Der Biologe Lars Wilsson hat beobachtet, daß Tuff, ein Biberweibchen, besorgt dreinschaute, während sie ihr Baby beim Schwimmen bewachte, und daß sie absolut unglücklich wirkte, wenn Menschen zu nahe an ihren Bau herankamen, daß sie aber die reinste «mütterliche Freude ausstrahlte», wenn sie ihr Kind säugte oder putzte.

Eine Hauptquelle tierischer Freuden sind die Jungen. Es gibt bestimmte Merkmale wie große Augen, unsichere Gangart, große Füße und großer Kopf, die «Tier-Babys» signalisieren. Menschen sind sehr empfänglich für diese Signale, und zwar nicht nur in Bezug auf die eigenen Babys, sondern auch auf Tier-Babys und sogar auf manche ausgewachsenen Tiere. Einige Tiere reagieren auf das sogenannte Kindchen-Schema mit Zuneigung, andere legen ihre Aggressivität ab oder verhalten sich fürsorglich. Man sagt, daß das Erkennen des Kindchen-Schemas zum größten Teil angeboren ist und daß Tiere ähnlich empfinden wie Menschen, wenn sie sagen, ein Baby sei zum Hinschmelzen. Der Paläontologe John Horner zieht aus dem Vorhandensein genau dieser Merkmale auch bei Dinosaurierbabys den Schluß, daß wir auf jeden Fall annehmen müssen, daß auch Dinosaurier ihre Babys «süß» gefunden haben.

Zärtliches Verhalten kommt auch speziesübergreifend bei manchen Tieren vor, denen es ein besonderes Vergnügen bereitet, sich um andere Tiere zu kümmern. Als ein junger Sperling im Zoo von Basel in einem Schimpansen-Gehege bruchlandete, schnappte sofort einer der Affen nach dem Vogel. Doch zum Erstaunen des Zoowärters, der erwartete, daß der Schimpanse den Vogel gierig verschlingen würde, wiegte dieser den verschreckten Jungvogel in einem schalenförmigen Palmblatt und betrachtete ihn offenbar mit Vergnügen. Die anderen Schimpansen kamen dazu und reichten den Vogel sanft von Hand zu Hand. Der letzte, der den Vogel erhielt, brachte ihn an das Gitter und überreichte ihn dem erstaunten Wärter.

Ein anderer Grund für die Freude des Menschen ist Stolz, also das Gefühl, etwas besonders gut gemacht zu haben. Es ist nicht klar, bis zu welchem Grad wir es als ein Gefühl der Selbstzufriedenheit bezeichnen können und ab wann wir es in Beziehung zur *Funktionslust* stellen müssen. Lars Wilsson beschreibt das veränderte Betragen von Greta und Stina, zwei in Gefangenschaft lebenden Bibern, die begannen, in ihrem Gehege einen Damm zu bauen. Diese einjährigen Biber waren von Geburt an in Gefangenschaft und hatten nie einen Damm gesehen. Bis dahin waren sie nicht besonders freundlich zueinander und knurrten sich an, wenn sie einander zu nahe kamen. Nachdem ihr Damm fertig war, aßen sie gemeinsam und verständigten sich mit freundlichen «Plauder»geräuschen. Nicht nur, daß sie nicht länger feindlich gesinnt waren, sie gingen auch aufeinander zu, um sich auszutauschen oder zu putzen. Greta und Stina verbrachten wesentlich mehr Zeit außerhalb ihres Nestes damit, in dem Wasser herumzuschwimmen und zu tauchen, das ihr Damm aufstaute.

Der Stolz auf die Vollendung ihres Werkes dürfte also auch ihre Freundschaft begründet haben.

Ein Beobachter berichtet von wilden Bibern, deren Damm von menschlichen Vandalen zerstört worden war, in einer Zeit, in der es schwierig war, an neues Baumaterial heranzukommen, um den Schaden zu reparieren. Der Beobachter sorgte für passende Äste und plazierte diese im Teich, während die Biber schliefen. Das Männchen war gerade dabei, Holz von seinem Bau zu entfernen, um dieses an dem Damm anzubringen, als es die Äste entdeckte. Es schwamm zwischen den Ästen herum, beschnupperte sie und gab laute Schreie der Erregung von sich. Die erste Reaktion des Forschers war, dieses Verhalten als Zeichen der Freude zu interpretieren, während ein anderer Beobachter von einem Zeichen der Verwunderung sprach; dann aber besannen sie sich auf ihre «Wissenschaftlichkeit» und erklärten übereinstimmend, daß «die subjektiven Gefühle des Bibers ... sich nicht mit unseren Mitteln feststellen lassen».

Einige Tiere, die in Gefangenschaft leben, haben wenig Freude an ihrem Dasein. Auftritte in Shows bieten einigen die Chance, aktiv zu sein, Tapferkeit zu beweisen, auf sich stolz zu sein. Ein Tiger, der nicht jagen und sich nicht paaren kann, der sein Territorium nicht erkunden und verteidigen kann, hat wenig Gelegenheiten, sich stolz zu fühlen. Vielleicht ist dann für manche Tiger die Möglichkeit, durch einen flammenden Reifen zu springen, besser als gar nichts. Aber warum sollen Tiger sich mit dem zufrieden geben, was besser ist als gar nichts? Aus diesen großartigen Tieren Sklaven zu machen und sie dann noch weiter zu erniedrigen, indem man sie zum Amüsement der Menschen Kunststücke aufführen läßt, beweist mehr über die menschliche Niedertracht als über die Fähigkeiten von Tieren. Daß ein Tiger zu schleichendem Tod durch Langeweile verurteilt wird, wenn er nicht Freude und Ablenkung in seinen Kunststücken findet, ist ein trauriger Kommentar über das, was Menschen diesen prächtigen Raubtieren angetan haben.

Die Ergebnisse dieses gestörten Verhaltens betreffen Tiere

und Trainer gleichermaßen. Gunther Gebel-Williams arbeitete mit einer Tigerin namens India über zwanzig Jahre lang in seinen Shows. Als er merkte, daß sie zu alt war und der Ruhe bedurfte, ließ er sie nicht mehr auftreten, doch jedesmal, wenn er an ihrem Käfig vorbeikam, um die anderen Tiger in den Ring zu führen, «weinte» sie. India tat Gebel-Williams so leid, daß er sie wieder in seine Nummer aufnahm, allerdings mit unglücklichem Ausgang, denn sie wurde daraufhin von einem anderen Tiger attakkiert und verletzt. Ihre Auftritte mögen für sie eine Quelle des Stolzes gewesen sein und sie glücklicher gemacht haben als die erzwungene Untätigkeit im Käfig, aber diese Alternative wurde ihr von außen auferlegt. Es geht nicht nur um Stolz, es geht auch um die Würde des Tieres beziehungsweise um ihren Verlust. Wenn wir von Tierwürde so wenig hören, dann hat das wohl seinen Grund darin, daß der menschliche Umgang mit Tieren wenig Raum läßt für Würde. Wenn wir Menschen Tiere durchweg als niedere Lebewesen definieren, dann sind wir nicht gerade drauf geeicht, den Verlust von Würde zu bemerken.

Zur Untermauerung ihres Arguments, daß Delphine vielleicht sogar «Zähmung akzeptieren», führt Karen Pryor an, daß diese Tiere an der Ausführung der ihnen von Menschen gestellten Aufgabe Freude haben. «Ich habe einen Delphin gesehen, der bei der Einübung eines schwierigen Kunststücks so lange seinen Belohnungsfisch zurückwies, bis er sein Schaustück richtig hinkriegte.» Diese Behauptung ist so lange schwer aufrechtzuerhalten, wie wir nicht wissen, was die Alternativen sind. Würde ein Delphin in Freiheit an einer solchen Herausforderung Gefallen finden? Vielleicht spricht der erwähnte Fall eher dafür, daß Delphine ein Gefühl für Gerechtigkeit oder gerechte Belohnung haben, aber auch das ist schwer zu sagen. Würde ein solches Verhalten in Freiheit auftreten, dann wäre es sehr viel aussagekräftiger und würde uns mehr über ihre Gesellschaft verraten.

Pferde-Trainer beobachten häufig, daß einige Pferde Stolz empfinden. Von «Secretariat», der 1973 das Kentucky-Derby gewann, sagt man zum Beispiel, daß er stolz war. Das bestätigen die Aussagen der Trainer und der Jockeys, die berichteten, daß «Secretariat» sich weigerte zu rennen, wenn er den Wettbewerb nicht nach seinen Regeln gestalten konnte, was beispielsweise hieß, daß er seinen berühmten Spurt am Anfang oder am Schluß einlegte, ganz wie ihm zumute war. Ansonsten erwies er sich jedoch als ein gelehriges und zahmes Pferd. Als man Ralph Dennard, einen Tier-Trainer, fragte, ob ein Hund, der eine ihm abverlangte Dressurprüfung gut ausgeführt hat, stolz auf sich sei, antwortete er vorsichtig: «Es sieht ganz so aus, als ob er stolz auf sich sei. Die Tiere sehen dann aus, als seien sie stolz. Sie zeigen Selbstvertrauen; sie sind glücklich; sie machen so –» Und er warf sich in die Brust, wie es in einem solchen Fall ein Hund täte.

Nach Mike Del Ross von der Schule für Blindenhunde entwickelte sich bei Hunden in der Ausbildung schrittweise Stolz. Im ersten Stadium sind sich manche Hunde ihrer Sache nicht sicher. «Es ist, als ob sie denken: ‹Das ist zu schwer. Ich schaffe das nicht.›» Die Augen dieser Hunde sind dann weit aufgerissen, so daß sie einen überforderten Eindruck machen. Sie legen sich dann hin, ziehen sich in eine Ecke zurück oder rollen sich zusammen. «Wenn du in einer solchen Situation nicht Abhilfe schaffst, dann wirst du den Hund verlieren.» Aber wenn der Trainer sich entsprechend verhält, dem Hund Pausen zugesteht, ihn seine Spannungen abschütteln läßt und dem Hund dann hilft, seine Aufgabe auszuführen (die so simpel sein kann, wie etwa das Führen auf einer geraden Strecke), dann gewinnt das Tier sein Zutrauen zurück. Wenn der Hund erst einmal begriffen hat, was von ihm gefordert wird, «ist seine Arbeit nur noch halb so schlimm ... Vieles schließt sich dann für sie sinnvoll zusammen.» Die Körpersprache dieser Hunde gibt Auskunft über ihr Selbstvertrauen und über ihren Stolz. «Zum Schluß stellen sie fest: ‹Ich *schaffe* es!› Und sie freuen sich darüber. Sie sind stolz auf sich.»

Eine in Ausbildung befindliche Blindenhündin schien über eine Leistung besonders stolz zu sein, für die sie nicht trainiert worden war. Die Hunde waren in getrennten Zwingern untergebracht, die sich zu einem großen Auslauf hin öffneten. Jeden Morgen, wenn die Trainer eintrafen, wurden die Hunde in dieses Gehege hinausgelassen. Eine junge Schäferhündin lernte, wie sich die Hufeisenverschlüsse an den Zwingern öffnen ließen. Jeden Morgen ließ sie sich zuerst selbst hinaus und lief dann von Zwinger zu Zwinger, um die anderen Hunde herauszulassen. Die Hufeisenverschlüsse wurden daraufhin durch Haken und Laschen ersetzt, aber sie lernte auch diese zu öffnen. Schließlich sicherte man die Türen mit Lederriemen, und dann führten die Bemühungen der Schäferhündin nicht mehr zum Ziel. Kathy Finger, die Leiterin der Hundeschule, amüsiert sich noch heute, wenn sie daran denkt, wie sich die Hündin freute, als sie die Türen noch öffnen konnte. «Sie war so stolz auf sich. Sie kam jedesmal zu uns gelaufen und wedelte glücklich mit dem Schwanz...»

Menschen und Tiere sind stolz auch in bezug auf ihr Territorium. Die Schimpansen-Kolonie, zu der Washoe gehört, zog kürzlich in ein großes neues Gehege mit innen wie außen gelegenen Turn- und Spielgeräten. Als eine von Washoes menschlichen Gefährtinnen zum ersten Mal nach dem Umzug zu Besuch kam, nahm Washoe sie bei der Hand und führte sie von Raum zu Raum und zeigte ihr jeden Winkel. Dafür kann es verschiedene Gründe gegeben haben; vielleicht war sie aber einfach nur stolz auf ihre geräumige neue Bleibe. Indem sie ihr Reich und ihren Besitzerstolz zu erkennen gab, gab sie auch ihren freundschaftlichen Gefühlen Ausdruck.

In Freiheit schwelgen

Freiheit ist eine Quelle der Freude. Tierpfleger, Wissenschaftler, die mit Tieren experimentieren, und andere einschlägig Interessierte argumentieren oft, daß es für ein Tier keinen Unterschied macht, ob es frei ist oder nicht, wenn alle seine Bedürfnisse erfüllt werden. Aber viele Tiere, die gut genährt und behandelt werden, versuchen immer wieder in die Freiheit zu entkommen. Freiheit ist etwas Relatives. Wenn im Frühjahr die Schimpansen im Zoo von Arnheim zum ersten Mal aus ihrem Winterquartier entlassen werden, gibt es eine große Aufregung: die Tiere schreien und heulen, springen auf und ab und klopfen sich auf den Rücken. Sie sind nicht in Freiheit, aber das Mehr an Bewegungsraum, die relativ größere Freiheit erregt sie. Offenbar macht ihnen das Freude.

George Schaller beschreibt das Verhalten eines zwei Jahre alten Pandas in einer chinesischen Zuchtstation, den man, was sehr selten geschah, in das Freigehege hinausließ. Er stürzte aus seinem dunklen Käfig, lief springend den Hügel hinauf und machte einen Purzelbaum nach dem anderen auf dem Weg hinab. Immer wieder raste er den Abhang hinauf und rollte wieder hinunter. «Er explodierte vor Freude», bemerkte Schaller.

Eine der Freuden der Freiheit ist sicher die Möglichkeit, für sein eigenes Leben die Verantwortung zu übernehmen, und einige Wissenschaftler haben die Ansicht vertreten, daß Tiere genau danach streben. Der Zoologe J. Lee Kavanau räumte Weißfußmäusen die Möglichkeit ein, die Lichtstärke in ihren Käfigen durch Bedienen eines Hebels zu verändern. Er fand heraus, daß die Mäuse gedämpftes Licht vorzogen und dementsprechend den Hebel veränderten. Aber wenn er selbst die Lichtstärke auf ganz stark stellte, dann reagierten die Mäuse häufig dadurch, daß sie den Käfig in völlige Dunkelheit tauchten. Umgekehrt machten die Mäuse den Käfig so hell wie möglich, wenn er vorher völlige Dunkelheit hergestellt hatte. Weiterhin fand er heraus, daß im Schlaf gestörte Mäuse ihre Boxen verließen, um die Ursache der Störung zu ergründen, daraufhin aber bald wieder in ihren Boxen verschwanden. Wenn er sie jedoch nach innen mit der Hand in die Boxen beförderte, dann kamen sie sofort wieder heraus, ganz gleich, wie oft er sie wieder zurücktat. Wichtiger als Komfort war ihnen ihre Entscheidungsfreiheit. Als man ihnen die Chance gegeben hatte, ihre Umgebung selbst zu gestalten, kämpften sie heftig darum, diese Kontrolle auch zu behalten. Als gefangene Tiere mußte ihnen das besonders wichtig sein, denn in der Wildnis haben Weißfußmäuse viel größere Freiheiten, ihre Umgebung und ihre Aktivitäten zu kontrollieren. Selbst wenn einem Zootier alle materiellen Bedürfnisse erfüllt werden, kann immer noch etwas Lebenswichtiges fehlen, etwas, das es braucht, um glücklich zu sein. Eine der Freuden der Freiheit kann also ganz einfach aus der Freiheit von Zwang entstehen.

In diesen Zusammenhang gehört die Geschichte des kleinen Kraken Charles, welcher im Mittelpunkt eines Experimentes stand, das klären sollte, ob wirbellose Tiere konditioniert lernen können, so wie das Wirbeltieren möglich ist. Zusammen mit Albert und Bertram, zwei anderen Tintenfischen, die in ihren eigenen kleinen Aquarien lebten, wurde Charles trainiert, einen Schalter zu betätigen, um ein Licht anzumachen, und dann auf das Licht zuzuschwimmen, was eine Belohnung in Gestalt eines Stückchens Fisch brachte. Albert und Bertram lernten diese Aufgabe, und auch Charles schien zuerst lernwillig zu sein. Aber dann rebellierte er. Er saugte sich an einer Wand des Aquariums fest und zog so stark an dem Hebel, daß er ihn schließlich abbrach. Und anstatt unter dem Licht zu warten, um sein Stückchen Fisch entgegenzunehmen, griff er nach der Lampe und zog sie ins Wasser. Schließlich tauchte er auf, so daß seine Augen über Wasser waren, und spritzte gezielt auf die Forscher. Der Versuchsleiter bemerkte pikiert: «Die Variablen, welche die Bedienung und dann das verstärkte Bedienen des Mechanismus und das Wasserspritzen bei diesem Tier bewirkten, ließen sich nicht erkennen.»

In einem Wald in Arizona erwarteten die Dickschnabelsittiche einer Zuchtstation ihre Freilassung. In Sicherheit und Gesellschaft lebend, reichlich versehen mit Futter und Wasser, sahen sie eher aus wie gepflegte Hauspapageien. Dennoch gab es einen bemerkenswerten Unterschied zu den Papageien, die sich in Freiheit bewegten. Er war schwer festzumachen. Beide Gruppen von Vögeln hatten glänzendes Gefieder und klare Augen; entscheidend aber war das verschiedene Benehmen. Die gefangenen Papageien wirkten nicht gerade in sich gekehrt oder leidend, doch ihren wilden Artgenossen ging es offenbar zehnmal besser: Sie wirkten stärker, glücklicher und zuversichtlicher. Selbst wenn sie nach Raubvögeln Ausschau hielten, konnte man ihnen ihre Lebensfreude anmerken. F. Fraser Darling machte in seinem klassischen Buch *A Herd of Red Deer* eine ähnliche Beobachtung. Beim Vergleich zwischen freilebendem und im Gehege lebendem Rotwild fiel ihm auf, daß letzterem etwas fehlte.

Können Tiere jemals in Gefangenschaft glücklich werden? Kann ein Zoo ein guter Zoo in dem Sinne sein, daß er ein Ort der Freude ist? Da das Verhalten von Tieren oft sehr flexibel ist, sollte dies möglich sein, aber auf der anderen Seite werden die meisten Tiere von Leuten gefangengehalten, die nicht danach fragen, was dazugehört, um ein Tier glücklich zu machen. Sie fragen vielmehr, was dazugehört, um ein Tier zahm oder zu einem guten Zootier beziehungsweise Zuchttier zu machen. Die Kunst, Zootiere zufrieden, aufgeweckt und fröhlich zu machen, wird erst in letzter Zeit als Herausforderung begriffen.

Wölfe vermehren sich in Gefangenschaft, aber es ist unwahrscheinlich, daß ein Wolf, der ständig aus der Nähe beobachtet wird, der keine Möglichkeit hat, sich zu verstecken, der nicht den Mond sehen kann, daß der auch ein zufriedener Wolf ist. Es kann sein, daß ein Wolf, auch wenn er nicht glücklich ist, dennoch zur Ausstellung im Zoo sehr wohl taugt. Ein Waschbär hat dieses Problem wahrscheinlich nicht. Er mag jedoch andere Probleme haben, die seine Natur nicht weniger verfälschen. Damit ein Tier glücklich ist, muß es sich die meiste Zeit über sicher fühlen. Wenn es ein geselliges Tier ist, dann braucht es Gesellschaft. Und es braucht eine Aufgabe. Dreimal am Tag gefüttert zu werden mag in ernährungswissenschaftlicher Hinsicht vier Stunden Nahrungssuche ersparen, aber in emotionaler Hinsicht handelt es sich nicht um das gleiche.

Als Indah, ein Orang-Utan, aus ihrem Gehege im Zoo von San Diego im Juni 1993 entkam, kletterte sie auf eine Aussichtsplattform und versuchte nicht, weiter in die Berge abzuhauen oder Menschen anzugreifen. Sie entschied sich vielmehr dafür, einen Mülleimer zu durchsuchen, was sie darin fand, auszuprobieren, eine Tüte aufzusetzen und einen Aschenbecher auszukippen. Dies alles vor den Augen eines interessierten Publikums. Mit anderen Worten, sie befriedigte ihre Neugier hinsichtlich dessen, was außerhalb ihres Geheges auf der Besuchertribüne passierte, und sie befriedigte ihr Bedürfnis, die Welt auf Affenweise zu erkunden. Dies besagt wohl, daß Indah sich in ihrem Gehege langweilte. Ihr Leben war nicht ausgefüllt. Sie wollte Dinge tun, die man sie nicht tun ließ. Sehr viele Zoobesucher bemängeln die Langeweile, unter der so viele Tiere leiden. Manche Menschen äußern ein Gefühl des Unbehagens, ein Verständnis dafür, wie sie sich unter solchen Umständen fühlen würden.

Ebenso braucht ein Tier einen seiner Spezies angemessenen Auslauf. Für ein kleines Tier, das die Nachbarschaft seines Baus oder Nestes erkundet, mag ein normales Zoogehege ausreichen, wenn es angemessen ausgestattet ist. Kein Gehege ist jedoch groß genug für einen Eisbären oder einen Puma. Ob ein Tier, das nicht in der Lage ist, seinen Lebensraum selbst zu bestimmen, sei er auch noch so klein, glücklich sein kann, ist eine offene Frage. Ist nicht Entscheidungsfreiheit eine der grundlegenden Voraussetzungen für Glück? Es verwundert kaum, daß die Aufgabe, die Tiere fröhlich aussehen zu lassen, hohe Priorität bei der Arbeit mit gefangenen Tieren hat. Delphine, auf kleinstem Raum zusammengepfercht und der meisten ihrer Gefährten beraubt, außerstande, viele ihrer Fähigkeiten auszuleben, werden darauf trainiert, in einer sprühenden Fontäne aus dem Wasser zu schießen, auf der Wasseroberfläche zu tanzen und wie vor Freude zu springen. Diese Freude mag vielleicht echt sein, doch teilt sie nicht mit, was Gefangenschaft für sie wirklich bedeutet.

Das Spiel

Freude drückt sich oft im Spiel aus, das ein wichtiger Bestandteil im Leben der meisten Tiere ist. Nachdem man dieses Thema in wissenschaftlichen Kreisen lange Zeit klein geschrieben hat, ist in den letzten Jahren das Phänomen Spiel, das Anzeichen und Quelle der Freude ist, verstärkt zu einem Gegenstand der Forschung gemacht worden. Daß es so lange keine angemessenen Studien zu diesem Thema gab, ist nach Robert Fagen von der University of Pennsylvania als eine Gegenreaktion auf das am Ende des 19. Jahrhundert erschienene Werk von Karl Gros zu verstehen, der eine Verbindung zwischen dem Spiel und den Künsten herstellte und das Spiel als eine vereinfachte Form einer künstlerischen Tätigkeit betrachtete. Fagen ist der Ansicht, «daß sich die Erforschung des Spiels bei Tieren nie von dem Versuch von Gros erholt hat, Ästhetik und Tierpsychologie in Verbindung zu bringen». Die Biologen schrecken also immer noch vor dem Interesse der Laien an einem Konnex zwischen dem Spiel der Tiere und menschlicher Kreativität zurück.

Fagen ist davon jedoch völlig unbeeindruckt; am Ende seines Buches schreibt er:

Im Spiel der Tiere erfahren wir eine reine Form der Ästhetik, die sich wissenschaftlicher Bestimmung entzieht. Warum Kätzchen und Welpen sich jagen und mit den Tatzen nacheinander schlagen, ohne sich dabei zu verletzen, oft bis zur völligen Erschöpfung, das wissen wir nicht. Doch ihr Verhalten ist faszinierend und bezaubernd.

Einige Wissenschaftler sind der Ansicht, daß das Spiel der Tiere so wenig erforscht worden ist, da es nie angemessen definiert wurde. Es liegen verschiedene, schwerfällige Definitionen vor. In der Definition des Verhaltensforschers Robert Hinde klingt eine gewisse Frustration durch: «Spiel ist ein allgemeiner Begriff für Aktivitäten, die für den Betrachter in keinem Zusammenhang mit dem Überlebenskampf stehen.» So ist das Spiel eine Sache, die aus reiner Freude an der Sache ausgeführt wird.

Ungenügende Definitionen von Spiel (oft nur Auflistungen von Spiel-Verhalten) sind jedoch besser als gar keine. Marc Bekoff, Professor für Biologie an der University of Colorado, stellt unter Ethologen und Verhaltensforschern eine Tendenz fest, schwierige Fragen so eng zu fassen, daß sie sinnlos werden, oder zu behaupten, wenn eine Frage kaum zu definieren sei, dann könne man sie eben deswegen auch gar nicht untersuchen. «Manche Forscher behaupten zum Beispiel, das gesellige Spiel zähle nicht zu den wichtigen Kategorien des Verhaltens, da es so schwer zu definieren sei. Indem wir dieses Problem aus der Welt schaffen, indem wir es wegdefinieren (oder geselliges Spielverhalten nicht als das definieren, was es ist), bleiben, wenn überhaupt, nur wenige Alternativen; letztlich stehen wir mit leeren Händen da!»

Spielen ist sehr wichtig für Tiere, obwohl damit auch Risiken verbunden sind, da Tiere sich während des Spielens verletzen oder sogar töten können, aber ebenso gibt es eine ganze Reihe von evolutiv förderlichen Funktionen. Theoretiker vermuten, daß Spiel eine Form der praktischen Einübung gewisser Aufgaben ist oder daß es soziale, neurologische und physische Kapazitäten trainiert. Cynthia Moss spricht stellvertretend für viele Biologen, wenn sie das Verhalten im Regen spielender Afrikanischer Elefanten, die herumrennen und wirbeln, mit den Ohren und Rüsseln wedeln, sich gegenseitig mit Wasser bespritzen, mit abgerissenen Zweigen herumfuchteln und gellende Trompetenstöße von sich geben, folgendermaßen kommentiert: «Wie kann jemand ernsthaft Studien über Tiere machen, die sich so aufführen!»

Hans Kruuk, der das Verhalten von Tüpfelhyänen untersuchte, beklagt, «daß Spiel ein anthropomorpher und damit negativ besetzter Begriff ist. Ich habe ihn nur verwendet, um damit Aktivitäten zu bezeichnen, die wir auch für unsere eigene Spezies so benennen würden.» Als Beispiel für diese Art von Aktivität führt Kruuk vier ausgewachsene Hyänen an, die in einem Fluß schwimmen, die das Wasser verlassen und gleich wieder reinspringen, die spritzen und sich gegenseitig unter Wasser drücken. Kruuk fügt hinzu, daß die Hyänen einen beachtlichen Umweg in Kauf nahmen, um ihre Badestelle zu erreichen.

Elefanten, Indische wie Afrikanische, sind besonders verspielt. Einmal schlug ein Wanderzirkus seine Zelte in der Nähe eines Schulgeländes auf, auf dem es ein Schaukelgerüst gab. Die älteren Elefanten waren angekettet, doch Norma, das jüngere Elefantenweibchen, hatte man vergessen anzubinden. Als Norma die Kinder schaukeln sah, war sie sehr interessiert, und ohne lange zu zögern, ging sie zu den Kindern, vertrieb sie mit ihrem Rüssel, stellte sich rückwärts vor eine Schaukel und wollte darauf Platz nehmen. Sie hatte natürlich keinerlei Erfolg, obwohl sie ihren Schwanz benutzte, das Schaukelbrett in die richtige Position zu bringen. Schließlich stieß sie die Schaukel verärgert von sich und ging zu ihren Gefährten zurück. Die Kinder fingen wieder an zu schaukeln, und Norma mußte es noch einmal versuchen. Doch obgleich sie es eine Stunde lang immer wieder versuchte, gelang es ihr nicht zu schaukeln.

Vielleicht war Norma auf der Suche nach Abwechslung, weil sie sich langweilte. Es steht außer Zweifel, daß Tiere sich langweilen können. Nim Chimpsky schien häufig von seinem Unterricht in Zeichensprache gelangweilt zu sein. Wenn er verlangte, auf die Toilette oder ins Bett gebracht zu werden, konnte sich der Lehrer des Eindrucks nicht erwehren, daß Nim wie ein Schulkind auf der Suche nach Abwechslung war.

Vielen Menschen kommt das Leben der Pflanzenfresser extrem langweilig vor. Grasende Tiere fressen jeden Tag dasselbe und das den ganzen Tag lang. Das würde uns Allesfresser sicherlich langweilen, aber vielleicht hat ja ein Büffel eine weiter gesteckte Toleranzgrenze im Bezug auf Monotonie. Möglicherweise unterscheidet sich ja der eine Grasbüschel geschmacklich ganz grundlegend von einem anderen, dann wäre das Leben der Büffel voller Aufregungen und interessanter Ereignisse, die sich nur jenseits unseres Wahrnehmungsvermögens abspielen. In jedem Fall handelt es sich um eine anthropomorphe Sichtweise, zu glauben, daß ein Büffel gelangweilt ist, weil seine Lebensweise den Menschen langweilen würde.

Man hat Büffel in Alaska dabei beobachtet, wie sie auf dem Eis spielten. Einmal starteten die Büffel von einem Felsvorsprung aus, der sich oberhalb eines gefrorenen Sees befand. Sie schossen zum Ufer hinunter und sprangen auf das Eis, über das sie mit ausgestreckten Beinen schlitterten, den Schwanz in die Luft gestreckt. Wenn die Tiere zum Halt kamen, gaben sie ein lautes Gebrüll von sich, «einen Ton, der sich wie *gwaaa* anhörte», dann bewegten sie sich auf ungeschickte Weise zum Ufer zurück, um aufs neue zu starten.

Tiere können ganz für sich alleine spielen. Bären sind ihr ganzes Leben lang verspielt und lassen sich wie Otter über Schneebänke gleiten, mit dem Kopf oder mit den Füßen voran, auf dem Bauch, auf dem Rücken, oder Purzelbäume schlagend. Zwei Grizzlybären in den Rocky Mountains beobachtete man dabei, wie sie um einen Baumstamm rangen. Der Gewinner legte sich auf den Rücken, jonglierte den Stamm auf seinen Füßen und brüllte vergnügt. Ein etwas ruhigerer Grizzly badete an einem heißen Tag in einem Bergsee. Er tauchte seine Schnauze unter Wasser und ließ Blasen blubbern, nach denen er dann mit seinen Pranken haschte und sie zerplatzen ließ. Tiger- und Leopardenkinder lieben es, immer und immer wieder von Ästen ins Wasser zu springen. Bonobos (Zwergschimpansen) im Zoo von San Diego spielen ganz allein Blindekuh. Sie bedecken sich die Augen mit einem Blatt oder einer Tüte oder einfach mit ihren Fingern oder Armen und taumeln so in ihrem Klettergerüst herum.

Einmal war das Blattgold auf den Kuppeln des Kremls von Nebelkrähen zerkratzt. Die Krähen hatten nicht ihrer Neigung zum Stehlen gefrönt, sondern sie hatten entdeckt, daß es ein Riesenspaß ist, an den Kuppeldächern herunterzurutschen, und ihre Krallen hatten beachtliche Schäden zurückgelassen. Vom Band wiedergegebene Warnrufe ihrer Artgenossen und die regelmäßigen Patrouillen gezähmter Falken haben sie schließlich vertrieben.

Tiere spielen auch mit Gegenständen. Das kann man vor allem bei Tieren beobachten, von denen man weiß, daß sie nicht mit ihresgleichen spielen. Ein gefangener Komodo-Waran in einem britischen Zoo spielte mit einer Schaufel, die er lärmend durch sein Gehege zog. Ein meterlanger wilder Alligator in Georgia spielte eine Dreiviertelstunde mit den Tropfen, die von einer Wasserleitung hinunter in einen Teich fielen; er pirschte sich an die Leitung heran, schnappte nach den Tropfen, ließ sie in seine Schnauze tropfen und schnappte in der Luft nach ihnen. Gefangene Gorillas und Schimpansen spielen sehr gerne mit Puppen und verbringen viel Zeit mit Phantasiespielen. Die Gorilladame Koko zum Beispiel tut so, als ob sie sich mit einer Spielzeugbanane die Zähne putze, oder der Schimpanse Loulis legt sich ein Brett auf den Kopf und sagt dazu per Zeichensprache: «Das ist ein Hut.»

Bei anderen Tieren wird das Spiel mit Objekten schnell zu einem geselligen Spiel. Ein Delphin in einem Ozeanarium spielte mit einer Vogelfeder, die er zur Mündung eines unter Wasser installierten Zuflußrohrs beförderte, sie dann mit dem Wasserdruck ein Stück wegtreiben ließ und ihr dann hinterherjagte. Als ein weiterer Delphin sich dazugesellte, wechselten sie sich ab. In einem anderen Spiel wetteiferten drei oder vier Delphine um eine Feder. Wilde Delphine spielen ähnliche Fangspiele mit den unterschiedlichsten Gegenständen. Wenn Beluga-Wale Steine oder Seetang auf dem Kopf balancieren, dauert es nicht lange, bis ein Artgenosse versucht, dies herunterzustoßen. Junge wie ausgewachsene Löwen ringen untereinander um Borkenstücke oder Zweige.

Sich necken ist eine Form des Spiels, zumindest für den, der neckt. Viele Tiere necken ihre Artgenossen, aber ebenso auch Angehörige anderer Spezies. Ein gefangener Delphin scherzte mit einer Schildkröte, indem er sie aus dem Wasser warf und am Boden des Pools entlangrollte. Ein anderer Delphin schäkerte mit einem Fisch, der in einer Felsspalte seines Aquariums lebte, indem er ein Stück Tintenfisch vor den Spalt treiben ließ und es in dem Moment wegzog, da der Fisch versuchte, sich den Bissen zu holen. Oft schon hat man beobachten können, wie Delphine im Zoo gnadenlos die Seelöwen und See-Elefanten, mit denen sie ihren Pool teilen, aufreizen. Raben necken Wanderfalken, indem sie krächzend immer dichter und dichter hinter ihnen herfliegen, bis die Falken schließlich nach ihnen schlagen. Schwäne sind in ihrer ausgeprägt würdevollen Haltung häufig das Ziel von Neckereien. Man kann kleine Seetaucher dabei beobachten, wie sie im Wasser die Schwäne am Schwanz rupfen und dann schnell untertauchen. An Land ziehen Rabenkrähen Schwäne wiederholt am Schwanz, und jedesmal, wenn die Schwäne auf sie zukommen, hüpfen die Krähen weg.

Füchse ärgern Hyänen, die nicht so flink sind, indem sie sich sehr nahe an sie heranpirschen, sie umkreisen und dann weglaufen, bis die Hyänen sie nicht länger ignorieren können und nach ihnen schnappen. Es sind mehrere Fälle bekannt, in denen es den Hyänen tatsächlich gelungen ist, den Fuchs zu erwischen und zu töten. Vielleicht lernt der Fuchs auf diese Weise etwas über die Stärke der Hyänen, was sich als sinnvoll erweist, wenn er der Beute einer Hyäne etwas zu entreißen sucht. Vielleicht versucht der Fuchs auch, die Hyänen an seine Gegenwart zu gewöhnen, was ebenfalls sehr nützlich sein kann, wenn er an der Beute der Hyänen teilhaben will. Hier handelt es sich um eine rein zweckmäßige Erklärung für dieses Verhalten, die keine Auskunft darüber gibt, was der Fuchs fühlt. Warum soll es nicht Schläue sein, die den Fuchs so handeln läßt, jene Eigenschaft, die man seiner Spezies seit Jahrhunderten zuschreibt?

Spiele

Es gibt Formen des Spiels, die für alle Beteiligten vergnüglich sind. Jungtiere und oft auch ausgewachsene Tiere ringen miteinander, veranstalten Scheinkämpfe und jagen sich. Sifaka-Lemuren legen sich auf den Rücken, pressen die Fußsohlen ihrer Hinterbeine gegeneinander und «fahren Fahrrad». Ein sehr beliebtes Spiel vieler Tierarten ist «Herr der Burg», bei dem ein Spieler einen erhöhten Platz okkupiert und diesen gegen die Angriffe der anderen verteidigt.

Gruppen von Sifaka-Lemuren und Kattas reizen sich häufig gegenseitig, indem sie der jeweils anderen Gruppe den Durchgang versperren: die Tiere springen dann übereinander, umeinander und voreinander herum. Anders als bei ernsthaften Territorialkämpfen vermischen sich die Gruppen und springen in alle Himmelsrichtungen, ohne dabei ein konkretes Ziel zu verfolgen.

Bis zu welchem Grade Tiere Spielregeln kennen, ist nicht klar. In einigen Fällen ist es Trainern gelungen, Tieren Spielregeln beizubringen. Im Bertram Mills' Circus hat man in monatelanger Kleinarbeit Elefanten eine vereinfachte Form von Kricket beigebracht. Elefanten sind in der Lage, mit Gegenständen zu werfen, doch sie treffen und fangen zu lehren, hat viel Zeit gekostet. Man behauptete, daß die Elefanten nach ein paar Monaten den «Sinn des Spiels begriffen» und es von da an mit großer Begeisterung spielten.

In einem Ozeanarium wurden einigen Delphinen die Regeln des Wasserballs beigebracht. Zuerst lernten sie, den Ball ins Ziel zu werfen, wobei jedes Team sein eigenes Ziel hatte. Dann versuchten die Trainer, ihnen Konkurrenzverhalten beizubringen und das andere Team am Toremachen zu hindern. Nach drei Trainingsstunden begriffen die Delphine, worum es ging, und zwar viel zu gut. Ohne Rücksicht darauf, daß Fouls nicht erlaubt sein sollten, gingen sie so unfair aufeinander los, daß der Trainer diese Sportart absetzte und fortan auf alle Wettbewerbsspiele verzichtete. Es gibt keinen Hinweis darauf, daß die Delphine anschließend versucht hätten, aus freien Stücken Wasserball zu spielen.

Spiele zwischen verschiedenen Arten

Tiere finden häufig außerhalb ihrer eigenen Art Spielgefährten. Tiere, die in Gefangenschaft zusammengebracht werden, treffen sich in der Wildnis fast nie. So ergibt es sich, daß ein Leopard und ein Hund oder eine Katze und ein Gorilla zusammen spielen. Eine Familie, die in ihrem Garten Rote Riesenkänguruhs zusammen mit ihren Hunden hielt, entdeckte, daß die Tiere, obwohl es manchmal Schwierigkeiten gab, sehr freundlich miteinander umgingen. Den Hunden machte es Spaß, zu jagen und gejagt zu werden. Die Känguruhs rangelten und boxten sich lieber, eine Beschäftigung, die die Hunde ihrerseits kaltließ. Dennoch gelang es den beiden Arten, miteinander zu spielen.

In der Wildnis hat man, wenn auch selten, ebenfalls speziesübergreifendes Spielen beobachten können. Zwergmungos versuchen zum Beispiel mit Erdhörnchen, Eidechsen und Vögeln zu spielen. Doch auch hier können die unterschiedlichen Spiel-Stile ein Hindernis darstellen. M'Bili, ein junges Mungo-Weibchen, das von seinen Artgenossen zurückgewiesen worden war, widmete sich daraufhin einer großen Eidechse, hüpfte umher, stieß vergnügte Laute aus und warf mit trockenen Blättern nach ihr. Als das keine Reaktion hervorrief, tanzte sie um die Eidechse herum, stupste sie und knabberte an ihrem Rücken, den Vorderbeinen und dem Kopf. Die Eidechse schloß die Augen und zeigte keine Reaktion, M'Bili gab auf.

Ein anderer Mungo namens Moja versuchte mit einem afrikanischen Erdhörnchen zu spielen, und zwar auf dieselbe Weise, wie er mit seinen Artgenossen spielte. Moja spielte gerade mit einem anderen Mungo, als ein Erdhörnchen in ihre Mitte hüpfte, sich auf die Hinterbeine stellte und aufhörte, an seiner Nuß zu knabbern. Moja flitzte zu ihm hin, stellte sich ebenfalls auf die Hinterbeine und legte dem Erdhörnchen seine Vorderpfoten auf die Schultern, um mit ihm «Walzer zu tanzen». Ein anderer verspielter Mungo folgte diesem Beispiel und versuchte ebenso wie Moja nach dem Kopf und dem Hals des anderen Tieres zu schnappen, doch das Hörnchen zeigte keine Reaktion, es stand einfach nur passiv da und ließ sich herumdrehen. Dann begann Moja, auf das Hörnchen einzuschlagen und ihm in den Schwanz zu beißen, woraufhin es davonhüpfte und Moja ersatzweise in einen Zweig biß.

Tatu, ein junges Mungoweibchen, hatte mehr Glück mit einem Büffelweber. Tatu jagte den Vogel und sprang in die Luft nach ihm. Anstatt das Weite zu suchen, flog der Vogel nur dreißig Zentimeter hoch direkt über Tatus Kopf hinweg und setzte sich dann ganz in ihrer Nähe auf einen Zweig. Es war Tatu, die dieses Spiel zuerst ermüdete. Junge Otter und Biber geben besser zueinander passende Spielgefährten ab. Die Eltern der kleinen Biber und Otter, die in der Nähe waren, störten sich nicht daran, als ihre Kinder sich an den Nasen stupsten, sich balgten und sich am Flußufer entlang und quer durch das Wasser jagten. Sie setzten ihr Spiel fort, bis die Familie der Otter weiterzog. Junge Mangaben und Rotschwanzaffen, deren Horden oft in den Wäldern von Tansania zusammen auf Futtersuche gehen, rangeln sich auch gerne im Spiel. Speziesübergreifendes Spielen bei Tieren, das in der Wildnis völlig normal ist, übt auf den Menschen einen besonderen Reiz aus. Wenn Tiere die Distanz zwischen zwei Arten überwinden können und Vergnügen dabei empfinden, so sollten ihnen die Menschen das nachtun und ihre Freude teilen.

Der Abgrund zwischen den Spezies kann zuweilen sehr tief sein. Douglas Chadwick beschreibt einen alten Elefantenbullen, der in Afrika aus einer Quelle trank. Am Wasser traf er auf einen kleinen Waffenkiebitz. Der Vogel fing an, wie wild mit den Flügeln zu schlagen, und gab laute Drohschreie von sich. Und: der kolossale Dickhäuter zog ab! «Als er die Quelle verließ, plusterte sich jedoch der alte große Bulle ein wenig auf und schüttelte den Kopf, als würde er über sich selbst lachen.» Chadwick gab zu, daß man diese Beschreibung als anthropomorph bezeichnen könnte, daß andere Beobachter darauf bestehen würden, daß der Elefant «einfach nur zum Ausdruck brachte, daß er sich vertrieben fühlte, und die Spannung, die der Vogel durch seine Drohgebärden in ihm aufgebaut hatte, abreagierte. Aber worin unterscheidet sich diese Situation von denen, die uns achselzuckend und mit dem Kopf schüttelnd über uns selbst lachen lassen? Genau das würde ich tun, wenn ein Waffenkiebitz auf mich zukäme und mich ankreischte.» Wenn wir uns weigern, Gemeinsamkeiten zwischen uns und einem Elefanten zu erkennen, schaffen wir bewußt auch eine größere Distanz zu diesen Tieren. Zwischen dem Elefanten und dem Vogel hat sich wahrscheinlich ein anderer Abgrund aufgetan. Der Elefant hat sich vielleicht über diese Begegnung amüsiert, das heißt aber nicht, daß auch der Kiebitz den Witz verstanden hat.

Manchmal scheinen die Distanzen zwischen den Arten zu groß zu sein. In Bert Hölldoblers und Edward O. Wilsons maßgebender Studie über Ameisen gibt es ein Kapitel mit der Überschrift «Ameisen spielen nicht», in dem die Autoren verschiedene Theorien über spielende Ameisen widerlegen. Die von Huber und von Stumper beobachteten ringenden Ameisen würden nicht spielen, sondern agierten in vollem Ernst, behaupten Hölldobler und Wilson. Die Wettkämpfer stammten aus verschiedenen Kolonien und kämpften miteinander um die Vorherrschaft. «Kurz gesagt, es gibt eine einfache Erklärung für diese Aktivitäten, die mit einem Spielverhalten nichts zu tun hat. Wir kennen keine Verhaltensweise bei Ameisen oder irgendeinem anderen staatenbildenden Insekt, die wir als Spiel oder andere soziale Aktivität bezeichnen könnten, die den Verhaltensmustern der Säugetiere vergleichbar wären.» Doch die Beschreibung von Heeres- oder Wanderameisen in Brasilien des Naturforschers Henry Walter Bates, der im 19. Jahrhundert gelebt hat, klingt nicht danach, als würden diese Ameisen kämpfen:

Ich sah sie häufig auf eine lässige Art beschäftigt, die mehr nach Erholung aussah. Dann befanden sie sich stets an einem sonnigen Winkel im Wald (...) Anstatt unermüdlich etwas vor sich herzuschieben und rechts und links nichts unberührt zu lassen, schienen sie alle von einer gewissen Trägheit ergriffen zu sein. Manche gingen langsam umher, andere putzten ihre Antennen mit den Vorderfüßen, aber am possierlichsten war es anzusehen, wenn sie sich gegenseitig putzten. Hier und da konnte man eine Ameise sehen, die zuerst ein Bein vorstreckte und dann das andere, um es sich von einem oder mehreren ihrer Kameraden putzen zu lassen, die diese Aufgabe erledigten, indem sie das Glied zwischen Kiefer und Zunge durchzogen und den Fühlern zum Schluß einen freundlichen Klaps gaben (...) Dies wirkte so, als würden die Ameisen sich bei ihren Handlungen dem reinen Vergnügen hingeben. Besitzen diese kleinen Kreaturen also eine überschüssige Energie, welche das zum Erhalt der Art erforderliche Maß übersteigt, und setzen sie diese wie junge Lämmer oder Kätzchen in übermütiges Spiel oder wie vernunftbegabte Wesen in bloßen Zeitvertreib um? Es ist wahrscheinlich, daß diese Stunden der Entspannung und der Reinigung unverzichtbar sind, um die Anstrengungen ihres Lebens zu bewältigen. Dennoch konnten wir uns nicht bei ihrer Beobachtung dem Schluß entziehen, daß die Ameisen wirklich nur in ein Spiel vertieft waren.

Vielleicht hat Bates recht, und es gibt Ameisen, die spielen. Wenn es um das Thema Spielen und Tiere geht, dann denken wir normalerweise an das Spiel mit Katzen oder Hunden. Wir können uns nur schwer vorstellen, mit einer Ameise zu spielen, aber daraus läßt sich nicht ableiten, daß Ameisen nicht miteinander spielen.

Der Vorstellung, daß andere Kreaturen so gerne spielen, wie wir es tun, können wir uns nur schwer entziehen. Jacques Cousteau nannte Wale «gesellige, liebevolle, treue, freundliche, faszinierende, lebhafte Kreaturen. Der ganze Ozean ist ihr Reich und ihr Spielplatz. Sie leben in einer Freizeit-Gesellschaft, welche der unsrigen um rund vierzig Millionen Jahre vorausgeht. Sie verbringen weniger als ein Zehntel ihrer Zeit mit ihrer Nahrungssuche und -aufnahme. Den Rest verbringen sie mit Schwimmen, mit Herumtollen in den Wellen, mit Konversation untereinander, mit der Werbung um das andere Geschlecht und mit der Aufzucht ihrer Jungen – kann man sich eine weniger aggressive Lebensführung vorstellen?»

Wissenschaftler und Laien haben sich seit langem von dem geselligen Spiel der Hundeartigen, der Wölfe, Hunde und Kojoten, faszinieren lassen, weil es so eindeutig auf gemeinsamem Sprachverständnis und auf sozialer Bindung beruht. Die einladende Geste der spielerischen Verbeugung – ein Canide «kniet» mit Vorderläufen nieder und wedelt mit dem Schwanz – sagt: «Alles, was nun folgt, ist ein Spiel. Bist du bereit zu spielen?» Hunde versuchen auch mit anderen Tieren, etwa mit Katzen, zu spielen, sind aber normalerweise enttäuscht darüber, daß ihre Partner diese Metasprache des Hundespiels nicht beherrschen oder beachten. Dies macht den Menschen zum bevorzugten Spielgefährten des Hundes; hier hat er jemanden gefunden, dem er die Regeln beibringen kann. Umgekehrt ist er nicht unglücklich, wenn er die menschlichen Regeln, die für das Spiel gelten sollen, herausfinden muß. Die Konzentration, mit der ein Hund über einem Stöckchen wacht, das sein Herrchen werfen soll, ist offensichtlich nicht ohne beabsichtigten Humor: das gehört zum Spiel dazu. Dabei kann man wie durch ein Fenster in die Gedankenwelt des Hundes hineinschauen. Wir sehen seine Absichten. Und umgekehrt bekommt der Hund einen Einblick in unser Denken und weiß, was wir wollen. Spiel, Lachen und Freundschaft überwinden die Grenze zwischen den Arten.

7 WUT, HERRSCHAFT UND GRAUSAMKEIT IN FRIEDEN UND KRIEG

Im 15. Jahrhundert, als Giraffen in Europa unter dem Namen Kameloparden bekannt waren, sperrte Cosimo de' Medici ein solches Tier zusammen mit Löwen, Bluthunden und Kampfstieren in einen Käfig ein, um herauszufinden, welche Tierart die wildeste wäre. Bei diesem Versuch, dessen prominentester Zeuge Papst Pius II. war, dösten die Löwen und die Hunde vor sich hin, die Stiere käuten wieder, und nur die Giraffe preßte sich von Angst gepackt gegen das Gitter. Diese Machtmenschen waren enttäuscht, daß es zu keinem Blutvergießen kam, und fragten sich, warum die Tiere sich nicht wilder aufführten.

Die Geschichtsbücher, die heutigen Zeitungen und unsere eigenen Erfahrungen belegen, daß Menschen regelmäßig von Wut und von feindlichen Gefühlen gepackt werden, obwohl der Wunsch, diese Emotionen zu kontrollieren oder zu verstecken, sehr stark ist. Sie weisen dabei gerne darauf hin, daß Aggression eine typisch tierische Verhaltensweise sei; sie belegen sie mit Epitheta wie «animalisch», «wild», «brutal», «bestialisch». So ist Aggression auch ein beliebter Forschungsgegenstand der Verhaltensbiologen, die freilich selten zu dem Wort «Wut» greifen, wenn sie tierisches Verhalten charakterisieren.

Dabei scheint es durchaus so, daß Tiere in Wut geraten; und ganz sicher begehen sie aggressive Akte: sie kämpfen um Lebensraum, sie verletzen und töten sich. Jedoch tun sie dies nicht unbedingt so, wie es von ihnen erwartet wird.

Wie Cosimo de' Medici und Pius II. müssen auch Wissenschaftler immer wieder erleben, wie ihre Annahmen über Aggression im Tierreich an der Realität scheitern. Verhaltensforscher, die sich für Hierarchien in wilden Tiergesellschaften interessieren, sind bisweilen frustriert, wenn sie nicht feststellen können, wer denn nun dominant ist. Sie hoffen dann, daß mit Glück oder harter Arbeit diese Herrschaftsstrukturen doch noch entdeckt werden. Der Gedanke, daß es keine Hierarchie geben könnte, liegt ihnen fern. Sie erwarten, daß die Tiere sich an einer Wasserstelle in einer so ordentlichen Reihenfolge aufstellen, wie es Wissenschaftler tun, die sich um Forschungsmittel bewerben.

Andere Menschen dagegen setzen auf die Hoffnung, daß die Tiere und besonders die beliebten Tierarten nur aggressiv werden, wenn sie sich selbst verteidigen. Was die Gemeinschaft der Wölfe, der Delphine oder der Tauben anbelangt, so glaubt man an totale Harmonie. Und wenn schon der Löwe sich nicht mit dem Lamm zusammenlegt, dann tun dies sicher die Lämmer untereinander. Ein Blick auf die Realität lehrt jedoch, daß Lämmer zwar beieinander liegen, aber sehr wohl auch aufstehen und sich mit ihren Köpfen rammen. Auch Wölfe, Delphine und Tauben können sehr roh miteinander umgehen. Damit sei nicht gesagt, daß das Zusammenleben dieser Tiere zur Gänze von Konflikten gezeichnet ist, sondern nur, daß die Hoffnung, es gebe eine heiligmäßige Tierart, die uns Menschen als unser Guru für Frieden, Liebe und Güte dienen könnte, kaum in Erfüllung gehen dürfte. Unvernünftig ist wahrscheinlich genau diese Erwartung.

Aggression äußert sich in vielerlei Gestalt, die von unprovoziertem Angriff bis zur Selbstverteidigung reicht. Wenn ein Tier ein anderes von der Futterstelle verdrängt oder sich gegen solche Verdrängung wehrt, wenn es ein Tier vertreibt, das seinen Jungen zu nahe kommt, dann reagiert es aggressiv. Im Überlebenskampf hat solches Verhalten relative Vorteile. Das aggressivere Tier bekommt mehr Futter, schützt seine Nachkommen besser, hat mehr Chancen bei der Fortpflanzung – mit anderen Worten, es wird wahrscheinlich mehr Nachkommen haben. Wut und verwandte aggressive Verhaltensweisen helfen ihm dabei.

Was die Formen von Gewalt im Tierreich anbelangt, so werden von kritischen Menschen am ehesten Selbstverteidigung und Verteidigung der Kinder entschuldigt. Einen Wolf, der ein Reh reißt, nennt man wild und raubgierig; des Rehs Verteidigung heißt tapfer und heroisch. Die Tigerin oder die Bärin, die ihre Jungen verteidigen, gelten als Inbegriff gerechter Wut. Ein Tier wie das Rote Riesenkänguruh, welches das größere Kind aus dem Beutel wirft, wenn ihm die Verfolger allzu dicht auf den Fersen sind, betrachtet man mit Mißbilligung. Solche Vorfälle gehören nicht gerade zu den beliebten Tiergeschichten.

Krieg unter Tieren

Ein gravierender Vorwurf gegen den Menschen lautet, daß nur Menschen Krieg führen. Hans Magnus Enzensberger beginnt sein kürzlich erschienenes Buch *Aussichten auf den Bürgerkrieg* mit der Feststellung: «Tiere kämpfen, aber sie führen keine Kriege.» Wir sollen also beschämt sein davon, daß Tiere keinen Krieg kennen. Doch einige Tierarten machen eine Ausnahme. Am bekanntesten sind Kriege unter Ameisen, doch trennt uns so viel von Insekten, daß wir daran kaum je denken. In jüngster Zeit erst hat sich gezeigt, daß auch uns so eng verwandte Tiere wie die Schimpansen Kriege führen können. Die berühmten Schimpansen vom Gombe greifen andere Schimpansenhorden an, und zwar ohne vorausgehende Provokation und mit der Absicht zu töten; sie schützen dabei nicht etwa die Grenzen ihres Territoriums, sondern begehen Überfälle. Es kommt zum Totschlag, und die Gegner werden aufgefressen.

Ein Bericht, der sowohl von terroristischem Verhalten als auch von plötzlichem Entdecken von Gemeinsamkeiten handelt, erinnert besonders stark an menschliche Kriegsbräuche. Eine Gruppe Schimpansen aus dem Kasakela-Clan am Gombe stieß im Wipfel eines Baumes auf eine fremde Schimpansin und ihr Kind und bellte drohend. Nach ein paar gezielten Schlägen trat

Ruhe ein, einige Angreifer fingen in demselben Baum an zu essen. Die fremde Schimpansin näherte sich in unterwürfiger Haltung einem Schimpansenmann und berührte ihn, doch der reagierte nicht. Als sie zu entkommen suchte, schnitten ihr mehrere Männchen den Weg ab. Erneut näherte sie sich derart einem der männlichen Tiere namens Satan und berührte ihn. Er reagierte darauf mit einer offenkundig fremdenfeindlichen Geste: Er nahm Blätter und wischte die Stelle ab, an der sie gestanden hatte. Daraufhin griffen die Schimpansen die Fremde an und raubten ihr das Kind. Sie verteidigte ihr Baby und wehrte sich acht Minuten lang; als sie keinen Erfolg hatte, ist sie mit schweren Verwundungen geflohen. Einer der Kasakela-Affen schmetterte die Kleine gegen Baumstämme und Felsbrocken und schmiß sie auf den Boden. Sie war aber nicht tot. Satan hob sie sachte auf, groomte sie und legte sie nieder. Während der nächsten Stunden trugen drei verschiedene Affenmänner, darunter auch Satan, das Baby behutsam umher, pflegten und groomten es. Aber dann ließen sie die Kleine irgendwo liegen, wo sie ihren Wunden erlag. Es ist schwer zu sagen, wie wir diese merkwürdige Geschichte verstehen sollen. Ist es denkbar, daß die Schimpansen Reue fühlten, zu weit gegangen zu sein? Fühlten sie zuerst Haß und dann Mitleid, was ja auch bei kriegführenden Menschen nicht selten vorkommt? Andere Zusammenstöße zwischen Horden endeten mit der Ermordung und Verspeisung von Kindern. Der hier zitierte Vorfall deutet auf gemischte Gefühle hin: Das Kind wurde zunächst als «Feind», dann als «Baby» wahrgenommen.

Horden von Zwergmungos ziehen ebenfalls in den Krieg, wobei es vermutlich um Grenzstreitigkeiten geht. Viele werden verwundet, einige sterben. Eine Schlacht begann damit, daß eine Gruppe auf dem Territorium einer anderen auftauchte. Auf der einen wie auf der anderen Seite rottete man sich zusammen, quiekte aufgeregt, groomte sich gegenseitig und parfümierte einander aus den Duftdrüsen. Dann rückte die einheimische Gruppe als Ganzes vor und wurde von den Invasoren gestellt.

Die «Armeen» machten Vorstöße und Rückzüge, und plötzlich ging die Beißerei los. Irgendwann zogen sich beide Seiten zurück, so als wäre ein Waffenstillstand vereinbart worden, aber dann gingen sie wieder aufeinander los. Am Ende traten die Eindringlinge den Rückzug an. Die angegriffenen Mungos hatten keine Toten zu verzeichnen, aber es gab abgebissene Zehen, zerfetzte Ohren und einen gebrochenen Schwanz. Ein weiblicher Mungo war so schwer verletzt worden, daß sie sich nicht mehr selbst ernähren konnte und in der Folge starb. Bei der nächsten Auseinandersetzung verlor die angreifende Truppe ein zweites Mal.

Bei diesen Massenkonflikten geht es augenscheinlich ums Territorium. Eine Gruppe dringt in den Raum der anderen ein – der Krieg beginnt. Hans Kruuk beobachtete entsprechende Kämpfe zwischen Hyänen, die dadurch ausgelöst wurden, daß ein Clan im Gebiet eines anderen Clans Beute machte. Solche Auseinandersetzungen werden normalerweise von den Einheimischen gewonnen, welche die Eindringlinge bedrohen und jagen. Aber manchmal eskaliert der Konflikt, und Hyänen werden verwundet oder getötet. Einmal wurde ein Tier zu Kruuks Entsetzen tödlich verwundet, als sein Clan auf fremdem Gebiet ein Gnu gerissen hatte. Die Verteidiger bissen ihm Ohren, Füße und Hoden ab und ließen es dann blutend, bewegungsunfähig und in halb aufgefressenem Zustand zurück.

Als Jane Goodall etwas vorweisen konnte, was nach Kriegsführung unter Schimpansen aussah, da konnte man förmlich hören, wie erleichtert man in Wissenschaftskreisen aufatmete. Aber verglichen mit unserer eigenen Menschheitsgeschichte nennt der Biologe Richard Lewontin zu Recht dieses Faktum ein winziges Indiz, bemerkenswert allein deswegen, weil es bisher nicht bekannt war. Wir wissen nicht, und auch Jane Goodall behauptet nicht, es zu wissen, wie häufig so etwas vorkommt. In mancher Hinsicht erinnert diese Episode an die «Mann-beißt-Hund»-Geschichte, die interessant ist, weil sie so ungewöhnlich ist. Gewöhnlich *ist* jedoch die Friedfertigkeit, die das Zusammenleben der Tiere auszeichnet. Die menschliche Geschichte ist unvergleichlich gewalttätiger. Vielleicht kämen wir der Sache auf den Grund, wenn wir unseren Forschungsbemühungen eine ganz andere Richtung gäben: «Eine Untersuchung über menschliche Aggressivität im Vergleich mit der Friedfertigkeit unter Elefanten.»

Kampf um Ressourcen

Tiere werden aggressiv, wenn sie sich den Zugang zu Ressourcen wie Nahrung sichern wollen. Wildbiologen verfolgen mit besonderer Hingabe den Weg einer Beute in der afrikanischen Savanne: welche Hyänen reißen ein Gnu, welche Löwen rauben ihnen den Kadaver (was auch umgekehrt vorkommt) und welche Schakale und Geier schaffen es, davon einen Bissen wegzuschnappen, bevor sie verscheucht werden? Solche Konflikte ergeben ein dramatisches Schauspiel. Die meisten Tiere geraten aber gewöhnlich so nicht aneinander. Das umkämpfte Gnu hat zu Lebzeiten nie blutige Kämpfe mit anderen Gnus ausgefochten, in denen es darum ging, wer denn nun ein Stück Weideland abgrasen dürfe.

Wettbewerb verbraucht eine Menge Energie, und dementsprechend versuchen die meisten Arten solche Kämpfe zu vermeiden. Viele Tiere verfügen über eine Gebärdensprache für Unterwerfung, welche den Angreifer aus den eigenen Reihen daran hindert, den Kampf fortzusetzen. Der Wolf wälzt sich auf dem Rücken, der Affe schaut zur Seite, und in beiden Fällen läßt der Angreifer ab. Was fühlt der Aggressor, dem auf diese Weise Einhalt geboten wurde?

Der schärfste Konkurrent um Futter oder um Nistplätze ist für die meisten Tiere der Artgenosse und häufig sogar der eigene Partner. Einige Forschungsergebnisse legen nahe, daß Größenunterschiede innerhalb ein und derselben Tierart Vorteile im Überlebenskampf mit sich bringen. Zum Beispiel ist der weibliche Fischadler größer als der männliche; Männchen und Weibchen fangen Fische verschiedener Größe, was den Wettbewerb zwischen ihnen entspannt und für beide das Nahrungsangebot vergrößert.

Zahme Papageien entwickeln oft ausgeprägte Abneigungen gegen bestimmte Personen, aber auch gegen ganze Gruppen oder gegen ein Geschlecht als ganzes. Tierärzte können es häufig schon nicht mehr hören, wenn man ihnen sagt: «Er haßt alle Männer. Er muß früher mal von einem Mann mißhandelt worden sein.» Man weiß von Papageien, die eine Aversion haben gegen alle Rothaarigen, alle Dunkelhaarigen, alle Erwachsenen. Tatsache ist, daß alle in der Wildnis gefangenen Papageien bei der Gefangennahme und beim Transport mißhandelt werden. Aber die gleiche Wahrscheinlichkeit ist nicht bei den in Gefangenschaft aufgezogenen Tieren gegeben. Wir wissen leider nicht, ob ähnlich exzentrische Abneigungen bei wilden Papageien vorkommen.

Vielleicht ist es ja so, daß Papageien gerne Feinde haben. Dies könnte die Gruppensolidarität stärken, die Kreuzung mit anderen Spezies unterbinden, die Paarbindung festigen oder irgendeine andere wertvolle Funktion haben.

Nachdem die Verhaltensforscher in den zwanziger Jahren bei Hühnern die sogenannten Hackordnungen entdeckt hatten, gab es in dieser Hinsicht kein Halten mehr: Überall suchte und fand man solche Dominanzhierarchien. In einer Hackordnung ist ein Huhn anderen Hühnern übergeordnet: Es darf nach ihnen hakken und sie damit vom Futter abhalten – es sei denn, es ist das niedrigste Tier in der Hackordnung. Jedes Huhn, mit Ausnahme des Tieres an der Spitze, muß es wiederum hinnehmen, daß andere Hühner ihm überlegen sind, weshalb es sich von ihnen weghacken läßt. Die Vorstellung von dominanten und submissiven Tieren ist sehr populär geworden – und mit ihr die Annahme, Aggression sei etwas Wertvolles, weil sie Dominanz herstellt und erhält.

In den letzten Jahren ist die Vorstellung von Dominanzhierarchien aber zunehmend kontrovers diskutiert worden. Forscher stellen die Frage, ob diese Hierarchien wirklich existieren oder nur das Produkt menschlicher Erwartungen sind. Außerdem muß man beachten, daß Hühnerscharen in der Wildnis nicht so rigide Hackordnungen kennen, wie das auf Hühnerhöfen der Fall ist.

Einige Verhaltensforscher vertreten die Auffassung, Dominanz*beziehungen* zwischen zwei Tieren («das graue Weibchen ist dominant gegenüber dem schwarzen Weibchen») könne es wirklich geben, Dominanz*ränge* für die einzelnen Tiere («das zweitrangige Weibchen im Rudel») gebe es dagegen in Wirklichkeit nicht. Andere Forscher verweisen darauf, daß ein Tier in einer bestimmten Situation dominiert, in anderen aber nicht: Wenn es als erstes frißt, dann heißt das nicht, daß es auch im Wettbewerb um einen Partner an erster Stelle kommt. Wieder andere Ethologen sagen, daß Dominanzstreben eine bedeutende Rolle im Verhältnis zwischen zwei erwachsenen Pavian-Männern spielen kann, daß sich damit aber nicht die Beziehung zwischen einer Pavianfrau und ihrer halbwüchsigen Tochter zutreffend beschreiben läßt.

Erschüttert wurden die Dominanztheorien jedoch am nachhaltigsten durch die Entdeckung, daß eine ihrer fundamentalen Prämissen nicht überall zutrifft. Und das ist die Annahme, daß dominante Männchen sich häufiger paaren und mehr Nachwuchs haben. Solche Männchen werden von einigen als die potenten Potentaten unter ihresgleichen verklärt, als genetische Helden. Doch haben neuere Studien zeigen können, daß sich dominante Männchen keineswegs häufiger paaren. Bei den Mantelpavianen hängt es zum Beispiel nicht von der Dominanz, sondern von der Beliebtheit eines männlichen Tieres ab, ob sich die Weibchen mit ihm paaren wollen oder nicht. Shirley Strum hat beobachtet: je höher ein Pavian in der Hierarchie rangierte und je aggressiver er sich gebärdete, desto *geringer* waren seine Chancen bei den Weibchen. Solche Männchen zogen auch den kürzeren, wenn etwas Besonderes zu essen gefunden wurde – sie hatten offenbar weniger Freunde, welche bereit waren, mit ihnen zu teilen. Nicht genügend beachtet wurde auch, worauf Paul Leyhausen schon vor langer Zeit hingewiesen hat, daß es nämlich beim Kampf zwischen Katern um eine läufige Katze keineswegs sicher ist, daß sich hernach die Umkämpfte mit dem Sieger paart. Solche Tatsachen sollten dazu führen, daß zahlreiche beliebte Theorien einer Revision unterzogen werden. Eine verbesserte Analyse dominanten Verhaltens sollte die Emotionen einbeziehen, welche die dominierenden und die dominierten Tiere erfüllen. In letzter Zeit scheinen Begriffe wie *Respekt, Autorität, Toleranz, Ehrfurcht vor dem Alter* und *Führungsqualität* immer wichtiger zu werden, wenn es darum geht, Dominanztheorien mit dem wirklichen Leben von Tieren in Einklang zu bringen. Das sind Begriffe, die emotionale Konzepte in Verbindung bringen mit solchen von Status.

Viele Tiere legen kein dominantes Verhalten an den Tag, wenn sie auf Partnersuche sind, weil sie vermeiden wollen, daß die hofierte Seite erschreckt wird. Ein balzender Bergziegenbock senkt seinen Rücken, um kleiner zu wirken, er trägt die Hörner angelegt und macht kleine Schritte. Ein Braunbär hält sich krumm, legt die Ohren an, vermeidet direkten Blickkontakt mit der Bärin und gibt sich verspielt.

Tiere bei rätselhaften Verhaltensweisen zu beobachten und daraus eine saubere hierarchische Ordnung abzuleiten, die im Testfall Voraussagen möglich macht, diese Aufgabe ist für Wissenschaftler sehr reizvoll. Teil dieses Reizes ist wohl auch die Annahme, daß es ohne Hierarchien nicht geht und daß sich solche Einsichten auf menschliches Verhalten übertragen lassen. Daher kann man auch verstehen, warum Wissenschaftler mehr Aufmerksamkeit den aggressiven als den friedliebenden Tierarten schenken und warum sie männliche Dominanz anstelle von weiblicher Dominanz bevorzugen, die nämlich auch vorkommt, etwa bei den Lemuren. Das menschliche Interesse am Thema Dominanz ist so stark, daß sich für Projektionen und für daraus resultierende Irrtümer ein weites Feld ergibt. In dieser Hinsicht ähneln Wissenschaftler den Freizeitjägern, die als Trophäe immer nur das größte männliche Wild haben wollen. Diese Exemplare, in der Regel die dominanten oder Alpha-Tiere, gehören durchaus nicht immer zu den schmackhaftesten Tieren und sind auch nicht so einfach aufzustöbern.

Dennoch: Dominanz kann ein reales Phänomen sein – bei Menschen wie bei Tieren. Wir kennen unter uns Menschen den Drang nach Respekt und Status, den man Ehrgeiz nennen mag. In einem Reservat in der israelischen Negev-Wüste lebte bei seiner Herde ein alter Säbelantilopenbock namens Napoleon. Er war kurzatmig geworden und hatte an Status verloren. Doch anstatt die Herde zu verlassen, fuhr er fort, andere Böcke herauszufordern und den Weibern nachzustellen. Seine Attacken wurden ignoriert, nur wenn er sich an die weiblichen Mitglieder der Herde heranmachte, griffen ihn seine Nebenbuhler mit ihren langen gekrümmten Hörnern an.

Zu seinem Schutz setzten die Wildhüter Napoleon in ein Gehege. Am nächsten Tag war er entkommen und gleich wieder durch eine andere Säbelantilope verwundet worden. Man fing ihn erneut ein und behandelte seine Wunden – und er riß wieder aus. Nach seinem achten Ausbruch aus dem Gehege, das nunmehr schwer gesichert worden war, änderten die Wildhüter ihre Strategie. Da man ihn nicht mit Gewalt zurückhalten konnte, wollte man ihm in der Gefangenschaft das geben, wonach er draußen suchte: Dominanz. So betrat der Leiter des Reservats jeden Morgen das Gehege mit einer Bambusstange. Einen Ritualkampf beginnend, schlug er mit der Stange gegen die Hörner des Bocks; dieser stellte sich und griff seinerseits an. Das Ganze währte so lange, bis der Leiter sich von dem siegreichen Bock aus dem Gehege vertreiben ließ. Napoleon verzichtete fortan auf Ausbruchsversuche; er lebte in dem Gehege bis zu seinem Tod, offenbar zufrieden damit, daß er der dominante Säbler am Platz war. Es ist eine gute Frage, wie ein Tier sich fühlt, wenn es an Status verliert. Wird es depressiv, paßt es sich an oder spürt es sogar eine Erleichterung?

Vergewaltigung

Vergewaltigung, eine sexuelle Form von Aggression, hat man bei einigen Tierarten beobachtet, so bei Orang-Utans, Delphinen, Seehunden, Dickhornschafen, Wildpferden und bei einigen Vogelarten. In Arizona hat man solches Verhalten auch bei Weißrüssel- oder Tiefland-Nasenbären gesehen. In einem Fall sprang ein großes Männchen aus dem Gebüsch und ging auf eine Gruppe von Weibchen und Jungtieren los; es besprang ein junges Weibchen und versuchte sie zu begatten. Sie schrie, und im nächsten Moment machten sich drei erwachsene Weibchen über den Aggressor her, vertrieben und verfolgten ihn fünfzig Meter weit den Canyon hinunter. Bei keiner der genannten Tierarten scheint Vergewaltigung die Norm zu sein, aber sie kommt bei etlichen regelmäßig vor. Obwohl die Weißkehlspinte (afrikanische Vögel, die in Erdröhren brüten) in Paaren zusammenleben, müssen weibliche Vögel dieser Spezies männliche Aggressoren gewaltsam abweisen, welche versuchen, sie auf den Boden zu zwingen und sie zu vergewaltigen. Die Männer attackieren mit Vorliebe Weibchen, die Eier legen und die dann möglicherweise ein Ei legen, das von dem Vergewaltiger und nicht von dem Gatten des Weibchens befruchtet wurde.

Wasservögel wie Stockenten, Spießenten und Krickenten verfolgen zeugungsunwillige Weibchen bisweilen, was in ihrem gewaltsamen Tode durch Ertrinken enden kann, wenn zu viele Männchen sich verbünden. Das weibliche Tier wehrt sich und flieht, und ihr Gatte versucht, die Aggressoren zurückzuschlagen, aber nicht immer haben sie Erfolg. Hinzu kommt, daß der Gatte manchmal seine Partnerin sofort nach einem Vergewaltigungsversuch durch andere selbst begattet. Dieser Akt ist dann nicht durch das übliche Vorspiel vorbereitet. In den meisten Fällen «wehrt sich das Weibchen sichtbar, flieht aber nicht». Die soziobiologische Erklärung für dieses Verhalten geht dahin, daß auf diese Weise der Same des Gatten eine Chance hat, mit dem Samen des Vergewaltigers zu konkurrieren. Sie wirft kein Licht auf die Frage, was der weibliche und der männliche Vogel dabei empfinden. Abwegig wäre es, daraus abzuleiten, daß Vergewaltigung bei Menschen «natürlich» sei, biologisch determiniert und für die Fortpflanzung von Vorteil.

In einem Meeresaquarium, in dem man neu gefangenen Delphinen ein an Gefangenschaft gewöhntes Tier beigesellte, fand man heraus, daß Tümmler als Gefährten nicht taugten, da sie die neuen Tiere quälten und vereinzelt sogar vergewaltigten, wenn sie zu einer fremden Spezies gehörten. Man weiß auch, daß diese Tiere, ungeachtet des heiligmäßigen Bildes, das man von ihnen hat, in der Freiheit Männerbanden bilden, um weibliche Tiere der eigenen Art von den anderen Tieren zu trennen und zu vergewaltigen.

Hans Kruuk beobachtete eine männliche Hyäne, die sich mit einem Weibchen paaren wollte, von diesem aber immer wieder zurückgewiesen wurde. Ihr zehn Monate altes Junges hielt sich in der Nähe auf, und die männliche Hyäne bestieg es wiederholt und ejakulierte auf ihm, was von dem betroffenen Tier, Kruuk zufolge, manchmal ignoriert, manchmal durch eine «gespielt» anmutende Abwehr beantwortet wurde. Die Mutter intervenierte nicht. Doch scheint solches Verhalten bei Tieren selten vorzukommen; es existieren jedenfalls nur wenige Berichte dieser Art.

Wut und Aggression

In den meisten Diskussionen über Aggression und Dominanz ist nicht die Rede von Wut oder von anderen Emotionen, welche diese Verhaltensweisen mit bedingen. Es ist sehr schwer zu sagen, ob Wut Aggressionen steuert oder nicht. Aggressives Verhalten kann bei Menschen durchaus kalkuliert sein. Welche Gründe auch immer eine Rolle spielen, es sind dann nicht diejenigen, welche nach außen hin die Menschen brüllen und wüten lassen. Es gibt das Gerücht, daß Pinguine einen ihrer Artgenossen ins Wasser schubsen, bevor sie alle hinterherspringen, um herauszufinden, ob Seeleoparden auf sie lauern. Wenn das der Fall ist, dann hat diese aggressive Handlung keine Beimischung von Wut.

Manche tierische Verhaltensweisen erinnern stark an Wut und Irritation, wie sie beim Menschen vorkommen, und sind auf diese Weise besser zu begreifen, da sie von der Norm abweichen. Giraffen haben anscheinend eine Abneigung gegen Autos. Als ein Auto eine Giraffe durch Hupen von der Straße vertreiben wollte, warf das Tier den Wagen um und trat mit aller Macht dagegen. Ein anderer Autofahrer stieß nachts auf zwei Giraffen, die gerade die Straße überquerten. Er hielt an und schaltete die Scheinwerfer auf Standlicht. Die eine Giraffe verließ die Straße, die andere aber näherte sich dem Wagen, drehte ihm den Rücken zu und trat mit beiden Beinen den Kühler ein. Wer jemals durch ein hupendes Auto belästigt wurde, wird in dieser Reaktion das Urbild gereizten Verhaltens wiedererkennen, vielleicht sogar einen geheimen Wunsch erfüllt sehen.

Karen Pryor hat festgestellt, daß Menschen und Tümmler sich sehr ähnlich verhalten, wenn Belohnungen für erfolgreich ausgeführte Taten ausbleiben. In beiden Fällen kommt es zu Irritationen: Menschen schimpfen und ziehen eine saure Miene; Tümmler springen aus dem Wasser und machen ihr Gegenüber von oben bis unten naß.

Dieselbe Forscherin beschreibt auch die Reaktion eines jugendlichen Kleinen Schwertwals auf die Begegnung mit einem Tölpel. Der Wal namens Ola absolvierte gerade seine Show in einem Ozeanarium, als der Tölpel neben seinem Becken landete. Ola streckte den Kopf aus dem Wasser und beäugte den Vogel. Als dieser sich nicht rührte, schnellte Ola mit weitgeöffneten Kiefern auf ihn los. Der Tölpel rührte sich nicht. Zu diesem Zeitpunkt war die Aufmerksamkeit des Publikums nicht mehr der Show, sondern auf Ola und den Vogel gerichtet. Ola setzte mit mächtigen Bewegungen das Wasser des Aquariums in Bewegung, so daß es über den Rand und über die Füße des Tölpels spülte. Der Vogel rührte sich immer noch nicht. Ola tauchte unter, nahm das Maul voll Wasser, kam wieder an die Oberfläche und spuckte es über den Tölpel. Der pitschnasse Vogel flog davon, und das Publikum lachte. In solchem Lachen steckt das Moment des Wiedererkennens.

Merkwürdigerweise streiten sich Hundetrainer darüber, ob Hunde Wut empfinden, obwohl sie darin übereinstimmen, daß Hunde die Wut der Menschen erkennen können. Mike Del Ross, ein erfahrener Blindenhundtrainer, konzediert, daß Hunde Furcht, Trauer, Glück, Frustration und andere Emotionen durchleben, er bezweifelt aber, daß sie Wut und Eifersucht empfinden, wenn sie sich aggressiv gebärden. Eine andere Blindenhund-Expertin, Kathy Finger, widersprach heftig und war der Ansicht, daß Hunde in der Tat wütend sein können.

Diese Meinungsunterschiede mögen auf verschiedene Definitionen von Wut zurückgehen, vielleicht aber auch auf eine Situation, die jeder Hundetrainer dauernd zu hören bekommt: der Hund, der alles kaputtmacht, kaum läßt man ihn allein. Der Hundebesitzer ist überzeugt, daß sein Tier wütend ist, wenn es allein gelassen wird, und sich dann aus Rachsucht über Möbel hermacht, Löcher gräbt, Dinge umwirft und laut bellt. Der Trainer wird ebenso überzeugt der Meinung sein, daß der Hund sich langweilt, und wird Lösungsvorschläge zur Abhilfe machen, anstatt mit dem Tierhalter in eine Diskussion über blinde Wut einzutreten. Doch sind die beiden Erklärungen durchaus miteinander vereinbar.

Ein Kollege des berühmten Iwan Pawlow versuchte herauszufinden, mit welcher Genauigkeit ein Hund einen Kreis von einer Ellipse unterscheiden kann. Immer wenn der Forscher eine befriedigende Distinktionsleistung beim Hund registriert hatte (offenbar, indem er den Speichelfluß beobachtete), steigerte er die Anforderungen und präsentierte dem Hund immer rundere Ellipsen. Nach drei Wochen ließ die Unterscheidungsfähigkeit des Hundes plötzlich nach. «Der bis dahin sich ruhig verhaltende Hund begann zu jaulen, bewegte sich in seinem Käfig, riß mit den Zähnen den Apparat zur mechanischen Stimulierung der Haut auseinander und biß die Röhren durch, die seinen Raum mit dem des Versuchsleiters verbanden. All dies hatte er vorher nicht getan. Wenn er jetzt in den Versuchsraum gebracht wurde, begann er wüst zu bellen – was er früher nie getan hatte. Kurz: Er zeigte alle Symptome einer akuten Neurose.» Der gesunde Menschenverstand sagt uns, daß dies kein neurotischer, sondern ein wütender und frustrierter Hund war.

Die Schwierigkeit, Wut und Aggression auseinanderzuhalten, wird größer, wenn wir Raubtiere beobachten, deren Art und Weise, sich Futter zu verschaffen, sehr viel direkter ist als bei Menschen. (Wer einen Hamburger verspeist, hat normalerweise keine Gewissensbisse in bezug auf das Leiden von Rindern.) Dieser Umstand dient bisweilen als Unterstützung für die These, daß Tiere sich in punkto Grausamkeit deutlich von Menschen unterscheiden.

Raubtiere hält man für grausam, weil die Natur grausam ist. Diese Anschuldigung hat die Ausrottung bestimmter Tierarten gerechtfertigt: Wölfe und Tiger, aber auch kleinere Raubtiere wie Fuchs und Blauhäher oder Bluejay sind in ihrem Namen getötet worden. Menschen haben das Recht oder die Pflicht, Tiere auszulöschen, die grausam gegeneinander sind – so könnte die zugrundeliegende Argumentation lauten.

Fälle, in denen Raubtiere mehr Beute machen, als sie fressen können, oder noch lebende Opfer zu fressen beginnen, werden mit besonderer Abscheu vorgetragen. Schriften, welche sich gegen den Schutz von Wölfen richten, schwelgen in Berichten über «buchstäblich bei lebendigem Leibe» verspeiste Rehe. Der Kolsun, der in Indien heimisch ist, kann mit seinen kurzen Zähnen die Beute nicht sofort töten – deswegen wird er als bösartig verfolgt.

Für manche Raubtiere ist es normal, daß sie die Beutetiere zu fressen beginnen, bevor diese tot sind. Es gehört zu ihrer Routine, kleine Tiere zu schlagen und vor den Augen der Mütter zu verspeisen. Ist solches Verhalten ein Zeichen von Grausamkeit?

Sicherlich verrät es Indifferenz, einen Mangel an Einfühlung. In bestimmten Gegenden kam und kommt es vor, daß auch Menschen mit großem Genuß lebende Tiere essen. Dennoch kann die Frage nicht lauten, ob Menschen grausam sind – den Beweis dafür hat die Geschichte tausendfach erbracht. Die Frage ist, ob Tiere grausam sein können.

Wenn man Tiere dafür entschuldigt, daß sie vor den Augen einer Mutter deren Kind fressen, indem man sagt, daß sie ganz einfach die Gefühle der anderen Seite nicht verstehen, können wir dann noch glauben, daß sie jemals freundlich, mitleidvoll, einfühlsam reagieren, denn all dies würde ja auch Einfühlung in den anderen voraussetzen?

Folter: Die Katze und die Maus

Grausamkeit kennt viele Schattierungen: von Gefühlskälte bis hin zu Sadismus. Tiere handeln grausam. Aber sind sie deswegen grausam? Quälen und foltern sie? Haben sie Freude daran, daß andere leiden? (Die Vertreter der extremen These, daß Tiere nicht leiden, müssen auch abstreiten, daß Tiere grausam sind, denn es ist nicht möglich, an nichtexistentem Leiden Freude zu haben.) Ein bekanntes Beispiel für den Tatbestand Folter ist die Katze und die Maus. Gutgefütterte Katzen fangen Mäuse, die sie nicht fressen. Sie töten sie auch nicht auf der Stelle, sondern schleudern sie in die Luft, lassen sie laufen und beinahe entkommen, um sie sich dann wieder zu krallen. Sie halten sie mit einer Pfote nieder und beobachten ihre verzweifelten Fluchtversuche mit einem Ausdruck, in dem man mit einigem Recht so etwas wie Vergnügen entdecken kann. Einen Leoparden hat man beobachtet, der das gleiche Spiel mit gefangenen Schakalen trieb.

Die Versuche von Paul Leyhausen und anderen Forschern mit Hauskatzen und gefangenen Wildkatzen haben gezeigt, daß diese Tiere das Jagen, Fangen und Töten von Mäusen fortsetzen, wenn sie schon lange nicht mehr hungrig sind. Nach einiger Zeit geben sie es auf, Mäuse zu töten, aber jagen und fangen tun sie weiter. Schließlich fangen sie nicht mehr, schleichen sich aber immer noch an. Und irgendwann lassen sie dann doch von der Mäusejagd ab, jedenfalls für eine Weile. Nur die Phase, in der sie jagen und fangen, ohne zu töten, wirkt von außen betrachtet wie Folter.

Man beachte, was die Katzen am liebsten tun: an erster Stelle kommt das Jagen, dann das Fangen, dann das Töten und an letzter Stelle das Fressen. Diese Rangfolge scheint den Überlebenswert der Aktivitäten umzukehren, aber tatsächlich entspricht eine solche Hierarchie der Antriebe den Anforderungen, die an ein erfolgreiches Jagdverhalten gestellt sind. Ein Raubtier muß oft viele Tiere jagen, bevor es eines fängt; es gelingt ihm nicht immer, die Beute auch zu töten (einige Tiere entkommen); und es kann gezwungen sein, mehr Beute zu machen, als es fressen kann, dann nämlich, wenn es Junge zu versorgen hat. Man hat geschätzt, daß bei Tigern auf einen erfolgreichen Beutezug neunzehn Fehlschläge kommen. Viele Katzenjungen erproben ihre Beuteinstinkte an Tieren, die ihnen ihre Mutter lebend gefangen hat. Man hat beobachtet, wie eine Löwin ein lebendes Warzenschwein zwischen ihren Tatzen hielt, während ihre Jungen fasziniert zuschauten, und Geparden hat man lebende Gazellen für ihre Jungen anschleppen sehen.

Erfreut sich also die Katze, die des Tötens von Mäusen überdrüssig geworden ist, an deren Leiden? Jäger haben Freude an ihrer Treffsicherheit, an ihren Fähigkeiten, die Beute aufzuspüren. Vielleicht macht ihnen auch das Abknallen von Fasan und Reh Freude, aber die meisten Jäger würden sagen, daß sie sich am Leiden des Fasans und des Rehs nicht erfreuen. Wie läßt sich das bei Katzen testen? Man stelle sich eine Beute vor, die nicht leidet. Katzen haben kaum Anlaß, sich am Leiden eines Wollknäuels oder einer Papierkugel zu erfreuen. Sie werden von bestimmten Eigenschaften des Beuteobjekts angezogen – das kann ein Huschen oder ein Hopsen sein. Mäuse sind in dieser Hinsicht besser als Wollknäuel oder Papierkugeln. Aber wenn eine Papierkugel quieken und dahinflitzen könnte, dann wäre sie für Katzen genauso attraktiv. Man hat Katzen beobachtet, die Papierbälle jagten, während um sie herum Mäuse frei liefen.

Außer schneller Bewegung fasziniert Katzen an Beutetieren, daß sie sich verstecken. Leyhausen berichtet, daß ein Serval, eine große, dem Luchs ähnliche Buschkatze, die in Afrika heimisch ist, eine Maus fing, auch wenn sie nicht mehr hungrig war, und sie behutsam zu einem Loch und einer Spalte trug, wo sie sie freiließ. Wenn die Maus nicht reagierte und die Fluchtmöglichkeit nicht ergriff, dann schob der Serval sie mit der Pfote in das Versteck hinein und versucht dann, sie wieder herauszuholen. Den Nerven der Maus ist das sicher nicht zuträglich, aber Servale spielen dasselbe Spiel auch mit Rindenstücken.

Man kann auch die Frage stellen, ob Katzen sich am Leiden ihrer Opfer erfreuen würden, wenn damit kein Fluchtverhalten verbunden wäre. Würde es einer Katze gefallen, eine ausgepeitschte oder auf ein Gestell gebundene Maus leiden zu sehen? Wenig spricht dafür – tatsächlich hat man festgestellt, daß Katzen an Mäusen, die in Fallen gefangen wurden, nur geringes Interesse bezeigten. (Sollte jemand tatsächlich auf die Idee kommen, derartige Experimente zu veranstalten, so hätte man auf der Stelle viele neue Daten über menschliche Grausamkeit.) Eine Katze verliert sehr schnell ihr Interesse an Mäusen, die zu schwer verletzt sind, um davonlaufen zu können. Vielleicht tickt sie mit der Pfote ihr Opfer an, um herauszufinden, ob es sich noch einmal davonmacht, aber wenn das nicht der Fall ist, dann ist die Katze gelangweilt. Die Maus kann sichtbar leiden, ächzen und bluten, aber wenn sie nicht zu entkommen versucht, dann ist eine guternährte Katze nicht interessiert. Sterben an sich ist für sie nicht interessant.

Woher rührt also der Ausdruck der Freude, den wir über das Gesicht der Katze huschen sehen? Die Katze liebt es, zu jagen, zu fangen, zu triumphieren. Viele Raubtiere sind so geartet. Man kann durchaus sagen, daß ihnen das Töten ihrer Opfer Freude bereitet. Die Gefühle der Opfer lassen sie kalt. Es sind die Bewegungen, nicht die Angst der Maus, welche die Katze faszinieren. Beute zu machen ist ihre Bestimmung, und sie haben Freude an ihrem Erfolg.

Surplus killing

Surplus killing hat Schäfer und Geflügelhalter in Rage gebracht, seitdem Menschen Tiere halten. Ein Wiesel dringt in ein Hühnerhaus ein und tötet alle Hühner, mehr als es jemals fressen kann; ein Fuchs überwindet einen Zaun und tötet eine ganze Schar von Gänsen, macht sich aber nur mit einer davon; ein Killerwal überfällt einen Fischschwarm und tötet so viele er kann. Bären, die im Fluß Lachse fischen, werden im Lauf der Jagd immer wählerischer und fressen nur noch bestimmte Partien der Fische, bis sie zum Schluß, wie in Trance handelnd, im Fluß stehen, Lachse fangen und sie lebend wieder zurückwerfen. Hyänen überfallen bei Nacht eine Herde von Gazellen und töten Dutzende, mehr als sie fressen können.

Solche Surplus-killers nennt man grausam, böse und verschwenderisch, und ihr Verhalten wird zum Anlaß genommen, sie zu töten, was einer gewissen Ironie nicht entbehrt, denn in der Regel ißt der Mensch diese seine Beutetiere ja auch nicht.

Häufig handelt es sich um Raubtiere, die auf Vorrat Beute machen. Füchse und Wiesel verstecken Aas. Man hat beobachtet, wie wilde und gefangene Hyänen Fleisch in flachem Wasser ablegen, um es vor zu schnellem Verrotten zu bewahren. Vielleicht ist also das Verhaltensmuster des Surplus-killing latent bei den Tieren, die manchmal mit ihrer Beute einen Vorrat anlegen, und bricht auch dann durch, wenn diese Gelegenheit nicht gegeben ist, wie bei dem Fuchs, der mit nur einer Gans fliehen kann. Wenn Hyänen überflüssige Beute machen, dann kommen oft andere Tiere der Gruppe, Jungtiere eingeschlossen, und machen sich über den Rest her. Killerwale, die wie im Rausch viele Fische töten, bekommen dadurch mehr zu essen, als wenn sie jeden getöteten Fisch einzeln aufessen würden, während der Fischschwarm längst entkommen ist. Sie können wohl ihren Hunger nicht abschätzen und töten dann lieber mehr als zuwenig.

Aber das sind schlicht Argumente in bezug auf den Überlebenswert eines solchen Verhaltens. Was die emotionale Seite anbelangt, so lautet die entscheidende Frage, ob die Tiere daran *Freude* haben. Wahrscheinlich ist das bei einigen der Fall, und zwar aus Gründen der Funktionslust, der Lust an der schieren Ausübung von Macht und Geschick. Der Wissenschaftler David Macdonald, Autor des Buches *Running with the Fox*, schreibt dazu: «Ich habe zugeschaut, wie Füchse surplus-gekillt haben. Ihre Körperhaltung und ihr Ausdruck waren eindeutig weder aggressiv noch übersteigert. Wenn überhaupt, dann wirkten sie verspielt, vielleicht aber auch nur konzentriert.»

Handelt es sich hier um den Versuch, für Tiere nur gute Gefühle zu reklamieren und keine bösen? Ist es wirklich wahrscheinlich, daß Tiere zwar freundlich, aber nie grausam sind? Sind wir als Spezies die einzige Ausnahme mit unserem Talent zur Grausamkeit?

Das Ziel der Grausamkeit

Wenn Tiere schon nicht foltern und am Leiden ihrer Opfer keine Freude haben, dann könnte es ja immer noch sein, daß sie gern einander leiden sehen. Es ist keine ganz fernliegende Annahme, daß die wirkliche Zielgruppe grausamer Akte die eigene Gruppe ist – die Familie, die Gefährten. Sind Katzen zu anderen Katzen grausam? Haben Füchse oder Hyänen Spaß daran, andere Füchse oder Hyänen grausam zu behandeln? Es gibt wenig Beweismaterial. Ohne Zweifel behandeln Füchse und Hyänen manchmal ihre Artgenossen grausam; sogar die Jungtiere eines Wurfes können sich gegenseitig attackieren und umbringen. Leicht läßt sich dann argumentieren, daß dies dem siegreichen Tier Vorteile im Überlebenskampf bringt, aber schwerer ist es, die emotionale Seite eines solchen Verhaltens zu ergründen.

Vielleicht fühlen diese Tiere Haß, aber Haß ist sicher nicht im Spiel, wenn es um das Verhältnis zwischen Raub- und Beutetieren geht. Von einem evolutionären Standpunkt aus urteilend, haben Kaninchen keinerlei Vorteile davon, daß sie Eulen hassen. Es ist Angst, die sie bewegt und die ein adäquates Verhalten hervorbringt. Und umgekehrt gibt es keine Anzeichen dafür, daß Eulen Kaninchen hassen. Dieses Gefühl dürfte auf das Konkurrenzverhalten innerhalb der eigenen Spezies oder zwischen benachbarten Spezies beschränkt sein. So herrscht zwischen Löwen und Hyänen eine extreme Feindseligkeit. Selbst wenn sie nicht um eine Beute kämpfen, belauern sie einander und attakkieren Tiere der anderen Spezies, die geschwächt sind oder sich abgesondert haben. Schaller weist darauf hin, daß ein Löwe, der Hyänen oder Leoparden jagt, nicht die leidenschaftslose Miene zeigt, die man von ihm kennt. Er fletscht die Zähne und stößt Laute aus, die er sonst nur im Verkehr mit anderen Löwen gebraucht.

Tiere können auch Rivalen der eigenen Art hassen. Denn kein anderes Lebewesen konkurriert so direkt wie der Artgenosse mit dem Artgenossen – ihre Bedürfnisse sind identisch. Einem Wolf kann es nicht nur passieren, daß er von seiner Position im Rudel verdrängt wird, es kommt auch vor, daß ihn andere Wölfe wütend attackieren, vertreiben oder sogar töten.

Congo, ein Schimpanse, der von klein auf mit Menschen gelebt hatte, wurde sehr unglücklich, als man ihn in ein Zoogehege verpflanzte. Man hatte gehofft, daß ihn die Gesellschaft von Schimpansenfrauen erfreuen würde, aber das Gegenteil war der Fall: Er haßte sie und wies ihre freundlichen Annäherungen zurück. Er erbettelte sich brennende Zigaretten von Zoobesuchern und jagte seine Gefährtinnen mit dieser Waffe durch das Gehege. Ob er er die anders sozialisierten Tiere verachtete oder ob er sich von seinen früheren Gefährten verlassen fühlte, ist schwer zu sagen, aber was auch immer ihn bewegte, es bewegte ihn zutiefst. Seine Energien schwanden, er quälte die Schimpansinnen nicht mehr, und schließlich starb er.

Die Erklärung eines Tieres zum Sündenbock und also zum Ziel der Gruppenaggression hat man bei einigen Tierarten beobachtet, besonders dann, wenn sie auf engstem Raum eingesperrt leben. Leyhausen hielt Katzen in sehr kleinen Gehegen, um herauszufinden, welche Beziehungsmuster sich ergeben würden. In einem Fall sonderte eine Gemeinschaft von zwölf Katzen zwei Tiere als Parias ab, ohne daß ein Grund dafür ersichtlich wäre. Wenn die beiden es wagten, ihren Fluchtort auf einem Rohr unter der Decke zu verlassen, wurden sie sofort attackiert. Sie konnten nur fressen, wenn Leyhausen Wache stand. Aber man darf diesen Befund nicht verallgemeinern und als unausweichlich bewerten, denn Leyhausen konnte bei anderen Katzengemeinschaften die Herausbildung von Leitkatzen oder Paria-Katzen nicht beobachten. In der Wildnis könnte ein Paria sich davonmachen, alleine leben oder sich eine andere Gruppe suchen. Aber die Motive, die Tiere aus der Gemeinschaft vertreiben, sehen manchmal aus wie Grausamkeit. Um die Frage danach zu beantworten, müssen wir noch genauer prüfen, wie sie ihresgleichen behandeln, und nicht, wie sie sich selber ernähren.

Eifersucht: ein «natürliches» Gefühl?

Eine Ursache für Aggression ist bei sozialen Tieren Eifersucht, die bei Menschen oft genug Wutausbrüche auslöst. Die Evolutionstheorie zögert nicht, dieses Gefühl mit einem Wert in ihrem Sinne zu belegen. Eifersucht zwischen Geschwistern kann dem einzelnen die Versorgung mit Nahrung und elterlicher Fürsorge sicherstellen. Und zwischen Gatten kann dieses Gefühl bewirken, daß sich beide Eltern gleichermaßen um ihre Nachkommen kümmern.

Bei Menschen will man Eifersucht oft nicht gelten lassen. Man ermahnt die Eifersüchtigen, dieses Gefühl nicht zu haben. Romantische Eifersucht aus Liebe nennt man bisweilen unnatürlich, ein kulturelles Artefakt. Ohne die Frage zu berühren, ob Eifersucht verkehrt oder töricht ist, könnte man das Problem, ob sie ein kulturelles Produkt ist, dadurch angehen, daß man die Frage stellt, ob Tiere jemals eifersüchtig sind. (Eine noch raffiniertere Frage ist, ob Eifersucht das Produkt einer Tierkultur sein könnte.)

Obwohl Eifersucht zu jeder Situation auftreten kann, wo Tiere zusammenkommen, denkt man bei diesem Thema zuerst an die Beziehungen zwischen Gatten und Geschwistern. Tiergeschwister können sehr bösartig sein; es kommt sogar vor, daß sie einander auffressen. Ob dabei Eifersucht im Spiel ist, weiß man nicht. Auch andere Mitglieder einer Gruppe können Eifersucht auslösen. William Jordan hat beschrieben, was in einem Gorilla-Gehege geschah, als das erste Baby, ein Mädchen, in Gefangenschaft geboren wurde. Die Gruppe wuchs über dieser Erfahrung enger zusammen – nur der Bruder der Mutter namens Caesar begegnete der Kleinen mit Feindschaft, warf Zweige nach ihr und schlug sie auf den Kopf. Schließlich kletterte er «anscheinend in einem Anfall von Eifersucht» aus dem Gehege und wurde in einen anderen Käfig versetzt.

In einem schwedischen Tierpark war Bimbo, ein junger, männlicher Elefant, das Objekt besonderer Aufmerksamkeit von Tabu, einem älteren Weibchen. Als ein jüngeres Kalb namens Mkuba hinzukam, verlor Tabu das Interesse an Bimbo. Bimbos Reaktion bestand darin, so oft wie möglich und ohne daß es jemand bemerkte, Mkuba mit den Zähnen zu stoßen, worauf dieser mit theatralischem Geschrei Tabu um Hilfe anrief. Diese Art von Verhalten erinnert so sehr an Vorgänge in der Menschenwelt, daß strenge Wissenschaftler sich nur noch dadurch retten können, daß sie die von ihnen beobachteten Tieren durchnumerieren, anstatt ihnen Namen zu geben.

Freud entwickelte sein Konzept von ödipaler Eifersucht im

Hinblick auf menschliches Verhalten, aber Herbert Terrace hat im Lichte dieser Theorie das Verhalten des Schimpansen Nim Chimpsky gedeutet. Dieser war in einem menschlichen Haushalt großgeworden, nachdem man ihn im Alter von fünf Tagen seiner Mutter weggenommen hatte. Seine Ziehmutter Stephanie stellte fest, daß die Beziehung von Nim zu ihren Ehemann sowohl von Zuneigung als auch von Feindseligkeit bestimmt war. Eines Tages hielten Nim, Stephanie und ihr Mann Siesta auf einem großen Bett, mit dem sechs Monate alten Nim in der Mitte. Nim schien zu schlafen, aber als Stephanies Mann den Arm um sie legte, fuhr Nim auf und biß ihn. Terrace beschrieb dieses Verhalten als «ausgesprochen ödipal» motiviert, obwohl man sich auch andere Erklärungen vorstellen kann.

Der berühmte Graupapagei Alex, der die Worte, die er spricht, versteht, ist kein Wundervogel. Seine Trainerin hat mindestens einen weiteren Graupapagei ausgebildet, der genauso schnell lernte wie Alex. Auf die Frage, warum dieser so unglaublich viel mehr gelernt hat als Tausende von Papageien in früheren Jahrhunderten, verwies Irene Pepperberg auf die Vorzüge der Modell-Rivale-Methode. Dabei arbeiten zwei Trainer mit dem Papagei, der eine als der eigentliche Trainer, der andere als Modell und Rivale des Tieres. Wenn also Alex das Wort «grün» beigebracht werden soll, dann wird dem Vorbild, welches in der Regel von einem Studenten gespielt wird, ein grüner Gegenstand gezeigt und die Frage gestellt, welche Farbe er hat. Wenn der Student «grün» sagt, wird er vom Trainer gelobt und erhält das grüne Ding als Belohnung. Wenn der Student das Falsche sagt, erhält er keine Belohnung.

Alex, der zugesehen hat, wird dann vor die gleiche Aufgabe gestellt. Der Student kann sowohl als Vorbild begriffen werden, das demonstriert, wie man die gewünschte Leistung erbringt, als auch als Rivale, der in Alex das Gefühl der Eifersucht auslöst. Vielleicht begehrt Alex das grüne Objekt ja nur dann, wenn ein anderer es bekommen hat. Vielleicht will er, daß nur er und sonst niemand gelobt wird. Vorläufig muß das Spekulation bleiben. Irene Pepperbergs eigene Analyse der Vorbild-Rivale-Methode fußt auf Kriterien wie Referentialität, Kontextabhängigkeit und Interaktivität und läßt Alex' Gefühle außer acht.

Papageien, die dauerhafte Paarbindungen eingehen, können auf ihren Partner beziehungsweise auf ihren Wunschpartner eifersüchtig werden. Wenn ein zahmer Papagei sich einen Gatten zugelegt hat, kann er plötzlich Menschen feindlich begegnen. Die Papageien-Verhaltensberaterin Mattie Sue Athan schätzt, daß in einem von drei Fällen, in denen ihre Hilfe gesucht wird, Dreierbeziehungen das Problem sind: Der Papagei hat sich in einen Menschen verliebt und versucht dessen Partner durch feindselige Akte zu vertreiben. In der Paarungszeit entwickeln auch Schwert- oder Killerwale Gefühle der Eifersucht. In einem Ozeanarium in Kalifornien lebten drei solche Orcas zusammen, zwei Weibchen und ein Männchen. Als Nepo, das Männchen, geschlechtsreif wurde, fühlte er sich stark zu dem Weibchen namens Yaka hingezogen. Kianu, das andere Weibchen, unterbrach immer wieder das Paarungsgebaren der beiden, indem sie aus dem Wasser sprang und sich auf sie fallen ließ. Schließlich attackierte sie Yaka während einer Show.

Wissenschaftler, die an einer Klassifikation tierischen Paarungsverhaltens arbeiten, haben eine Anzahl von Fällen zusammengetragen, in denen es im genetischen Interesse eines Tieres liegt, seinem Partner nicht zu erlauben, sich mit anderen Tieren zu paaren. Sie sprechen dann vom «Monopolisieren», «Verteidigen» und «Schützen» der Partner, während die Worte «Liebe» und «Eifersucht» nicht vorkommen. Aber von Eifersucht bestimmtes Verhalten im Sinne von Besitzenwollen (Possessivität) und erzwungener Exklusivität bei der Paarung kann durchaus genetische Effekte haben. In der berühmten Schimpansen-Kolonie des Zoos von Arnheim verhindern die Leitaffen, daß die Weibchen sich mit rangniederen Männchen paaren, indem sie sowohl die Weibchen als auch die Männchen attackieren. Frans de Waal berichtet, daß während des Tages die Weibchen entsprechende Avancen von seiten der niedrig rangierenden Affen zurückweisen. In der Nacht werden die Schimpansen in verschiedene Käfige eingeschlossen. Während dieses Vorganges, wenn die Oberaffen schon eingesperrt sind, haben die Weibchen eine Chance, mit den anderen Männchen zu kopulieren, ohne Angst vor den Leitaffen zu haben. Es kommt sogar vor, daß sie zu den Käfigen der rangniederen Männchen eilen, um mit diesen durch die Gitter hindurch zu kopulieren. Ohne die Käfige würden sie dies nie wagen. In der Wildnis trennen sich Schimpansen manchmal als «Pärchen» von der Gruppe und entgehen so den eifersüchtigen Attacken.

Aggression und ihre Vermeidung

Frans de Waal hat darauf hingewiesen, daß nur verhältnismäßig wenige Studien existieren, die sich der Themen Aggressionsvermeidung und Friedenstiftung bei Menschen und Tieren annehmen, obwohl sie vitale Interessen des Zusammenlebens berühren. Im Laufe seiner Beobachtung von Schimpansen im Zoo von Arnheim kam es 1975 zu folgendem Vorfall: Ein Affe attackierte einen anderen, und sofort beteiligten sich andere Tiere an der Auseinandersetzung, die zu einem Höllengeschrei eskalierte. Dann war plötzlich Ruhe, und die beiden Affen, die den Streit angefangen hatten, umarmten und küßten sich, woraufhin die anderen Tiere aufgeregt husteten. Als de Waal über diesen Vorgang nachdachte, kam es ihm plötzlich, daß hier Versöhnung praktiziert wurde. «Als mir das Wort ‹Versöhnung› in den Kopf schoß, fiel mir auf, daß gefühlvolle Versöhnungen zwischen Aggressoren und Opfern durchaus üblich waren. Das Phänomen war so augenfällig, daß man sich kaum vorstellen konnte, daß es so lange von mir und anderen Ethologen übersehen worden war.»

De Waal hat seitdem vergleichbares Verhalten bei Rhesusaffen, Bärenmakaken, Bonobos (Zwergschimpansen) untersucht. Diese Tiere sind nicht nur selbst interessiert, nach einer feindlichen Auseinandersetzung Frieden zu schließen, sie halten auch andere Tiere an, dasselbe zu tun. Das älteste Weibchen der Affenkolonie von Arnheim beendete einmal einen Konflikt zwischen zwei dominanten Männchen namens Nikkie und Yeroen. Sie ging zu Nikkie und steckte ihm einen Finger in den Mund, was eine besänftigende Geste ist. Zur gleichen Zeit winkte sie Yeroen heran und gab ihm einen Kuß. Als sie sich von den beiden entfernte, umarmte Nikkie Yeroen, und der Streit war vergessen.

De Waal will nicht sagen, daß Primaten nicht aggressiv sind; ihm geht es darum, daß die Art und Weise, wie sie mit Aggression umgehen und sie beilegen, genauso wichtig ist und ebensoviel Aufmerksamkeit verdient wie die Akte der Feindseligkeit. Das Phänomen Versöhnung zu verstehen, heißt aber auch, die Emotionen der Friedenstifter zu berücksichtigen. Und das gilt ebenso umgekehrt: Wir werden Aggression, Grausamkeit und Herrschsucht in ihrer Attraktion auf Mensch und Tier nicht verstehen, wenn wir nicht ihre emotionalen Triebfedern berücksichtigen.

8 MITLEID, RETTUNG UND DIE ALTRUISMUS-DEBATTE

An einem Nachmittag während der Regenzeit in Kenia kamen eine schwarze Spitzmaulnashorn-Mutter und ihr Junges an eine Lichtung, auf der man Salz ausgestreut hatte, um Tiere anzulocken. Nachdem sie etwas von dem Salz geleckt hatten, ging die Mutter weiter, doch ihr Junges war im tiefen Schlamm steckengeblieben. Es begann zu schreien, und seine Mutter kehrte zurück, beschnüffelte es, untersuchte es und eilte zurück in den Wald. Das Kalb fing wieder zu schreien an, die Mutter kehrte zurück und so weiter, bis das Kalb erschöpft war. Entweder die Mutter begriff nicht, was geschehen war, denn ihr Kalb war nicht verletzt, oder sie wußte nicht, was sie tun sollte.

Eine Elefantengruppe erreichte die Salzlecke. Die Nashornmutter griff den Leitbullen an, der ihr auswich und zu einer anderen Salzlecke dreißig Meter entfernt von dem Rhinozerosbaby ging. Beruhigt kehrte die Nashornmutter zur Nahrungssuche in den Wald zurück. Ein ausgewachsener Elefant mit langen Stoßzähnen näherte sich dem Kalb, tastete es mit seinem Rüssel. Dann kniete der Elefant nieder und versuchte seine Stoßzähne unter das Kälbchen zu schieben und es herauszuziehen. Als er das tat, kam die Mutter aus dem Wald angeschossen, so daß der Elefant zurückwich und zu der anderen Salzlecke zurückging. Über mehrere Stunden versuchte der Elefant immer dann, wenn die Rhinozerosmutter in den Wald zurückgekehrt war, das Kalb aus dem Schlamm zu ziehen, doch jedesmal eilte die Mutter herbei, um ihr Kind zu beschützen, und der Elefant gab auf. Schließlich zogen die Elefanten weiter und ließen das Rhinozerosbaby im Morast stecken. Am nächsten Morgen, als Menschen sich daranmachten, es herauszuholen, gelang es dem Kalb, sich mit eigener Kraft aus dem angetrockneten Lehm zu befreien und zu seiner wartenden Mutter zu fliehen.

Der Elefant, der versucht hatte, das junge Nashorn zu retten, riskierte, von den Attacken der Mutter verletzt zu werden. Warum plagte er sich trotzdem so ab, dem Jungtier zu helfen? Tatsache ist, daß er keinen genetischen Vorteil von dem Überleben des Rhinozerosbabys zu erwarten hatte. Obwohl beide Tierarten Dickhäuter sind, besteht kein Anlaß zu vermuten, daß Elefanten jemals Nashörner mit ihresgleichen verwechseln könnten. Vielleicht wurde seine großzügige Hilfe dadurch motiviert, daß er erkannt hatte, daß das Kalb sehr jung war und sich in einer Notlage befand.

Elefanten können sich zuweilen auch sehr «biestig» gegenüber Rhinozerossen, auch jungen, verhalten. Man kann sie dabei beobachten, wie sie ein solches Tier quälen, indem sie es einkreisen und ihm Sand und Staub ins Gesicht schleudern. Eines Nachts im Jahre 1979 fand im National Park in Aberdare eine tödliche Begegnung zwischen einen Elefanten und einem Rhinozeros statt. Elefanten, die an eine Wasserstelle gelangten, verscheuchten ein männliches Nashorn. Kurz darauf trat eine Nashornmutter mit ihrem Kind auf den Plan, das mit einem Elefantenkind zu spielen begann. Die Elefantenmutter schnappte sich das Nashornkind, schleuderte es ins Gebüsch und tat so, als wolle sie es mit ihren Stoßzähnen durchbohren. Aber die Nashornmutter griff ein und konnte mit ihrem Kind entkommen. Zu diesem Zeitpunkt trat der Nashornbulle, der zuvor verjagt worden war, wieder auf. Die wütende Elefantenmutter attackierte ihn, stieß ihn drei Meter weit weg, kniete auf ihm nieder, stach mit einem ihrer Stoßzähne auf ihn ein und brachte ihn um.

Es sollte uns keine Schwierigkeiten bereiten, diese beiden Vorfälle in Einklang zu bringen, denn bei uns Menschen gibt es ebenso unterschiedliche Verhaltensstrukturen, die wir miteinander zu vereinbaren haben. Manchmal verhalten sich Menschen sehr großzügig gegenüber fremden Kindern, manchmal aber auch böse. Niemand widerspricht der Annahme, daß Tiere kämpfen und sich gegenseitig töten können, auf der anderen Seite gibt es aber viele Thesen, Tiere könnten sich niemals altruistisch zueinander verhalten, ihnen fehlten einfach die Anlagen für Mitleid und Großmut. Doch Beobachtungen dessen, was in der Natur tatsächlich geschieht, bestätigen diese Ansicht nicht.

Junge Tiere werden sehr häufig von Tieren beschützt, mit denen sie nicht verwandt sind. Es kommt vor, daß andere Mitglieder ihrer Gruppe sie verteidigen. Junge Spießböcke der Art Arabische Beisa werden nicht nur von ihrer Mutter, sondern von allen anderen Oryxantilopen in ihrer Herde beschützt. Eine Thomson-Gazelle verteidigt ihr Kitz gegen eine Hyäne, indem sie dazwischengeht – aber jede andere weibliche Gazelle würde das auch tun. Man hat vier Gazellenweibchen gesehen, wie sie gemeinsam eine Hyäne von einem Kitz weglockten.

Ein Jungtier muß nicht unbedingt Mitglied einer Gruppe sein, um von nichtverwandten Tieren beschützt zu werden. Das erfuhr zu seinem Schrecken ein Forscher, der versuchte, Nashornkälber zu markieren: Das laute Geschrei eines Kalbs ließ nicht nur seine eigene Mutter zu Hilfe eilen, sondern sämtliche Nashörner in Hörweite.

Als eine Gruppe von Schimpansen am Gombe auf Frischlinge Jagd machte und der ausgewachsene Freud einen erwischte, warf sich eine Buschschwein-Bache dazwischen und biß ihn bis auf den Knochen. Das Ferkel rannte weg, aber die Bache ließ den schreienden Freud nicht los. Gigi, eine kinderlose Schimpansin, griff die Bache an, die sich sofort auf sie stürzte. Obgleich schwer verletzt, schaffte Freud es schließlich, auf einen Baum zu klettern, und Gigi gelang es, sich loszureißen und nur mit ein paar Kratzern den Zähnen der Bache zu entkommen.

Zebras verteidigen ihre Jungen wie auch ihre erwachsenen Artgenossen sehr tatkräftig gegen ihre Feinde. Hugo van Lawick beobachtete Wildhunde, die eine Gruppe von ungefähr zwanzig

Zebras jagte, bis es ihnen gelang, eine Stute, ein Fohlen und ein einjähriges Tier abzudrängen. Als die Herde über einen Berg verschwunden war, kreiste das Rudel die drei Zebras ein. Ihr Hauptziel war das Fohlen, aber die Mutter und das einjährige Tier wehrten die Angreifer ab. Nach einer Weile begannen die Wildhunde, an der Stute hochzuspringen und nach ihrer Oberlippe zu schnappen, ein Biß, der Zebras nahezu handlungsunfähig macht. Van Lawick dachte, daß die Hunde nun bald zum Ziel kommen müßten, als zu seinem Erstaunen die Erde zu beben begann und zehn Zebras auf den Kampfplatz zudonnerten. Die Herde galoppierte heran, schloß die drei vom Tode bedrohten Tiere ein, nahm sie mit und galoppierte wieder davon. Die Wildhunde verfolgten die Herde nur über eine kurze Strecke und gaben dann auf.

Jungtiere sind nicht die einzigen, die verteidigt werden. Afrikanische Kaffernbüffel verteidigen oft auch andere Kaffernbüffel, selbst wenn diese schon ausgewachsen sind. Als ein Löwe mit einem Büffel kämpfte, rannten einige andere Büffel herbei und jagten den Löwen sowie zwei weitere Löwen, die in einiger Distanz warteten, davon.

Nicht alle Wissenschaftler lassen sich von solchen Verhaltensweisen beeindrucken. In der Mitte des 19. Jahrhunderts erlegte der Naturforscher Henry Walter Bates einen Kräuselkamm-Tukan in der Nähe des Amazonas für seine ornithologische Sammlung. Als er das Tier aufhob, bemerkte er, daß es noch lebte und zu schreien anfing.

Im Nu war die schattige Umgebung wie durch ein Wunder von diesen Vögeln erfüllt, obwohl ich mir ganz sicher war, daß nicht einer zu sehen gewesen war, als ich den Urwald betrat. Sie bewegten sich direkt auf mich zu, hüpften von Ast zu Ast, einige schwangen sich an den Schlingen und Seilen der holzigen Lianen entlang, und alle krächzten und flatterten wie rasend mit ihren Flügeln. Wenn ich einen langen Stock gehabt hätte, hätte ich mehrere von ihnen erschlagen können. Nachdem ich das verletzte Tier getötet hatte, wollte ich mehr Beute machen und die Zankteufel für ihre Unverschämtheit bestrafen, doch als die Schreie ihrer Artgenossen verstummt waren, zogen sie sich in die Wipfel zurück, und noch ehe ich nachladen konnte, waren sie allesamt verschwunden.

Wenn die Vögel auch keine Gefahr für Bates bedeuteten, so wären sie doch vielleicht in der Lage gewesen, ihren Artgenossen aus den Fängen eines kleineren Räubers mit weniger gefährlichen Waffen zu retten.

Man vergleiche damit die Ausführungen in einem Artikel, den der damalige Kurator für Ornithologie der Smithsonian Institution im Jahre 1934 für eine Leserschaft von Psychoanalytikern schrieb. «Ich kenne keine Fälle, in denen Vögel Mitleid oder Gnade für Verwundete zeigen (...) in der Literatur sind Vorkommnisse verzeichnet, die, oberflächlich betrachtet, das Vorhandensein solcher Regungen beweisen. So ist von Papageien, die ausgeprägt kollektive Freßgewohnheiten haben, bekannt, daß zwischen den Mitgliedern eines Schwarms sehr starke gegenseitige Bindungen bestehen. Wenn ein Tier durch einen Jäger getötet oder verwundet wird, dann flattern die anderen Vögel, anstatt erschreckt davonzufliegen, über dem Opfer und rufen mit lauter Stimme (‹kreischen›, wie einige Autoren es nennen) und laufen so Gefahr, selbst dem Schützen zum Opfer zu fallen.» Dieses Verhalten sei jedoch «nicht wirklich als Sympathie und Mitleid im menschlichen Sinne» zu verstehen, sondern habe mehr mit dem Gefühl zu tun, das aus dem «neurotischen Ablenkungsverhalten von Vögeln spricht, deren Gelege oder Jungen in Gefahr sind». Der Ansatz dieses Autors ist eher psychoanalytisch als behavioristisch; doch indem er sagt, daß die Vögel nicht mitleidsvoll, sondern neurotisch handeln, leugnet auch er Gefühle bei Tieren.

Eine andere Form des Altruismus und der selbstlosen Sorge für andere finden wir bei Tieren, die ein anderes Tier füttern oder ihr Futter mit ihm teilen und so einen sehr wichtigen Überlebensvorteil aufgeben. Löwenforscher haben beobachtet, wie alte Löwinnen, die keine Kinder mehr austragen können und kein gutes Gebiß mehr haben, mehrere Jahre länger leben dadurch, daß jüngere Löwen ihre Beute mit ihnen teilen.

Das Gebot «Du sollst dein Futter nicht teilen» bestimmt laut David Macdonald das Leben der Rotfüchse; gleichwohl hat er beobachten können, wie Füchse verletzten erwachsenen Tieren Futter brachten. Eine Füchsin namens Wide Eyes war durch eine Mähmaschine verwundet worden. (Macdonald brachte sie zu einem Tierarzt, der sie aber nicht retten konnte.) Am nächsten Tag brachte ihre Schwester Big Ears Futter zu der Stelle, wo Wide Eyes verletzt worden war, gab den wimmernden Laut von sich, der kleine Füchse zum Fressen ruft (wobei man wissen muß, daß Big Ears keine Kinder hatte), und ließ das Futter an der blutgetränkten Stelle zurück, wo ihre Schwester gelegen hatte. Ein anderes Mal trat sich ein männlicher Fuchs einen Dorn in die Pfote, die sich entzündete. Die dominante Füchsin im Rudel brachte ihm Futter, und er wurde wieder gesund.

Mitleid für Kranke und Verletzte

Tatu, ein Zwergmungoweibchen, dessen zufällige Trennung von ihrer Familie weiter unten in diesem Kapitel beschrieben wird, verletzte sich im Kampf mit einer anderen Gruppe von Mungos ihre Vorderpfote sehr schwer. Sie konnte nicht mehr jagen und mit beiden Pfoten zupacken. Da sie ihre Pfote schonte, wurden ihre Nägel sehr lang, und das Gehen fiel ihr noch schwerer. Sie kam nur noch sehr langsam voran und verlor an Gewicht. Die anderen Mungos verbrachten mehr Zeit mit ihr und groomten sie, als sie aufgehört hatte, sich selbst zu pflegen. Sie brachten ihr nie etwas zu essen. Doch nach den Berichten der Forscherin Anne Rasa begannen sie immer häufiger in Tatus Nähe Futter zu suchen. Wenn sie etwas gefangen hatten und Tatu darum bat, verzichteten sie oft zugunsten ihrer Gefährtin auf ihr Futter. Da Tatu als junges Weibchen zu den «ranghöheren» Tieren gehörte, verwundert es nicht, daß die anderen ihr Futter für sie opferten, doch das geschah nur, weil sie in ihrer unmittelbaren Nähe auf Futtersuche gingen. Zuerst war Anne Rasa der Ansicht, daß das Zufall sei, doch schon bald war sie davon überzeugt, daß es sich um eine freie Entscheidung der Mungos handelte. Obgleich Tatu auf diesem Wege nahezu die Hälfte ihres Futters bekam, rettete es sie nicht vor dem Tod. Als sie in einem Termitenbau starb, zog die Gruppe erst weiter, als ihr Körper zu verwesen begann.

Im Fall einer weniger dramatischen Krankheit passierte es einer Frau, die mit der Gorillafrau Koko arbeitete, die die Zeichensprache beherrscht, daß sie eines Tages eine Magenverstimmung hatte und Koko fragte, was sie gegen «Bauchweh» tun könne. Koko, der man immer Orangensaft verabreichte, wenn sie Magenschmerzen hatte, gab die Zeichen «Magen du Orange». Als die Frau aufstieß, signalisierte Koko «Magen du dort Orange trinken», wobei sie das Wort «dort» mit einer Geste in Richtung Kühlschrank begleitete, wo der Orangensaft aufbewahrt wurde. Die Frau trank etwas von dem Saft, sagte zu Koko, daß sie sich besser fühle, und bot auch ihr etwas davon an. Erst dann zeigte Koko selbst Interesse an dem Saft. Zehn Tage später, als dieselbe Frau wieder zu Besuch war und Koko Saft anbot, reichte diese den Saft zurück und mußte erst davon überzeugt werden, daß es der Besucherin gutging, bevor sie den Saft selber trinken mochte.

Männliche Elefanten wurden dabei gesehen, wie sie frische Laubzweige zu einem alten Elefantenbullen hinbrachten, der am Boden lag, weil er zu krank war, um sich seine Nahrung selber zu beschaffen.

Kranke und verletzte Tiere werden noch auf andere Arten unterstützt als durch Futterlieferung. Wie wir später schildern werden, kommen Wale ihren Artgenossen oft zu Hilfe und befördern sie an die Wasseroberfläche, wenn sie Schwierigkeiten haben, Luft zu holen. Das ist genau das, was eine Delphin-Mutter mit ihrem Neugeborenen macht, und was «Hebammen»-Delphine mit einer Delphinin tun, die gerade ihr Kind kriegt.

Man konnte auch beobachten, daß Tiere ihr Leben für nichtverwandte Artgenossen riskieren. Ein ausgewachsener Pilot- oder Grindwal im Pazifischen Ozean wurde von Menschen auf einem Schiff angeschossen und starb auf der Stelle. Sein Körper schwamm auf das Schiff zu, als zwei weitere Grindwale in Erscheinung traten und ihre Schnauzen auf den Kopf des toten Artgenossen preßten und mit ihm abtauchten. Es gelang ihnen, so weit zu entkommen, daß man sie nicht mehr sehen konnte. Dieses Ereignis ist besonders nennenswert, da solcher Einsatz der Schnauzen nicht zu den bekannten Verhaltensweisen der Wale gehört. Delphine und Wale helfen ihren Gefährten auch, den Menschen zu entkommen, wenn diese sie verletzt haben; sie zerren und beißen an den Leinen von Netzen oder Harpunen, wenn andere damit gefangen wurden.

Löwen mit Betäubungspfeilen zu schießen, kann die unterschiedlichsten Reaktionen hervorrufen, manche altruistischer Natur, andere weniger. Es kommt vor, daß ein getroffener Löwe Artgenossen attackiert, die sich in der Nähe befinden, so als ob er vermute, diese hätten seinen Schmerz verursacht. Es kommt auch vor, daß die anderen Tiere das getroffene Tier angreifen, wenn es bewußtlos geworden ist. Manchmal schauen die getroffenen Tiere nach oben in die Baumwipfel, als ob von dort etwas auf sie herabgefallen wäre, und manchmal gehen sie auf das Auto los, in dem der sitzt, der auf sie geschossen hat. Oder sie rennen ein Stück weit davon, manchmal klettern sie auf einen Baum. Häufig ziehen sie sich den Pfeil mit den Zähnen heraus, oder andere Löwen tun das für sie.

Cynthia Moss berichtet von einem jungen Elefantenweibchen, das seit der Kindheit ein stark verkrüppeltes Hinterbein hatte. Dieses Tier hätte niemals überleben können, wenn seine Mutter und die anderen Tiere nicht Rücksicht auf es genommen hätten, indem sie schwer gangbares Terrain vermieden und immer auf es warteten. Auch Gorillas verlangsamen ihr Tempo, damit verletzte Tiere Schritt halten können. Es ist schwer zu glauben, dies seien keine bewußten und selbstbestimmten Verhaltensweisen.

Ralph Dennard, ein Mann mit leiser Stimme und militärischer Haltung, trainierte beinahe zwanzig Jahre lang Taubenhunde, die gehörlosen Menschen helfen. Diese Hunde werden dazu erzogen, ihre Besitzer zu alarmieren, wenn es an der Tür läutet oder das Telefon, die Zeitschaltuhr oder der Wecker klingelt oder Feueralarm ausbricht. Dennard ist der Ansicht, daß die Hunde durchaus Empfindungen wie Angst, Liebe, Trauer und Neugier haben können, er bezweifelt jedoch, daß sie zu Mitleid fähig sind.

Eine Familie bekam von Dennard einen solchen Alarmierhund, um den Vater des Hauses zu unterstützen. Gilly, ein Border-Collie, kam in diese Familie einige Monate vor der Geburt des zweiten Kindes, und man hatte die Sorge, daß Gilly vielleicht eifersüchtig auf das Baby sein könnte. In der ersten Nacht nach der Rückkehr aus der Klinik weckte Gilly die Mutter aus tiefem Schlaf und rannte aufgeregt zwischen ihrem Bett und der Kinderwiege hin und her. Als die Mutter zur Wiege ging, lag das Neugeborene dort ganz still und war blau angelaufen. Es hatte verschleimte Atemwege, und die Atmung hatte bereits ausgesetzt. Seiner Mutter gelang es, die Atemwege freizubekommen und die Atmung wieder in Gang zu setzen. Später entwickelte Gilly die Angewohnheit, die Mutter zu alarmieren, wann immer das Baby schrie.

In einer anderen Situation hat ein Hund für Gehörlose einmal eine Frau gewarnt, als eine Katze, die zu Besuch war, auf den Küchenherd gesprungen war und so versehentlich die Küche unter Gas gesetzt hatte. «Warum reagiert ein Hund auf so etwas? Wir wissen es nicht», bemerkt Dennard, indem er hervorhebt, daß keine Geräusche auftraten – weder ein Klingeln noch ein Summen –, die ihn hätten hellhörig werden lassen können. Sicher, es ist möglich, daß der Hund auf das Gas reagierte und jemanden dazu bewegen wollte, es abzustellen. Aber im Falle des Neugeborenen, was beunruhigte da den Hund? Vielleicht hat das Baby Röchellaute von sich gegeben, doch der Hund war nicht darauf trainiert, irgend etwas im Hinblick auf das Baby zu unternehmen. Zweifelsohne wußte der Hund also, daß das Baby Hilfe brauchte, und wollte auch dafür Sorge tragen, daß diese Hilfe rechtzeitig kam. Bei Menschen nennt man dies Mitleid.

Eine andere Hündin für Gehörlose namens Chelsea zeigte sich ebenfalls um Kleinkinder besorgt. Wenn sie mit ihren Besitzern im Flugzeug reiste, versuchte Chelsea wiederholt den Kindern zu Hilfe zu kommen, die angefangen hatten zu weinen. Nach einer Reihe von Flügen konnte man Chelsea dann davon überzeugen, die schreienden Kinder ihren Eltern zu überlassen.

Einen rührenden Bericht von der Sympathie eines Schimpansen namens Toto haben wir von dessen Besitzer, Cherry Kearton, der an Malaria erkrankt war. Der 1925 geschriebenen Schilderung zufolge verweilte Toto den ganzen Tag an seiner Seite. Wenn man ihn darum bat, brachte er Chinin und ein Glas. Als Kearton nach einem Buch fragte, zeigte Toto mit dem Finger nacheinander auf jedes Buch (es gab weniger als ein Dutzend), bis Kearton ihm zu verstehen gab, daß das Buch, das Toto gerade berührte, das richtige sei, woraufhin er ihm das Buch brachte. In der Zeit seiner Rekonvaleszenz schlief Kearton mehrere Male in voller Kleidung ein, und Toto zog ihm die Schuhe aus. «Es mag sein, daß viele, die dieses Buch lesen, der Ansicht sind, daß eine Freundschaft zwischen einem Affen und einem Menschen absurd sei und daß Toto, ‹nur ein Tier›, die Gefühle, die wir ihm zuweisen, gar nicht empfinden könne», so Kearton. «Sie würden nicht so urteilen, wenn sie wie ich seine Zärtlichkeit und Fürsorge erlebt hätten.»

Einem kranken, alten oder unglücklichen Tier wird, wie zuvor an dem Beispiel der verletzten Tatu beschrieben, die von ihren Gefährten gegroomt wurde, ebenfalls Hilfe angeboten. Man beobachtete einen ausgewachsenen wilden Schimpansen, wie er auf einen Baum kletterte und Mabungo-Früchte für seine Mutter sammelte, die zu alt und zu erschöpft war, um selbst noch auf Bäume zu klettern. Wir haben schon erwähnt, daß Nim, ein Schimpanse, der die Zeichensprache beherrscht, sich sehr einfühlsam weinenden Menschen gegenüber zeigte. Er war auch für andere Zeichen der Traurigkeit empfänglich. Tatsächlich erzählte seine Pflegemutter, daß er, als ihr Vater im Krankenhaus lag und an Krebs starb, sich wesentlich feinfühliger auf ihre Trauer einstellte und sein Trost viel wirkungsvoller war als der von allen anderen Mitgliedern ihrer Familie. Nims sechsunddreißigstes Wort war *sorry*, das er gebrauchte, wenn einer seiner Gefährten gekränkt war.

Mitleid kann auch Unterlassung bedeuten. In einem schrecklichen und nicht zu rechtfertigenden Versuch lehrte man fünfzehn Rhesusaffen an einer von zwei Ketten zu ziehen, um Futter zu bekommen. Nach einer Weile erweiterte man den Versuchsablauf um folgenden Aspekt: Wenn sie an einer der beiden Ketten zogen, erhielt ein Affe in einem angrenzenden Käfig einen kräftigen Elektroschock. Zwei Drittel der Affen bevorzugten es, an der Kette zu ziehen, die ihnen zu Futter verhalf, ohne daß der andere Affe einem Elektroschock ausgesetzt wurde. Zwei Affen, die gesehen hatten, daß sie Stromschläge auslösten, weigerten sich, überhaupt noch einmal an einer Kette zu ziehen. Die Affen waren weniger bereit, einen Schock bei ihren Artgenossen auszulösen, wenn sie die Tiere kannten oder wenn sie selbst schon einmal einen solchen Stromschlag bekommen hatten.

Das Verhalten dieser Verweigerer steht in einem starken Kontrast zu dem erwähnten Experiment mit Rhesusaffen, bei dem man isoliert aufgezogene Tiere mit Klebeband an einer kreuzförmigen Vorrichtung befestigte und zu «normalen», im Käfig aufgewachsenen Affen ins Gehege tat. Die nicht gefesselten Affen verhielten sich dem gefesselten Tier gegenüber sadistisch. Als sie in das Klebeband bissen, schlossen die Forscher, daß sie das gefesselte Tier nicht befreien wollten, denn sie malträtierten das Band viel weniger, als sie es in Situationen taten, in denen damit kein anderes Tier gefesselt war. Man könnte nun behaupten, daß das gefesselte Tier nicht in der Lage war, um Hilfe zu bitten, oder daß die Affen einfach nicht verstanden haben, wie man das gefesselte Tier hätte befreien können. Es bedeutet aber keinesfalls, daß eine Affengruppe, die in einer bestimmten Situation kein Mitleid zeigt, nicht unter anderen Umständen und auf andere Individuen durchaus mitleidig reagiert.

Die Altruismusdebatte

Altruismus bei Tieren wurde in den letzten Jahren heftig diskutiert, wobei viele Forscher die Existenz eines solchen Verhaltens bei Tieren abstreiten. Altruismus bedeutet in diesem Zusammenhang, ein anderes Lebewesen zu unterstützen und die eigenen Überlebenschancen dadurch zu vermindern. Richard Dawkins schreibt: «Altruismus, wie wir ihn verstehen, ist ein selbstzerstörerisches Verhalten, das anderen zugute kommt.» Wie kann die natürliche Auslese – ein Prozeß, in dem nur der Fitteste, der Geeignetste überlebt und seine Erbmasse erfolgreich weitergibt – ein Tier begünstigen, das seine Energien verschwendet oder sein Leben riskiert, indem es selbstloses Verhalten an den Tag legt? Man sagt, daß das nur von Nutzen für dieses Tier oder für seine Erbmasse sein kann, wenn sein Verhalten einem verwandten Tier gilt. Es wurden ausführliche Studien darüber angelegt, wie nahe ein Verwandtschaftsverhältnis sein muß, damit es sich für ein Tier in genetischer Hinsicht lohnt, einem anderen zu helfen. Unter diesen Gesichtspunkten kann man also bei der Unterstützung eines nahen Verwandten nicht mehr von Altruismus sprechen.

Richard Dawkins schreibt auf den ersten Seiten seines Buches *Das egoistische Gen*, daß er den Begriff Altruismus nur in bezug auf das Verhalten eines Tieres angewandt wissen will: «Ich beschäftige mich hier nicht mit der Psychologie der Motive.» Aber Verhalten und Motivation voneinander zu trennen, ist nicht so einfach, und wenn man es tut, so läßt man dabei wichtige Fragestellungen außer acht. Die soziobiologische Altruismus-Diskussion hat schwer gelitten infolge der Umdefinierung dieses umgangssprachlichen Begriffs. Wenn es Mitleid mit Verwandten als

Emotion gibt und nicht ausschließlich als Anpassungsverhalten, dann wird Mitleid mit Nichtverwandten ebenfalls möglich.

Ein Beispiel für Schimpansen-Mitleid mit Nichtverwandten – für jemand, der nicht gar so arge Not litt: Es geschah, als Geza Teleki einer Horde von Gombe-Schimpansen folgte und feststellte, daß er sein Mittagessen vergessen hatte, und daraufhin versuchte, mit einem Stock Früchte aus einem Baum zu schlagen, während die Schimpansen auf den in der Nähe stehenden Bäumen futterten. Als er es zehn Minuten erfolglos probiert hatte, pflückte Sniff, ein ausgewachsener Schimpanse, einige Früchte, kletterte vom Baum herunter und gab sie Teleki. Das ist auf jeden Fall Altruismus, denn der Mensch und der Affe waren ja nicht miteinander verwandt.

Sniffs Mutter starb einige Jahre später, und er adoptierte seine vierzehn Monate alte Schwester, mit der er sein Futter teilte, die er nachts in sein Schlafnest aufnahm und die er auf Schritt und Tritt mit sich herumtrug. Da sie jedoch noch nicht abgestillt war und ohne Muttermilch nicht existieren konnte, starb sie nach drei Wochen. Ein Soziobiologe würde Sniffs Verhalten nicht als altruistisch gelten lassen, da seine kleine Schwester ja einige Gene mit ihm teilte. Doch nach der üblichen Bedeutung des Begriffs Altruismus würde man in beiden Fällen von Mitleid sprechen, ähnlich, wenn auch unterschiedlich stark als Gefühl, das sowohl seine Adoption der Schwester wie auch sein Obstgeschenk an einen hungrigen Menschen motiviert hat.

Einige Handlungen, die in den Augen von Laien altruistisch erscheinen – etwa wenn ein Tier sein Leben riskiert, um seine Nachkommen zu retten –, gelten in der Wissenschaft nicht als altruistisch. Fortpflanzung garantiert die Replikation der Gene; wenn ein Tier seine Nachkommen nicht schützt, ist es weniger wahrscheinlich, daß seine Gene weiterkommen. Ebenso wird Altruismus verneint, wenn Hilfe außer den eigenen Kindern anderen Verwandten zugute kommt. Es konnte nachgewiesen werden, daß Tiere, die keine Chance haben, sich fortzupflanzen, sicherstellen können, daß ihre Gene weiterhin existieren, indem sie ihren Geschwistern, Nichten und Neffen, Eltern und anderen Verwandten helfen, da sie ja mit ihren Verwandten einige Gene gemeinsam haben. Ihre individuelle Überlebenschance mag dadurch nicht verbessert werden, doch ihr inklusives Weiterleben in Gestalt von gleichen Genen bei nachfolgenden Generationen verbessert sich. Evolutionstheoretisch ausgedrückt: Je größer die gemeinsame Erbmasse ist, desto effektiver ist es, einem Verwandten zu helfen. Solche Verwandtschaftsauslese (kin selection) wurde zur Erklärung herangezogen, warum es Stiefelternschaft (alloparenting) gibt, wobei ein Tier sich für die Aufzucht fremder Kinder einsetzt. Ein Wolf, der bei seinen Eltern bleibt und mithilft, die nächste Generation aufzuziehen, ist ein Alloparent. Vielleicht gibt es für diesen jungen Wolf oder diese junge Wölfin kein Territorium, wo er oder sie eine eigene Familie gründen könnte, so ist es für dieses Individuum die beste Chance, seine Gene weiterzuvererben, indem es die Aufzucht seiner Geschwister unterstützt, mit denen es im Durchschnitt fünfzig Prozent seiner Erbmasse gemeinsam hat. Aber vielleicht ist es auch einfach ein fürsorglicher Wolf, der seiner Familie beisteht.

Dawkins' Kalkulationen zielen darauf vorauszusagen, ob altruistisches Verhalten gegenüber Verwandten stattfinden wird oder nicht. Er beschreibt zum Beispiel den fiktiven inneren Dialog eines Tieres, das einen Haufen Pilze gefunden hat und sich nicht sicher ist, ob es das Futter-Signal abgeben soll. Wenn es das täte, würde es selbst weniger Pilze bekommen, aber gleichzeitig seinen Bruder und Vetter unterstützen, mit denen es viele Gene gemein hat. Dawkins muß, um den Vorteil des Herbeirufens von Blutsverwandten zu gewichten, eine komplizierte Kosten-Nutzen-Berechnung anstellen. Selbstverständlich behauptet Dawkins keineswegs, daß irgendein Tier jemals solche Kalkulationen anstellt. Er behauptet aber doch: «In Wirklichkeit füllt sich der Genpool mit Genen, welche die Körper veranlassen, sich so zu verhalten, als hätten sie derartige Rechnungen angestellt.»

Anhand eines anderen Beispiels diskutiert er die Frage, ob ein männlicher See-Elefant ein anderes Männchen, das Zugang zu vielen Weibchen hat, jetzt angreifen oder ob er mit seinem Angriff auf einen günstigeren Moment warten soll. Nachdem Dawkins den inneren Dialog des See-Elefanten über diese Frage ausgesponnen hat, schreibt er:

Dieses subjektive Selbstgespräch soll lediglich zeigen, daß der Entscheidung für oder gegen einen Kampf im Idealfall eine komplexe, wenn auch unbewußte «Kosten-Nutzen-Rechnung» vorausgehen sollte. (...) Es ist wichtig, sich klarzumachen, daß wir die Strategie nicht als etwas betrachten, das von dem Individuum bewußt ausgearbeitet wird. Erinnern wir uns daran, daß wir uns das Tier als eine roboterartige Überlebensmaschine mit einem die Muskeln steuernden, vorprogrammierten Computer vorstellen. Wenn wir die Strategie als eine Reihe einfacher Instruktionen in normaler Sprache niederschreiben, soll uns dies lediglich dabei helfen, sie uns vorzustellen. Mittels eines nichtspezifizierten Mechanismus verhält sich das Tier so, als ob es diesen Anweisungen Folge leistete.

Aber ein Tier als einen «Überlebensroboter» anzusehen, scheint widernatürlich. Es ist zweifelsohne ein lebendiges, fühlendes Wesen. Was Dawkins «unspecified mechanism» nennt, dürfte ja wohl Emotionen einschließen.

Bei Menschen wie bei Tieren wird Altruismus wahrscheinlich von Gefühlen begleitet, und demgemäß müssen diese genauso wie das Verhalten selbst untersucht werden. Beim altruistischen Verhalten gehören zu diesem «Mechanismus» die altruistischen Gefühle Mitleid, Einfühlung und Freigebigkeit. Diese Gefühle mögen ja durchaus «egoistischen Genen» dienen, aber ebensowohl können sie echten Altruismus im üblichen Sinne hervorbringen.

Wenn sich Theoretiker mit dem Thema Altruismus auseinandersetzen, verwenden sie als Beispiel häufig die Rettung vor dem Ertrinken. In einer Diskussion über die Frage, wie sich ein Gen durchsetzen kann, das die Rettung von Verwandten vor dem Ertrinken bewirkt, bemerkte der Biologe J. B. S. Haldane, daß er zweimal Menschen vor dem Ertrinken gerettet hat, ohne erst im geringsten darüber nachzudenken, ob sein Tun genetischen Nutzen mit sich bringe. Richard Dawkins sagt: «So wie wir uns vielleicht eines Rechenschiebers bedienen, ohne uns dessen bewußt zu sein, daß wir tatsächlich Logarithmen benutzen, kann ein Tier vorprogrammiert sein, sich so zu benehmen, *als ob* es eine komplizierte Rechnung angestellt hätte.»

Stimmt es, daß Tiere im wirklichen Leben nichtverwandte Lebewesen vor dem Ertrinken retten? Antike Sagen erzählen davon, daß Delphine Menschen vor dem Ertrinken retten, und obgleich sich manche von ihnen sehr plausibel anhören, ist keine dokumentiert. Sie scheinen in Teilen glaubhaft zu sein, da Delphine und Wale nicht nur anderen «Walfischen» helfen, sondern von Zeit zu Zeit auch leblose Gegenstände auf dem Kopf befördern. Sie verhalten sich dann so, wie das eine Delphinmutter mit ihrem Baby tut. Wenn ein Walbaby stirbt, kann es sein, daß die Mutter es mehrere Tage über Wasser hält. Wissenschaftler, die Belugaweibchen gesehen hatten, die Baumstämme oder anderes Treibholz auf dem Kopf trugen, nahmen an, daß diese Tiere vor kurzem ihre Kinder verloren hatten. Ein Großer Tümmler im Atlantik trug acht Tage lang einen Tigerhai auf seiner Schnauze mit sich herum. Vielleicht ist es ja nur unsere Spezies-Eitelkeit, doch möglicherweise sind Menschen ebenso anziehend für Wale wie Baumstämme und tote Haifische.

Washoe, die berühmte Schimpansin, der man zuerst die Zeichensprache beibrachte, lebte einige Zeit auf einer «Schimpansen-Insel» in einem Forschungsinstitut. Als sie sieben oder acht Jahre alt war, brachte man eine Schimpansin, die gerade in dem Institut angekommen war, auch auf dieser Insel unter, doch das Tier geriet in Panik, sprang über den elektrischen Zaun und fiel mit einem mächtigen Platsch in den Graben. Als der Wissenschaftler Roger Fouts herbeirannte, um ins Wasser zu springen und sie zu retten (ein ziemlich riskantes Unterfangen, da Schimpansen sehr viel stärker sind als Menschen), sah er, wie Washoe zum Zaun rannte, hinübersprang, auf dem schmalen Uferstreifen am Fuße des Zauns landete, einen Schritt in den Schlamm tat, sich mit einer Hand im Gras festklammerte und mit der anderen die Schimpansin in Sicherheit brachte. Fouts hebt hervor, daß die beiden Schimpansen sich nicht kannten.

Als man ihn fragte, ob ihn Washoes Verhalten überrascht habe, hielt Fouts irritiert inne: «Erst später, als die Theoretiker behaupteten, daß es so etwas wie Altruismus nicht gibt. Aber vorher ...» Dann sprudelte er hervor: «Wie Sie wissen, war ich im Begriff, dasselbe zu tun. Ich kannte die Schimpansin auch nicht besonders gut und rannte ebenfalls zum Wasser hinunter, nahm meine Brieftasche aus der Hose und war bereit, ihr hinterherzuspringen. Washoe ist mir zuvorgekommen. Ich glaube, daß ich auf dasselbe Signal wie Washoe reagiert habe: Jemand ist in Not!» Leider wissen wir nicht, wie sich die andere Schimpansin nach ihrer Rettung Washoe gegenüber verhalten hat. Fouts berichtet ebenfalls von einem ausgewachsenen Schimpansen, der im Zoo von Detroit in einen Graben fiel. Die Zoowärter waren zu ängstlich, ihn zu retten, da ausgewachsene Schimpansen so stark sind, aber ein Zoobesucher sprang ins Wasser und rettete den Affen.

Um anderen zu helfen, muß man zunächst erkennen, daß sie Hilfe brauchen. Diese Erkenntnis kann instinktiver oder kognitiver Art sein oder beides gleichzeitig. Eines Nachts in einer arktischen Bucht, wo sich Weißwale oder Belugas versammeln, waren drei von ihnen in Ufernähe von der Ebbe abgeschnitten worden. Eine Kiesbank, die sie bei Flut überquert hatten, versperrte ihnen den Rückweg. Die drei Belugas, ein erwachsenes und zwei Jungtiere, «schrien, ächzten und trillerten». Die anderen Wale schwammen vor der Kiesbank hin und her und antworteten. Ein Biologe watete hinaus zu der Kiesbank, was die Wale normalerweise zur Flucht veranlaßt hätte. Doch dieses Mal gaben sie in ihrer Aufregung gar nicht acht auf ihn.

Die Wale hatten keine Möglichkeit, ihren Artgenossen zu helfen, doch die Wal-Beobachter hielten die gestrandeten Belugas feucht, so daß sie bei der nächsten Flut wegschwimmen konnten. Dies ist eine reine Gefühlsgeschichte. Die gefangenen Wale fürchteten sich und riefen um Hilfe. Die anderen Wale waren besorgt und kamen, um zu helfen oder um wenigstens ihre Besorgnis zu zeigen. Wale sind in der Lage, ihre Artgenossen um Hilfe zu rufen, und in manchen Fällen können diese ihnen auch helfen. Hier schienen die Wale Angst und Empathie zu fühlen, obwohl die freien Tiere den gefangenen nicht wirklich helfen konnten. Die Biologen Kenneth Norris und Richard Connor bemerken dazu: «Wenn (...) Geschichten von Delphinen, die Menschen an Land befördern, wahr sind, dann müssen wir das in denselben Zusammenhang stellen, in den Menschen gehören, die gestrandete Delphine wieder ins Wasser bringen.»

Tiere haben auch die Veranlagung, gefühllos zu sein, was Menschen meist bestürzt. Sie legen regelmäßig ein Verhalten an den Tag, das uns schockiert: wenn sie ihre toten Babys fressen oder wenn sie zulassen, daß sich ihre Nachkommen gegenseitig auffressen. Es ist möglich, daß eine Löwin, die alle ihre Jungen aus einem Wurf bis auf eines verloren hat, dieses eine übriggebliebene verläßt. Ein Elterntier, das sein Junges energisch gegen einen Räuber verteidigt hat, kann anscheinend ungerührt von dannen ziehen, wenn es dem Räuber doch gelungen ist, das Junge zu erwischen – obwohl die Ungerührtheit auch Ausdruck von Verzweiflung sein kann.

So wie Freundlichkeit und Grausamkeit nebeneinander existieren können, so treten auch Mitleid und Gleichgültigkeit parallel in Erscheinung. Vorkommnisse, die das Wirken des einen nahelegen, heben das andere nicht auf.

Mitleid zwischen den Arten

Jedes Lebewesen zeigt Mitleid am ehesten gegenüber Artgenossen. Manche Tiere weiten ihre Beziehungen über die Grenzen ihrer eigenen Spezies hinweg aus auf «Mit-Katzen», «Mit-Vögel» oder «Mit-Waltiere». Für viele Menschen ist es eine der größten Sensationen, wenn ein Tier sie so behandelt, als wären sie seinesgleichen. Ein erstaunliches Beispiel für dieses

Mit-Gefühl liefern die Schwertwale oder Orcas, die auch Killerwale genannt werden. Im Gegensatz zum Großen Weißen Hai ist nicht bekannt, daß Orcas in der freien Natur jemals einen Menschen tödlich verletzt hätten, obwohl diese Fleischfresser alles verzehren, was ihnen die See bietet, von großen Fischen bis zu riesigen Walen, Delphinen, Robben und Vögeln, ja selbst zuweilen Eisbären. Es wäre für sie ein leichtes, auch auf Menschen Jagd zu machen, doch sie haben es immer konsequent vermieden. Wenn man bedenkt, was sie sonst fressen und daß sie auf Menschen verzichten, so könnte man bei ihnen wirklich so etwas wie Mit-Gefühl vermuten. Handelt es sich dabei um einen Überrest von Mitleid? Liegt darin die Anerkennung von Gemeinsamkeiten? Wenn dem so ist, dann hat unsere Spezies sich dafür nicht entsprechend erkenntlich gezeigt.

Trotz der vielen Unterschiede behandeln Delphine Menschen häufig als Ebenbürtige. Selbst Delphine in der Wildnis zeigen oft ein Interesse daran, mit Menschen zu spielen. Die berühmten wilden Delphine vom Monkey Mia Beach in Australien kamen regelmäßig, um mit den Menschen zu spielen. Es war zur Gewohnheit geworden, ihnen Fisch anzubieten, den die Delphine jedoch nicht immer nahmen, oder sie nahmen ihn und fraßen ihn nicht. Es ist nur verständlich, daß eine Kreatur, die sich jederzeit frischen Fisch fangen kann, nicht besonders erpicht ist auf Exemplare, die schon seit Stunden tot sind.

Was geht in einem Delphin vor, der einen toten Fisch annimmt und ihn dann nicht frißt? Zwei Reporter, die Monkey Mia Beach besuchten, sahen, wie ein Delphin einen Fisch von einem Touristen bekam und diesen dann ihnen zuschob. Verwirrt nahmen die Journalisten den Fisch an. Als der Delphin sie beobachtete, fühlten sie sich peinlich und wußten nicht, ob sie den Fisch essen, zurückgeben oder sonst etwas damit anstellen sollten. Als sie noch zögerten, kam der Delphin dicht an sie herangeschwommen, schnappte den Fisch wieder und tauchte davon. Die beiden Reporter hatten das Gefühl, unbewußt einen Fauxpas begangen zu haben.

Auf eine andere Weise behandelt ein Tier einen Menschen wie seinesgleichen, wenn es ihn um Hilfe bittet. Der Akt, um Hilfe zu bitten, um Mitleid zu ersuchen, weist im Grunde darauf hin, daß die Fähigkeit, Mitleid zu empfinden, bei dieser Spezies vorausgesetzt wird. Wie könnte sonst ein Tier um Mitleid bitten, wenn es nicht wüßte, was Mitleid ist? Warum sollte es eine angeborene Fähigkeit haben, um etwas zu bitten, was bei seiner Art nicht vorkommt? Mike Tomkies berichtet von der Rettung eines verwundeten Dachses: «Das erklärte sein einsames Dasein in seinem Bau und vielleicht auch, daß er, nachdem er unseren Geruch wahrgenommen und irgendwie gespürt hatte, daß wir ihm freundlich gesinnt waren, direkt auf uns zukam. Es ist merkwürdig, wie viele kranke Tiere, selbst sterbendes Rotwild im Winter, dicht an uns herankommen, so als ob sie wüßten, daß wir ihnen helfen.»

In ihrem Buch *Lily Pond* beschreibt Hope Ryden, wie ein älteres Biberweibchen, das sie über mehrere Jahre beobachtet hatte, ausgemergelt und mit einer verletzten Pfote unerwartet auf sie zukam. Als Ryden mit ihrem Fernglas am Ufer des Teiches saß, schwamm die alte Biberfrau Lily zu ihr herüber, hangelte sich aus dem Wasser und gab das einschmeichelnde Geräusch der Biberjungen von sich. Ryden reagierte darauf, indem sie Espenzweige (bei Bibern sehr beliebt) an den Teich brachte, um Lilys Ernährung damit zu ergänzen. Die Espenzweige wurden gern angenommen. Ryden hatte schon vorher Zweige an den Teich gebracht, doch heimlich, da die Biber nicht bemerken sollten, daß sie von ihr kamen. Lilys erwachsener Sohn Huckleberry war wohl weniger einfühlsam, denn er versuchte regelmäßig, seiner Mutter ein paar Espenzweige zu klauen.

Cynthia Moss schreibt über eine sehr kranke Elefantenkuh, die zum Fenster ihres Land-Rovers kam und dort stehen blieb, «ihre Augenlider von Zeit zu Zeit anhob und mich anschaute. Ich wußte nicht, was sie da tat, doch mir war klar, daß sie auf irgendeine Weise versuchte, mir ihr Leid mitzuteilen. Ich war zutiefst gerührt und zugleich bestürzt.» Barry Lopez, der Autor des Buches *Of Wolves and Men*, erzählt von einem Jäger, der einen großen schwarzen Wolf mit einer Fußangel gefangen hatte. Als er sich der Falle näherte, streckte ihm der Wolf sein abgeklemmtes Bein entgegen und winselte.

Manchmal kann der Ruf nach Mitleid auch täuschen. Ein Kaninchen in Todesgefahr, im Fang eines Kojoten etwa, gibt einen überraschend lauten Angstschrei von sich. Andere Kaninchen ignorieren diesen Schrei, sie rennen weder herbei, um zu erfahren, was los ist, noch gehen sie selbst in Deckung. Man glaubt, daß der Nutzen dieses Angstschreis darin besteht, daß andere Raubtiere angelockt werden, denn die Angstschreie von Kaninchen locken Räuber an. Es kommt vor, daß im Zuge des nachfolgenden Tumults zwischen den Räubern das Kaninchen manchmal entkommt.

Zur Empathie gehört etwas, das nicht für genetisch fragwürdig gehalten wird, und das zeigt sich, wenn es zu einer Kooperation kommt, wenn also beide Beteiligten ihren Vorteil haben. So zum Beispiel wenn ein Löwe merkt, daß ein anderer ein paar Gnus jagt, und sich einschaltet, um zu helfen und sich an der Beute zu beteiligen. In diesem Fall spricht man von Kooperation und nicht von Altruismus. Tatsächlich ist es so, daß Löwen im Endeffekt mehr Beute machen, wenn sie gemeinsam jagen, als wenn sie allein auf Jagd gehen. Wenn ein Löwe einem anderen bei der Jagd hilft und dann nicht seinen Anteil an der Beute nimmt und wenn es sich dabei nicht um einen nahen Verwandten handelt, dann würden wir das Altruismus nennen.

Selbstmitleid

Wenn man Altruismus unter Verwandten erforscht, kommt man oft in die frustrierende Phase, in der man herausfinden muß, wer mit wem wie verwandt ist. Für die meisten Wissenschaftler, die beobachten, wie ein wildes Tier dem anderen hilft, ist es unmöglich zu erfahren, in welchem verwandtschaftlichen Verhältnis diese Tiere zueinander stehen. Langzeitstudien, wie sie Jane Goodall am Gombe durchgeführt hat, werfen einiges Licht auf diese Fragen. Die meisten Verhaltensforscher haben jedoch keinen Zugang zur Vorgeschichte ihrer Untersuchungsobjekte. Selbst am Gombe weiß man nur, wer die Mutter eines Schimpansen ist, während man über den Vater nur Spekulationen anstellen kann. Und wenn man dann weiß, in welchem verwandtschaftlichen Verhältnis die Tiere zueinander stehen, dann kann man nicht mit Bestimmtheit sagen, ob die Tiere wissen, wer eine Schwester oder ein Onkel ist. Einige wenige Studien haben gezeigt, daß bestimmte Tiere ihre Verwandten in ganz überraschenden Situationen vorziehen. Schweinsaffenkinder spielten lieber mit Schweinsaffenkindern, die ihre Halbgeschwister waren, als mit nichtverwandten, obwohl sie denen nie zuvor begegnet sind. Ob dies etwas zu tun hat mit altruistischem Verhalten, mit Inzestvermeidung oder noch eine andere Funktion hat, ist unbekannt.

Vermutungen über die Verwandtschaftsverhältnisse bei Tieren können falsch sein. Bei Bergziegen kommt es vor, daß Jungtiere sich zu einem Muttertier halten, das noch wesentlich jüngere Kinder hat, da, wie bei vielen Tieren, die Ziegen ihrer Mutter ein bis zwei Jahre folgen. So kann es sein, daß Wissenschaftler, die eine Gruppe von Ziegen beobachten, die sich aus einem Muttertier, einem Kitz, einem einjährigen Tier und einem zweijährigen Tier zusammensetzt, für eine Familie im biologischen Sinne halten. Man hat jedoch herausgefunden, daß junge Bergziegen oft Muttertieren folgen, die nicht ihre biologischen Mütter sind.

Altruismus in bezug auf verwandte Tiere wird von der Wissenschaft anerkannt, da er die Erhaltung der Gene eines Lebewesens begünstigt. Ebenso erkennt sie jene Form des Altruismus an, die auf Gegenseitigkeit beruht: Lebewesen helfen anderen Lebewesen und erwarten dafür im Gegenzug deren Hilfe. Daß es das bei Tieren wie bei Menschen gibt, haben wir gezeigt. Doch oft ist es auch so, daß Menschen wie auch Tiere in Situationen

Hilfe leisten, wo es sehr unwahrscheinlich ist, daß ihre Hilfe erwidert wird. Tatsächlich erwartet bei uns die Gesellschaft, daß solche kleinen Gefälligkeiten jederzeit erwiesen werden. Ist das nicht der Fall, sind wir sofort indigniert.

In dem theoretischen Modell eines wechselseitigen Altruismus tauschen zwei Tiere untereinander Vergünstigungen aus, und jede Seite gewinnt dabei einen Gesamtvorteil. Ein Tier, dessen Artgenossen entdeckt haben, daß es keine Gegenleistungen erbringt, wird in Zukunft auch keine Hilfe mehr zu erwarten haben. Wissenschaftler, die sich mit dem Thema des wechselseitigen (reziproken) Altruismus befaßten, machten Aufnahmen von den Schreien, die Grüne Meerkatzen ausstoßen, wenn sie einander bedrohen und wenn sie ihresgleichen um Hilfe rufen. Später dann haben sie im Urwald diese Schreie von verschiedenen Tieren abgespielt und die Reaktionen der Meerkatzen auf diese Hilfegesuche beobachtet. Man fand heraus, daß die Meerkatzen am ehesten geneigt waren, auf die Rufe von nichtverwandten Affen zu reagieren, wenn es sich dabei um Tiere handelte, mit denen sie kürzlich Fellpflege oder irgendeine andere Gefälligkeit ausgetauscht hatten. Im Gegensatz dazu antworteten sie auf die Rufe näherer Verwandter immer, ganz gleich, ob sie sich zuvor gegroomt hatten oder nicht. Man vermutet, daß bei geselligen Tieren die Notwendigkeit, ihre Dankesschulden im Kopf zu haben, zur Entwicklung der Intelligenz beigetragen hat.

Dankbarkeit

Während es einerseits sein mag, daß ein Tier gefühlsneutral darüber Buch führt, wer wem etwas schuldet, kann solches Verhalten andererseits auch gefühlvoller übermittelt werden, wozu nicht nur Liebe gehört, sondern auch Dankbarkeit und tiefer Groll. Leider ist Dankbarkeit eine der undefinierbarsten Emotionen, daß Zyniker manchmal behaupten, es gebe sie gar nicht unter Menschen. Wenn A etwas für B tut und B daraufhin sehr freundlich zu A ist, könnte man sagen, daß B dankbar ist. Doch es gibt auch die Meinung, daß B nur hofft, noch mehr von A begünstigt zu werden oder sich an der Gesellschaft von A erfreut oder so handelt, weil die Gesellschaft es von ihm erwartet. Wäre B ein Hund, könnte man mit denselben Argumenten operieren. Doch glauben die meisten Menschen tatsächlich, daß es Dankbarkeit gibt, weil sie das Gefühl der Dankbarkeit von sich selbst kennen. Warum sollten nicht auch Tiere das Gefühl der Dankbarkeit kennen?

Vielleicht ist ihr schlechtes Gewissen daran schuld, daß die Menschen es am liebsten sehen, wenn Tiere sich dankbar zeigen – ihnen gegenüber. Der amerikanische Kritiker und Essayist Joseph Wood Krutch erzählt von einem an die englische Vierteljahrsschrift *The Countryman* gerichteten Leserbrief, der von der Dankbarkeit eines Schmetterlings berichtet. Der Leser hatte gesehen, daß an dem Auge des Schmetterlings eine Milbe klebte, und entfernte diese vorsichtig. Der Schmetterling entrollte daraufhin seine Zunge und leckte ihm die Hand. Der Leserbriefschreiber war der Ansicht, daß es sich dabei um eine Geste der Dankbarkeit handelte. Der Aussage anderer Leser zufolge lekken Schmetterlinge vermutlich wegen das Salzgehalts öfters an menschlicher Haut. Es erscheint unwahrscheinlich, daß Schmetterlinge es als eine Dankbarkeitsgeste verstehen, wenn sie lekken: sie lecken sich auch nicht gegenseitig, so wie das Hunde tun. Die Wahrscheinlichkeit, daß ein Insekt sich mit einer solchen Geste bei einem Primaten bedankt, scheint sehr gering. Ornithologen hören manchmal Geschichten von wilden Vögeln, die sich für Hilfeleistungen von seiten der Menschen bedanken, indem sie singen. Das ist ebenso unwahrscheinlich, denn es gibt keinen Hinweis darauf, Vögel wüßten, daß wir uns an ihrem Gesang erfreuen, doch die Idee ist sehr reizvoll.

In der Wüste Negev fing Salim, ein Beduine, einen Wüstenluchs, der seinen Hühnerstall ausgeraubt hatte. Er wollte das Tier eigentlich töten, es tat ihm aber leid, und nach drei Tagen ließ er es frei. Der Karakal rannte weg und erlegte am nächsten Tag ein weiteres Huhn. In den nächsten Monaten kam der Wüstenluchs gegen Abend häufiger zu Salims Haus, lag in den Ästen einer Akazie und starrte Salim an, der in einem Schaukelstuhl saß und zurückschaute. Selbst als der Luchs das letzte Huhn erlegt hatte, kam er noch zu Salim und starrte ihn an. Vielleicht war der Wüstenluchs neugierig. Vielleicht war er demjenigen, der ihn gefangen und eingesperrt hatte, feindlich gesinnt. Vielleicht wollte er aber auch nur die Verbindung aufrechterhalten. Vielleicht empfand er Dankbarkeit.

Papageientrainer versuchen manchmal, die feindselige Einstellung eines Papageien einer Person gegenüber zu beeinflussen, indem sie eine Situation schaffen, in der das Tier Angst hat und von der verhaßten Person gerettet wird. Mattie Sue Athan, Papageien-Verhaltensberaterin, hat über eine solche Rettungsaktion geschrieben, die sich zufällig ergab. Der Papagei, ein sehr zänkischer afrikanischer Graupapagei, lebte in einem Zoogeschäft und machte die Mühen verschiedener Trainer zunichte. Als Frau Athan ihn aus dem Käfig ließ, stürzte er auf das Gitter eines Frettchen-Stalls ab. Das Frettchen schnappte nach einem Zeh des Papageis, biß ihn blutig und zog kräftig daran. Der Papagei schrie vor Schmerz und Angst, bis es Mattie Athan gelang, das Frettchen loszumachen. Der Vogel war daraufhin sofort sehr zahm und verhielt sich ihr gegenüber freundlich. Die Rettungsmethode ist recht zuverlässig, wenn man einen Papageien für sich gewinnen will, aber manchmal wurde sie auch von skrupellosen Trainern auf schreckliche Weise ausgenutzt. Ob das gerettete Tier seinem Retter Dankbarkeit oder lediglich Vertrauen oder Bewunderung entgegenbringt, das ist dieselbe Frage, die wir uns in bezug auf gerettete Menschen stellen.

Die Dankbarkeit, die Tiere ihresgleichen entgegenbringen, ist weit besser dokumentiert als die, die sie Menschen erweisen. Eines Abends wurde im Busch von Kenia Tatu, ein junger Zwergmungo, von seiner Familie getrennt, als eine Antilope, die vor einer Windhose flüchtete, durch die Mungo-Gruppe galoppiert war. In der Abenddämmerung ziehen sich die Mungos für gewöhnlich in Termitenbauten zurück, aber Tatu war ungefähr fünfzig Meter von ihrer Familie entfernt. Sie gab «Wo seid ihr?»-Rufe von sich und lief auf ihrem Termitenhügel hin und her. Ihre Familie antwortete wiederholt mit den Rufen: «Hier sind wir!» und wurde dabei immer lauter, aber Tatu wagte sich nicht auf den Weg zu ihren Verwandten. Als es schon fast dunkel und Tatu ganz heiser war, kauerte sie sich oben auf dem Hügel zusammen. Ihre Eltern und ein weiterer Mungo (wahrscheinlich ihre Schwester) kamen schließlich zu ihr herüber. Sie versuchten, möglichst in der Deckung zu bleiben, während die anderen sie beobachteten und den Erdboden sowie den Himmel nach Feinden absuchten. Als die drei bei Tatu ankamen, sprang diese zu ihnen hinunter und fing an, sie zu lecken und zu groomen. Als sie alle drei gegroomt hatte (zuerst ihre Mutter, dann ihren Vater und anschließend den dritten Mungo), gingen sie zur Gruppe zurück. War Tatu nun dankbar oder nur erfreut, ihre Familie wiederzusehen? Ihr Vater machte etwas Ungewöhnliches, als sie anfing, ihn zu groomen, er rieb seine Wangendrüsen an ihr, was Mungos nur tun, wenn sie sich darauf vorbereiten, miteinander zu kämpfen. Es ist durchaus möglich, daß die Situation ihn ärgerlich gestimmt hatte und Tatu versuchen wollte, ihn zu beschwichtigen.

Elizabeth Marshall Thomas ist der Ansicht, daß Raubtiere sich auch ihren Opfern gegenüber dankbar zeigen. Sie führt das Beispiel einer Gruppe von Löwen an, die einen Kudu getötet hatten. Einer der Löwen nahm das Gesicht des Kudus zwischen seine Pfoten und leckte es, so wie er das auch mit anderen Löwen tun würde. Als er das tat, schloß sich ihm ein Löwenjunges an, das Gesicht des Kudus zu putzen. Ein anderes Beispiel berichtet von einem Puma, der sich hingelegt hatte und das Dickhornschaf, das er gerade erlegt hatte, zärtlich streichelte. Eine solche Form der Dankbarkeit wird zwar nicht von Kudus oder Dickhornschafen geschätzt, doch das ändert nichts an der Tatsache, daß die Großkatzen sie wirklich empfinden.

Rache

Das Gegenteil von Dankbarkeit ist Rache. Papageien sind berüchtigt dafür, nachtragend zu sein. Es ist erwiesen, daß ein Tier Antipathien gegen eine bestimmte Person hegen kann und derselben aggressiv begegnet. Um sich mit einem Papageien gut zu stehen, ist es von Vorteil, nicht derjenige zu sein, der ihm seine Krallen schneidet und den Schnabel kürzt. Wenn das eine Gefühl möglich ist, warum dann nicht auch sein Gegenteil?

Ein junger Pseudo-Killerwal namens Ola, die in einem Ozeanarium lebte, war an eine Gruppe von Tauchern gewöhnt, die in ihrem Becken arbeitete. Einer der Taucher ärgerte Ola heimlich. Die Verwaltung des Aquariums erfuhr davon erst, als Ola dem Mann ihre Schnauze in den Rücken bohrte, ihn auf den Beckenboden stieß und ihn dort festhielt. (Er trug eine Taucherausrüstung, so daß er nicht ertrank.) Die Versuche, den Taucher dadurch zu befreien, daß man Ola Befehle gab, sie mit lauten Geräuschen erschreckte oder ihr Fisch anbot, blieben erfolglos. Nach fünf Minuten ließ Ola den Taucher frei. Die anschließenden Untersuchungen ergaben, daß er das Tier gefoppt hatte.

Dankbarkeit und Rachsucht – diese «Wie-du-mir-so-ich-dir»-Reaktionen – könnten sich als die Träger des wechselseitigen Altruismus erweisen. Man könnte aufgrund der Beweislage argumentieren: Wenn Tiere die Fähigkeit besitzen, Mitleid und Großzügigkeit zu fühlen, also altruistisches Verhalten im üblichen Sinne zeigen, und selbst wenn sich dieses Gefühl zum Zweck einer Bevorteilung der eigenen Gene entwickelt hat, so bringt dieses Gefühl doch auch Verhalten hervor, das nicht immer von Vorteil sein muß. Theoretiker haben gelegentlich die Möglichkeit eines nichtvorteilhaften Verhaltens eingeräumt, was den Rückschluß auf das Wirken ganz anderer Kräfte erlauben würde. Richard Dawkins, der sich mit dem Phänomen beschäftigt, daß Affen nichtverwandte Babys adoptieren, bemerkt: «In der Mehrzahl der Fälle sollten wir die Adoption, so rührend sie auch zu sein scheint, als Fehlanwendung einer eingebauten Regel betrachten. Das edelmütige Weibchen tut seinen eigenen Genen keinen Gefallen damit, daß es sich um das verwaiste Junge kümmert. Es verschwendet Zeit und Energie, die es in das Leben seiner eigenen Verwandten, insbesondere zukünftiger eigener Nachkommen, investieren könnte. Vermutlich kommt der Fehler zu selten vor, als daß sich die natürliche Auslese ‹die Mühe gemacht› hätte, die Regel zu ändern, indem sie den mütterlichen Instinkt kritischer macht.» Man stelle sich die Reaktion auf dieses Zitat vor, wenn man nicht wüßte, daß es sich auf Tiere bezieht. Ein großzügiges weibliches Tier, das einen «Fehler» macht, beweist kaum, daß Großzügigkeit – und Altruismus – bei Tieren nicht vorkommen. Doch diese Möglichkeit wird normalerweise nicht weiter verfolgt, so daß Dawkins auf der letzten Seite von *Das egoistische Gen* uns versichern kann:

«Wir können sogar erörtern, auf welche Weise sich bewußt ein reiner, selbstloser Altruismus kultivieren und pflegen läßt – etwas, für das es in der Natur keinen Raum gibt, etwas, das es in der gesamten Geschichte der Welt nie zuvor gegeben hat. Wir sind als Genmaschinen gebaut und werden als Memmaschinen erzogen, aber wir haben die Macht, uns unseren Schöpfern entgegenzustellen.»

Eine wissenschaftliche Untersuchung über das Phänomen des Food-sharing bei Vampir-Fledermäusen stellte kürzlich fest, daß «echter Altruismus in der Tierwelt bisher nicht belegt werden konnte, vermutlich deswegen, weil ein solches Einbahn-System evolutionär nicht stabil ist». Die Ergebnisse dieser Studie weichen jedoch ein wenig von diesem generellen Statement ab. Die Fledermäuse teilen ihre Nahrung (das Blut anderer Tiere, normalerweise von Pferden) mit anderen Fledermäusen, die zu derselben Schlafgruppe gehören. Für das Überleben dieser Tiere ist solches Verhalten essentiell, da sie ohne Futter sehr schnell verhungern. Die Forscher bildeten eine kleine Kolonie von Fledermäusen, um herauszufinden, mit wem die Tiere ihre Nahrung teilten: mit Verwandten, mit Freunden (das wäre reziproker Altruismus) oder mit Fremden. Die Fledermäuse, die auf ihrer Jagd erfolgreich gewesen waren, teilten mit Verwandten und mit bestimmten Freunden. «Nur einmal wurde auch ein fremdes Tier beteiligt», stellt die Untersuchung fest und möchte damit beweisen, daß Fledermäuse sich *nicht* altruistisch verhalten. Tatsächlich war dies jedoch *einmal* der Fall. Die Interpretation der Forscher lautet, die beiden abgebenden, fremden Fledermäuse hätten sich geirrt.

Wenn es überhaupt vermerkt wird, dann behandelt die Forschung altruistisches Verhalten als extreme Ausnahme und als eigentlich kaum mitteilenswert. Einige Menschen, unter ihnen vorrangig Naturwissenschaftler, erliegen der mächtigen Anziehungskraft des Dogmas, daß die ganze Welt von Eigeninteresse regiert wird. Daraus leitet sich für sie ab, daß Güte, Aufopferung und Großzügigkeit bestenfalls naiv, schlimmstenfalls selbstmörderisch sind. Diese Ansicht auf Tiere zu übertragen, dürfte zu den verborgeneren Anthropomorphismen der Wissenschaft gehören. Wenn einige Menschen so handeln, so muß das noch lange nicht auf Tiere zutreffen. Doch scheint die Vorherrschaft des naturwissenschaftlichen Denkens auf dem Spiel zu stehen, wenn man verkündet, Mitleid unter Tieren, woran jeder aus eigener Erfahrung glaubt, sei total falsch. Und es scheint einigen Leuten ein besonderes Vergnügen zu bereiten, den Nachweis zu führen, daß alles Verhalten letzten Endes blanker Egoismus ist. Robert Frank schreibt in *Passions Within Reason*: «Keine größere Demütigung kann dem abgebrühten Forscher passieren, als wenn ein scharfsinnigerer Kollege ihm nachweisen kann, daß ein von ihm als altruistisch bezeichnetes Verhalten in Wirklichkeit von Eigennutz motiviert war. Diese Furcht erklärt, warum Verhaltensforscher die Tinte nicht halten können, wenn es darum geht, selbstsüchtige Motive für scheinbar selbstlose Verhaltensweisen zu finden.» Es steht außer Frage: die «Politik» hinter der Entscheidung, was man erforschen will, engt das Verstehen von Verhalten immer ein.

Bei all diesen Kalkulationen wird menschliches Verhalten normalerweise nicht berücksichtigt, es sei denn, man hat das eigennützige Verhalten zu einem scheinbar allgemeingültigen Gesetz allen Lebens erhoben, woraufhin dann die Soziobiologen plötzlich erklären, daß entweder der Mensch ebenfalls diesem Gesetz unterliegt oder umgekehrt, daß sein Verhalten die große Ausnahme darstellt.

Nicht alle Wissenschaftler sind in diese Falle gegangen. Einige haben die Möglichkeit diskutiert, daß es so etwas wie ein generelles Verhaltenspotential für Altruismus geben könnte. So gingen Richard Connor und Kenneth Norris der Frage nach, ob bei Delphinen auf Gegenseitigkeit beruhender Altruismus vorkommt, und gelangten zu einer positiven Antwort und gleichzeitig zu der Einsicht, daß dieses reziproke Konzept nicht ausreicht, um Altruismus bei Delphinen zu erklären. Sie postulieren, daß altruistische Tendenzen ganz generell bei Delphinen vorausgesetzt werden müssen: «Altruistisch handeln diese Tiere mit großer Freizügigkeit und nicht unbedingt in Richtung derjenigen Artgenossen, die dieses Handeln erwidern können oder werden. Und der Empfänger muß noch nicht einmal notwendig der Spezies des altruistischen Gebers angehören.» Connor und Norris weisen darauf hin, daß in der Gesellschaft der Delphine einzelne Tiere sich nicht nur der Geberrolle anderer Tiere ihnen gegenüber bewußt sind, sondern auch gegenüber anderen Delphinen allgemein. Diese Forscher pflichten dem Biologen Robert Trivers bei, daß solche «Vielparteienkonstellationen» allgemein-altruistisches Verhalten fördern, da das einzelne Tier von anderen als Betrüger (oder als freigebig) angesehen wird. «In diesem Fall ist es für ein Individuum A im Sinne der Selektion förderlich, wenn es einem anderen Individuum, B, etwas Gutes tut, selbst wenn A weiß, daß B ihm keine adäquate Gegenleistung erbringen wird. Die Position von A wird nämlich dadurch gestärkt, daß die Tendenz derjenigen Tiere, die von As altruistischem Handeln erfahren haben, ihrerseits A altruistisch zu begegnen, zunimmt.» Hat man erst einmal zugestanden, daß Generosität bei Tieren theoretisch möglich ist, so kann man ebenfalls einräumen, daß sie bei einigen Spezies real vorkommt.

Folgt man der Evolutionstheorie, so erfährt ein Tier eher Mitleid von einem Elternteil als von einem entfernteren Verwandten; von einem Verwandten eher als von einem Nichtverwandten; von einem Bekannten eher als von einem Fremden; von einem Artgenossen eher als von einem Artfremden. Noch weniger Mitgefühl würde man von einer Spezies erwarten, die nicht einmal ihre Eiergelege bewacht. Selbst wenn dies stimmen würde, könnte Mitleid immer noch ein übergreifendes Gefühl sein, das altruistisches Verhalten auch im Sinne der Soziobiologie hervorbringen kann und das auch tut.

Die Erwartung, daß Altruismus bei Tieren vorkommt, kann aber auch in die Irre führen, wie das folgende Beispiel belegt. Es geht um das berüchtigte Abschlachten von Delphinen, das auf der japanischen Insel Iki stattfand, wo Hunderte von Delphinen von Fischern getötet wurden, die sich auf diese Weise eine unliebsame Konkurrenz vom Halse schafften. Fünf Jahre lang hatten die Fischer keine Schwierigkeiten, die Tiere für dieses jährliche Gemetzel zusammenzutreiben. Dies verwunderte viele Beobachter, die gekommen waren, um das Töten zu verhindern, denn daß Delphine intelligente Tiere sind, vielleicht sogar intelligenter als Menschen, wird allgemein geglaubt. Eine Theorie zur Erklärung dieses Verhaltens besagte, daß die Tiere sich altruistisch verhielten, daß sie es freiwillig zuließen, gefangen und getötet zu werden, um zu erreichen, daß das weltweite, von den Medien verbreitete Erschrecken über dieses Spektakel zu einem besseren Schutz für wilde Tiere führen würde. Diese Delphine wären demnach als Märtyrer gestorben. Nach fünf Jahren geschah folgendes: Eine Gruppe von diesen Flaschennasen-Delphinen oder Großen Tümmlern ließ sich nicht in die Enge treiben, sondern tauchte unter den sie einkreisenden Booten hinweg und schwamm ins Freie. Vielleicht waren sie des Märtyrertums überdrüssig geworden.

Wie viele Tiere helfen anderen Tieren? Wie weit wird ein Tier gehen, um einem anderen Tier zu helfen? Wieviel wird es riskieren? Wie viele Menschen helfen anderen, und welche Hindernisse sind sie bereit, dafür zu überwinden? In der Holocaust-Gedenkstätte Yad Va Shem in Israel findet man eine Straße der Gerechten zur Erinnerung an diejenigen Nicht-Juden, welche ihr Leben riskierten, um Juden vor der Ausrottung zu bewahren. Immer wenn neue Heldentaten dieser Art bekannt werden, dann fügt man der Allee weitere Bäume zum Gedenken an die Retter hinzu. Wie würde ein Hain dieser Art für Tiere aussehen? Vielleicht besingen ja die Wale große Taten liebevoller Aufopferung, die vorzeiten Helden-Walkühe vollbrachten.

9 SCHAM, SCHAMRÖTE UND VERBORGENE GEHEIMNISSE

Darwin behauptete, daß nur Menschen vor Scham erröten. Seitdem hat man Gefühlsregungen wie Scham, Scheu, Schuld, peinliche Berührtheit und Selbstbewußtsein – alles Gefühle, bei denen es darum geht, wie man selbst von anderen wahrgenommen wird –, nur dem Menschen zugewiesen. Doch es gibt Beispiele dafür, daß auch viele Tiere diese Regungen kennen, und Scham scheint sich dabei überraschenderweise als ein fundamentales Gefühl zu entpuppen.

Als man Jane Goodall fragte, ob Schimpansen jemals beschämt oder peinlich berührt sind, lachte sie und sagte: «Oh, ja, das sind sie manchmal. In der Wildnis treffen wir das nicht so oft an. Das beste Beispiel, das ich kenne, lieferte der junge Freud, als er etwa sechs Jahre alt war. Es passierte, als er in Gegenwart seines Onkels Figan, dem Alpha-Männchen der Horde, mächtig prahlte – sein Verhalten konnte man wirklich nur mit Prahlen bezeichnen. Figan versuchte gerade Fifi, das Neugeborene, zu groomen, als Freud wild herumtobte, Zweige schüttelte und viel Aufhebens von sich machte. Er kletterte einen großen Plantainbananenbaum hinauf, der wie die gewöhnliche Bananenstaude einen ziemlich weichen Stamm hat. Er schaukelte hin und her, hin und her, und plötzlich machte es krach! – und er knallte auf den Boden. Zufällig landete er dicht neben mir. Ich konnte sein Gesicht sehen, und das erste, was er tat, nachdem er sich vom Gras aufgerappelt hatte, war ganz kurz zu Figan hinüberzuschauen, dann kroch er still davon und begann zu fressen. Dies war mit Sicherheit ein ziemlicher Reinfall für ihn.»

Scham ist eines der Gefühle, das wir am lebhaftesten erinnern. Wenn wir an Situationen zurückdenken, in denen wir glücklich, ängstlich oder verärgert waren, durchleben wir für gewöhnlich nicht noch einmal das entsprechende Gefühl in der Erinnerung. Aber wenn wir uns einen peinlichen Vorfall ins Gedächtnis zurückrufen, kommt es häufig vor, daß wir uns erneut schämen. Wenn wir damals rot geworden sind, kann es passieren, daß uns erneut die Schamesröte ins Gesicht steigt. In der Psychologie und Psychotherapie hat man der Scham viele Jahre lang wenig Bedeutung zugemessen, doch kürzlich änderte sich das. Man hat sie die *master emotion*, das Leitgefühl genannt, das dafür sorgt, daß gesellschaftliche Normen durchgesetzt werden. Schuld geht immer aus einem bestimmten Ereignis hervor, während Scham als ein sehr viel allgemeinerer Begriff sich auf das gesamte Dasein eines Menschen bezieht. So mag sich jemand schuldig fühlen, weil er seine Diät nicht eingehalten hat, sich aber dafür schämen, daß er zu dick ist. Schuldgefühle können sich auch aus einem streng privaten Ereignis entwickeln, Scham entsteht jedoch eher durch das, was andere über einen Menschen wissen oder denken beziehungsweise wissen oder denken könnten.

Manche behaupten, ohne auf großen Widerstand zu stoßen, daß nur Menschen über Selbstbewußtseinsgefühle verfügen. Sie sind der Ansicht, daß Tieren die intellektuelle Voraussetzung, ein Selbst-Bewußtsein (bei Darwin «Selbstaufmerksamkeit») zu entwickeln, fehle, obgleich diese Ansicht gemeinhin eher darauf abzielt, das niedrige Intelligenzniveau der Tiere nachzuweisen als das Nichtvorhandensein von Emotionen.

Obgleich es eine logische Schlußfolgerung zu sein scheint, daß es derartige Gefühle nicht geben kann ohne intellektuelles Verständnis dafür, wie die anderen einen sehen, muß es sich nicht unbedingt so verhalten. Es gibt keinen Grund anzunehmen, daß Tiere sich nicht schämen, weil sie nicht verstehen können, warum sie sich schämen. Wie Darwin sagt, ist «Verwirrung der geistigen Fähigkeiten» ein sicheres Indiz für Scham. Der Psychoanalytiker Donald Nathanson schreibt: «In einem Moment peinlicher Berührtheit kann ich nicht klar denken, und ich kenne niemanden, der das kann.» Gefühle können existieren, egal ob mit oder ohne Einsicht in ihre Gründe. Ein Tier mag sich schämen und peinlich berührt sein, ohne genau zu wissen warum, ein anderes mag dafür um so genauer wissen, warum es sich schämt.

Selbst-Bewußtsein gibt es auf emotionaler wie auf intellektueller Ebene. Emotional kann es das Gefühl des Unbehagens sein, beobachtet zu werden (oder sich selbst zu beobachten) – eine Form der Blamage also. Intellektuell ist Selbst-Bewußtsein das Reflektieren über den eigenen Verstand, die eigene Existenz, das eigene Handeln – ein philosophisches Minenfeld.

Spiegel-Experimente mit Primaten sind die Ausgangspunkte in der Debatte um die Frage gewesen, ob Tiere Bewußtsein von sich selbst haben oder haben können. Schimpansen, die mit Spiegeln vertraut gemacht werden, lernen offensichtlich, daß es sich um ein Abbild ihrer selbst handelt. Wenn man solchen Affen in betäubtem Zustand einen Farbklecks ins Gesicht malt und ihnen, nachdem sie wieder aufgewacht sind, einen Spiegel in die Hand gibt, dann untersuchen sie, wenn sie den Fleck im Spiegelbild gesehen haben, ihr Gesicht mit den Fingern, dann betrachten sie ihre Finger und versuchen, den Farbklecks wegzuwischen. Orang-Utans haben ebenfalls gelernt, das Bild im Spiegel als ihr eigenes zu erkennen; bei den Nicht-Menschenaffen ist das bislang noch nicht passiert. Für einige Beobachter ist das ein Indiz für Selbst-Bewußtsein. Andere behaupten das Gegenteil. John S. Kennedy schließt sich den Kritikern an, wenn er behauptet, es sei angemessener anzunehmen, daß die Schimpansen nur eine «Art punktueller Zuordnung zwischen der Bewegung im Spiegel und ihrer eigenen Bewegung leisten». Diese gewundene Erklärung weist den Schimpansen ebenso komplexe geistige Fähigkeiten zu, wie sie für den Fall gebraucht würden, daß sie im Spiegel sich selbst erkennen. Der Reiz dieser Erklärung liegt jedoch darin, daß sie die Möglichkeit von Selbst-Bewußtheit bei anderen als menschlichen Lebewesen verneint.

Die Schimpansen Sherman und Austin, die an den in Atlanta

(Georgia) durchgeführten Versuchen mit Affen-Sprache beteiligt waren, wurden mit Videokameras überwacht, die sie sich auf verschiedene Weisen nutzbar machten. Einige Monate, nachdem sie ihren eigenen Filmaufnahmen ausgesetzt waren, realisierten die Tiere plötzlich, daß sie es selbst waren, die auf dem Bildschirm erschienen. Sie benutzten daraufhin den Monitor, um sich beim Grimassenschneiden, beim Essen, beim Gurgeln mit Wasser zu beobachten. Beide hatten gelernt, zwischen einem lebenden Bild und einem reproduzierten Bild ihrer selbst zu unterscheiden, indem sie erprobten, ob sich ihre Handlungen auf dem Bildschirm wiederholten. Sherman benutzte eines Tages einen Handspiegel, um seinen Auftrag von Crayola-Make-up zu kontrollieren. Des Spiegels überdrüssig geworden, gab er durch Gestikulieren zu verstehen, daß man die Kamera auf sein Gesicht richten solle. Er benutzte die Aufnahme, um sein Make-up aufzutragen und alle Flecken von seinen Zähnen zu entfernen. Austin machte eines Tages enorme Anstrengungen, mit Hilfe des Monitors in seinen eigenen Hals zu schauen, wobei er gleichzeitig mit einer Taschenlampe hineinleuchtete.

Das Gesicht zu wahren, ist eine andere Verhaltensweise der Schimpansen, die auf das Vorhandensein eines Bewußtseins schließen läßt. Im Zoo von Arnheim wurde der Schimpanse Yeroen im Kampf mit einem Artgenossen namens Nikkie leicht verletzt. Zum Erstaunen der Wissenschaftler hinkte er in den nächsten Wochen ganz fürchterlich, aber nur in Nikkies Gegenwart. Ein Schimpanse, dem es nicht sofort gelingt, sich mit einem anderen zu versöhnen, tut bisweilen so, als würde er ein (nichtexistentes) Objekt entdecken, was seine Artgenossen auf den Plan ruft und ihm die Gelegenheit gibt, mit seinem ehemaligen Feind Kontakt aufzunehmen; eine Strategie, die nach Meinung von Frans de Waal eingesetzt wird, um das Gesicht zu wahren.

Das Verhalten einer ganzen Reihe von verschiedenen Arten legt Zeugnis davon ab, daß sie wissen, wann sie beobachtet werden. Wenn ein Pavianmännchen gähnt, werden seine eindrucksvollen Zähne in ihrer vollen Pracht sichtbar. Der Biologe Craig

Packer, der wilde Paviane beobachtet, hat herausgefunden, daß männliche Tiere mit abgenutzten oder abgebrochenen Zähnen weniger gähnen als solche, deren Zähne in Ordnung sind, es sei denn, es sind keine anderen Männchen in der Nähe, dann gähnen sie wie gewohnt. Man weiß von Schimpansen, daß sie es vermeiden, in die Richtung von Futterstellen zu schauen, die nur sie, die anderen aber nicht kennen. Wiederholt kommt es vor, daß Löwen in der Serengeti, die Beute im hohen Gras gemacht haben, mit der Gewohnheit ihrer Spezies brechen und nicht sofort zu fressen anfangen, sondern bis zu fünf Minuten dasitzen, in die Gegend schauen und so tun, als ob sie nichts gefangen haben. Wenn dann alle Löwen, die sich in der näheren Umgebung befinden, weggegangen sind, beginnen sie zu fressen. Eine Bergziege, die einen Feind erblickt hat, schleicht sich leise und langsam davon, um in dem Moment, da sie sich außer Sichtweite des Räubers befindet, mit voller Geschwindigkeit loszurennen. Diese Tiere verhalten sich so, als ob sie sich darüber bewußt sind, daß sie wahrgenommen werden und diese Wahrnehmung beeinflussen wollten. Dieses Niveau von Bewußtsein reicht nicht aus, damit eine Ziege in den Spiegel schaut und denkt: «Das bin ich», doch es bleibt ein Indiz für das Vorhandensein von Selbst-Bewußtsein. Bewußtheit seiner selbst muß es nicht nur ganz oder gar nicht geben.

Scheu, Bescheidenheit und Peinlichkeit

Peinlichkeit und Scheu werden ebenfalls als seiner selbst bewußte Gefühlszustände bezeichnet, bei denen es darum geht, daß man gesehen wird, und zwar in schlechtem Licht, oder daß man nicht gesehen werden will. Koko, eine mit Zeichen sprechende Gorillafrau, legte eine sehr rührende Form von Peinlichkeitsgefühlen an den Tag. Unter ihrem Spielzeug befand sich eine ganze Reihe von Marionetten und Puppen. Einmal beobachtete man, wie sie der Alligatoren-Marionette das Zeichen

«Kuß» gab. Ein anderes Mal gab sie ihrer blauen Gorilla-Puppe das Zeichen «Kuß» und ihrer rosafarbenen das Zeichen «böse, böse». Dann gab sie das Zeichen «jagen, kitzeln» und schlug die Gorilla-Puppen gegeneinander, ließ sie miteinander rangeln und gab die Zeichen «guter Gorilla, gut, gut». Jedesmal, und auch in anderen vergleichbaren Situationen, hörte sie auf zu spielen, wenn sie sich beobachtet fühlte.

Tiere tragen keine Kleidung, um Teile ihres Körpers zu verbergen, wie die Menschen in vielen Kulturen, die der Ansicht sind, daß es für Erwachsene lebensnotwendig ist, sich zu bedecken. Tiere verbergen auch nicht viele Handlungen, die Menschen lieber im verborgenen ausführen. Das heißt aber nicht, daß es nichts gibt, was sie verbergen oder geheimhalten wollen. Das Balzverhalten eines in Gefangenschaft lebenden Vogels könnte man als Gegenbeispiel anführen.

Alex, der sprachtrainierte Afrikanische Graupapagei, ist vermutlich auf Menschen geprägt. Nach den Aussagen von Irene Pepperberg versuchte er, um verschiedene ihrer männlichen Studenten zu werben. Dabei brachte er angedautes Essen wieder hoch und führte einen kleinen rituellen Tanz auf. Pepperberg erzählt: «Wenn er einen meiner Studenten umwirbt, und ich komme herein, dann hört er sofort damit auf.» Vielleicht ist es Alex peinlich. Und wenn er sich andererseits nur ein Stückchen Privatheit erhalten will, warum will er das? Vielleicht versucht er, Konkurrenz auszuschließen. Ist er schüchtern? Scheu ist eine Empfindung, die in Angst überzugehen scheint, in die Angst, gesehen zu werden. Vielleicht hat Scham auch etwas mit Angst zu tun.

Das Wesentliche an der Scham ist das ungute Gefühl, einen schlechten Eindruck gemacht zu haben, schwach, dumm, schmutzig, hilflos oder inkompetent zu erscheinen. Zunächst einmal ist es nicht nötig, Scham in Verbindung mit Angst zu betrachten. In einem Ozeanarium (wo Tiere niemals bestraft wurden) wurde der Tümmler Wela darauf dressiert, aus dem Wasser zu springen und sich einen Fisch aus der Hand des Trainers zu nehmen. Eines Tages, als dieses Kunststück gefilmt werden sollte, war die Trainerin Karen Pryor ein wenig abgelenkt und vergaß, den Fisch, wie gewohnt, loszulassen. Wela biß ihr daraufhin unbeabsichtigt in die Hand, als sie nach dem Fisch schnappte. Wela, der das «entsetzlich peinlich» zu sein schien, tauchte ab auf den Boden des Beckens und wollte, die Schnauze in eine Ecke gerichtet, nicht mehr auftauchen, bis Pryor zu ihr kam, sie streichelte und beruhigte.

Welas Verhalten ist vergleichbar mit dem eines Hundes, der bellt und jemandem Angst einjagt, der sich dem Haus nähert, und plötzlich bemerkt, das derjenige sein Herrchen ist. Von einer bellenden, zornigen, bedrohlichen Kreatur verwandelt sich der Hund blitzartig in einen anschmiegsamen, winselnden, mit dem Schwanz wedelnden Welpen. Man ist der Ansicht, daß diese komische Umkehrung des Verhaltens bei solch einem Hund nichts damit zu tun hat, daß es dem Tier peinlich ist, sondern daß es die Absicht verfolgt, ein dominantes Tier – seinen Besitzer – durch unterwürfiges Verhalten zu beschwichtigen. Ob das stimmt oder nicht, diese Aussage gibt keine Erklärung für Welas Verhalten, das vielmehr auf Peinlichkeit, also auf eine Form von Scham, schließen läßt. Die Schimpansin Washoe wurde dabei beobachtet, wie sie einen ähnlichen Fehler beging, als sie einen alten Freund bedrohte (der freilich an die fünfzehn Zentimeter gewachsen war, seit sie sich das letzte Mal gesehen hatten), bevor sie ihn wiedererkannte und auf eine Weise reagierte, daß wir, handelte es sich um einen Menschen, sagen würden, es war ihr peinlich. Man könnte sagen, dieses Verhalten sei bloß eine rituelle Form von Unterwerfung, doch das könnte man auf einen Menschen anwenden, der sich für eine Peinlichkeit zu entschuldigen sucht.

Trainer von Blindenhunden berichten, daß alte Hunde, die die Kontrolle über Blase und Darm verloren haben, peinlich berührt wirken oder sich schämen. Ein ansonsten gesunder sechzehn Jahre alter Hund in diesem Zustand weigerte sich, ins Haus zu kommen, was er sonst immer tat.

Der folgende Text über Tierverhalten klammert die Möglichkeit solcher Gefühle bei Tieren aus, indem er behauptet: «Es ist gestattet zu sagen, daß sich ein ungezogener Hund so verhält, als ob es ihm peinlich wäre. Es entbehrt jedoch jeglicher Grundlage zu sagen, daß es ihm peinlich ist, selbst wenn wir der Ansicht sind, daß Tiere vielleicht Gefühle haben.»

Erröten

Erröten ist ein untrügliches Zeichen dafür, daß Menschen sich schämen. Darwin, der das Erröten bei Menschen sehr intensiv untersucht hat, war offenbar von Menschen umgeben, die schon beim geringsten Anlaß erröteten. Er sagte, daß dieses Verhalten gewöhnlich von weiteren Anzeichen der Scham wie Abwenden des Blicks, des Gesichts oder des ganzen Körpers begleitet wird. Er hatte große Schwierigkeiten, die Nützlichkeit dieses Phänomens plausibel zu machen, und seine Erklärungen sind ziemlich lamarckistisch. Menschen, so Darwin, sorgen sich um ihr persönliches Aussehen und um die Meinung, die andere von ihnen haben. Wenn jemand merkt, daß er die Aufmerksamkeit seiner Mitmenschen – vor allem kritischer Personen – auf sich zieht, dann «wird der Theil des Sensoriums, welcher die empfindenden Nerven des Gesichts erhält, zur Thätigkeit veranlasst; und dieser wird durch das vasomotorische System auf die Haargefässe des Gesichts zurückwirken. Durch häufige Wiederholung während zahlloser Generationen wird der Process ... so gewohnheitsmässig geworden sein, dass selbst eine Vermuthung ihrer Geringschätzung genügt, die Haargefässe zu erschlaffen ohne irgend einen bewussten Gedanken an unser Gesicht.»

Darwins Befragung britischer Missionare auf der ganzen Welt ergab, daß alle Menschen gleich welcher Rasse erröten und daß es kein erlernter Vorgang ist, denn auch Menschen, die blind auf die Welt gekommen sind, werden rot. (Diese Feststellung richtete sich gegen die Befürworter der Sklaverei, die behaupteten, daß Farbige nicht erröten würden, weil sie außerstande seien, Scham zu empfinden, und deswegen keine richtigen Menschen seien.) Darwin nannte «das Erröthen die eigenthümlichste und menschlichste aller Ausdrucksformen. Affen werden vor Leidenschaft roth; es würde aber eine überwältigende Menge von Beweisen bedürfen, um uns glauben zu machen, dass irgend ein Thier erröthen könne».

Es hätte Darwin interessiert, daß es außer Affen auch andere Tiere gibt, deren Haut errötet. Die Ohren des tasmanischen Beutelteufels im Frankfurter Zoo wurden im Zustand der Erregung rot. Einige Vögel werden rot, wie man an federlosen Hautpartien sehen kann. Wie der Truthahn, so haben auch Rotklunkerhonigfresser und Wulsthonigfresser federlose Hautanhängsel, die erröten, «wenn das Tier erregt ist». Arakangas, große Papageien, die an ihren Wangen glatte Hautpartien haben, können erröten. Das tun sie, wenn sie aufgeregt oder verärgert sind. Nach den Aussagen der Verhaltensforscherin Mattie Sue Athan, die sich mit Papageien beschäftigt, passiert das auch, wenn sie beim Abstieg von ihrer Sitzstange versehentlich hinfallen. Das sieht natürlich ganz so aus, als ob es dem Arakanga peinlich wäre. Doch vielleicht hat er sich auch nur darüber geärgert, daß er hingefallen ist. Vielleicht wird sich ja Darwins These bestätigen, daß Menschen die einzigen Lebewesen sind, die bewußt erröten. Und da sie für gewöhnlich unbehaart und federlos sind und auch sonst über keine natürlichen Hüllen verfügen, geben sie eine hervorragende Bildfläche für diesen Effekt ab.

Andererseits ist es auch möglich, daß die Funktion des Errötens nicht oder nicht nur in seiner Sichtbarkeit besteht. Das Phänomen der Schamröte muß nicht unbedingt visuell wahrnehmbar sein. Viele Menschen empfinden ein Prickeln auf der Haut und schämen sich, aber ohne rot zu werden. Wenn die Menschen so häufig rot, weiß oder grün werden würden wie in Romanen, wäre unsere Gesellschaft ein sehr viel farbenfroherer

Ort. Vielleicht erröten viele Spezies unbemerkt. Niemand hat bisher untersucht, ob nicht Waschbären unter ihrem Pelz ein Prickeln verspüren, wenn man sie kränkt, oder ob sie nicht erröten, wenn sie auf etwas stolz sind. Keiner weiß, ob nicht Papageien an den Körperteilen erröten, wo sie Federn haben. Doch selbst wenn das nicht der Fall ist, bedeutet das nicht, daß sie keine Scham empfinden, nur weil sie nicht erröten.

Die Vorteile von Scham

Wenn Scham im Tierreich weit verbreitet ist, dann würde die Evolutionstheorie sofort nach ihren Vorteilen Ausschau halten. Schon die Frage, was denn an umfassender Selbstbeschuldigung adaptiv ist, läßt sich nicht so leicht beantworten.

Selbsthemmende Gefühle scheint es schon sehr früh beim Menschen zu geben. In einer Reihe von Experimenten gab man kleinen Kindern Spielzeug, welches so raffiniert gebaut war, daß es gleich entzweiging. Das Spiel der Kinder filmte man auf Video. In dem Moment, in dem das Spielzeug auseinanderbrach, fingen die einen Kinder an zu weinen, andere schauten sich nach einem neuen Spielzeug um; eine dritte Gruppe Kinder schien beschämt zu sein oder sich schuldig zu fühlen. Manche von ihnen schauten weg und «fielen in sich zusammen», was man als eine typische Scham-Reaktion bezeichnet. Eines der Kinder, das angespannt wirkte und seinen Blick abgewendet hatte, versuchte das Spielzeug zu reparieren – was man als Reaktion auf Schuld einordnete. Helen Block Lewis, die sich auf theoretischer Ebene schon sehr früh mit dem Phänomen Scham und Schuld beschäftigt hat, betrachtet Schuld und Scham als Regulative sozialer Interaktionen, die narzißtisches Verhalten verhindern und Verstöße gegen den Verhaltenskodex innerhalb einer Gruppe bestrafen. Wenn jemand errötet, wird den übrigen Mitgliedern der Gruppe signalisiert, daß der oder die Errötete einen derartigen Verstoß anerkennt und also damit die in der Gruppe herrschenden Regeln anerkennt.

Der Psychiater Donald Nathanson betrachtet Scham nicht als eine sozial geprägte Empfindung. Er führt ein Experiment an, bei dem drei bis vier Monate alte Babys die Möglichkeit hatten, farbiges Licht durch das Bewegen ihres Kopfes zu kontrollieren. Den Babys schien das sehr großen Spaß zu machen, denn sie quietschten vor Vergnügen, wenn die Lichter angingen. Als man die Vorrichtung änderte und die Anstrengungen der Babys ohne Erfolg blieben, ließen sie ihren Kopf und Hals zurücksinken, ihre Atmung beschleunigte sich, die Durchblutung der Haut war erhöht, und sie wendeten das Gesicht ab. Nathanson und andere Theoretiker interpretieren Verhaltensweisen wie diese als eine Urform der Scham, die ganz unabhängig davon in Erscheinung tritt, ob andere Menschen zugegen sind oder nicht, ein Argument, das dafür spricht, Scham nicht als sozial bedingtes Gefühl zu betrachten. (Es wird nicht klar, warum man Ärger und Frustration als eine mögliche Erklärung außer acht gelassen hat.) In Nathansons Studien erscheint Scham als «ein biologisches System, mit dem ein Organismus seinen emotionalen Output kontrolliert, so daß er nicht im Zustand des Interesses oder der Zufriedenheit verharrt, wenn dies nicht mehr sicher ist, oder in affektiver Übereinstimmung mit einem Organismus bleibt, der im Gedächtnis gespeicherten Verhaltensmustern nicht entspricht». Er glaubt, daß sich Scham erst vergleichsweise spät in der menschlichen Entwicklung herausgebildet hat.

Zum Thema Vorteile umfassender Selbstbeschuldigung sagt Nathanson: «Wenn wir ein System entwickeln, dem es möglich ist, aus Erfahrungen und durch Selbsterziehung zu lernen, dann können wir auch die Fähigkeit einbauen, eigene Fehlleistungen zu vergrößern. Scham hält unsere Erinnerung an Mißerfolge wach und schützt uns in Gefahrensituationen ganz gleich welcher Art, daß wir etwas tun, das unsere Fähigkeiten übersteigt.»

Eine andere Erklärung für den Nutzen von Scham könnte sein, daß sie die Tiere davor schützt, die Aufmerksamkeit der

Feinde auf sich zu ziehen. Menschen schämen sich nicht nur wegen der Fehler, die sie machen oder die bemerkt worden sind, sondern häufig auch, weil sie anders sind als die anderen, selbst wenn diese Unterschiede keinen Nachteil oder sogar einen Vorteil mit sich bringen. Angestarrt zu werden, kann nervös machen, selbst wenn diese starren Blicke Bewunderung zum Ausdruck bringen. Häufig fühlen Menschen sich unwohl, wenn sie gelobt werden. Hervorgehoben zu werden, kann in der Tat peinlich und bisweilen auch sehr gefährlich sein.

Raubtiere nehmen sich ganz bestimmte Beutetiere vor. Manche treffen ihre Auswahl aufgrund der physischen Beschaffenheit der potentiellen Opfer, das heißt, daß ihre Wahl auf kranke, verletzte oder junge Tiere fällt. Sie schauen sich die Herden ihrer Beutetiere genau an, jagen einige von ihnen und setzen dann alle Kräfte ein, um einige von ihnen zu reißen. Knochenmarkuntersuchungen von Gnus, die von Löwen getötet wurden, haben gezeigt, daß ein großer Prozentsatz in einer sehr schlechten gesundheitlichen Verfassung war. Hyänen auf Jagd greifen wahllos Herden an oder durchqueren sie im Zickzack, um dann innezuhalten und zu beobachten und ihre Aufmerksamkeit von Tier zu Tier wandern zu lassen, um Schwächen festzustellen. Ein Forscher, der Gnus mit Betäubungspfeilen niederschoß, um sie zu messen und mit einer Markierung zu versehen, bemerkte, daß, wenn er nicht aufpaßte, dieselben Tiere sofort nach ihrer Freilassung von Hyänen gerissen wurden. Obwohl sie auf Menschen völlig normal wirkten und so schnell wie gewöhnlich zu rennen schienen, bemerkten die Hyänen einen Unterschied. Der Forscher mußte sie mit seinem Auto verscheuchen, bis die Gnus sich erholt hatten.

Raubtiere bemerken auch andere Unterschiede. Ein Wissenschaftler markierte zum Beispiel einige Gnus, indem er ihnen die Hörner weiß anstrich. Innerhalb von einigen Monaten waren alle diese Tiere von Hyänen gerissen worden. Hans Kruuk hat beobachtet, wie Hyänen Tiere jagten, die offensichtlich in einer guten körperlichen Verfassung waren, sich jedoch merkwürdig verhielten und deswegen von den Hyänen ausgesucht worden waren. Werden sie nachts von Autoscheinwerfern geblendet, rennen Gnus auf merkwürdig verstörte Art weiter, woraufhin sie sofort von Hyänen gejagt werden. Außerhalb des Scheinwerferlichts gewinnen sie schnell ihre Fassung zurück und können entkommen.

Kruuk hat auch einmal eine Herde von mehreren hundert Gnus gesehen, in der nur ein einziges läufig war und sein Territorium markierte. Dieses in einem anderen Kontext völlig unauffällige Verhalten regte das Jagdfieber einer Hyäne an. Das Gnu konnte mit Leichtigkeit entkommen. Daß das Gnu in solchen Situationen entkommen kann, bekräftigt die These, daß Hyänen eher darauf sensibilisiert sind, ganz allgemein Unterschiede und nicht speziell Schwächen und Krankheit bei ihren Beutetieren wahrzunehmen.

Das Zusammenrotten oder die Herdenbildung vermag einige Räuber auf simple Weise davon abzuhalten, sich auf einzelne Beutetiere zu konzentrieren. Wenn man einzelne Mitglieder eines silbernen Fischschwarms blau färbt, werden nicht nur diese regelmäßig angegriffen, sondern auch die nicht markierten Artgenossen, die sich in unmittelbarer Nähe befinden. Angesichts eines Schwarms identischer Fische ist ein Räuber kaum in der Lage, ein Individuum auszusondern, doch sehr wohl vermag er einen blauen Fisch oder ein Tier in der Nähe des blauen Fisches zu isolieren.

Beutetiere bemerken sehr häufig, wie ihre Feinde sie taxieren. Paul Leyhausen beobachtete in Zaire in der Nähe eines Flusses zwei große, nervös um sich schauende Antilopen. Daraufhin bemerkte er die beiden Löwen, die dicht bei den Antilopen auf der Lauer lagen und sich von Busch zu Busch vorwärtsbewegten. Die Antilope, die den Löwen näher war, begann ruhig zu grasen, während das andere Tier aufgeregt hin und her rannte. Aufgrund seines Verhaltens wurde schnell klar, so Leyhausen, daß die Löwen sich an die weiter entfernte Antilope anpirschten, und daß die beiden Antilopen das schon wußten, bevor ihr menschlicher Beobachter ausmachen konnte, daß die Löwen es nicht auf das ihnen am nächsten befindliche Tier abgesehen hatten.

Beutetiere spüren auch, wann ihre Feinde auf der Jagd sind und wann sie mit gänzlich anderen Dingen beschäftigt sind – sie stellen danach ihre Fluchtdistanz ein. Der Wunsch, Schwäche und Anderssein zu verbergen, ein Verhalten, das sich aus Angst und dem Unwillen ergibt, taxiert zu werden, kann Tiere dazu bewegen, sich vor ihren Feinden zu schützen. Sie können es vermeiden, schwach zu erscheinen, ihr Anderssein offenzulegen oder sich den Blicken der Feinde auszusetzen. Feinde sind nicht die einzigen Kreaturen, für die sich ein Vorteil daraus ergibt, daß Tiere ihre Verletzlichkeit oder Schwäche zeigen. Tiere derselben Spezies werden ebenso aufmerksam, wenn sie Schwäche bei ihren Artgenossen bemerken, und nutzen diese aus. Als Löwen in der Serengeti mit Betäubungspfeilen niedergeschossen wurden, passierte es, daß einige andere Löwen die Gelegenheit nutzten und das gehandikapte Tier angriffen. (Die Forscher verjagten sie.) Vielleicht motiviert Scham die Tiere, ihre Schwächen vor den anderen Mitgliedern ihres Rudels oder ihrer Herde zu verbergen. Wenn ein Karibu schwach und lahm erscheint, wird es als erstes in der Herde von Wölfen angegriffen, aber auch der Wolf, der krank und schwach wirkt, verliert seinen Status innerhalb seines Rudels. Das kann sich ganz entscheidend auf die Fortpflanzung auswirken.

Um zu überleben, muß ein Tier nicht nur in einer guten Kondition sein, es muß auch so aussehen. Das Gefühl von Scham, so schmerzlich es auch ist, könnte einen emotionalen Grund liefern, seine Gebrechen zu verbergen.

Krankheit und Verletzung werden häufig versteckt. Zur Verzweiflung von Züchtern und Tierärzten verbergen in Gefangenschaft lebende Tiere oft mit großer Sorgfalt alle Anzeichen einer Krankheit, bis es zu spät ist, sie zu retten. Insbesondere bei Vögeln passiert es, daß sie so lange alle Symptome einer Krankheit geheimhalten, bis sie buchstäblich von der Stange fallen.

Schottisches Rotwild verläßt seine Herde, wenn es krank oder verletzt ist. Früher erklärte man sich dieses Verhalten damit, daß die geschwächten Tiere ihre Herde nicht gefährden wollen, aber andererseits scheinen sie wesentlich seltener von ihren Feinden aufgespürt zu werden, wenn sie allein sind, denn wenn eine Herde die Aufmerksamkeit eines Feindes auf sich gezogen hat, dann ist es mit Sicherheit das kranke oder verletzte Tier, das angegriffen wird. Wenn das Rotwild sich erholt, kehrt es zu seiner Herde zurück. Wenn Raubtiere es auf Anderssein abgesehen haben und nicht nur auf Schwachsein, dann könnten sich Beutetiere angreifbar oder geniert fühlen durch Dinge, die die Blicke anderer auf sich ziehen.

Es mutet merkwürdig an, daß Scham zu Erröten führt. Auf den ersten Blick müßte es für ein Tier nachteilig sein, zu erröten oder offen zu zeigen, daß ihm etwas peinlich ist; es sieht nicht gut aus, und ist es nicht das Ziel, gut auszusehen oder zumindest nicht aufzufallen? Das Kribbeln, das beim Rotwerden entsteht, könnte durchaus dem Rotgewordenen als ein Zeichen dienen, sich zu verstecken, wodurch der Zweck erreicht würde, die ursprüngliche Schwäche zu tarnen, die dem Errötenden peinlich war. Die meisten Tiere erröten, wenn überhaupt, nicht sichtbar, so ist es dem Menschen (zumindest einigen von ihnen) vorbehalten, am sichtbarsten zu erröten, auch wenn wir nicht die einzigen sein sollten, die Scham empfinden.

Besitzer von Haustieren erzählen oft, daß ihre Katze oder ihr Hund es nicht mögen, ausgelacht zu werden. Elefantenführer berichteten, daß Elefanten, über die man gelacht hat, ihren Rüssel mit Wasser gefüllt und in die Richtung derjenigen gesprüht haben, die sich über sie mokierten. Es scheint merkwürdig, daß Tiere, die nicht lachen, durchaus in der Lage sind, Gelächter zu erkennen und übelzunehmen. Aber vielleicht sollte Lachen als der passende Ausdruck für etwas angesehen werden, was sie selbst empfinden, nur sind sie die besseren Übersetzer.

Schuld

Schuld, das Empfinden von Reue für eine bestimmte Tat, kann schwieriger festzumachen sein als Scham. Schuldbehaftet sind Handlungen, weil unsere Kultur festgelegt hat, daß sie falsch sind. Schuld wird leicht verwechselt mit der Angst, entdeckt zu werden, und der sich daran anschließenden Mißbilligung oder Bestrafung. Der Schimpanse Nim Chimpsky, dem man auch das Zeichen für *sorry* beigebracht hat, gebrauchte dieses, wenn er sich «danebenbenommen» hatte, ebenso wie der Papagei Alex *I'm sorry* sagte, wenn er seinen Trainer gebissen hatte. Was als Beispiel für Nims Missetaten zitiert wird – ein Spielzeug zerbrechen oder zuviel herumspringen –, beschreibt freilich nichts, was ein Schimpanse von Natur aus schlecht finden würde. Genau wie ein Menschenkind auch, wußte er: «Das darf man nicht!», weil man ihm das so beigebracht hatte. Manchmal gab er das Zeichen *sorry* für «Entschuldigung», noch bevor seine Lehrer überhaupt wußten, was er getan hatte. Ob Nim noch etwas anderes verspürte als den Wunsch, einen möglichen Wutausbruch von sich abzuwenden, ist unklar. Aber das gilt ebensogut auch für Menschen.

Eines Tages tobte Loulis, Washoes Adoptivsohn, mit Roger Fouts und rempelte ihn stärker an als sonst, wobei er ihm einen Kratzer mit dem Fingernagel verpaßte. «Ich machte eine große Geschichte daraus, ich schrie und weinte und so weiter. Jedesmal, wenn ich ihm später diese Stelle zeigte, um ihm Schuldgefühle einzuimpfen, um diese Sache, wenn man so will, so richtig schön auszubeuten, dann kniff er die Augen ganz fest zu und drehte den Kopf weg. Er mochte mich nie anschauen, wenn ich versuchte, ihm den uralten Kratzer, den er mir zugefügt hatte, zu zeigen oder mit ihm darüber zu reden.» Es gibt eine ganze Reihe von möglichen Deutungen für dieses überaus vertraute Verhalten, Schuldgefühle stehen dabei mit an erster Stelle.

Die meisten Menschen sind von der Schuld-Fähigkeit von Hunden überzeugt. Desmond Morris hat überzeugend dargelegt, daß Hunde manchmal Reue für ihre Untaten empfinden. Wenn ein Hund, der etwas Schlimmes begangen hat, seinen Besitzer ungewöhnlich unterwürfig begrüßt, noch bevor dieser auch nur ahnen konnte, was passiert war, so kann, sagt Morris, der Hund unmöglich aus dem Verhalten seines Herrchens das Stichwort abgelesen haben. «Er weiß von selbst, daß er etwas ‹Falsches› getan hat.»

Schamgefühle bei Menschen hat die Wissenschaft erst seit kurzem als ein bedeutsames Forschungsgebiet entdeckt. Donald Nathanson berichtet, wie er zu Beginn seiner Karriere ein Symposion über Schamgefühle organisierte. Hinterher nahm ihn ein Freund beiseite, gratulierte ihm zu dem Erfolg der Tagung und riet ihm eindringlich, keine weiteren Forschungen auf diesem Gebiet anzustellen, damit sein wissenschaftlicher Ruf nicht Schaden nehme. Nathanson heute: «Da wurde mir klar, daß alles, was mit dem Thema Scham zu tun hat, den meisten Menschen peinlich ist.» Diese Gefühle versteckt man. Vielleicht verstecken ja auch die Tiere diese Gefühle vor uns.

Wenn in Gruppen lebende Tiere Schuld- oder Schamgefühle haben, ist es möglich, daß andere Tiere in der Gruppe lernen, das auszunutzen. Wenn ein junger Schimpanse sich zum Clown macht, wie der Freud in dem von Jane Goodall zitierten Beispiel, dann wäre es für die anderen Schimpansen möglich, den jungen Burschen lächerlich zu machen, die Aufmerksamkeit der ganzen Gruppe auf ihn zu lenken und ihre Reaktion anzuheizen. Doch es gibt keinerlei Beweis dafür, daß sie einander tatsächlich auf diese Weise blamieren, und wenn das stimmt, dann ist genau dies ein Punkt, in dem sie sich vom Menschen wirklich unterscheiden.

10 DIE SCHÖNHEIT, DIE BÄREN UND DIE UNTERGEHENDE SONNE

Eines Abends stieg ein Student, der im Gombe-Reservat Schimpansen beobachtete, auf einen Bergrücken, um von dort aus den Sonnenuntergang über dem Tanganjikasee anzuschauen. Als der junge Wissenschaftler namens Geza Teleki da oben saß, sah er zuerst einen und dann noch einen Schimpansen zu ihm emporklettern. Diese beiden ausgewachsenen Männchen bemerkten einander erst, als sie oben ankamen. Teleki sahen sie beide nicht. Sie begrüßten sich mit Japsern *(pants)* und Händeschütteln und hockten sich dann nieder. In absoluter Stille sahen Teleki und die Schimpansen die Sonne untergehen und die Dämmerung heraufziehen.

Der Schönheitssinn wird für gewöhnlich nicht als eine Emotion beschrieben. Doch scheint er auch keine rein intellektuelle Sache zu sein. Manchmal macht Schönheit die Menschen glücklich, manchmal traurig; vermutlich ist die Wahrnehmung von Schönheit zum Teil kognitiver und zum Teil emotionaler Natur. Die Menschen haben sich diese Fähigkeit natürlich stets für ihre eigene Spezies vorbehalten.

Die Schimpansen, die mit Geza Teleki den Sonnenuntergang betrachteten, waren keine Ausnahmen. Der Primatenforscher Adriaan Kortlandt berichtete von einem wilden Schimpansen, der ganze fünfzehn Minuten damit verbrachte, einen besonders schönen Sonnenuntergang anzuschauen, bis die Dunkelheit einsetzte. Andere haben erlebt, wie Bären auf ihrem Hinterteil saßen, die sinkende Sonne anschauten und offenbar tief meditierten. Allem Anschein nach genießen Bären den Sonnenuntergang und ergötzen sich an einer ästhetischen Erfahrung. Wissenschaftler machen sich lustig über eine so naive Interpretation. Wie soll denn ein Bär zu einer ästhetischen Wertung oder zur Kontemplation befähigt sein? Mancher Ästhet fragt sich dasselbe in bezug auf andere Menschen. Im 19. Jahrhundert hielten zahlreiche Gelehrte die «niederen» Rassen einer ästhetischen Verfeinerung der Sinne, wie sie die «höheren» Rassen erreicht hatten, für unfähig. Zweifellos kann man es auch übertreiben, zum Beispiel indem man hört, wie ein Bär ausschnauft, und dann unterstellt, er seufze bewußt über die Vergänglichkeit aller Dinge und seiner selbst, der eines Tages nicht mehr dasein wird, um solche Schönheit zu schauen – ein Rilke im Bärenfell. Plötzliches Innewerden der eigenen Sterblichkeit kann so gut wie niemals nachgewiesen werden, ein Gefühl für Schönheit schon eher.

Warum ist ein Lebewesen überhaupt mit einem Sinn für Schönheit begabt? Es gibt Stimmen, die führen künstlerische Kreativität auf das Probeverhalten beim Spielen zurück. Vielleicht belohnt uns der Sinn für Schönheit dafür, daß wir unseren Weg durch die Welt gehen und sie mit unseren Sinnen erfassen. Die eigenen Kinder und andere Angehörige schön zu finden hat auch seinen Nutzen und Wert. In einem weiteren Sinn kann es sein, daß wir uns einfach dahingehend entwickelt haben, die Welt um uns herum als schön wahrzunehmen, ihre Schönheit freudig zu genießen, sie anzuschauen, sie zu hören, in ihr zu atmen, in ihr sich zu bewegen, sie zu fühlen und zu schmecken. Vielleicht dient das alles keinem nützlichen Zweck dahinter, sondern es bleibt bei der Befriedigung, die wir dabei haben, und bedeutet einen Wert in sich selbst.

Damit ein Tier Schönheit erleben kann in einem Zusammenspiel von Tastempfindungen, Klängen und Bildern, muß dieses Tier imstande sein, solche Dinge körperlich zu erfahren, muß es sie spüren und wahrnehmen. Über die Sinneswahrnehmungen von Tieren wissen wir nur sehr wenig, aber sie scheinen unglaublich variabel zu sein. Man sagt oft, daß viele Tierarten farbenblind sind. Diese aller Intuition hohnsprechende Behauptung ist als wissenschaftlich erhärtetes Faktum jahrzehntelang tradiert worden und hat sogar Eingang in einige Lehrbücher gefunden. Ungeachtet zahlreicher Artikel in wissenschaftlichen und populären Zeitschriften, welche das Gegenteil bewiesen haben, wird das Farbensehen bei Tieren (Hunde eingeschlossen) nach wie vor als «Märchen» abgetan.

Menschen haben ein exzellentes Farbsehvermögen. Zusammen mit anderen Primaten gehören wir zu den Trichromaten, wie es in der Fachsprache heißt, was bedeutet, daß wir die Farben unserer Wahrnehmung aus drei Primärfarben zusammensetzen. Möglich ist also, daß ein Affe und ein Mensch genau das gleiche sehen, wenn sie in einen Sonnenuntergang schauen. Andere Säugetiere, wozu die Katzen und die Hunde zählen, sind Dichromaten, sie benutzen zwei Grundfarben. Sie sehen farbig, aber nicht so bunt wie wir. Einige nachtaktive Tiere wie Ratten dürften dagegen farbenblind sein. Von einigen Vögeln weiß man, daß sie ihr Bild aus vier bis fünf Farben zusammensetzen, vermutlich also ein besseres Farbsehvermögen haben als wir Menschen. Daß manche Insekten ultraviolettes Licht wahrnehmen, ist seit Jahrzehnten bekannt, aber erst kürzlich hat man herausgefunden, daß einige Vögel, Fische und Säugetiere dasselbe können. Und mindestens eine Vogelart, der australische Silberbrillenvogel, kann offenbar Magnetfelder «sehen», das heißt, mit dem Auge wahrnehmen.

Wenn Tiere Farben nicht sehen könnten, welchen Sinn hätte dann die lebhafte Färbung des Gesichts und des Rumpfes beim Mandrill oder des Pfauenschwanzes? Aber auch diejenigen, die den Pfauen Farbwahrnehmung zugestehen, tun sich schwer damit, ihnen auch die Fähigkeit zu einer ästhetischen Würdigung einzuräumen. So behandelt ein jüngst erschienenes, populäres Natur-Buch die Frage:

Welche Eigenschaft des Pfauenfächers versetzt das Weibchen in Paarungsbereitschaft: das Irisieren? Die elegante Form? Die Flecken, die wie Augen aussehen? Tatsache ist, daß der weibliche Pfau sich möglicherweise von all dem, was Menschen beeindruckt, gar nicht berühren läßt. Die schiere Größe erfüllt vielmehr diesen Zweck, denn sie sagt etwas über seinen Träger aus. Wenn ein Pfau mit einem großen Fächer all die daraus resultierenden Handikaps überlebt hat, dann muß er stark und schlau sein. Weiterhin beurteilen die Weibchen das bunte Federkleid nicht so sehr wegen seiner Schönheit, sondern wegen seines Glanzes, der anzeigt, daß das Männchen frei ist von Parasiten. Weibchen, welche diese überlegenen Qualitätsmerkmale erkennen, werden dadurch belohnt, daß sie ihren Nachkommen Gene mitgeben, welche wie ihr «gehandikapter» Vater die besseren Überlebens- und Fortpflanzungschancen haben.

Wie ernst soll man das nehmen? Die Vorstellung ist doch unhaltbar, daß die Pfauenhenne auf der einen Seite Schönheit *nicht* realisieren *kann*, auf der anderen Seite aber denken *kann*: «Glänzende Federn – das bedeutet wenig Parasiten. Mit diesem Exemplar hier paare ich mich, auf daß meine Küken von seinen Genen profitieren.» Wer ernsthaft behaupten wollte, daß eine Pfauenhenne logische Schlüsse dieser Art ziehen könnte, würde sofort auf Unverständnis stoßen. Die Behauptung jedoch, daß dieses Tier keinen Sinn für Schönheit habe, liegt ganz auf der Linie dessen, was heute an Behauptungen in der Vergleichenden Verhaltensforschung üblich ist.

Wenn wir uns die Pfauenhenne nicht als eine berechnende Genjägerin vorstellen, welche Erklärung könnte die Evolutionstheorie dann für dieses Verhalten anbieten? Wenn die naheliegende Ursache darin besteht, daß sie das Pfauenrad bewundert, weil sie es schön findet, dann könnte die dadurch ausgelöste Paarung immer noch den Effekt haben, daß auf diese Weise das Männchen mit den besten Genen ausgewählt wird. Gelegentlich spricht man von anderen Menschen in genetischen Begriffen, aber so denkt wohl niemand, der von Lust oder Liebe umgetrieben wird.

Um zu der Frage der tierischen Sinneswahrnehmung zurückzukehren: vielen Tieren wird ein besonders gutes Hörvermögen zugestanden. Gleichwohl mußte erst Karl von Frisch kommen, der vor allem durch seine Forschungen zur Bienensprache bekannt ist, und nachweisen, daß auch Fische hören können. Er tat dies in einem Aufsatz von 1923 mit dem Titel «Ein Zwergwels, der kommt, wenn man ihm pfeift». Neuerdings hat man entdeckt, daß das Hörvermögen einer Riesenzahl von Tierarten das menschliche bei weitem übertrifft: Elefanten kommunizieren häufig mit Hilfe von Tönen, die für unser Ohr zu tief sind, und Spitzmäuse ebenso wie Fledermäuse geben zur Echolotorientierung Töne von sich, die für menschliche Ohren zu hoch sind. Zeitlich ist das Hörvermögen von Vögeln zehnmal besser als unseres. Das heißt, daß ein Vogel zehn Töne in einem Zeitraum hören kann, in dem wir nur einen Ton vernehmen. Wenn man Bandaufnahmen von Vogelstimmen mit verringerter Geschwindigkeit abspielt, dann wird deutlich, daß sie von dieser Fähigkeit Gebrauch machen. Ihre Gesänge enthalten oft Sequenzen, die für das menschliche Ohr zu schnell ablaufen. Der Ruf der Amsel, der in unseren Ohren wie eine quietschende Türangel klingt, klingt vielleicht ganz anders für ihre Artgenossen. Es kann gut sein, daß wir die hohe Komplexität von Vogelstimmen glatt überhören.

Ziervögel scheinen oft Freude an Musik zu haben. Sie bevorzugen bestimmte Arten oder reagieren verschieden, je nachdem, welche Musik gespielt wird. Gerald Durrell schreibt von einer zahmen Taube, die den neuesten Musikstücken ruhig lauschte und sich an das Grammophon schmiegte. Wenn aber Marschmusik gespielt wurde, dann stampfte der Vogel auf und ab und gurrte laut; zu Walzermusik beugte und drehte er sich und gurrte sanft. Graupapageien schlagen manchmal vor Freude mit den Flügeln, wenn man ihre Lieblingsmelodien spielt. Stellt man das geschärfte Hörvermögen dieser Tiere in Rechnung, dann fragt man sich, ob die Musik der Menschen ihnen nicht zu langsam und getragen vorkommt und ob sie vielleicht Töne hören, welche die Musiker ohne ihr Wissen auf den Instrumenten hervorbringen.

Viele Tierarten stoßen Rufe von beträchtlicher Länge und Komplexität aus. Menschen erfreuen sich an diesen Lauten, und es wäre sehr merkwürdig, würden das die Tiere selbst nicht auch tun, würden also Buckelwale ihren eigenen Gesängen oder Wölfe ihrem Geheule nichts abgewinnen können. Man muß sich vorstellen, mit welcher Sorgfalt ein solcher Wal seinen Gesang zusammensetzt, ausführt und variiert; dann fällt es schwer zu glauben, daß diese Laute keine negative oder positive Bedeutung haben, sondern ausschließlich die Verbindung aufrechterhalten und für den Wal keinerlei Gefühlswert haben und daß Wale den Gesängen anderer Wale nur zuhören, um sie zu orten. Diese Sichtweise macht aus Walen Lebewesen, die sehr viel intellektueller reagieren als Menschen: nur Verstand, kein Herz. Auch das Heulen der Caniden ist kein Zufallsprodukt, wie jedermann bestätigen kann, der schon einmal mit Hunden geheult hat: Hunde variieren ihr Geheul nämlich im Einklang mit anderen Tönen, die sie hören. Hope Ryden beobachtete, wie ein Kojotenpaar niemals auf denselben Ton heulte. Wenn das Geheul des Männchens den Ton des Weibchens traf, dann senkte sie sofort ihre Stimme; wenn sie in seiner Tonhöhe heulte, dann sang das Männchen augenblicklich im Falsett. Man sagt, daß solche Duette die Information an andere Kojoten weitergeben sollen, daß hier ein Paar heult und damit das einem Paar zustehende Territorium besetzt ist. Das trifft wahrscheinlich zu, schließt aber nicht aus, daß die Kojoten auch ein Gefühl dafür haben, daß ihr Heulen auf diese Weise besser klingt. Es könnte durchaus sein, daß dieses vorteilhafte Verhalten durch einen Mechanismus erzielt wird, der auf ästhetischer Würdigung des Gesanges beruht.

Ähnliches könnte man von Gibbons sagen: Ihre Schreie dürften territoriumsichernde Funktionen haben, doch könnten sie auch Folge und Ausdruck einer ästhetischen Sensibilität sein. Gibbons singen täglich gemeinsam. Mit der Ausnahme weniger Gibbonarten sind die Schreie der Männchen und der Weibchen verschieden. Ihre Duette, während derer sie Töne austauschen, können spontan angestimmt werden oder aber als Antwort auf den Gesang anderer Gibbons sich entwickeln. Bei den meisten Gibbonarten singen die Männchen lange Solopartien, während die Weibchen durchdringende «große Schreie» ausstoßen. Jungtiere stimmen oft in den Gesang der Alten ein.

Jim Nollman, dessen Spezialität das Musizieren für beziehungsweise mit wilden Tieren ist, ging 1983 nach Panama, um dort Musik mit Brüllaffen zu machen, welche in Familiengruppen leben und ausgeprägt mit Rufen kommunizieren. Nollman schreibt, daß ein Zoologe, der zehn Jahre lang diese Tiere studiert hatte, ihm vorhersagte, daß sie auf seine Musik nicht reagieren würden, die üblichen Schreie ausgenommen, welche ihr Territorium markieren sollen. Nollman fand einen Baum mit drei Brüllaffen, setzte sich darunter und begann auf seiner Shakuhachi-Flöte zu spielen. Zunächst antwortete die ganze Familie mit lautem Gebrüll. Dann begann ein Affe, zwischen den Flötentönen zu heulen, er schien zu respondieren. Nach einer Stunde machte die Dunkelheit dem Wechselgesang ein Ende. In den darauffolgenden Tagen heulte die Familie nicht mehr mit, wenn der Flötist spielte, sondern stieg auf tiefere Äste herab und beobachtete ihn gebannt, obwohl diese Tiere besonders scheu sein sollen. Was auch immer die Brüllaffen über Nollmans Flötenmusik dachten, sie ließen sich offenbar von ihr fesseln, obwohl ihnen klar war, daß diese Töne von einem Fremden hervorgebracht wurden. Vielleicht mochten sie diese Musik. Und wenn sie sie nicht mochten, dann würde das immer noch ein ästhetisches Urteil bedeuten.

Michael, ein Gorilla, der in ein Zeichensprachprogramm integriert ist, liebt Musik und genießt den Gesang von Luciano Pavarotti so sehr, daß er sich weigert, nach draußen zu gehen, wenn es Pavarotti im Fernsehen gibt. Er findet es amüsant, auf Rohre zu trommeln und auf Saiten aus Jutefäden zu klimpern. Leider ist Michael so kräftig, daß es ihm kaum gelingt, seine Musikinstrumente nicht kaputtzumachen.

Was für eine Rolle der Geschmackssinn für die Tiere spielt, wenn es um ihr Futter geht, ist fast völlig unbekannt. Siri, eine Indische Elefantin in einem kleinen Zoogehege, trat des öfteren vorsichtig auf einen Apfel oder eine Orange, ließ sie aufplatzen und mischte sie unter ihr Heu. Ihr Pfleger war der Ansicht, daß sie das tat, um den Geschmack ihres Heus zu verfeinern. Ein wilder Elefant ernährt sich von einer Vielzahl verschiedener Pflanzen, die sich vermutlich im Geschmack unterscheiden. Der Speiseplan eines gefangenen Elefanten ist dagegen wesentlich eintöniger. Die meisten Tiere mögen wie wir keine Nahrungsmittel mit bitterem Geschmack, sie bevorzugen Süßes, eine Vorliebe, die für den Überlebenskampf in mancher Hinsicht von Vorteil ist. In solchen einfachen Unterscheidungen könnte der Ursprung ästhetischen Empfindens liegen.

Im Vergleich mit vielen Tieren ist der Mensch im Reich der Gerüche ein Kümmerling. Wir sind mit diesem Sinn nur in reduzierter Form ausgestattet und machen nur wenig bewußten Gebrauch davon. Jäger versuchen mit dem weit überlegenen Sinnesvermögen ihrer Beutetiere umzugehen, indem sie sich ihnen nur gegen den Wind nähern oder indem sie die menschliche Witterung mit einer anderen zu überdecken versuchen. In Anbetracht des sehr stark ausgeprägten olfaktorischen Sinnes bei vielen Tieren ist es möglich, daß sie auf bestimmte Geruchsreize reagieren, die Menschen nicht wahrnehmen können. Ein Forscher, der sich in Arizona mit dem Nasenbär oder Coati beschäftigte, berichtet, daß diese Tiere sich häufig aufsetzen oder sich anlehnen, um intensiv in der Luft zu schnüffeln, vermutlich, um Informationen zu sammeln. Er erwähnt weiterhin, daß ein altes Weibchen, Witch, manchmal während der Ruhepausen ihrer Gruppe auf den Klippen auftauchte und ganz vorne an die Kante ging und fünf Minuten lang ruhig langsam und tief durchatmete. Der Gedanke, daß sie vielleicht ihre Umgebung begeistert in sich hineintrank und nicht nur nach Duftsignalen absuchte, drängte sich den Forschern förmlich auf, die nicht umhin konnten, sie mit einer Konzert- oder Museumsbesucherin zu vergleichen.

Die häufig zitierte Ansicht, daß Vögel keinen Geruchssinn haben, ist schlichtweg falsch. Die Geruchsknospen im Vogelhirn sorgen dafür, daß auch Vögel riechen können. Die Sinnesleistung variiert jedoch stark: Papageien und Grasmücken haben wahrscheinlich nur einen sehr schwach ausgeprägten Geruchssinn, während der von Albatrossen und Kiwis ausgezeichnet ist. Es überrascht nicht, daß einige Geier einen sehr guten Geruchssinn haben, den sie einsetzen, um Aas zu lokalisieren. Aas ist vielleicht etwas Angenehmes oder zumindest Interessantes für ihr ästhetisches Empfinden.

Viele Schlangen haben Organe, mit denen sie Wärme ausmachen können. Man hat bei einer großen Anzahl von Meeresbewohnern feststellen können, daß sie mit einem Navigationssystem ausgerüstet sind, welches sich an elektromagnetischen Feldern orientiert. Es existieren Sinne wie die Fähigkeit, solche elektromagnetischen Felder wahrzunehmen, die die Wissenschaft erst kürzlich entdeckt hat, davon gibt es also vielleicht noch mehr. Jeder Sinneseindruck kann bevorzugt wahrgenommen werden, und jedes Gebiet mit bevorzugten und weniger bevorzugten Merkmalen wird vielleicht als schön oder als häßlich wahrgenommen. Womöglich bewundern, ja kreieren einige Tiere nebronische, infrarote oder elektromagnetische Schönheit.

Ein Wissenschaftler, der Daten über die visuellen Vorlieben heranwachsender männlicher Rhesusaffen in Gefangenschaft sammelte, fand heraus, daß sie kurzwelliges Licht bevorzugen. Sie mochten Orange lieber als Rot, Gelb lieber als Orange, Grün lieber als Gelb, doch Blau mochten sie am meisten. Sie interessierten sich mehr für Bilder von anderen Tieren als für Bilder von Affen, doch sie zogen die Affenbilder denen von Menschen vor. Sie schauten sich lieber Blumen an als ein Gemälde von Mondrian («Composition», 1920), und Bilder von Bananen interessierten sie am allerwenigsten. Sie schauten sich lieber einen fortlaufenden Cartoon als eine Cartoon-Loop an, doch wenn sie sich Standfotos anschauen sollten, dann war ihnen die Loop lieber. Sie hatten es gerne, wenn die Aufnahmen scharf waren, und je unschärfer sie waren, desto weniger schauten sie hin. Für diese Präferenzen machte man entweder «Interesse» oder «Vergnügen» verantwortlich. Die Vorliebe für bestimmte Farben ist wahrscheinlich die am ehesten ästhetisch motivierte, denn nichts spricht dafür, eine leere blaue Wand interessanter zu finden als eine gelbe. Nicht nur Rhesusaffen lieben die Farbe Blau. Der deutsche Verhaltensforscher Bernhard Rensch untersuchte ebenfalls die Vorlieben von Primaten und anderen Tieren für Farben und Formen. Alle Affen zogen grundsätzlich regelmäßige unregelmäßigen und symmetrische unsymmetrischen Formen vor. Doch war ihr Geschmack nicht unveränderlich: Wenn man sie nach einer Weile erneut testete, fiel ihre Wahl oft anders aus. Als Rensch Krähen und Dohlen diesem Test unterzog, entschieden sie sich ebenfalls für regelmäßige Muster, doch Fische wurden eher durch unregelmäßige Muster angezogen.

Tiere suchen sich ihre Geschlechtspartner oft danach aus, wie sie balzen oder singen können. Manchmal lassen sich die dabei entscheidenden Kriterien ganz leicht quantifizieren: Die Entscheidung fällt zugunsten des größten, lautesten oder dicksten Exemplars aus. Weibliche Witwenvögel werden von ihren männlichen Artgenossen mit langen Schwanzfedern angezogen; als ein Ornithologe einigen männlichen Witwenvögeln extra lange Federn an den Schwanz klebte, waren diese Tiere besonders beliebt bei den Weibchen. Sie tendieren ebenso wie manche Menschen dazu, Männchen zu bevorzugen, die ein symmetrisches Erscheinungsbild darbieten. Manchmal allerdings scheint es bei der Auswahl auf etwas subtilere Merkmale anzukommen.

Die wunderschönen Lauben- und Paradiesvögel von Neuguinea sind besonders beliebte Untersuchungsobjekte der Ornithologen. Die verschiedenen Spezies der Unterfamilie Laubenvögel bilden keine Paare. Statt dessen kommen die Weibchen zu den Balzplätzen und Lauben von verschiedenen Männchen, und diese führen daraufhin einen Balztanz auf, der die Weibchen dazu bewegen soll, sich mit ihnen zu paaren. Einige Laubenvogel-Männchen, und zwar meistens diejenigen mit dem schlichtesten Gefieder, bauen sehr extravagante Lauben, die an Alleen, Tennen, Tunnel, Maibäume oder Tipis erinnern. Sie dekorieren ihre Konstruktionen mit bunten Gegenständen, Blumen, Früchten, Teilen von Insekten oder Produkten von Menschenhand. Sie bemalen Teile ihrer Laube mit Holzkohle oder zerdrückten Beeren, wobei sie einen «Rindenpinsel» benutzen.

Verschiedene Populationen einer Laubenvogelart bevorzugen verschiedene Farben bei der Auswahl der Kuriositäten, mit denen sie ihre Lauben dekorieren. Häufig stehlen sie auch Dekorationsgegenstände von den Lauben ihrer Artgenossen. Bei dieser Auswahl von Zierat bevorzugt der australische Seidenlaubenvogel – eine Art mit hellblauen Augen – die Farbe Blau. Wenn das Männchen nun seine Laube schmückt und sich das Weibchen mit ihm paart, weil ihr seine Laube am besten gefällt, dann haben diese beiden so etwas wie Geschmack bewiesen. Wenn Biologen von bestimmten Lauben Dekorationen entwenden, schenken die Weibchen diesen Bewerbern seltener ihre Gunst, und die Männchen, denen diese Lauben gehörten, hatten nun geringere Chancen, sich zu paaren. Möglicherweise haben aus diversen, mit Fitneß korrelierten Gründen blauliebende Laubenvögel einen Vorteil bei der Konkurrenz um Fortpflanzung. Aus evolutionärer Sicht ist der eigentliche Grund für ihre künstlerischen Vorlieben darin zu sehen, daß die Männchen die Möglichkeit haben, ihre körperliche Gesundheit, die Zeit, die sie ihrem Laubenbau gewidmet haben, und die Kraft, die es sie gekostet hat, die Dekoration vor Dieben zu beschützen, vor den Weibchen zur Schau zu stellen und daß die Weibchen dies bewerten. Der naheliegendste Grund dürfte aber nichts dergleichen sein. Man kann sich kaum vorstellen, daß ein Laubenvogelweibchen in der Lage ist abzuschätzen, wie viele Vogel-Arbeitsstunden in so einer Laube stecken, und daraus zu folgern, daß der damit verbundene Aufwand als ein Indiz für gesunde Gene zu verstehen ist. Das Männchen entscheidet sich nicht für blauen Zierat, weil blaue Objekte rar sind und er damit dem Weibchen signalisieren kann, daß er dank seiner Fitneß imstande war, innerhalb eines großen Gebietes danach zu suchen. Es ist viel wahrscheinlicher – und theoretisch schlanker –, daß beide Laubenvögel, die Weibchen wie die Männchen, den Anblick von etwas Blauem lieben.

Der Naturforscher Bruce Beehler beobachtete den Laubenbau von Hüttengärtnern, die von Natur aus nicht besonders schön sind und deswegen als Ersatz schöne Lauben bauen. Diese ähneln Tipis mit einer Stange in der Mitte, welche an der Basis mit einer Wand aus Moos versehen ist, dekoriert mit farbigen Objekten. Jede Art von Verzierung hat ihren bestimmten Platz in der Laube, und der Gesamteffekt ist «sehr kunstvoll und sehr schön». Beehler merkt an: «Einige Biologen glauben, daß diese bemerkenswerten Konstruktionen der Laubenvogel-Männchen ihren Schönheitssinn beweisen. Andere glauben lieber an die Erklärung, daß dieses Nebenprodukt des Balzverhaltens ein Resultat des sehr harten Wettbewerbs zwischen den paarungsbereiten Männchen ist – was bei Darwin ‹geschlechtliche Zuchtwahl› heißt.» Diese beiden Erklärungsansätze widersprechen sich nicht, sondern lassen sich miteinander vereinbaren. Doch die Formulierung, daß einige Biologen an die Wettbewerbs-Erklärung «lieber glauben», verweist auf einen sehr wichtigen Aspekt. Und das ist die Frage, was die Menschen über Tiere «lieber glauben» oder ihrer Meinung nach glauben sollten. Das gleiche Thema stellt sich, wenn man zu den Paradiesvögeln wechselt, welche für den prächtigen Federschmuck der Männchen bekannt sind. Auf dem Balzplatz des Gelbparadiesvogels versammeln sich viele Männchen. Die Weibchen, die sich dort einstellen, paaren sich in der Regel mit einem einzigen Männchen, und dieses Verhalten hat den Biologen zu denken gegeben. Beehler schreibt:

Einige Forscher glauben, daß dieses Verhalten auf einem geschärften Unterscheidungsvermögen der Weibchen beruht und daß die Weibchen das «schönste» oder «sexyste» Männchen sich aussuchen. Ich neige zu der Erklärung, daß es zum Teil durch die despotische Kontrolle bedingt ist, die der dominante Vogel über die auf dem Lek [dem gemeinschaftlichen Brutgebiet] herrschende Paarungshierarchie ausübt. Das Alpha-Männchen kontrolliert die untergeordneten männlichen Vögel durch periodische Attacken und durch ständige psychologische Einschüchterung. Die Weibchen sind in der Lage, diese hierarchischen Beziehungen auf dem Lek zu erkennen, so wie Menschen Verhältnisse von Über- und Unterordnung in sozialen Situationen sehr schnell registrieren. Die Weibchen wollen sich natürlich am liebsten mit dem Alpha-Männchen paaren, weil sein genetisches Material Nachkommen mit den gewünschten Qualitäten verspricht – den Qualitäten nämlich, welche ihre männlichen Nachkommen zu potentiellen Alpha-Vögeln machen.

Diese Analyse, die sich auf männliches Aggressionsverhalten und seine Effekte konzentriert, sagt nichts über die großen goldenen Schwanzfedern aus, welche die Männchen bei ihrer Balz tanzen lassen und welche die Menschen so schön fanden, daß einige Unterarten dieser Spezies durch die Jagd beinahe ausgerottet wurden. Wenn Weibchen so komplexe Tatbestände wie soziale Hierarchien erkennen können, warum sollte es dann ausgeschlossen sein, daß sie auch durch das glänzende Gold dieser Federn angezogen und fasziniert werden?

Die Eingeborenen von Neuguinea tragen zu ihren Zeremonien einen Kopfschmuck, in den Federn der verschiedenen Paradiesvogelarten eingearbeitet sind. Laubenvögel nehmen ihrerseits menschliche Artefakte wie leuchtend farbige Bonbonpapiere, Patronenhülsen oder glänzende Schlüssel, um ihre Gebäude zu schmücken. Man kann sich vorstellen, wie die Vögel in die Nähe menschlicher Behausungen kommen, um farbige Gegenstände zu stehlen, und wie die Menschen sich zu den Behausungen der Vögel schleichen, um dort farbige Federn zu stehlen. Wenn wir das tun, dann geschieht es aus künstlerischen Gründen. Wenn die Vögel es tun, dann geschieht das aus Gründen der Selektion. Beide Erklärungen können richtig sein. Was als irrational aufstößt, ist die eingefahrene Tendenz, dem menschlichen Verhalten zu unterstellen, daß es den geistigen Wert der Schönheit anstrebt, und das tierische Verhalten mechanistisch auf die Demonstration von Lebenstauglichkeit zurückzuführen. Das Ziel dieser Strategie ist klar: Es geht wieder einmal darum, die menschliche Rasse als höherstehend und einzigartig zu definieren.

Künstlerische Schöpfung

Das Thema des künstlerischen Schöpfungsvermögens bei Tieren ist faszinierend, hat aber bisher wenig Forschungsaktivitäten ausgelöst. Auch für dieses Vermögen gilt, daß es eine Grenze zwischen Menschen und Tieren markiert. Verschiedene Affenarten, insbesondere Schimpansen und Kapuzineräffchen, haben in Gefangenschaft gemalt oder gezeichnet. Alpha, ein Schimpanse in den Yerkes-Untersuchungslabors, war eine begeisterte Zeichnerin und bettelte die Besucher nicht um Futter, sondern um Papier und Bleistift an, um sich dann in eine Ecke zurückzuziehen und zu zeichnen. Als sie einmal kein Papier hatte, versuchte sie sogar auf ein Laubblatt zu zeichnen. Als man ihr Papier mit geometrischen Figuren gab, entdeckte man, daß

Die achtzehn Jahre alte Schimpansin Alpha im Yerkes Laboratory hat jahrelang regelmäßig Menschen um Papier und Stifte angebettelt, damit sie zeichnen konnte. Die Zeichnung mit rotem und blauem Buntstift auf weißem Papier im Format 20,3 × 27,9 cm hat sie in drei Minuten angefertigt. Für ihr Zeichnen wurde Alpha nie belohnt und verzichtete aufs Essen, wenn sie die Chance hatte, Papier und Stifte zu ergattern. (Aus dem *Journal of Comparative and Physiological Psychology* der American Psychological Association)

Diese Malerei (Wasserfarben auf Papier) stammt von dem jungen Schimpansen Congo. Desmond Morris, der Congo zum Malen und Zeichnen angeregt hat, macht darauf aufmerksam, daß Fächer-Formen wie diese zu Congos Lieblingsmotiven gehörten. Die Linien entstanden dadurch, daß Congo den Pinsel auf seinen Körper *zu* bewegte.

ihre Zeichnungen durch diese Figuren beeinflußt wurden. Einige füllte sie aus, andere ergänzte sie um fehlende Teile und fügte Zeichen hinzu, welche die Figuren «ausbalancierten». Die Zeichnungen wurden ihr sofort nach Fertigstellung weggenommen, denn wenn sie beide Seiten eines Blattes bearbeitet hatte, steckte sie es in den Mund.

Nach diesen Erfahrungen mit Alpha hatte Desmond Morris keine Schwierigkeiten, einen anderen Schimpansen namens Congo zum Zeichnen und Malen zu bewegen. Wenn Congo unterbrochen wurde, bevor er ein Bild vollendet hatte, fing er an zu schreien, bis man ihn weitermachen ließ. Auch Congo veränderte seine Zeichnungen je nach den Vorzeichnungen auf dem Papier. Sein Lieblingsthema bestand in einem Fächer aus strahlenden Linien, das er nicht stereotyp behandelte, sondern vielfach variierte. Auch Gorillas wie Koko und Michael sind als Zeichner bekannt geworden. Unbestreitbar gegenständliche Arbeiten haben diese Affen nicht hinterlassen. Die Schimpansin Moja fertigte eine ungewöhnlich einfache Zeichnung aus horizontal liegenden parallelen Kurven an und signalisierte, daß es sich um einen Vogel handele. Als man sie bat, eine Beere zu zeichnen, machte sie eine kompakte Zeichnung in einer Ecke des Blattes. Diese beiden Zeichnungen können, müssen aber nicht als gegenständliche Darstellungen gelesen werden, aber andererseits schätzen und erzeugen ja auch Menschen ungegenständliche Kunst.

In einem späteren Experiment bewegte man Moja und Washoe dazu, einen Basketball, einen Stiefel, eine Banane, einen Apfel, eine Tasse und einen Pinsel sowohl nach den realen Gegenständen als auch nach entsprechenden Farbdias zu zeichnen. In späteren Sitzungen sollten sie dieselben Gegenstände zeichnen, um ihre Arbeiten auf Konsistenz hin zu überprüfen. Die Zeichnungen vom Stiefel waren inkonsistent, aber die von der Tasse und vom Pinsel zeigten Übereinstimmungen. Keine dieser Zeichnungen würde ein Mensch als Tassen oder Pinsel identifizieren können: Die Aufgabe, eine Tasse zu zeichnen, endete jeweils in einem mittig plazierten vertikalen Strichfächer, während der Pinsel aus vertikalen Strichen bestand, die von horizontalen Strichen gekreuzt wurden. Blumen wurden als strahlenförmige Muster, Vögel als «zugespitzte Bewegung» wiedergegeben, die entweder einen Schnabel, die Bewegung des Fliegens oder irgend etwas anderes andeuten sollte. «Nach unserer Meinung hatte sich Moja total verhauen, als sie einen Basketball zeichnete und dabei quer über die Seite kritzelte», sagte Roger Fouts. Aber nachdem Moja diese Zeichnung im Abstand von sechs Wochen mehrmals wiederholt hatte, wurde den Forschern klar, daß sie nicht der Form, sondern der Bewegung des Balles gelten könnte.

Diese Fächer-Form wurde von Congo in derselben Sitzung gemalt wie das Bild auf S. 287, allerdings – und das ist überraschend – in einer vollkommen anderen Manier. Hier bewegte Congo den Pinsel von seinem Körper *weg*. Wenn er pausierte, um seine Linien zu betrachten, ließ er ein leises Grunzen hören. Congo konnte also ähnliche Formen durch unterschiedliche Methoden hervorbringen. Diese Tatsache beweist, daß er nicht nur stereotype Bewegungen wiederholte.

Auch kleine Kinder machen manchmal kinästhetische Zeichnungen dieser Art.

Sicher ist die Langeweile der Gefangenschaft ein motivierender Faktor hinter dem Zeichentrieb dieser Tiere; dennoch scheinen sie dem Zeichnen und dem Malen durchaus einen eigenen Reiz abzugewinnen. (Und als ob sie uns daran erinnern wollten, daß Tiere Individuen sind, weigern sich einige gefangene Schimpansen entschieden, zu zeichnen und zu malen.) Im Jahre 1980 wurde ein junges Elefantenweibchen namens Siri (dieselbe, die Früchte unter ihr Heu zu mischen pflegte) in die Obhut eines neuen Wärters namens David Gucwa gegeben. Er bemerkte, daß

Siri auf dem Boden ihres Geheges mit Hilfe eines Steins Kratzspuren hinterließ und diese Spuren dann mit der Spitze ihres Rüssels «nachzog». Daraufhin gab er ihr einen Stift und einen Zeichenblock (den er im Schoß behielt). Sie reagierte darauf, indem sie Dutzende von Zeichnungen anfertigte. Diese konnten entweder als «abstrakte» Bilder oder als Kritzeleien klassifiziert werden, aber alle beschränkten sich auf die Randzonen der Blätter und wurden von Beobachtern als lyrisch, energisch und schön beschrieben. Siri wurde für ihre Zeichnungen niemals mit Futter belohnt, wenngleich man nicht ausschließen kann, daß Gucwas Aufmerksamkeit eine Belohnung für sie darstellte.

Gucwa und der Journalist James Ehmann schickten Kopien ihrer Zeichnungen an Forscher, von denen die meisten sich nicht äußern wollten, und an Künstler, die in der Regel enthusiastisch reagierten. Elaine und Willem de Kooning schauten sich die Zeichnungen an, bevor sie den Begleitbrief gelesen hatten, und waren beeindruckt von ihrem «Flair, ihrer Kraft und Originalität». Als er erfuhr, wer die Zeichnungen gemacht hatte, entfuhr es de Kooning: «Das ist aber ein verdammt talentierter Elefant!» (Bedenkt man ihre Lebensumstände, konnte Siri wohl kaum epigonal sein.) Andere Zoowärter, denen Kopien gezeigt wurden, fanden daran nichts Neues: *Ihre* Elefanten würden die ganze Zeit mit Stöcken oder Steinen den Boden bekritzeln. Die Frage ist nur, warum hatte niemand vorher darüber geschrieben?

Siris Zeichentätigkeit auf Papier endete nach zwei Jahren, als es zwischen Gucwa und dem Zoodirektor zu Meinungsverschiedenheiten kam und sie in einen anderen Zoo verlegt wurde. Man hatte ihr niemals Blätter mit Vorzeichnungen gegeben, um herauszufinden, wie diese Tatsache ihre eigenen Arbeiten beeinflussen würde, aber mehrmals kam es vor, daß sie zwei Zeichnungen auf ein und dasselbe Blatt machte und die zweite in Abhängigkeit von der ersten zu entstehen schien. Wir wissen auch nicht, ob Siri jemals mit ihren Produkten unzufrie-

Zeichnung «von der Hand», das heißt: vom Rüssel der Indischen Elefantin Siri: Graphitstift auf Papier im Format 22,8 × 30,5 cm. Sie zeichnete auf einem Skizzenblock, den der Elefantenführer David Gucwa auf dem Schoß liegen hatte. Gucwa gab der Zeichnung den Titel «Ich erinnere mich an Schwäne» und schickte dieses Blatt zusammen mit anderen an das Künstlerehepaar Elaine und Willem de Kooning. Bevor sie erfuhren, von wem diese Zeichnungen stammten, bewunderten sie bereits das Flair und die Originalität der Skizzen. Als man ihnen die Identität des Künstlers verriet, rief Willem de Kooning: «Das ist aber ein verdammt talentierter Elefant!»

den war, denn Gucwa entfernte die Blätter sofort, damit Siri sie nicht mit ihrem feuchten Rüssel ruinierte, wenn sie die Linien damit nachziehen wollte. Wenn andere Elefanten auch gerne zeichnen, wie werden sie wohl auf Zeichnungen ihrer Artgenossen reagieren?

Andere Elefanten haben in der Tat ebenfalls Bilder auf Papier oder Leinwand hinterlassen, aber vermutlich wurde dabei kei-

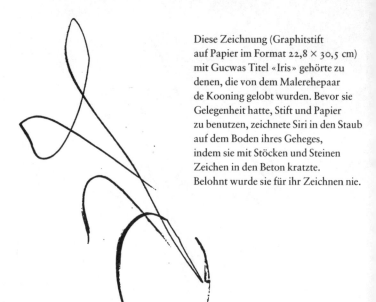

Diese Zeichnung (Graphitstift auf Papier im Format 22,8 × 30,5 cm) mit Gucwas Titel «Iris» gehörte zu denen, die von dem Malerehepaar de Kooning gelobt wurden. Bevor sie Gelegenheit hatte, Stift und Papier zu benutzen, zeichnete Siri in den Staub auf dem Boden ihres Geheges, indem sie mit Stöcken und Steinen Zeichen in den Beton kratzte. Belohnt wurde sie für ihr Zeichnen nie.

nes der Tiere so wenig angeleitet wie Siri. Carol, ein Indisches Elefantenweibchen im Zoo von San Diego, wurde als Besucherattraktion zur Malerin ausgebildet. Sie malt nach den Befehlen ihres Trainers, der ihr sagt, wann sie den Pinsel ergreifen soll, der ihr die Farben gibt, die Leinwand hin und her dreht, damit die Züge nicht alle in dieselbe Richtung gehen, und sie mit Äpfeln belohnt. Aber genausowenig wie die Methode des Anmalens nach vorgedruckten Ziffern in Abrede stellt, daß so etwas wie künstlerische Kreativität existiert, kann Carols Malen auf Befehl die Tatsache des offensichtlich spontanen Zeichentriebs bei Siri nicht aus der Welt schaffen.

Vor kurzem hat man Ruby, einen Asiatischen Elefanten im Zoo von Phoenix (Arizona), zum Malen gebracht. Sie wurde ausgewählt, weil sie sich als die aktivste, aber keineswegs als die einzige Kritzlerin unter den Elefanten hervorgetan hatte. Sie liebt das Malen und gerät schon in Erregung, wenn sie nur das Wort hört. Blau und Rot sind mit Abstand ihre Lieblingsfarben. Douglas Chadwick berichtet, daß sie aber auch zu anderen Farben greift, wenn ein unvertrautes Objekt in ihrer Nähe auftaucht. Wenn zum Beispiel ein orangelackierter Lastwagen in Sichtweite parkt, dann greift sie vielleicht zur Farbe Orange. «Einem Zoobesucher wurde eines Tages schlecht, als er gerade Ruby beim Malen zuschaute, und Sanitäter erschienen auf der Szene. Sie trugen blaue Anzüge. Es mag ein Zufall sein, aber nachdem sie wieder gegangen waren, malte Ruby einen blauen Klecks, der von einem roten Farbwirbel umgeben war.» Sie kritzelt immer noch auf den Boden ihres Geheges. Ein Betreuer ist der Meinung, das die Afrikanischen Elefanten, die mit ihr den Auslauf teilen, Ruby um die Aufmerksamkeit, die sie auf sich zieht, beneiden. Deswegen hätten sie begonnen, mit Hilfe von Holzstückchen auffällige Zeichnungen auf die Wände zu malen.

Eine andere Form von Kreativität konnte man bei Delphinen entdecken. Die Trainerin Karen Pryor war auf der Suche nach neuen Kunststücken für ihr Programm und beschloß, eines ihrer Tiere mit Namen Malia nur zu belohnen, wenn es sich etwas Neues einfallen ließ. Wenn dies geschah, dann bliesen die Trainer auf der Pfeife und warfen einen Fisch hin. Malia lernte schnell, was an diesem Tag verstärkt wurde – Klatschen mit dem Schwanz, Rückwärtstänzchen auf der Schwanzflosse. Aber nach einigen Wochen war ihr Potential erschöpft. Nach Tagen der Frustration führte Malia auf einmal eine Fülle völlig neuer Verhaltensweisen vor, von denen manche sehr komplex waren. Sie schwamm auf dem Rücken und streckte den Schwanz in die Luft, sie drehte sich wie ein Korkenzieher, sie sprang aus dem Wasser mit dem Bauch nach oben, oder sie zog mit ihrer Rückenflosse Linien auf dem Boden des Beckens. Sie hatte gelernt, daß ihre Trainer nicht nach bestimmten Aktionen verlangten, sondern nach etwas Neuem suchten. Manchmal war sie schon aufgeregt, bevor die Trainingsstunden begannen, und ihre Trainer konnten nicht umhin zu glauben, daß Malia «sich während der ganzen Nacht neue Sachen ausgedacht hatte, und ihre erste Show in der Haltung antrat: Wartet mal, bis ihr *das hier* gesehen habt!»

Um eine wissenschaftliche Dokumentation über dieses bemerkenswerte Verhalten zu machen, filmten die Trainer die gleiche Prozedur mit einem zweiten Delphin namens Hou in der Hauptrolle. Hou, der weniger begeisterungsfähig als Malia war, brauchte länger, um zu begreifen, was von ihm verlangt wurde, aber in der 16. Sitzung war es soweit: Seine Kreativität explodierte förmlich, und er ließ sich in jeder Trainingsstunde neue Kunststücke einfallen. Pryor berichtet, daß diese Erfahrung Hous Charakter tiefgreifend veränderte: «Aus einem gelehrigen, aber passiven wurde ein aktives und eigene Initiativen entwickelndes Tier.» Als Delphin mit ‹künstlerischem› Temperament gab er auch häufiger Zeichen der Unzufriedenheit von sich. Beide Delphine entwickelten in der Folgezeit neue Verhaltensweisen auch außerhalb der Trainingsstunden: Sie öffneten Schleusen zwischen Becken, sprangen über Absperrungen und aus dem Wasser auf den Beckenrand, wo sie versuchten, nach den Fersen der Trainer zu schnappen. Während die meisten Beobachter diese erstaunlichen Leistungen auf die hohe Intelligenz der Delphine zurückführten, gab sich Pryor mit dieser Erklärung nicht zufrieden. Sie wiederholte das Experiment mit Tauben und hatte zum Schluß Vögel, die sich aus eigenem Antrieb auf den Rücken legten, mit beiden Füßen auf einem Flügel standen oder sich fünf Zentimeter über dem Erdboden in der Luft hielten. Derart kreatives Verhalten erwartet man normalerweise nicht von Spezies, deren Intelligenz gering eingestuft wird. Das Experiment beweist nur, daß die Tiere kleverer sind, als wir annehmen, wenn sie eine Chance erhalten, ihre Kreativität zu entwikkeln.

Kultur und das Konzept der Schönheit

Menschliche Gefühle stehen in einem kulturellen Kontext, was aber nicht heißt, daß sie nur wegen dieses kulturellen Kontextes existieren. Verschiedene Kulturen haben verschiedene Vorstellungen über das Schöne. Musik, welche hier die Menschen erfreut, wirkt dort unharmonisch, deprimierend oder häßlich. Kultur ist also für die Ausprägung des Schönheitssinns verantwortlich, doch wieviel sie ausmacht, ist unklar. Die Idee, daß Tiere Schönheit wahrnehmen und erzeugen, führt zu der Frage, ob ihre ästhetische Wahrnehmung auf irgendeine Weise mit Kultur verknüpft ist.

Die Kultur und ihre Vermittlung enthält vieles, was in den kognitiven Bereich gehört. Dies ist nicht der Gegenstand dieses Buches, aber es sollte hervorgehoben werden, daß es zahlreiche Tierkulturen gibt. Beim japanischen Rotgesicht-Makaken hat man verschiedene Rudeltraditionen festgestellt: Einige Rudel essen Schalentiere, andere nicht, einige essen die Kerne der Muku-Frucht, andere werfen sie weg, einige passen auf die Kinder anderer Gruppenmitglieder auf, andere tun das nicht. Die berühmteste Geschichte kulturellen Lernens ist die von dem «Affen-Genie» Imo, die verschiedene Futtertechniken entwickelte, wie zum Beispiel die folgende: Sie warf mit Sand vermischte Getreidekörner ins Wasser, so daß der Sand sich auf den Boden senkte und das Getreide von der Oberfläche abgeschöpft werden konnte. Nach und nach wurden Imos Methoden von anderen Mitgliedern ihrer Gruppe nachgeahmt, bis schließlich alle sie beherrschten.

Elizabeth Marshall Thomas schreibt von dem Stolz der Löwen, die sich in der Kalahari-Wüste Südwestafrikas angewöhnt hatten, mit Menschen zusammenzuleben. In den fünfziger Jahren, als Thomas das erste Mal in der Kalahari weilte, pflegten Löwen die Menschen, in diesem Fall Juwa- und Gikwe-Buschmänner, mit widerwilligem Respekt zu behandeln. Sie ließen sich widerstrebend von ihrer Beute vertreiben und griffen die

Menschen nicht an. In den sechziger Jahren wurden die Buschmänner aus dieser Gegend vertrieben. Als Thomas in den achtziger Jahren zurückkehrte, hatten die Löwen ihr Verhalten geändert. Diese Tiere, die nicht mehr mit Menschen zusammenlebten, hatten die kulturelle Tradition, die ihr Verhalten ihnen gegenüber bestimmte, verloren; jetzt betrachteten sie Menschen nur zu gerne als Beute. Thomas schreibt auch, daß Leoparden in verschiedenen Gegenden verschiedene Jagdmethoden benutzen, wenn sie Menschen nachstellen. Bei einer Horde von Pavianen in Kenia konnte man eine Art Kulturrevolution beobachten, als Männchen, Weibchen und Jungtiere kollektiv zum Jagen und Fressen von Beute übergingen, nachdem vorher Fleischfressen nur gelegentlich bei erwachsenen Männchen vorgekommen war. Ein merkwürdiges Beispiel aus dem Leben der gefangenen Affen wurde aus dem Zoo in Arnheim bekannt. Ein dominantes Schimpansenmännchen verletzte seine Hand in einem Kampf und mußte sich beim Gehen mit seinem Handgelenk abstützen, woraufhin die jungen Schimpansen ebenfalls begannen, auf ihren Handgelenken herumzuhumpeln.

An dem Institut der University of Washington, in dem Loulis aufgewachsen war, waren die älteren Schimpansen von Allen und Beatrix Gardner in der Zeichensprache ausgebildet worden. Loulis hatte dieses Paar nicht mehr kennengelernt. Eines Tages kamen die Gardners zu Besuch, ohne daß dieses Ereignis den Tieren vorher mitgeteilt worden war. Die Schimpansen hatten die Gardners seit mindestens einem Jahr nicht mehr gesehen; in Washoes Fall waren es elf Jahre. Die Gardners betraten das Gehege. Als die Schimpansen sie erblickten, saßen sie still und schauten sie unverwandt an – ein ganz und gar ungewöhnliches Verhalten. Sie zeigten nicht das übliche freundliche Begrüßungszeremoniell aus Zeichen, Berührungen, Umarmungen, das sie bekannten Menschen entgegenbringen, noch verhielten sie sich wie gegenüber Fremden. Sie starrten einfach nur wie vom Donner gerührt. Allein Loulis machte eine Ausnahme, er begann sich vor diesen Fremden zu produzieren, stellte seine Haare auf, wiegte sich hin und her und schlug gegen die Wände. Washoe und Dar, die neben ihm saßen, packten ihn. Dar hielt Loulis den Mund zu. Washoe ergriff ihn am Arm und zwang ihn, sich hinzusetzen, was er mit dem Ausdruck des Erstaunens tat. Solche Behandlung war er nicht gewohnt. Nach einer Weile ging Washoe zu den Gardners, machte das Zeichen ihrer Namen und führte Beatrix Gardner in einen anderen Raum, wo sie mit ihr ein Spiel begann, das die beiden in Washoes Kindheit zusammen gespielt hatten. Bei diesem Vorfall wurde Loulis ein Stück kultureller Information übermittelt. Das Handzeichenrepertoire der Schimpansen schloß offensichtlich nicht die Mitteilung ein: «Das sind Menschen, die wir mit Zuneigung und Respekt behandeln», aber ohne Zweifel wurde Loulis diese Botschaft vermittelt.

Man hat Kultur als einen der vielen Faktoren benannt, die die Sonderstellung des Menschen bewirken. Beispiele für kulturelles Lernen wie die oben genannten werden gerne als «interessante Raritäten» abgetan. Möglicherweise sind sie mehr als das. Kulturelle Traditionen sind vielleicht bei Tieren weiter verbreitet, als wir das normalerweise annehmen. Es wird nicht behauptet, daß irgendeine Tierart eine Kultur von der Komplexität der menschlichen entwickelt hat. Aber die Annahme, daß Tiere keinen Schönheitssinn besitzen, weil Ästhetik immer kulturell bedingt ist, ist völlig unbewiesen; zahlreiche Beispiele sprechen für das Gegenteil.

So wie keine zwei Menschen alle Dinge gleichermaßen schön finden, so wird es auch grundlegende Unterschiede im Urteil von Menschen und Tieren geben. Aber die Möglichkeit ganz und gar zu leugnen, daß ein Tier Schönheit empfinden kann, zeugt von Engstirnigkeit. Zum Thema Vogelgesang schreibt Joseph Wood Krutch:

Nehmen wir einmal an, Sie haben in der Oper eine berühmte Sängerin mit der Arie «Voi che sapete» gehört ... Ihre Annahme geht natürlich dahin, daß sie die Musik wahrhaft liebt und die Empfindungen teilt, die Mozarts Arie ausdrückt. ... Aber dann kommt ein Wissenschaftler, sagen wir ein Betriebswirtschaftler, und behauptet: «Ich bin der Sache nachgegangen und habe herausgefunden, daß die Sängerin so und so viele Tausend Dollar pro Woche verdient. Ohne daß ihr diese hohe Summe bezahlt würde, würde sie nicht vor Publikum auftreten. Sie singen vielleicht in der Badewanne, weil Sie glücklich sind und weil es Ihnen Spaß macht. Was jedoch die professionellen Sänger anbelangt, so singen sie für nichts anderes als für Geld.» Der Trugschluß dieses Arguments, der so erschreckend vielen psychologischen, soziologischen und ökonomischen «Interpretationen» menschlichen Verhalten zugrunde liegt, ist natürlich der Trugschluß des «nichts anderes als» ... Menschliche Erfahrung und menschliches Wissen widersprechen nicht der Annahme, daß der Rote Kardinal, der von der Höhe eines Baumes aus sein Territorium ausruft, dabei nicht auch hochvergnügt ist und sich am Beweis seiner Lebenskraft und Kunstfertigkeit erfreut. ... Wer einen Vogel singen hört und sagt: «Ich glaube nicht, daß dabei Freude im Spiel ist», hat keine substantielle Aussage über Vögel gemacht. Aber er hat eine aufschlußreiche Mitteilung über sich selbst gemacht.

Forscher, die Elefanten in Kenia studieren, schlagen ihr Lager mitten im ostafrikanischen Busch auf. Manchmal spielen die Menschen Gitarre und singen, wenn es Nacht ist, und die Elefanten kommen näher, um zuzuhören. Vielleicht sind sie nur neugierig, vielleicht finden sie aber auch Gefallen an der Musik. Menschliche Neugier sollte die Frage für legitim halten, ob die Elefanten Musik schön finden, so wie der menschliche Schönheitssinn es uns erlaubt, das Bild dieser großen Tiere ästhetisch zu würdigen, wie sie sich langsam durch die Dunkelheit bewegen, um den Gesängen zu lauschen.

11 RELIGIÖSE IMPULSE, GERECHTIGKEIT UND DAS UNSAGBARE

Obwohl Tiere deutliche Anzeichen eines Gefühlslebens erkennen lassen, sollte man sie nicht als emotional identisch mit Menschen ansehen. Das wäre ein echter Irrtum anthropomorpher Natur, eine nicht zulässige Projektion. Wir alle sind Lebewesen, doch wir sind nicht gleich, wir sind weder höher noch niedriger – wir sind halt verschieden.

Viele Überlegungen zum Thema Tiere und Gefühle gingen in erster Linie von der Annahme aus, daß gewisse Gefühle nur den Menschen zu eigen sind. Um zu zeigen, daß im Gegenteil einige Tiere einige Emotionen haben, ist es immer noch notwendig, dieser Frage im Einzelfall immer aufs neue nachzugehen. Wenn Nilpferde Mitleid empfinden können, heißt das nicht automatisch, daß ein bestimmtes Nilpferd in einer bestimmten Situation Mitleid empfinden muß. Und wenn ein Büffel zur Liebe fähig ist, heißt das nicht notwendigerweise, daß er auch Scham empfindet. So ist es durchaus möglich, daß es bei Menschen Gefühle gibt, die kein anderes Tier nachempfinden kann. Einmal abgesehen von der unrühmlichen Geschichte menschlicher Versuche, für den Menschen Einzigartigkeit zu beanspruchen, sollte man zugestehen, daß viele Spezies Eigenschaften haben, die die anderen nicht haben. Pelikane haben einen ungewöhnlichen Schnabel, Elefanten haben einen Rüssel, Schnabeltiere haben Giftsporne; vielleicht könnte man vom Menschen sagen, daß er religiöse Ehrfurcht besitzt.

Religion und die Seele

In den meisten westlichen Religionen haben Menschen unsterbliche Seelen und Tiere nicht. Tierliebhaber lehnen diese Ansicht ab. Sie zählen die Tugenden der Tiere auf und versichern, daß sie eine Seele haben müssen; es wäre ganz schön erbärmlich im Himmel ohne Hunde. Die Frage, wer eine Seele hat und wer nicht, ist wesentlich problematischer als die Parallelfrage nach den Gefühlen. Die Naturwissenschaft hilft da nicht weiter. Doch das theologische Denken verweist vielleicht auf einen Unterschied zwischen dem Gefühlsleben von Menschen und Tieren. Für Tiere ist es offenbar nicht notwendig, an höhere Mächte zu glauben, und bei Tieren wurden keine religiösen Praktiken beobachtet, während Menschen sie ausüben.

Dagegen sagen die Ureinwohner Madagaskars, daß die Sifakas, die morgens mit geschlossenen Augen und der Sonne zugewandt auf hohen Ästen liegen, die Sonne anbeten. Einige behaupten auch, daß die Sifakas Wiedergeborene ihrer Ahnen sind, die ebenfalls die Sonne anbeteten. Die Primatenforscherin Allison Jolly merkt an: «Es ist schwer, einen Lemur zu beobachten, der sich sonnt, ohne dabei anthropomorphe Gedanken zu hegen, denn mit unseren westlichen Augen sehen wir darin eher unseren trägen Kult des Sonntags am Strand als eine religiöse Leidenschaft.» Es gibt keinen Grund zu vermuten, daß sich die Sifakas «lemuromorph» verhalten und ihre artspezifischen Eigenschaften auf die Sonne übertragen (obwohl wir nicht nachweisen können, daß sie das nicht tun), die sie dann anbeten. Die Erklärung, daß sie die Wärme genießen, reicht als Erklärung offenbar aus, doch die in der Tradition der Madegassen überlieferte Erklärung ist sehr viel poetischer.

Ebenso wie Kunst ist Religion keine rein intellektuelle Angelegenheit. Ehrfurcht, Glaube, Rechtschaffenheit, Demut, Verehrung, Heilssuche – zu allem gehören Gefühle. Einige Theoretiker beschreiben Ehrfurcht als eine Form von Scham. Können Tiere einfach keine religiösen Empfindungen haben? Oder handelt es sich um Empfindungen, die eine ganz andere Rolle im Leben der Tiere als in dem der Menschen spielen, wo sie auf den Bereich der Religion konzentriert sind? Die Gefühle der Tiere erhellen diese Frage vielleicht ein wenig. Elizabeth Marshall Thomas vergleicht die Körperhaltung einer demütig zum Beten niederknienden Person mit der eines Hundes, der Unterwürfigkeit anzeigt, indem er einem Menschen seinen Bauch hinstreckt. Der Hund ihres Mannes, so Thomas, zeigte jeden Morgen auf rituelle Weise als allererstes seinen Bauch, eine kleine Morgenandacht gewissermaßen. Thomas gibt zu, daß dieser Vergleich hinkt, daß Tiere in uns wahrscheinlich keine Götter sehen, gleichwohl gelte: «Wie wir Gott mehr brauchen, als er uns braucht, so brauchen Hunde uns mehr als wir sie, und sie wissen es.» Weitere Untersuchungen solcher Dynamik könnten viel zur Erhellung der religiösen Riten von Menschen beitragen.

Moral und Gerechtigkeitssinn

Den Sinn für Gerechtigkeit hat, so heißt es, allein der Mensch. Hat dieser Sinn eine emotionale Komponente? Beim Menschen ist der Sinn für Gerechtigkeit verwoben mit vielen Emotionen: Zorn und Entrüstung über Ungerechtigkeit, Wunsch nach Vergeltung, Mitleid. Geschichten von Krähen, die über ihre Artgenossen Gericht halten, sind reine Erfindungen, aber etwas weniger geordnete Bekundungen dessen, was als Sinn für Gerechtigkeit gelten könnte, tauchen zum Beispiel in vielen Geschichten von zu Recht beleidigten Schimpansen auf. Nim Chimpsky hatte gelernt, wann er Lob und wann er Kritik ernten würde, und hatte sich auf diese für ihn unnatürlichen Kriterien eingestellt. Wenn er ein Spielzeug zerbrochen hatte, überraschte es ihn nicht, bestraft zu werden. Aber wenn ein Lehrer ihn für etwas bestrafte, was die anderen Lehrer hatten durchgehen lassen, oder wenn man versäumte, ihn für etwas zu belohnen, wofür ihn andere belohnt hätten, war Nim eingeschnappt.

Vielleicht war Nim nur verärgert, weil für ihn die Welt nicht mehr vorhersagbar war, weil man gegen seine festen Erwartungen verstoßen hatte. Dieser Aspekt spielt auch bei der gesetzlichen Rechtsprechung eine große Rolle. Die Schimpansen-Kolonie im Zoo von Arnheim scheint für Ungerechtigkeiten sensibilisiert zu sein. Einmal kidnappte die Schimpansin Puist ein einjähriges Junges und nahm es von seiner Mutter weg mit auf einen Baum, wo es verängstigt zu schreien anfing. Nachdem die Mutter ihr Junges gerettet hatte, attackierte sie Puist, obwohl diese wesentlich größer und stärker war. Das Männchen Yeroen rannte auf die Streitenden los und beendete den Kampf, indem er sich auf Puist stürzte und sie beiseite schleuderte. Das war ungewöhnlich, da Yeroen und Puist stets verbündet waren, und Yeroen bei allen anderen Gelegenheiten auf Puists Seite stand. Frans de Waal kam zu dem Schluß, daß Yeroen die Position der Affenmutter verteidigte, da er der Ansicht gewesen sei, daß sie sich mit Recht gewehrt habe.

Bei einer anderen Gelegenheit wurde Puist enttäuscht, als sie in einem Streit mit einem großen Männchen Luit um Hilfe bat. Dieses Männchen trat Puist mit drohender Gebärde entgegen, die ihre Hände hilferingend nach Luit ausstreckte. Luit rührte sich nicht, woraufhin sich Puist auf ihn stürzte, ihn anbrüllte und ihn schlug, vermutlich weil er gegen die Tradition verstoßen hatte, wonach jeder dem helfen muß, der ihm geholfen hat. Diese Form von Solidarität spielt auch unter Menschen eine große Rolle, wenn es um Fairneß geht.

Elizabeth Marshall Thomas führt ein aufschlußreiches Beispiel für Gerechtigkeitssinn an oder vielleicht für Anstand als Grundlage von Rechtschaffenheit. Ihr Husky Maria entdeckte eines Tages, daß man, wenn man um einen Käfig voller Mäuse und Wellensittiche herumrannte und nach den Käfiginsassen Ausfälle macht, diese in Todesangst versetzen konnte. Da kam der Mops Bingo hinzu und prallte mit voller Wucht gegen Maria, die wesentlich größer war als er. Als Maria wieder einen Ausfall gegen den Käfig machte, fing Bingo laut zu bellen an und rammte sie abermals. Maria verließ den Raum. Elizabeth Marshall Thomas überraschte das, denn Bingo war ganz vernarrt in Maria und stellte sich normalerweise nie gegen sie. Entweder war es Mitleid mit den Mäusen und Sittichen, das Bingo dazu motivierte, sich so zu verhalten, gewissermaßen stellvertretend für die Besitzer der Mäuse und Sittiche einzugreifen, oder ihm mißfiel Marias Frechheit; es steht außer Zweifel, daß es seine Absicht war, ihrer Aggression Einhalt zu gebieten und sie dazu zu bewegen, sich anderen Tieren gegenüber anständig zu benehmen.

Verhaltensforscher in Arizona sagen, daß wilde Nasenbären oder Coatis über ein System von verschiedenen Rufen ihrer Jungtiere verfügen, die mit bestimmten Inhalten belegt sind. Wenn ein älteres Tier ein der Herde hinterhertrottendes Jungtier rügt, weil es zurückgeblieben ist, dann wird dieses zusammengekauert den «Hau-mich-nicht»-Ruf ausstoßen, der zu bedeuten scheint: «Ich wehr mich nicht.» Wenn ein fast erwachsenes Tier ausnahmsweise einem Welpen das Futter wegzunehmen versucht und es in die Enge treibt, stößt das bedrohte Jungtier einen anderen Laut aus, woraufhin ein ausgewachsenes Weibchen kommt und den Halbstarken vertreibt, womit sie anscheinend der geltenden Sitte Respekt verschafft, daß man Welpen milde behandeln muß. Es handelt sich hier vielleicht bloß um verschiedene Welpengefühle, die in verschiedenen Gefahrensituationen zum Ausdruck kommen, und doch ist es aufschlußreich, daß es einen solchen Unterschied überhaupt gibt. Auch in menschlichen Rechtsordnungen spielen Durchsetzung und Aufrechterhaltung von Hierarchie eine Rolle.

Der Erzähltrieb

Das Verlangen, Geschichten zu erzählen, ist ein weiteres menschliches Charakteristikum. Menschen lieben es, Ereignisse zu berichten, zu tratschen, zu analysieren. Menschen sprechen mit Tieren und miteinander. Ist es nur die Sprache, die den Menschen ihren Erzähldrang eingibt, oder hätten alle Menschen diesen Trieb auch ohne menschliche Sprache?

Tiere, denen man die Zeichensprache beigebracht hat, sollen nur wenig Lust zum Erzählen haben. Herbert Terrace, der dafür gesorgt hat, daß der Schimpanse Nim Chimpsky in Zeichensprache unterrichtet wurde, sagte, daß die meisten Äußerungen Nims bloße Nachahmungen oder Fragmente von Zeichen waren, die seine Lehrer zuvor signalisiert hatten, und daß das bei anderen Schimpansen genauso sei. Auch vertritt er die Meinung, daß die meisten Zeichengebungen der Schimpansen darin bestehen, nach Futter, nach Spielzeug oder nach Gesten der Zuneigung wie Kitzeln oder Umarmen zu fragen. Dies und die Seltenheit spontaner verbaler Kommunikation scheinen für einen schwachen Erzähltrieb bei ihnen zu sprechen. Es kam nur selten vor, daß Nim unaufgefordert Dinge benannte, die er gerade gesehen hatte. Häufig gab er spontan die Zeichen für die Dinge, die er erkannte, wenn er in Büchern und Zeitschriften blätterte. Vielleicht zeigen sich hierin die Keime eines Erzähltriebes, die nur darauf warten, gefördert zu werden.

Nims Lektionen in Zeichensprache waren (wie bei fast allen anderen Experimenten auch) so angelegt, daß man ihm die Gelegenheit bot, sich Futter und andere Belohnungen zu verdienen. So verwundert es kaum, daß er häufig in diese Richtung gehende Wünsche äußerte. Ebenso scheint es von Wichtigkeit zu sein, daß die ersten Lehrer, die Nim unterrichteten, die Zeichensprache nicht perfekt beherrschten. Die meisten konnten nur ein paar Sätze zu dem jeweiligen Thema improvisieren, sie waren aber nicht in der Lage, Nim eine Geschichte zu erzählen, ihm von ihren Erlebnissen des Tages zu berichten oder ihm den neuesten Klatsch zu vermitteln. Nim fing an, die Zeichensprache zu lernen, als er fünf Monate alt war, aber er hatte bis zum Alter von dreieinhalb Jahren keinen Lehrer, der die Zeichensprache fließend beherrschte. Das ist nicht ungewöhnlich. Zeichengebende Affen werden oft von Menschen aufgezogen und unterrichtet, die nur über rudimentäre Kenntnisse der Zeichensprache verfügen. Keines der Tiere wurde in einer Umgebung aufgezogen, in der man die Zeichensprache fließend «sprach». Man stelle sich vor, ein Kind würde von Eltern aufgezogen, die die Landessprache nur gebrochen sprechen, und dieses Kind hätte keine Spiel- und Klassenkameraden. Ein solches Kind würde in seinen sprachlichen Fähigkeiten weit hinter die Kinder zurückfallen, dessen Eltern sich ungezwungen miteinander, mit anderen und mit ihren Kindern unterhalten. Ein Kind, dem nie eine Geschichte erzählt wurde, wird kaum selber Geschichten erzählen, aber das würde über die Begrenztheit der menschlichen Erzählbegabung noch gar nichts aussagen.

Terrace erwähnt, daß Nim perplex war, als er auf Menschen traf, die die Zeichensprache perfekt beherrschten. Er starrte sie fasziniert bis zu fünfzehn Minuten an, wenn sie sich unterhielten – eine beachtliche Zeit für einen jungen Schimpansen. Im Unterschied dazu vermochte ihn gesprochene Sprache nur für wenige Sekunden zu fesseln. Terrace berichtet, daß Nim im Alter von dreieinhalb Jahren, also schon in der Adoleszenz, schließlich einen Lehrer bekam – offenbar seinen vierundfünfzigsten Lehrer –, der die Zeichensprache fließend konnte. Terrace ist der Ansicht, daß Nim wesentlich schneller Fortschritte in der Zeichensprache gemacht hätte, wenn er in jungem Alter öfters mit Menschen zusammengewesen wäre, die sie fließend beherrscht hätten. Washoe, die erste Schimpansin, der man die Zeichensprache beibrachte, adoptierte einen Sohn namens Loulis, der die Zeichensprache nicht von den Menschen lernte, sondern von Washoe und den anderen Schimpansen in der Gruppe. Doch auch Washoe erlernte die Zeichensprache nicht von fließend gestikulierenden Lehrern. Es ist also durchaus möglich, daß man die Affen nicht genügend herausgefordert hat. In diesem Fall hätte man den Mitteilungsdrang dieser Tiere noch nicht hinreichend getestet.

Man hat andere zeichengebende Schimpansen beobachtet, die sich mit den Zeichen in erheblichem Ausmaß auf rudimentäre

Weise narrativ verständigten. Sie geben sich auch Zeichen, wenn kein Mensch zugegen ist (wie Videoaufnahmen gezeigt haben), und «reden» ebenso wie Menschen mit sich selbst. Es gibt Filmaufnahmen von Washoe, wie sie in einem Baum hockt, um sich vor ihren Gefährten zu verstecken, und sich selbst das Zeichen «leise» gibt. Es kommt vor, daß sie sich selbst ihre geplanten Aktivitäten beschreiben, sie geben die Zeichen «Ich hinauf» und springen auf eine Mauer. Man konnte auch beobachten, daß sie beim einsamen Spielen eine Phantasiesprache lernten. Moja, die die Bedeutung des Wortes «Handtasche» kennt, stülpte eines Tages eine Handtasche über ihren Fuß und lief damit herum, während sie die Zeichen für «Das ist ein Schuh» machte. Da haben wir die Anfänge von übertragenem, metaphorischem Denken.

Auf gewisse Weise bedienen sich Bienen einer narrativen Verständigung, wenn sie anderen Mitgliedern aus ihrem Stock berichten, wo es die besten Blüten gibt und wie man dort hingelangt. Die revolutionierende Entdeckung, die Karl von Frisch machte, bezieht sich auf die Verständigung unter Bienen mit Hilfe von symbolischer Kommunikation: Eine Honigbiene, die Blumen gefunden hat, kehrt zu ihrem Stock zurück und führt einen Tanz auf, der den anderen mitteilt, wie weit das Futter entfernt ist und in welcher Richtung es sich befindet. Donald Griffin bemerkt dazu: «In dem wissenschaftlichen Klima, das vor vierzig Jahren herrschte, war es ein unglaublicher Schock, daß jemand behauptete, ein Insekt könne seinen Gefährten Informationen über Richtung, Entfernung und Qualität von entfernten Objekten übermitteln.» Aber genau das ist der Fall.

Die Schimpansen Sherman und Austin wurden darin unterrichtet, sich durch Lichtsymbole auf einer Tafel zu verständigen. Die Wissenschaftlerin Sue Savage-Rumbaugh sagt, daß sie diese Symbole, wenn auch selten, einsetzten, um ihre zukünftigen Handlungen und die um sie herum geschehenden Ereignisse von sich aus zu kommentieren. Sie schreibt: «Ihr Verhalten läßt darauf schließen, daß es für sie schwierig ist zu verstehen, daß sie über Informationen verfügen, zu denen die anderen keinen Zugang haben. Bei den unterschiedlichen Versuchsanordnungen, welche die Kommunikation zwischen ihnen fördern sollten, war es ganz wichtig, daß die Tiere viele Male lernten, wer die Rolle des Erzählers und wer die des Zuhörers innehatte, bevor sie erkennen ließen, daß sie als Erzähler etwas wußten, das die Zuhörer nicht wußten.» Obwohl Sherman und Austin gelernt haben, in bestimmten Situationen mit dem möglichen Unwissen ihrer «Zuhörer» zu rechnen, und obwohl sie diese Einsicht offenbar noch nicht verallgemeinert haben, ist nicht ausgeschlossen, daß sie das doch noch lernen. Man hat ihnen beigebracht, Futter abzugeben, was völlig unschimpansisch ist, doch es schien ihnen, obgleich es ihnen nicht leichtfiel, Spaß zu machen. Vielleicht könnten sie auf diese Weise auch das Erzählen lernen.

Es ist durchaus möglich, daß Affen die Grenzen ihrer sprachlichen Leistungsfähigkeit erreicht haben. Vielleicht wird das Verlangen, sich mitzuteilen, zu prahlen, nachzuerzählen und zu mythologisieren, für immer ein menschliches Charakteristikum bleiben. Aber darüber wissen wir zu wenig, um verbindliche Aussagen machen zu können. Wenn man das Labor verlassen würde, wo Affen lernen, mit Menschen zu kommunizieren, und in den Wald ginge, um zu erfahren, was dort an Kommunikation vor sich geht, dann wüßte man mehr. Einige der sprachbegabtesten Tiere werden am wenigsten verstanden. Verschiedene Walarten sind sehr mitteilungsfreudig und geben unaufhörlich Laute von sich, deren Variationsbreite von Quieken, Grunzen, Trillern, Brüllen, Zirpen, Stöhnen, Kläffen und Pfeifen bis hin zu Echolokalisierendem wie Klicken und Knattern reicht. Vielleicht heißt das ja nur: «Ich bin hier. Wo bist du?» Eine Alternative stellt Jim Nollman zur Debatte, der die Entdeckung des Walforschers Roger Payne kommentiert, die belegt, daß Buckelwale ihre Gesänge von Jahr zu Jahr «nur mit leichten, doch erkennbaren Unterschieden wiederholen. Hier handelt es sich um einen klaren Beleg für eine mündliche Tradition. Das impliziert, daß Buckelwale zumindest die Rudimente einer erlernten Kultur besitzen.» Vielleicht erzählen sie die Geschichte ihrer Spezies.

Die Suche nach Emotionen, die nur die Menschen haben und andere Tiere nicht, ist sehr alt. Wenn man diese Suche nun umkehrt und Emotionen zu finden versucht, die nur Tiere haben und wir nicht, dann verstößt man gegen die gängige Annahme, daß der Mensch an der Spitze der Evolution steht und von Mutter Natur am reichsten beschenkt worden ist. Aber es ist unmöglich, all die vielen Dinge außer acht zu lassen, die einige Tiere haben, die uns aber fehlen. Auf manches verzichten wir stolz und gern: Schwänze, Pelz, Hörner. Anderes ist uns egal: empfindlicher Geruchssinn. Einiges erfüllt uns mit Neid: Flügel.

Emotionen, die nur Tiere haben

Einige Tiere verfügen, wie man erst kürzlich entdeckt hat, über Sinnesfähigkeiten, welche Menschen nicht haben. Andere Tiersinne stehen noch zur Entdeckung an. Könnte es auch sein, daß es bei Tieren Gefühle gibt, die wir Menschen nicht kennen? Wenn es sie gibt, wie können wir von ihnen erfahren? Es bedarf naturwissenschaftlicher Demut und philosophischer Kreativität, um auch nur den Keim einer Antwort zu gewinnen.

Eine Löwenmutter, die von George Schaller beobachtet wurde, hatte ihre drei kleinen Kinder unter einem umgestürzten Baum zurückgelassen. In ihrer Abwesenheit kamen zwei Löwen eines anderen Rudels und töteten die kleinen Löwen. Das eine Tier fraß sein Opfer zum Teil auf, das andere schleppte das Löwenkind mit sich und trug es so, wie es ein Stück Beute und nicht ein Löwenjunges getragen hätte. Von Zeit zu Zeit hielt der Löwe inne, um an seiner Beute zu lecken; später klemmte er es zwischen seine Pfoten. Nach zehn Stunden hatte er das Tier immer noch nicht gefressen. Als die Mutter zurückkehrte und entdeckte, was geschehen war, roch sie an ihrem verbliebenen toten

Jungen, leckte daran und fraß es mit Ausnahme von Kopf und Vorderpfoten auf.

Diese Löwenmutter handelte wie eine Löwin und nicht wie ein Mensch. Aber wenn wir ihre Handlungsweise verstehen wollen, dann müssen wir ihre möglichen Gefühle berücksichtigen. Es kann sein, daß sie sich ihrem toten Nachwuchs näher fühlte, wenn er als Futter wieder in ihren Körper zurückkehrte. Vielleicht haßte sie Abfall, vielleicht gehörte es zu ihrer Mutterliebe, daß sie die Unordnung, die ihre Kinder machten, aufräumen mußte. Vielleicht handelte es sich um einen «Bestattungsritus» der Löwen. Vielleicht sprechen wir aber auch von einem Gefühl, das nur Löwen haben.

Elefanten legen bisweilen ein Verhalten an den Tag, das man das «Pandämonium der Paarung» genannt hat. Wenn ein Elefantenweibchen sich paart, stößt es einen lauten Ruf aus, der so tief ist, daß er vom menschlichen Ohr nicht wahrgenommen wird. Wenn ihre Verwandten diesen Ruf hören, kommen sie angelaufen, trompeten laut, zeigen sich im Zustand höchster Erregung, und es beginnt jenes «Höllenspektakel der Paarung». Auch andere männliche Elefanten werden davon angezogen. Nichtverwandte Elefantenherden ignorieren jedoch den Ruf oder verlassen die Gegend. Joyce Poole bemerkt dazu: «Biologisch könnte man sagen, daß dieses Paarungs-Pandämonium immer noch mehr Männchen zu dem einen Weibchen treibt und auf diese Weise die Chancen erhöht, daß ein in der Hierarchie höher stehender Bulle das begattende Männchen vertreibt und sie befruchtet. Ich selbst glaube, daß dieses Verhalten noch andere Gründe hat, aber ob es mit der Absteckung von Territorien zu tun hat, ob es eine Art emotionaler Unterstützung für das paarungsbereite Weibchen bedeutet oder irgendeine andere Ursache hat, könnte ich nicht sagen.» Welcher Art sind wohl die Gefühle der Verwandten des Weibchens, also derjenigen, die das Pandämonium erzeugen? Die Antwort ist unklar. Vielleicht fühlen sie eine Mischung aus ganz verschiedenen Emotionen, aus bekannten und unbekannten.

Nachdem er dreißig Jahre lang mit Schimpansen gearbeitet hat, bezweifelt Roger Fouts, daß sie über Emotionen verfügen, die wir Menschen nicht auch haben. In der Tat darf man erwarten, daß neue und unbekannte Gefühl eher bei Tieren entdeckt werden, die uns fernerstehen als die Menschenaffen. Eines Abends im Frühling beobachtete George Schaller in China ein Weibchen des Großen Panda, das er Zhen-Zhen genannt hatte. Sie war beim Fressen und lehnte sich dann gegen eine Bambusstaude, stieß einige «meckernde» Töne aus und schlief ein. Dieses anscheinend sorglose Verhalten verwunderte Schaller, denn es war klar, daß sie seine Gegenwart bemerkt hatte. Er schreibt:

Wie stellt sich die Welt für einen Panda dar? Treffe ich auf einen Tiger oder einen Gorilla, kann ich die Beziehung, die uns miteinander verbindet, an den Gemütsbewegungen ablesen, die das Tier ausdrückt, denn Neugier, Freundlichkeit, Verdruß, Argwohn, Zorn, Furcht – das alles verrät sich in seiner Körpersprache und seinem Mienenspiel. Dagegen sind Zhen und ich zwar an ein und demselben Ort beisammen, aber dennoch durch eine unermeßliche Kluft voneinander getrennt. Ihr Inneres bleibt unerforschlich, ihr Verhalten unergründlich. Verstandesmäßige Einsichten vertiefen emotionales Erleben. Aber bei Zhen besteht für mich die Gefahr, daß ich von einem Berg von Schätzen mit leeren Händen weggehe.

Damit ist nicht gesagt, daß Pandas uns völlig verschlossen sind. Schaller glaubt, daß er es lernen könnte, sie zu begreifen. «Um sie zu begreifen, müßte ich mich in einen Panda verwandeln – müßte mein eigenes Ich vergessen und mich viele Jahre lang ganz auf ihre Aktionen und ihre Innenwelt konzentrieren, bis mir am Ende vielleicht neue Erkenntnisse aufgingen.»

Unbewußte Emotionen

Auch wenn Tiere Gefühle haben, dann, so argumentieren einige Forscher, fühlen sie nicht so, wie Menschen das tun, weil sie sich ihrer Gefühle nicht bewußt sind. Vielleicht kann ein

Elefant traurig sein, aber wenn er noch nicht einmal zu sich selbst sagen kann: «Ich bin traurig», dann ist er nicht auf die gleiche Weise traurig, wie es ein Mensch ist, der seine Traurigkeit beschreiben und voraussagen kann. Wenn die Vertreter dieser Meinung recht haben, dann ist es die Sprache, welche die Menschen so eng an ihre Gefühle bindet und diese so verwundbar macht. Beim derzeitigen Stand des Wissens ist es jedoch voreilig zu behaupten, eine Emotion, die nicht in Sprache und schon gar nicht in eine uns verständliche Sprache übersetzt werden kann, könne nicht ebenso deutlich empfunden werden.

Menschen glauben, daß sie unter Emotionen leiden, die ihnen nicht voll bewußt sind und deshalb unausgesprochen bleiben. Das bedeutet jedoch nicht, daß diese Emotionen keine Bedeutung haben oder nicht wirklich empfunden werden. Im Gegenteil könnte man behaupten, daß Sprache Gefühle auf Distanz bringt, daß das Aussprechen der Wörter «Ich bin traurig», mitsamt allen Konnotationen dieser Wörter, das betreffende Gefühl ein wenig abrückt und es auf diese Weise weniger schmerzlich und weniger persönlich macht. Herbert Terrace beschreibt einen solchen Fall, aus dem man ersehen kann, wie Gefühle beim Tier durch Sprache abgespalten werden:

Wie Nim die Zeichen gebrauchte, das war oft sehr überraschend. Mindestens zwei Zeichen, nämlich *beißen* und *wütend*, schienen ihm als Ersatz für den körperlichen Ausdruck dieser Handlungen und Gefühle zu dienen. Nim hatte diese beiden Zeichen aus einem Bilderbuch gelernt, in dem man sieht, wie Zero Mostel in eine Hand beißt und ein wütendes Gesicht macht. Im September 1976 begann Amy damit, Nim an Laura abzugeben. Aus irgendwelchen Gründen wollte Nim sich aber nicht von Amy lösen und versuchte, Laura zu vertreiben. Als Laura aber nicht davon abließ, ihn auf den Arm zu nehmen, tat Nim so, als wolle er sie beißen. Er fletschte seine Zähne und näherte sich ihr mit gesträubten Haaren. Anstatt sie aber wirklich zu beißen, machte er wiederholt das Zeichen für *beißen* direkt vor ihrem Gesicht und schaute sie wütend an. Kaum hatte er dieses Zeichen gemacht, entspannte er sich offensichtlich und schien keine weiteren Attacken auf

Laura im Sinn zu haben. Tatsächlich ließ er sich wenige Minuten später ohne ein Zeichen der Aggression von ihr auf den Arm nehmen. Bei anderen Gelegenheiten setzte er die beiden Zeichen *beißen* und *wütend* als Warnung ein.

In dem Maße, in dem Gefühle durch Sprache abgespalten werden, könnte die Welt des Fühlens, der wir Menschen uns manchmal so entfremdet fühlen, gerade diejenige Welt sein, die einige Tiere *tiefer* und *reicher* erleben als wir.

Gefühlsintensität

Ob die Gefühle der Tiere schwächer oder stärker als die der Menschen sind, das hängt von dem betreffenden Gefühl ab. Ohne Zweifel empfinden Tiere Mitleid füreinander, manchmal auch für Tiere anderer Arten, aber es ist unwahrscheinlich, wenn auch nicht unmöglich, daß sie dieses Gefühl so intensiv empfinden wie Menschen. So dürften Delphine sich nicht so viel um Menschen kümmern, die einander abschlachten, wie einige Menschen sich um das Abschlachten von Delphinen durch andere Menschen kümmern. Vielleicht ist das aber auch nur so, weil Delphine über weniger Informationen verfügen als die Menschen. Vielleicht sind sie aber doch im Bilde, mischen sich aber nicht ein in menschliche Angelegenheiten. Vielleicht sind sie gleichgültig, oder sie betrachten das Ganze von höherer Warte aus.

Es gibt jedoch Emotionen, die Menschen weniger intensiv empfinden. Viele Menschen haben beispielsweise das Gefühl, daß einige Tiere sich besser freuen können. Ein Grund, weshalb das Beobachten und Belauschen von Vögeln so populär ist, liegt in dem Vergnügen am Gesang der Vögel, der den Menschen fröhlich vorkommt. Julian Huxley schrieb angesichts balzender Reiher, die ihre langen Hälse umeinanderwanden: «Ich kann nur sagen, daß dieses Verhalten mit einem derartigen Hochgefühl verbunden zu sein schien, daß ich mir gewünscht hätte, ich wäre ein Reiher und könnte es selber erleben.»

Die Gefühlsintensität bei anderen Tieren ist immer eine Quelle menschlichen Neids gewesen. Joseph Wood Krutch schreibt: «Wer wollte leugnen, daß ein Hund, den die Aussicht auf einen Spaziergang mit seinem Herrn fast verrückt macht, ein Maß an Freude empfindet, das wir uns kaum vorstellen, geschweige denn teilen können. Umgekehrt kennt seine Niedergeschlagenheit keine Grenzen. Vielleicht nimmt die Denkungsart, die uns gegeben ist, beidem – der Freude wie der Verzweiflung – in dem Moment die Spitze, in dem sie uns beidem etwas weniger ausgeliefert sein läßt. War jemals ein Mensch so verzweifelt wie ein Hund, der sich verlaufen hat? Vielleicht können bestimmte Tiere sowohl mehr Freude als auch tiefere Verzweiflung empfinden, als der Mensch je konnte.»

Um Fragen wie diese zu untersuchen, kommt es entscheidend darauf an, Tiere artgerecht zu behandeln. Sie entweder wie Maschinen oder wie Menschen zu behandeln, tut ihnen Unrecht. Ihr Gefühlsleben anzuerkennen, ist der erste Schritt; zu verstehen, daß dieses Gefühlsleben ihr eigenes und nicht unseres ist, ist der zweite Schritt. Ferner: Wenn der Mensch seinesgleichen nicht hat als denkendes Wesen von verfeinerter Kultur, ist er als fühlendes Wesen durchaus nicht allein auf der Welt. Warum versuchen wir überhaupt die Gefühlswelt von Tieren zu verstehen, die irgendwo im Ungreifbaren existiert zwischen der Meßbarkeit des Oxytozinspiegels im Blut einer Katze und der Hörbarkeit ihres Schnurrens? Warum hören wir nicht einfach auf, uns über das Glücksempfinden einer Katzenmutter Gedanken zu machen? Die Antwort lautet: weil es die Gefühle sind, in denen wir wirklich leben und um die es uns eigentlich geht. Das menschliche Leben kann ohne Gefühle nicht verstanden werden. Die Geheimnisse tierischer Emotionalität als prinzipiell unzugänglich und unergründlich hinzustellen ist reine Willkür und intellektuell ein Armutszeugnis.

Über die Artenschranke hinweg

Im Januar 1989 fanden Wanderer in den Wäldern von Michigan eine Schwarzbärin mit zwei Jungen, die kurz vorher aus dem Winterschlaf aufgewacht waren. Die Wanderer wollten Aufnahmen von den Tieren machen, da ihnen die Bärin aber nicht lebhaft genug war für ihre künstlerischen Zwecke, haben sie das Muttertier angeschrien und mit Stöcken gestoßen. Die Bärin ergriff die Flucht und ließ ihre zwölf Wochen alten Kinder zurück.

Ranger spürten die Mutter auf und mußten einsehen, daß sie nicht bereit war zurückzukehren. Lynn Rogers vom Superior National Forest in Minnesota erklärte sich bereit, für die Bärenjungen eine Adoptivmutter zu finden. Rogers, der das Gerry getaufte weibliche Bärenkind trug, und ein Fotograf machten sich mit Schneeschuhen in die Wälder auf und fanden Terri, eine wilde Bärin mit zwei Kindern, die an die Gegenwart von Menschen gewöhnt war. Rogers zeigte ihr das schreiende Junge. «Ich schob es in ihre Richtung, und sie nahm es ohne Umstände an», erinnert er sich. Das Junge lief von der fremden Bärin weg und kehrte zu den Menschen zurück. Zum Erschrecken des Fotografen kletterte es an seinem Bein wie an einem Baum hoch. Wie er noch wie angewurzelt dastand, näherte sich Terri, nahm das Junge in ihr Maul, pflückte es von seinem Bein ab und schleppte es in ihre Höhle.

Auch die Adoption von Gerrys Bruder durch eine andere Bärin verlief erfolgreich. Terri erwies sich als gute Mutter, und Gerry durchstreifte die Wälder des Nordens, lernte sich zu ernähren, indem sie Ameisenhaufen aufwühlte, sechzig Kilometer bis zu einem Haselnußstrauch wanderte und Wasserpflanzen abgraste. Sie teilte sich mit Terri das Territorium und hatte schließlich selbst Kinder.

In einer Zeit, da Rogers mit Regierungsstellen im Clinch lag, beschuldigte man Gerry behördlicherseits des Angriffs auf Menschen. Sie wurde mit einem ihrer Kinder gefangen. Im Käfig stöhnte Gerry ohne Unterlaß. «Sie weinte die ganze Zeit», sagte Rogers. «Aber als wir ihre anderen Kinder gefangen hatten und zu ihr in den Käfig taten, war sie augenblicklich zufrieden.» Die Behörden planten, Gerry in eine Wildfarm zu verlegen, wo sie Kinder für den Verkauf zur Welt bringen sollte und wo man ihr die Krallen aus Sicherheitsgründen herausoperiert hätte. Dem entsetzten Rogers gelang es jedoch, für sie einen kleinen Zoo zu finden, wo sie in einem weitläufigen Gehege lebt. Als ihre Kinder alt genug waren, wurden sie in den Wäldern von North Carolina ausgesetzt.

«Diese Bärin war so zutraulich, selbst wenn sie Junge hatte», erinnert sich Rogers mit Bedauern. «Ich konnte sie in meine Arme nehmen, und sie blieb ganz ruhig und schaute sich um.» Was Terri anbelangt, so wechselte sie in ein ungeschütztes Waldgebiet und wurde dort von einem Jäger erschossen. Was in dieser Geschichte falsch gelaufen ist, hat nichts mit den Bären, sondern alles mit den Fehlern zu tun, die Menschen machen. Das Gefühlsleben dieser Tiere ist uns nicht unzugänglich. Der Schrekken des verlassenen Bärenkindes, die freundliche Aufnahme durch die Adoptivmutter Terri, Gerrys Verzweiflung über ihre beiden fehlenden Kinder, das sind reale Gefühle – sie leugnen zu wollen, schlägt den Tatsachen ins Gesicht.

Die Neugier bezüglich der Gefühle von Tieren, welche die Wissenschaft den Studenten abgewöhnen möchte, wird manchmal von den Tieren selbst erwidert. Bei ihrer Feldforschung über Löwen entdeckte Elizabeth Marshall Thomas, daß die Löwen dem menschlichen Forschungsdrang den ihren entgegensetzten. Während des Tages beobachteten die Forscher die Löwen beim Schlafen. Fährten belegten, daß des Nachts vier Löwen an den Zaun des Lagers kamen und die Forscher beim Schlafen anstarrten. Und so wie die Menschen die Losung der Löwen untersuchten, gruben die Löwen die Latrine der Menschen auf, inspizierten ihre Inhalte und fügten manchmal etwas Eigenes hinzu. Wenn wilde Schimpansen ihre Furcht vor Menschen überwunden haben, dann legen sie ein beträchtliches Interesse an menschlichem Verhalten an den Tag, wenn auch nicht bekannt wurde, daß einer von ihnen das zu seinem Lebensberuf gemacht hätte.

Wenn wir uns fragen, ob ein bestimmtes Gefühl auch bei Tieren vorhanden ist, dann sollte die Frage nicht lauten: «Können wir beweisen, daß ein anderes Lebewesen dieses Gefühl hat?», sondern sie sollte heißen: «Gibt es einen Grund für die Annahme, daß dieses Tier dieses Gefühl *nicht* haben kann?» Wenn wir sehen, wie ein Elefant bei einem anderen, sterbenden Elefanten verharrt, dann ist die angemessene Reaktion nicht, zu sagen, daß wir keinen Maßstab haben, um Trauer zu messen und deswegen besser nicht von Trauer bei Elefanten sprechen. Statt dessen sollten wir das Verhalten des Elefanten studieren, seine Rufe, seine Körpersprache und seine Aktionen, und uns fragen, ob sie anzeigen, daß er unglücklich ist. Wichtig bei dieser Untersuchung ist die persönliche Vorgeschichte des jeweiligen Tieres – waren diese Tiere einander fremd? Oder miteinander bekannt, ja sogar verwandt? Selbst wenn Tiere, soweit wir wissen, keine Geschichten erzählen, so erleben sie ihre Lebensgeschichte genauso intensiv wie Menschen.

Wissenschaftliche Bescheidenheit läßt uns denken, daß ein vollständiges Verstehen der Tiere unmöglich ist. Aber wir kommen diesem Ziel sehr viel näher, wenn wir nicht von vornherein behaupten, wir wüßten mehr über die Eigenschaften, die sie nicht haben, als wir es tatsächlich tun. Wollen wir mehr über Tiere erfahren, dann müssen wir sie so nehmen, wie sie sind, und dazu gehören nun einmal ganz wesentlich ihre Gefühle.

SCHLUSS: DIE WELT MIT FÜHLENDEN KREATUREN TEILEN

von Jeffrey Moussaieff Masson

Welche Bedeutung hat es, wenn wir nun wissen, daß Tiere ein Gefühlsleben führen? Müssen wir unser Verhältnis zu ihnen ändern? Haben wir ihnen gegenüber Verpflichtungen? Ist es noch zu rechtfertigen, Produkte für Menschen an Tieren zu testen? Sind Tierversuche ethisch vertretbar? Existieren Tiere nur zu unserer Erbauung? Dürfen wir sie töten, um uns zu kleiden, zu ernähren, zu schmücken? Müssen wir nicht aufhören, uns von Tieren zu ernähren, die ein komplexes Gemeinschaftsleben kennen, die fähig sind zu leidenschaftlichen Beziehungen untereinander und die ihre Kinder hingebungsvoll lieben?

Wir Menschen verhalten uns oft so, als ob etwas, das uns gleicht, mehr Achtung verdiene als etwas, das uns nicht gleicht. Rassismus läßt sich zum Teil auf diese Weise beschreiben, wenn auch nicht erklären. Männer behandeln andere Männer besser als Frauen, teils weil sie glauben, daß Frauen anders sind als sie. Viele dieser sogenannten Unterschiede sollen nur die Lasten kaschieren, welche die beherrschende Macht dem jeweils Unterlegenen auferlegt.

Der Grundgedanke scheint zu sein, daß es legitim ist, ein Lebewesen zu verletzen, welches nicht auf dieselbe Weise wie der Mensch Schmerz zu empfinden vermag. Obwohl das nicht unausweichlich zutrifft, wird doch die Illusion angeblicher Unterschiede aufrechterhalten, aus Furcht, wenn man erst einmal Ähnlichkeit zugibt, dann ist man auch gleich verpflichtet, Achtung zu zollen und vielleicht sogar Gleichberechtigung einzuräumen. Dies vor allem dann, wenn es um Leiden, Schmerzen, Kummer und Trauer geht. Wir wollen anderen dergleichen nicht zufügen, weil wir diese Gefühle aus eigener Erfahrung kennen. Niemand wird Leiden als solches verteidigen. Aber was ist mit Tierversuchen? Bei den Streitigkeiten über dieses Thema geht es um Nutzen, da wird der größere Nutzen gegen das geringere Leiden ausgespielt. Stillschweigend vorausgesetzt werden dabei gewöhnlich die Höherwertigkeit derer, die gegenüber anderen im Vorteil sind (zum Beispiel Naturwissenschaftler, die in der Kosmetik- und Pharmaindustrie arbeiten und im Auftrag ihrer Firmen Experimente mit Kaninchen durchführen), und die Minderwertigkeit derer, die dem Vorteil der anderen geopfert werden.

Jemand, der Experimente an Tieren durchführt, wird fast immer verneinen, daß Tiere genauso wie Menschen leiden. Denn sonst würde er automatisch seine Grausamkeit zugeben. Experimentelles Leiden wird Menschen nicht zufällig und nicht ohne ihre ausdrückliche Zustimmung angetan, ethisch gerechtfertigt wird es mit der Begründung, es werde anderen zu unabsehbarem Nutzen gereichen. (Zumindest gilt das nicht mehr.) Tiere leiden. Können wir, dürfen wir ihr Leiden messen, mit dem unsrigen vergleichen? Wenn es unserem gleicht, wie können wir dann weitermachen? Wie Rousseau 1754 in seiner *Abhandlung über den Ursprung und die Grundlagen der Ungleichheit unter den Menschen* schrieb: «Offenbar ist es so, daß ich kein Lebewesen, welches mir gleich ist, verletzen darf, nicht weil es ein Vernunftwesen ist, sondern weil es ein empfindsames Wesen ist.» Und warum muß überhaupt Leiden unserem Leiden gleichen, um als unzumutbar anerkannt zu werden? Zur Begründung hat man gesagt, daß Menschen Schmerzen stärker erleiden als Tiere, weil wir uns an sie erinnern und sie antizipieren können – mit Rousseaus Worten: weil wir «Vernunftwesen» sind. Doch es ist nicht erwiesen, daß Tiere diese Fähigkeiten nicht besitzen.

Aber selbst wenn sie Schmerz nicht erinnern oder antizipieren können, gibt es keinen Grund zu der Annahme, daß sie ihn weniger intensiv erleben als Menschen – sie sind «Sinnenwesen» –, eher müßte man wohl annehmen, daß manche Tiere mehr leiden als Menschen. Die britische Philosophin Brigid Brophy verweist darauf, daß «Schmerz die gesamte Erfahrungswelt eines Schafes derart ausfüllt, daß wir Menschen dagegen privilegiert sind, weil unser Verstand und unsere Vorstellungskraft Abstand schaffen können von der Unmittelbarkeit der Sinneseindrücke». Aber ist nicht die Tatsache, daß Tiere überhaupt leiden, schon Grund genug, umzudenken? Darwin schrieb einmal zum Thema der Beziehungen zwischen Leiden und selbstloser Liebe: «Man hat von einem Hunde berichtet, der noch im Todeskampfe seinen Herrn geliebkost hat, und Alle haben davon gehört, wie ein Hund, an dem man die Vivisection ausführte, die Hand seines Operateurs leckte. Wenn nicht dieser Mann ein Herz von Stein hatte, so muß er, wenn die Operation nicht durch Erweiterung unserer Erkenntnis völlig gerechtfertigt war, bis zur letzten Stunde seines Lebens Gewissensbisse gefühlt haben.» Was die Tiere anbelangt, sprach Darwin aufgrund von Beobachtung. Was die Menschen anbelangt, so sprach er als Optimist.

Man sagt oft, wenn die Schlachthäuser aus Glas wären, würden alle Menschen zu Vegetariern. Wenn die Öffentlichkeit wüßte, wie es in Tierlabors zugeht, wären sie längst abgeschafft. Dennoch ist die Parallele ungenau. Schlachthäuser sind unsichtbar, weil die Öffentlichkeit sie nicht sehen will. Jedermann weiß aber, was in ihnen vorgeht; nur will man nicht damit konfrontiert werden. Dagegen wissen die meisten *nicht*, was in Labors mit Tieren geschieht. Schlachthäuser kann man besuchen. Labors dagegen, wo mit Tieren experimentiert wird, sind bekanntermaßen unzugänglich, für Besucher streng verboten. Vielleicht wissen die Experimentatoren, daß ihrem Treiben Einhalt geboten würde, wenn auch nur andere Wissenschaftler davon Kenntnis hätten. Vielleicht schämen sie sich. Dr. Robert White, der Direktor des Forschungslaboratoriums für Neurologie und Gehirnforschung am Metropolitan General Hospital in Cleveland, ist eine Koryphäe auf dem Gebiet der Gehirntransplantation. In einem stark beachteten Aufsatz mit dem Titel «Zur Verteidigung der Vivisektion» beschreibt er seine eigenen Forschungen:

«Im Jahr 1964 gelang es uns zum ersten Mal in der Geschichte der Medizin, ein Primatengehirn total von seinem Körper zu lösen und es dadurch am Leben zu halten, daß es entweder mit dem Blutkreislauf eines anderen Affen oder mit einer Maschine verbunden wurde, welche die primären Funktionen von Herz, Lunge und Nieren wahrnahm, während sie gleichzeitig Blut durch das Gehirn pumpte. Wir waren ob dieses Erfolges überglücklich, denn seit gut hundert Jahren hatte die Wissenschaft versucht, eine solche Maschine mit Erfolg einzusetzen. Dabei war es schon in den dreißiger Jahren dem Nobelpreisträger Dr. Alexis Carrel mit der Unterstützung von Oberst Charles Lindbergh gelungen, fast alle Körperteile in Isolation am Leben zu erhalten ... Man sollte in Parenthese dazu anmerken, daß auch Dr. Carrel Probleme mit den Tierversuchsgegnern seiner Tage hatte.»

Eine Gruppe von Tier-Experimentatoren setzte einmal eine Anzeige in die Zeitung, in der sie um Spenden warben. Sie lautete: «Schick 'ne Maus zur Uni!» Das sollte witzig sein, ist aber in Wirklichkeit nur verlogen. Die Forscher wagten nicht zu sagen: «Pflanz einer Maus 'nen Tumor ein!» Auch schrieben sie nicht: «Schicke einen Hund oder eine Katze auf die Universität», denn die Leute mögen nicht daran denken, daß ihre Haustiere als Versuchsobjekte dienen könnten. Ratten und Mäuse gelten normalerweise nicht als Haustiere, sondern als Ungeziefer. Und Ungeziefer hat keine Lobby. Aber der Schmerz einer Maus oder einer Ratte ist genauso groß und echt wie der jedes anderen Tieres. Sie leiden in den Labors, wie jedermann weiß, der sie dort stöhnen, schreien und wimmern gehört hat. Forscher verdrängen diese Tatsache, indem sie behaupten, daß die Tiere nur Laute von sich geben. Descartes lebt immer noch.

Vielleicht lassen sich die Wissenschaftler von diesen Lauten nicht erreichen, weil sie nicht unmittelbar als Form der Kommunikation erkennbar sind. Schaut man sich genauer an, was Menschen als Hauptunterschiede zwischen Mensch und Tier betrachten, so springt ins Auge, daß die Menschen den allerhöchsten Wert auf Sprache legen. Unsere glorreiche Einzigartigkeit, sagen viele Philosophen, ist in unserer Sprachfähigkeit begründet. So war es ein Schock, als man erkannte, daß ein einfacher Afrikanischer Graupapagei nicht nur die menschliche Sprache auf Papageienart nachahmte, sondern wirklich sprechen konnte, daß er also mittels Sprache kommunizierte. Als die Tierpsychologin Irene Pepperberg ihren Papagei Alex in einer Tierklinik ablieferte, um ihn an der Lunge operieren zu lassen, da rief er ihr nach: «Komm her. Ich liebe dich. Es tut mir leid. Ich will nach Hause.» Er war in dem Glauben, daß er etwas Böses getan habe und nun zur Strafe verlassen würde. Man stelle sich vor, was geschähe, wenn ein Tier uns kurz vor seiner Ermordung auf diese Weise ansprächne. Wenn im Schlachthaus ein Schwein ausriefe: «Bitte töte mich nicht!» Wenn ein Reh seinen Jäger bäte: «Ich möchte leben. Bitte nicht schießen! Meine Kinder brauchen mich!» Würde der Jäger trotzdem abdrücken? Oder wenn eine Katze in einem Labor aufheulte: «Bitte, keine Foltern mehr!» Könnte der Forscher dann weitermachen? Solche Sätze haben KZ-Häftlinge auch nicht vor ihrer Ermordung gerettet; sie wurden zu Untermenschen erklärt, zu Läusen und Ratten.

Niemand glaubt, daß ein Schwein sterben will. Es würde vor dem Abgeschlachtetwerden weglaufen, wenn es könnte. Es *fühlt* den Drang zum Leben und die Angst vor dem Tod genauso wie ein Mensch; nur kann es, das ist der einzige Unterschied, diese Gefühle nicht in Worten ausdrücken. Das Schreien von Schweinen beim Schlachten ist grauenvoll. Manche sagen, es klingt wie menschliches Schreien. Die Schweine teilen so ihre entsetzliche Angst mit. Vor kurzem stand in der Zeitung: Auf dem Weg zum Schlachthof nahm ein junger Ochse Reißaus, sobald er in Hörweite der qualvollen Schreie des Schlachtviehs gekommen war. Der Ochse rannte durch die Straßen wie ein Todeskandidat auf der Flucht vor dem Scharfrichter. Sein Ausbruch in die Freiheit gab jedem Zeugen eine Denkpause, sogar dem Fahrer des Schlachtviehtransporters.

War es richtig, ein Tier auf die Schlachtbank zu schicken, das so verzweifelt am Leben hing? Vielleicht hat man diesem einen Ochsen das Leben geschenkt. Und die anderen? Fühlen sie nicht dasselbe? Wenn Widerstand respektiert wird, legitimiert das Fehlen von Widerstand dann das Töten? Wir wissen ganz genau, was jedes Rind will: Es will leben. Es ist nicht gewillt, sich für irgendeine Sache zu opfern. Daß eine Kuh sich freiwillig zum Gegessenwerden anbietet, ist eine Legende.

Wenn Menschen es ablehnen, anderen Menschen Schmerzen zuzufügen, dann tun sie das ganz sicher, weil sie davon ausgehen, daß die anderen *fühlende* Wesen sind. Nicht weil die anderen denken oder sprechen können, respektieren wir ihre körperliche Unversehrtheit – ihre Fähigkeit zu fühlen gibt den Ausschlag. Sie fühlen Schmerz, Erniedrigung, Qual und andere Emotionen, vielleicht sogar einige, die sie noch gar nicht kennen. Wir wollen an solchem Leiden nicht schuld sein. Wenn Tiere, wie ich glaube, Schmerz und Qual und all die anderen Emotionen fühlen, dann dürfen diese Gefühle auch bei unserem Verhalten ihnen gegenüber nicht ignoriert werden. Ein Bär wird niemals Beethovens Neunte komponieren, aber unser Nachbar kann das auch nicht. Das ist noch längst kein Grund, daraus den Schluß zu ziehen, wir dürften mit diesem Nachbarn Experimente anstellen, dürften fröhliche Jagd auf ihn machen, dürften ihn munter verspeisen.

Eher als Biologen scheinen heute einige Philosophen bereit zu sein, über das Thema «Tiere und ihre Emotionen» nachzudenken und sich in Tierrechtsfragen zu engagieren. Philosophen wie Mary Midgley und Brigid Brophy in England, Peter Singer in Australien und Tom Regan und Bernard Rollin in den Vereinigten Staaten vertreten mit Nachdruck, daß Tiere ein komplexes Gefühlsleben haben. In einer wichtigen Passage hat Jeremy Bentham 1789 Empfindungsfähigkeit und Rechtsansprüche auf folgende Weise miteinander verknüpft:

Der Tag mag kommen, an dem die übrigen Geschöpfe jene Rechte erlangen werden, die man ihnen nur mit tyrannischer Hand vorenthalten konnte. Die Franzosen haben bereits entdeckt, daß die Schwärze der Haut kein Grund dafür ist, jemanden schutzlos der Laune eines Peinigers auszuliefern. Es mag der Tag kommen, da man erkennt, daß die Zahl der Beine, der Haarwuchs oder das Ende des *os sacrum* [Kreuzbein] gleichermaßen unzureichende Gründe sind, ein fühlendes Wesen demselben Schicksal zu überlassen. Was sonst ist es, das hier die unüberwindbare Trennlinie ziehen sollte? Ist es die Fähigkeit zu denken, oder vielleicht die Fähigkeit zu sprechen? Aber ein ausgewachsenes Pferd oder ein Hund sind unvergleichlich vernünftigere und mitteilsamere Lebewesen als ein Kind, das erst einen Tag, eine Woche oder selbst einen Monat alt ist. Doch selbst vorausgesetzt, sie wären anders, was würde es ausmachen? Die Frage ist nicht: können sie *denken*? oder: können sie *sprechen*?, sondern *können sie leiden*?

In seinem Buch *Die Befreiung des Tieres*, welches ausdrücklich auf Benthams philosophischen Utilitarismus Bezug nimmt, begründet Peter Singer das Argument, daß Kreaturen, die Schmerz fühlen können, vor Schmerzen zu bewahren sind, besonders vor wissenschaftlichen Experimenten und vor quälerischen Methoden der Viehzucht. Die Begründung lautet: Empfindungsfähigkeit – also die Fähigkeit zu bewußtem Erleben – verlangt die gerechte Abwägung der Interessen aller Lebewesen. Damit hat man zwar eine moralische Begründung geliefert, aber diese Position räumt Tieren noch nicht ausdrücklich Rechtsansprüche ein.

Tom Regan geht in seinem Buch *The Case for Animal Rights* weiter. Er fordert ausdrücklich den Rechtsschutz von Tieren, die in der Lage sind, «das Subjekt eines Lebens zu sein». Jedes Tier, das in irgendeinem Experiment in irgendeinem Labor mißbraucht wird, hat seine eigene Lebensgeschichte. Es hat starke Gefühle gehabt, es hat geliebt, gehaßt und sich anderen von seiner Art gewidmet. Es ist als Subjekt zu betrachten und wird in seinen Rechten verletzt, wenn es als Objekt behandelt wird. Haben wir das Recht, es von seinen Gefährten wegzuzerren und ihm all seinen Lebensinhalt zu rauben, um es in einer kalten, feindlichen und aseptischen Umgebung zu foltern, zu verstümmeln und schließlich kaputtzumachen um irgendeiner Sache willen, die unserer eigenen Spezies sehr viel weniger nützt? Oder haben wir etwa dazu kein Recht, sondern nur die Macht?

Was bei den Tierversuchen herauskommt, ist nicht immer von Vorteil für die Menschen. 1955 wurde in der deutschen *Monatsschrift für Psychiatrie und Neurologie* berichtet, daß ein Forscher den Tranquilizer Largactil einer Spinne verabreicht hat und feststellen konnte, daß dies entweder die Größe und die Komplexität ihrer Netze reduzierte oder das Tier vom Netzbau ganz abbrachte. Dieser Aufsatz wird seither immer wieder zitiert als Beweis für den großen Nutzen von Tierexperimenten für die Psychologie und Psychiatrie (des Menschen). Sein Versuch zeige, schrieb P. N. Witt, daß Schizophreniepatienten Antipsychotika verabreicht werden können, damit sie nicht länger «spinnen», das heißt: in ihrem Kopf Phantasiegebilde auslegen. Aber warum sollen Spinnen (oder eigentlich Menschen) keine Netze spinnen, wenn sie das gerne tun? Wer hat uns das Recht gegeben, in die zarten Strukturen, die aus dem Innersten eines Lebewesens hervorgehen, einzugreifen, einzubrechen und sie schließlich zu zerstören? Ob solche Praktiken der Menschheit überhaupt dienlich sind, ist zweifelhaft. Die Mikrobiologin Catherine Roberts verurteilt Harry Harlows «abscheuliche» Experimente mit Rhesusaffen, die wir im fünften Kapitel behandelt haben, indem sie darauf verweist, daß sie «die menschliche Qualität derer, die die Experimente erdacht und durchgeführt haben, degradieren». Catherine Roberts nahm auch zu den Gehirntransplantationen von Robert White Stellung: «Die Einzelheiten seiner Experimente sind so abscheulich, daß damit wohl die Grenze zur wissenschaftlichen Perversion überschritten ist.»

Es ist nicht leicht, sich die Sinneswelt einer anderen Spezies auszumalen, aber es ist auch nicht unmöglich. Das intensive Schnüffeln der Hündin zeigt an, daß sie etwas jenseits unserer Reichweite wahrnimmt. Ihre Fähigkeit, uns unzugängliche Informationen aufzunehmen, ist beeindruckend, und wir respektieren die Reaktionen, die sie auslösen. Wir wissen, wir haben da etwas vor uns, das sich von uns unterscheidet, gleichwohl aber unseren Respekt verdient. Eines der häufigsten Gefühle, das Menschen angesichts einer anderen Spezies befällt, ist ehrfürchtiges Staunen. Die Fähigkeiten des Habichts, in den Lüften zu segeln, der Robbe, durch die Wellen zu schießen, sind wunderbar und machen uns bescheiden.

Es ist eine Tatsache, daß Tiere dauerhafte Freundschaften schließen, Angst vor dem Jäger haben, sich in die Sicherheit ihrer Höhle zurückwünschen, um ihre Gefährten fürchten, ihre Kinder schützen und pflegen. Tom Regan würde sagen, sie sind Subjekte ihres Lebens, so wie wir. Wenn Tiere auch keine Autobiographien schreiben, so lassen sich doch ihre Biographien schreiben. Sie sind Individuen und zugleich Mitglieder von Gruppen mit einer ausgeprägten Geschichte, die sich in der Realität ereignet und eine Reihe komplexer Gefühlzustände durchläuft. Sie leben, indem sie fühlen, nicht anders als wir.

Jane Goodall weist darauf hin, daß Schimpansen «zwar in ihren genetischen Anlagen um etwa ein Prozent vom *Homo sapiens* abweichen und nicht sprechen können, aber sich sehr ähnlich verhalten wie wir, Schmerzen empfinden können und die gleichen Emotionen und differenzierte intellektuelle Fähigkeiten haben». Sie plädiert dafür, daß wir aufhören, sie zu versklaven, einzusperren und zu foltern. Statt dessen sollten wir sie vor Ausbeutung schützen.

«Wenn ich irgend etwas von meinen Elefanten gelernt habe», schreibt Douglas Chadwick, «dann ist es die Verwandtschaft zwischen ihnen und mir. Die Herzlichkeit ihres Familienlebens macht mein Herz warm. Ihre Fähigkeit, sich zu freuen, erfreut mich. Ihre Bereitschaft, zu lernen und zu verstehen, ist eine Quelle der Offenbarung für mich. Wenn ein Mensch diese Qualitäten an Elefanten nicht entdecken kann, dann muß es an ihm liegen.»

Die Menschen haben schon früh gewußt, daß Tiere sich auf einer emotionalen Ebene mit Menschen verbinden können. Eine der ältesten und bekanntesten indischen Legenden erzählt von dem Bündnis auf Leben und Tod zwischen einem Brahmanen und einem Mungo. In der Fassung der kaschmirischen Sammlung *Ozean der Erzählströme* lautet die Legende folgendermaßen: «Ein Brahmane mit Namen Devasharman lebte in einem bestimmten Dorf. Er hatte eine Frau von gleich hoher Abstammung namens Yajnadatta. Sie wurde schwanger und brachte einen Sohn zur Welt. Der Brahmane, der sehr arm war, hatte das Gefühl, einen wertvollen Edelstein erhalten zu haben. Nach der Geburt ging des Brahmanen Frau zum Fluß, um ein Bad zu nehmen. Devasharman blieb im Haus und kümmerte sich um seinen Sohn. Da kam eine Magd aus den Frauenquartieren des Palastes und holte den Brahmanen, der gegen Bezahlung religiöse Zeremonien zu veranstalten pflegte ... Er ließ das Kind in der Obhut eines Mungos zurück, den er von Geburt an aufgezogen hatte. Kaum war der Brahmane gegangen, kam eine Schlange auf das Kind zugekrochen. Der Mungo sah es und tötete aus Liebe zu seinem Herrn das Tier. Wie der Mungo Devasharman zurückkommen sah, lief er freudig auf ihn zu, mit dem Blut der Schlange befleckt. Als Devasharman das Blut sah, dachte er, daß der Mungo sein Kind getötet habe. In seiner Verblendung tötete er das Tier mit einem Stein. Als er ins Haus kam und die vom Mungo getötete Schlange entdeckte und sah, daß sein Kind wohlauf war, fühlte er einen großen inneren Schmerz. Seine Frau tadelte ihn, als sie zurückkehrte und von dem Vorfall erfuhr und sagte: ‹Warum hast du nicht nachgedacht, bevor du den Mungo, deinen Freund, getötet hast?›»

Über den Wahrheitsgehalt dieser Erzählung können wir nichts Bestimmtes sagen. An sich ist die Geschichte nicht unwahrscheinlich. Mungos werden in Indien oft als Haustiere gehalten, und sie greifen Schlangen an, einschließlich Kobras und andere hochgiftige Arten. Aber ganz gleich ob sie auf wahren Begebenheiten beruhen, Geschichten dieser Art üben eine große Faszination auf viele Kulturen aus. Wir finden Versionen davon in der Mongolei, Arabien, Syrien, Deutschland und kennen sie auch aus der Dichtung. Sie bringen sehr deutlich die Loyalität und Klarsicht der

Tiere und die Arroganz und Schuld der Menschen zum Ausdruck. Sie belegen, wie unzureichend die menschliche Urteilskraft ist. Kann man darauf bauen, daß wir das tiefe Bündnis, das ein Hund oder ein Mungo mit uns schließt, ebenso ernst nehmen? Die «Legende», wenn es sich denn darum handelt, hat eine höhere Meinung von den Tieren als von den Menschen.

Was das Bündnis anbelangt, das sich aus Dankbarkeit, Freundschaft und Mitleid zwischen Mensch und Tier entwikkelt, so ist die Geschichte von Androkles und dem Löwen noch bekannter. Eine frühe lateinische Version kennen wir aus den *Attischen Nächten* von Aulus Gellius aus dem 2. Jahrhundert n. Chr. Der Bericht pocht auf seine Authentizität: «Apion, ein Gelehrter mit dem Beinamen Pleistonices, berichtet von der gegenseitigen Wertschätzung eines Mannes und eines Löwen, die auf langer Freundschaft beruhte. (...) Den Vorfall, den er im Fünften Buch seiner *Wunder Ägyptens* beschreibt, will er weder gehört noch gelesen, sondern mit eigenen Augen in Rom gesehen haben.» Gellius zitiert dann Apion:

Im großen Zirkus wurde ein Kampf mit wilden Tieren vor dem Volk aufgeführt. Da ich damals gerade in Rom war, wurde ich zum Augenzeugen des Folgenden. Es gab viele wilde Tiere, die von ausgesuchter Größe und Wildheit waren. Vor allen anderen aber erregte die große Zahl der Löwen Aufmerksamkeit, und aus dieser stach ein Tier durch seine gewaltigen Körpermaße hervor. (...) Da wurde der Sklave eines ehemaligen Konsuls in die Arena geführt; sein Name war Androkles. Als der Löwe ihn aus einiger Entfernung erblickte, hielt er wie in Verwunderung inne und näherte sich dann dem Mann langsam und ruhig, als ob er ihn wiedererkenne. Mit dem Schwanz wedelnd und sich anschmeichelnd, wie es Hunde tun, trat er an ihn heran und leckte dem von Todesangst Erfüllten Füße und Hände. (...) Dann tauschten beide freudige Zeichen des Wiedererkennens aus.

Der Kaiser Caligula wollte wissen, warum der Löwe den Mann verschone. Der Sklave Androkles erzählte, wie er seinem Herren weggelaufen und sich in einer entlegenen Wüstengegend in eine Höhle geflüchtet habe. In diese kam ein Löwe mit einer blutenden Pfote, die ihm große Schmerzen bereitete. Der Löwe, so geht der Bericht des Androkles weiter, «kam friedlich auf mich zu und hob seinen Fuß, offensichtlich um anzuzeigen, daß er um meine Hilfe bat». Androkles zog einen großen Splitter heraus und versorgte die Wunde. «Erleichtert durch meine Behandlung und Fürsorge, legte der Löwe seine Pfote in meine Hand und schlief ein.» Drei Jahre lang bewohnten sie zusammen die Höhle, und der Löwe jagte für sie beide. Dann wurde Androkles wieder gefangen, nach Rom zurückgebracht und zum Tod in der Arena verurteilt. Als Caligula dies vernommen und ein Votum des Volkes eingeholt hatte, befreite er den Löwen und den Sklaven. Zusammen gingen sie durch die Straßen «und jedermann, der sie traf, rief aus: ‹Da ist der Löwe, der einen Menschen zum Freund hat, da ist der Mann, der einen Löwen heilte.›»

Ist dies eine Erfindung, Ausdruck der uralten Sehnsucht des Menschen, ein Tier so zu lieben und so von ihm geliebt zu werden, wie er einen Menschen liebt und von ihm geliebt wird? Diese Erzählung ist nicht so sehr weit entfernt von Joy Adamsons Tatsachenbericht von der Löwin Elsa, die sie aufgezogen und dann freigelassen hat. Elsa pflegte über Jahre hinweg zusammen mit ihrem Löwenmann und ihren Kindern aus der Wildnis zurückzukommen und die Adamsons zu besuchen.

Gegenseitigkeit, wie sie die Geschichte von Androkles und dem Löwen vorführt, dieser Traum von der Gleichheit der Geschöpfe erscheint für uns vorläufig unerreichbar. Trotzdem schulden wir den Tieren etwas. Das Freisein von Ausbeutung und Mißbrauch seitens des Menschen sollte zu den unveräußerlichen Rechten jedes Lebewesens gehören. Tiere sind nicht dazu da, daß man Löcher in sie bohrt, sie festbindet, seziert, auseinanderreißt, verstümmelt und quälenden Experimenten unterwirft. John C. Lilly, einer der ersten Delphinforscher, wurde letzthin mit dem Ausspruch zitiert, er habe seine Arbeit mit Delphinen aufgegeben, weil er «kein Konzentrationslager für hochentwickelte Lebewesen betreiben» wolle. Tiere sind, wie wir selbst, gefährdete Arten auf einem gefährdeten Planeten, und wir sind es, welche die Tiere, die Erde und uns selbst in Gefahr bringen. Sie sind die unschuldig Leidenden in einer Hölle, die wir ihnen bereiten. Sie nicht länger zu mißhandeln, sie einfach sie selbst sein zu lassen, wäre das Mindeste, das wir ihnen schulden.

Wenn wir die Tiere nicht mehr unterwerfen und unseren Eigeninteressen opfern, dann können wir zu unseren evolutionär Verwandten neue Beziehungen knüpfen. Vielleicht wird ja dann die alte Hoffnung wahr, und es kommt eine tiefere Gefühlsverbundenheit über die Artenschranken hinweg zustande. Und dann wird es im gemeinsamen Reich der Gefühle soviel Nähe und Anteilnahme geben, wie wir es uns jetzt noch nicht einmal erträumen können.

ANMERKUNGEN

Vorwort: Auf der Suche nach dem Herzen des Anderen

16 Charles Darwin, *The Expression of the Emotions in Man and Animals*, Reprint von 1872, Chicago/London: University of Chicago Press, 1965. Deutsch u. d. T. *Der Ausdruck der Gemüthsbewegungen bei dem Menschen und den Thieren*. Stuttgart 1872, S. 168.

16 «‹Wer kann sagen ...›» Charles Darwin, *Die Abstammung des Menschen*, Erster Theil, Viertes Capitel. Deutsch von J. Viktor Carus. Reprint der 1. Aufl. 1872. Wiesbaden: Fourier, 1992, S. 112. Siehe auch die Diskussion um die Gefühle der Tiere bei J. Howard Moore, *The Universal Kinship*, Reprint der Ausgabe von 1906, Sussex: Centaur Press, 1992.

16 Donald Griffin, *The Question of Animal Awareness: Evolutionary Continuity of Mental Experience*, New York: Rockefeller University Press, 1976. Griffin entdeckte, daß Fledermäuse sich durch Ultraschall orientieren. In der Bibliographie sind diejenigen seiner Bücher und Aufsätze verzeichnet, die in einem direkten Bezug zu der Argumentation dieses Buches stehen.

17 «‹Als ich Anfang ...›» Paola Cavalieri und Peter Singer (Hg.), *The Great Ape Project: Equality Beyond Humanity*, London: Fourth Estate, 1993, S. 12. Deutsch u. d. T. *Menschenrechte für die Großen Menschenaffen. Das Great Ape Projekt*. München: Goldmann, 1994, S. 22.

18 «‹Ein Löwe ist kein ...›» George Adamson: *My Pride and Joy*. New York: Simon & Schuster, 1987, S. 19. Deutsch u. d. T. *Meine Löwen – mein Leben*. München: Nymphenburger, 1990.

20 «Die Vergleichende Psychologie ...» Das *Journal of Comparative Psychology* kündigt in jeder Ausgabe an, daß es nur Beiträge publiziert über «research on the behavior and cognitive abilities of different species (including humans) as they relate to evolution, ecology, adaptation, and development. Manuscripts that focus primarily on issues of proximate causation where choice of specific species is not an important component of the research fall outside the scope of this journal».

20 «... kein Gegenstand der Forschung seien.» In dem viel diskutierten Artikel «Tiere sind Gefühlsmenschen» im *Spiegel* Nr. 47, 1980, S. 251–262) spricht Konrad Lorenz von Verbrechen an Tieren und sagt: «Ein Mensch, der ein höheres Säugetier, etwa einen Hund

oder einen Affen, wirklich genau kennt und *nicht* davon überzeugt wird, daß dieses Wesen ähnliches erlebt wie er selbst, ist psychisch abnorm ...»
21 E. Sue Savage-Rumbaugh, *Ape Language: From Conditioned Response to Symbol*, New York: Columbia University Press, 1986, S. 25.

1 Zur Verteidigung der Gefühle

28 G. G. Rushby, «The Elephant in Tanganyika», in: Ward, Rowland, *The Elephant in East Central Africa: a Monograph*, London und Nairobi: Rowland Ward Ltd., 1953, Zit. nach: Richard Carrington, *Elephants: A Short Account of their Natural History, Evolution and Influence on Mankind*, London: Chatto & Windus, 1958, S. 83.
28 «‹vermutlich wichtigsten Ergebnissen ...›» Savage-Rumbaugh, *Ape Language: From Conditioned Response to Symbol*, S. 266.
29 Jane Goodall in einem Interview mit Susan McCarthy, 7. Mai 1994.
30 Mary Midgley, «The Mixed Community», in: Eugene C. Hargrove (Hg.), *The Animal Rights/Environmental Ethics Debate*, Albany: State University of New York Press, 1992, S. 214.
31 Gunther Gebel-Williams und Toni Reinhold, *Untamed: The Autobiography of the Circus's Greatest Animal Trainer*, New York: William Morrow & Co., 1991, S. 28.
31 «Wenn man Tierlehrer fragt ...» Persönliche Mitteilung, 23. August 1994.
32 «Ein liebevoller Hundebesitzer ...», in: Schallers Vorwort zu Shirley Strum, *Almost Human: A Journey into the World of Baboons*, New York: Random House, 1987, S. XII.
32 «‹Ich schien Maya und Apache ...›» George und Lory Frame, *Swift & Enduring: Cheetahs and Wild Dogs of the Serengeti*, New York: E. P. Dutton, 1981, S. 156.
34 Anne Rasa, *Die Perfekte Familie. Leben und Sozialverhalten der afrikanischen Zwergmungos*, Stuttgart: DVA, 1984.
34 «Weibliche Paviane etwa ...» Thelma Rowell, *The Social Behaviour of Monkeys*, Harmondsworth, Middlesex: Penguin, 1972, S. 79.
35 Hope Ryden, *God's Dog*, New York: Coward, McCann & Geoghegan, 1975, S. 87, 92–101.
35 «Das Tasmanische Huhn ...» J. Maynard Smith und M. G. Ridpath, «Wife sharing in the Tasmanian native hen, *Tribonyx mortierii*: A Case of Kin Selection?» *The American Naturalist* 106, Juli/August 1972, S. 447–452.

36 «‹Es gibt unter ihnen fleißige Arbeiter ...›» Robert Cochrane, «Working Elephants at Rangoon», in: *The Animal Story Book*, Bd. IX, The Young Folks Library, Boston: Hall & Locke Co., 1901.
36 «Theodore Roosevelt ...» Zit. nach: Paul Schullery, *The Bear Hunter's Century*, New York: Dodd, Mead & Co., 1988, S. 142.
37 David McFarland, Hg., *The Oxford Companion to Animal Behavior*, Oxford und New York: Oxford University Press, 1987, S. 151.
38 «Aber es steht auch außer Zweifel ...» Zit. nach: Sydney E. Pulver in einem hervorragenden Überblick zu diesem Thema: «Can Affects be Unconscious?» *International Journal of Psycho-Analysis*, 52 (1971), S. 350.
38 «Alexithymie ...» Robert Jean Campbell, *Psychiatric Dictionary*, 5. Aufl., New York und Oxford: Oxford University Press, 1981, S. 24.
39 «In der Theorie unterscheiden die Psychologen ...» Carroll Izard und S. Buechler, «Aspects of Consciousness and Personality in Terms of Differential Emotions Theory», in: *Emotion: Theory, Research, and Experience, Vol. I: Theories of Emotion*, hg. von Robert Plutchik und Henry Kellerman, New York: Academic Press, 1980, S. 165–187.
39 «Ein Psychologe stellte eine Liste ...» Joseph de Rivera, *A Structural Theory of the Emotions*, New York: International University Press, 1977, S. 156–164.
39 «William James ...» June Callwood, *Emotions: What They Are and How They Affect Us, From the Basic Hates & Fears of Childhood to More Sophisticated Feelings that Later Govern Our Adult Lives: How We Can Deal with The Way We Feel*, Garden City, N. Y.: Doubleday & Co., 1986, S. 33.
39 «Der Verhaltensforscher J. B. Watson ...» Robert Thomson, «The Concept of Fear», in: *Fear in Animals and Man*, hg. von W. Slukkin, New York und London: Van Nostrand Reinhold Co., 1979, S. 20–21.
39 «Neuere Forscher ...» Michael Lewis, *Shame: The Exposed Self*, New York: The Free Press/Macmillan, 1992, S. 13–14.
39 Anna Wierzbicka, «Human Emotions: Universal or Culture-Specific?» *American Anthropologist* 88, 1986, S. 584–594.
40 Lévy-Bruhl, *Les fonctions mentales dans les sociétés inférieures*, Paris: Félix Alcan, 1910. Publiziert in der Bibliothèque de Philosophie Contemporaine unter der Leitung von Emile Durkheim. Lévy-Bruhl kontrastiert die primitive Mentalität mit der Mentalität des «weißen, erwachsenen und zivilisierten Individuums». Ein Auszug: Die Cherokee-Indianer glauben, daß «Fische in einer Gesellschaft leben wie die Menschen und Dörfer und Wasserstraßen besitzen»

(S. 31). Dieselben «Primitiven» glauben an die Wirkung von Sühneriten im Vorfeld der Jagd (S. 32). Darüber hinaus können «sie» keine Verallgemeinerungen bilden: «jeder Affe und jede Palme hat einen eigenen Namen» (S. 192). «Wir dürfen aber nicht glauben, daß diese feinen Unterscheidungen bei Pflanzen und Tieren ein Interesse an der objektiven Realität unter Beweis stellen» (S. 198). Dieses Buch war viele Jahrzehnte lang ein Grundlagenwerk der Anthropologie.

42 Gordon M. Burghardt, ‹Animal Awareness: Current Perceptions and Historical Perspective», in: *American Psychologist* 40, August 1985, S. 905–919.

45 Frans de Waal, *Wilde Diplomaten. Versöhnung und Entspannungspolitik bei Affen und Menschen*, München und Wien: Hanser, 1989, S. 31.

46 «Bei dem Versuch, menschliches Verhalten ...» Zu dem Problem des Verhältnisses zwischen Testosteronspiegel und aggressivem Verhalten siehe auch: Alfie Kohn, *The Brighter Side of Human Nature: Altruism and Empathy in Everyday Life*, New York: Basic Books, 1990, S. 27–28.

47 «Der Teil des Gehirns ...» Siehe Gordon G. Gallup, Jr. und Susan D. Suarez, «Overcoming Our Resistance to Animal Research: Man in Comparative Perspective», in: *Comparing Behavior: Studying Man Studying Animals*, hg. von D. W. Rajecki, Hillsdale, NJ.: Lawrence Erlbaum Associates, 1983, S. 10. Sie merken an: «Die elementaren biologischen Prinzipien, welche die Prozesse auf den Gebieten des Metabolismus, der Endokrinologie, der Neurologie und der Biochemie steuern, verlaufen beim Menschen auf die gleiche Weise wie bei anderen Organismen. So ist das Verhalten das letzte Rückzugsgebiet des platonischen Paradigmas geworden ... Wenn wir die These akzeptieren, daß Verhalten in letzter Instanz nichts anderes als ein Ausdruck physiologischer Prozesse ist, dann erscheint die Position logisch inkonsistent und unhaltbar, die daran festhält, daß zwischen uns und den anderen Lebewesen nur biologische, aber keine psychologischen Übereinstimmungen bestehen.»

49 Descartes zitiert nach: Tom Regan und Peter Singer (Hg.), *Animal Rights and Human Obligations*, New Jersey: Prentice-Hall, 1979, S. 61–64. In der Originalfassung: *Discours de la méthode*, 5, A. Bridoux, Hg., *Œuvres et lettres de Descartes*, S. 165–166, Dijon: Gallimard, 1953. Deutsch u. d. T. *Von der Methode des richtigen Vernunftgebrauchs und der wissenschaftlichen Forschung*. Hamburg: Felix Meiner, 1960, S. 46–47.

49 «Ein unbekannter Zeitgenosse ...» Zit. nach: Tom Regan, *The Case for Animal Rights*, Berkeley: University of California Press, 1983, S. 5.

50 «‹Antworte mir ...›» François-Marie Arouet de Voltaire, *Dictionnaire philosophique*, hg. von Julien Benda und Raymond Naves, Paris: Garnier Frères, 1961, S. 50–51.

50 «An einer anderen Stelle ...» François-Marie Arouet de Voltaire, «The Beasts», Artikel 6, in: *Le philosophe ignorant*, Les Œuvres Complètes de Voltaire, Bd. Mélanges, hg. von Jacques van den Heuvel, Paris: Gallimard, S. 863.

50 «Bereits 1738 ...» Zit. nach: Hester Hastings, *Man and Beast in French Thought of the Eighteenth Century*, Bd. 27, Baltimore: The Johns Hopkins Press, 1936, S. 183. Siehe auch: Thomas H. Huxley, «On the hypothesis that animals are automata, and its history», in: *Method and Results: Essays*, Reprint der Ausgabe von 1893, London: Macmillan, 1901, S. 199–250. Er schreibt: «Ich kann nur hoffen, daß die Wahrscheinlichkeit auf seiten von Descartes' Hypothese ist, wenn ich mir den Existenzkampf anschaue, der in der Tierwelt herrscht und der sicher ein schreckliches Maß an Schmerzen hervorbringt. Auf der anderen Seite sollten wir uns lieber auf der richtigen Seite irren, wenn wir die furchtbaren Konsequenzen für unsere Haustiere in Betracht ziehen, die aus einem Irrtum unsererseits resultieren. Wir sollten sie als unsere schwächeren Brüder behandeln, die wie wir selbst für ihr Leben zahlen und die für das allgemeine Wohl Leiden auf sich nehmen. Wie Hartley so schön sagt: ‹Für sie rangieren wir an Gottes Stelle.›» (S. 237). Für eine vollständige Geschichte der Debatte um Descartes siehe: Leonora Cohen Rosenfield: *From Beast-Machine to Man-Machine: Animal Soul in French Letters from Descartes to La Mettrie*, New York: Octagon Books, 1968 (1940); die Einleitung zu: François Dagognet, «L'Animal selon Condillac» in: *Traité des animaux*, Paris: Librairie Philosophique J. Vrin, 1987; George Boas, *The Happy Beast*, in: *French Thought of the Seventeenth Century: Contributions to the History of Primitivism*, Baltimore: The Johns Hopkins Press, 1933.

51 Irene Pepperberg in einem Interview mit Susan McCarthy, 22. Februar 1993.

53 Elizabeth Marshall Thomas, «Reflections: The Old Way», *The New Yorker*, 15. Oktober 1990, S. 91.

53 De Waal, *Wilde Diplomaten*, S. 231.

53 David Macdonald, *Running with the Fox*, London und Sydney: Unwin Hyman, 1987, S. 164.

54 Konrad Lorenz, *Das Jahr der Graugans*, München und Zürich: Piper, 1979, S. 56.

55 «Es ist nicht nur unsicher ...» Vgl. Mary Midgley, *Beast and Man: The Roots of Human Nature*, Ithaca, NJ.: Cornell University Press, 1978, S. 345.

2 Gefühllose Bestien

58 *Œuvres choisies de Buffon*, Vol. 2, «L'Histoire naturelle des animaux», Paris: Librairie de Firmin Didot Frères. 1861, S. 484–488, 493–496, 509, 525.

59 N. K. Humphrey, «The Social Function of Intellect», in: *Growing Points in Ethology*, Hg. von P. P. G. Bateson und R. A. Hinde, Cambridge: Cambridge University Press, 1976, S. 303–317.

59 Donald Symons, *The Evolution of Human Sexuality*, New York: Oxford University Press, 1979, S. 78–79.

59 «Als man diese Frage ...» D. Goldfoot u. a., «Behavioral and Physiological Evidence of Sexual Climax in the Female Stumptailed Macaque», in: *Science* 208, 1980, S. 1477–1479. Zit. nach: De Waal, *Wilde Diplomaten*, S. 152 ff.

60 De Waal, *Wilde Diplomaten*, S. 152 ff.

61 «‹Die Zivilisation, oder ...›» Dieses wunderbare Beispiel für Ignoranz wird auch von Mary Midgley zitiert in ihrem Artikel «The Mixed Community», in: Hargrove (Hg.), *Animal Rights/Environmental Ethics Debate*, S. 223. Der lange und gelehrte Beitrag von Northcote W. Thomas wurde in Bd. 1 der *Encyclopedia of Religion and Ethics* publiziert, hg. von James Hastings, Edinburgh: T. & T. Clark, S. 483–535. Der Artikel beginnt damit, daß er den «tiefen Abgrund, der zwischen den Menschen ... auf der einen Seite und dem Elefanten und Menschenaffen auf der anderen Seite betont».

62 Matt Cartmill, *A View to a Death in the Morning: Hunting and Nature Through History*, Cambridge, Mass.: Harvard University Press, 1993, S. 222. Deutsch u. d. T. *Das Bambi-Syndrom*. Reinbek: Rowohlt, 1995.

62 Stephen Jay Gould, *The Mismeasure of Man*, New York: W. W. Norton and Co., 1981. Deutsch u. d. T. *Der falsch vermessene Mensch*, Frankfurt am Main: Suhrkamp 1988.

63 «‹Daß wir diese Signale ...›» Volker Arzt und Immanuel Birmelin, *Haben Tiere ein Bewußtsein? Wenn Affen lügen, wenn Katzen denken und Elefanten traurig sind*, München: C. Bertelsmann, 1993, S. 154.

63 «Wenn die Forschung ...» «Daß Fische Schmerz und Furcht empfinden können, wurde von einem Forscherteam unter der Leitung von Professor John Verheijen von der Universität Utrecht 1988 nachgewiesen.» R. Barbara Orleans, *In the Name of Science: Issues in Responsible Animal Experimentation*, New York: Oxford University Press, 1992, S. 148.

63 «In der Geschichte ...» E. S. Turner hat vor kurzem zu seinem 1964 erschienenen Buch *All Heaven in a Rage*, welches als eines der ersten unsere Haltung gegenüber Tieren kritisierte, wie folgt Stellung

genommen: «In meiner Einleitung von 1964 habe ich festgestellt, daß unsere Haltung Tieren gegenüber pervers, inkonsistent und unverzeihlich ist. Als Philip Toynbee mein Buch im *Observer* besprach, lieferte er einen weiteren Beweis, in dem er darauf aufmerksam machte, daß die Entrüstung der englischen Fuchsjäger keine Grenzen kannte, als sie erfuhren, daß die Russen einen Hund ins All geschossen hatten. Hinter diesen befremdenden Widersprüchen glaubte er ein gewisses Muster entdecken zu können: ‹Wir verabscheuen Grausamkeiten, die wir nicht begehen, weil die Versuchung dafür fehlt, und wir verabscheuen sie um so mehr, wenn sie von Menschen vollbracht werden, die nicht zu unserer Gruppe gehören.› Er hätte hinzufügen können: ‹oder wenn sie von den Angehörigen einer anderen Nation vollbracht werden›.» E. S. Turner, *All Heaven in a Rage*, Sussex: Centaur Press, 1992, S. 323–324.

64 «Auf einer vergleichbaren Ebene ...» Diese unglaubliche Praxis ist in medizinischen Quellen gut dokumentiert. Siehe: K. J. S. Anand und P. J. McGrath (Hg.), *Pain in Neonates*, Amsterdam: Elsevier, 1993; Neil Schechter, Charles B. Berde und Myron Yaster (Hg.), *Pain in Infants, Children, and Adolescents*, Baltimore: Williams and Wilkins, 1993; «Medicine and the Media», *British Medical Journal* 295, 12. September 1987, S. 659–660; Ian S. Gauntlett; T. H. H. G. Koh; William A. Silverman, «Analgesia and anaesthesia in newborn babies and infants» (Briefe), *Lancet*, 9, Mai 1987; Nancy Hall, «The Painful Truth», *Parenting*, Juni/Juli 1992.

64 «Untersuchungen haben erwiesen ...» R. N. Emde and K. L. Koenig, «Neonatal Smiling and Rapid Eye-movement States», *Journal of the American Academy of Child Psychiatry* 8, 1969, S. 57–67. Zit. nach: Carroll Izard, *Human Emotions*, New York und London: Plenum Press, 1977.

67 Artikel von Frank B. Jevons in der *Encyclopedia of Religion and Ethics*, hg. von James Hastings, Bd. 1, S. 574.

67 «Der Philosoph Ludwig Feuerbach ...» Siehe den Artikel von R. J. Zwi Werblowsky in *The Encyclopedia of Religion*, hg. von Mircea Eliade, Bd. 1, S. 316–320. New York: Macmillan, 1987. Alte deutsche Lexika sprechen von «Anthropopathie», wenn menschliche Gefühle Gegenständen und Tieren (!) zugeschrieben werden, welche diese nicht empfinden können. J. J. Rousseau sagt in *Émile*: «Nous sommes pour la plupart de vrais anthropomorphites», was laut *Encyclopaedia Britannica* (11. Aufl.). der erste Beleg für diesen Begriff sein könnte.

67 McFarland (Hg.), *Oxford Companion to Animal Behavior*, S. 17.

67 «Da die Erforschung von Tierverhalten ...» John S. Kennedy, *The New Anthropomorphism*, Cambridge: Cambridge University Press, 1992, S. 3–5.

67 «‹der Gebrauch von Anthropomorphismen...›» Ebd., 167.
68 John Andrew Fisher, «Disambiguating Anthropomorphism: An Interdisciplinary Review», in: *Perspectives in Ethology* 9, 1991, S. 49.
68 «Das ist ein Grund ...» «Unterschiede im Verhalten und Wissen von Männern und Frauen in bezug auf die Tierwelt waren beträchtlich und verlangten nach einer genaueren Klärung weiblicher Zugangsweisen und Interessen an wilden Tieren. Besonders auffällig waren Unterschiede im psychischen und ethischen Bereich. Daß Frauen sich wesentlich mehr Sorgen um Tiere machen, war eines der wichtigsten Ergebnisse der Untersuchungen.» Stephen R. Kellert und Joyce K. Berry, *Phase III: Knowledge, Affection and Basic Attitudes Toward Animals in American Society*, U. S. Fish and Wildlife Service, 1980, S. 59.
70 De Waal, *Wilde Diplomaten*, S. 43 ff.
70 Joy Adamson, Einführungen von Julian Huxley, *Living Free*, Collins & Harvill Press, U. K., 1961, S. XI.
71 Irene Pepperberg in einem Interview mit Susan McCarthy, 22. Februar 1993.
71 «Was ist falsch an ...» Dieses Thema wird auch behandelt von Theodore Xenophon Barber, *The Human Nature of Birds: A Scientific Discovery with Startling Implications*, New York: St. Martin's Press, 1993.
72 Sy Montgomery, *Walking with the Great Apes*, Boston: Houghton Mifflin, 1991, S. 143.
72 Cynthia Moss, *Elephant Memories: Thirteen Years in the Life of an Elephant Family*, New York: William Morrow and Co., 1988, S. 37. Deutsch u. d. T. *Die Elefanten vom Kilimandscharo. 13 Jahre im Leben einer Elefantenfamilie*. München: Goldmann, 1992.
72 M. Bekoff und D. Jamieson, «Ethics and the Study of Carnivores», in: *Carnivore Behavior, Ecology, and Evolution*, 2. Aufl., Ithaca: Cornell University Press, 1995.
72 «Noch kürzlich ...» Thomas, «Reflections: The Old Way», S. 99.
73 «Es ist möglich, daß der Große Tümmler ...» Peter Tyack, «Whistle Repertoires of Two Bottlenosed Dolphins, *Tursiops truncatus*: Mimicry of Signature Whistles?» *Behavioral Ecology and Sociobiology* 18, 1989, S. 251–257.
73 «... geben sie in regelmäßigen Abständen ...» Eberhard Gwinner und Johannes Kneutgen, «Über die biologische Bedeutung der ‹zweckdienlichen› Anwendung erlernter Laute bei Vögeln», *Zeitschrift für Tierpsychologie* 19, 1962, S. 692–696.
73 Mike Tomkies, *Last Wild Years*, London: Jonathan Cape, 1992, S. 172.

73 Mary Midgley, «The Concept of Beastliness: Philosophy, Ethics and Animal Behavior», *Philosophy* 48, 1973, S. 111–135.
74 Kennedy, *New Anthropomorphism*, 87.
74 «Und warum sollen unsere Annahmen ...» «Wenn sich das Bewußtsein als eine biologische Anpassung zum Zwecke der Introspektion entwickelt hat, dann hängt sein Vorhandensein oder sein Fehlen davon ab, ob die Tiere einer Spezies darauf angewiesen sind, das Verhalten anderer Tiere in einer sozialen Gruppe zu verstehen. Wölfe, Schimpansen und Elefanten, Tiere also, die komplexe soziale Interaktionen kennen, leben vermutlich bewußt; Frösche, Schnecken und Kabeljau vermutlich nicht ... Der Vorteil des Bewußtseins liegt für ein Tier darin, daß es für sich eine Vorstellung davon entwickelt, wie ein anderes Tier sich verhält. Es ist dabei nicht von Bedeutung, ob das andere Tier tatsächlich die Gefühle hat, die ihm das erste unterstellt; was zählt, ist das Ergebnis: Das Verhalten wird verständlich mit Hilfe der Annahme, daß solche Gefühle ein bestimmtes Verhalten hervorrufen.» N. K. Humphrey: «Nature's Psychologists», in: *Consciousness and the Physical World*, hg. von B. D. Josephson und V. S. Ramachandran, S. 57–80, Oxford: Pergamon Press, 1980, S. 68–69.
75 «‹Ich kann keinen ...›», in: B. D. Josephson und V. S. Ramachandran (Hg.), *Consciousness and the Physical World*, Oxford: Pergamon Press, 1980, S. 57–80.
75 Mary Midgley, *Beast and Man: The Roots of Human Nature*, Ithaca, N. Y.: Cornell University Press, 1978, S. 41, 344–57. Das Spinoza-Zitat aus Baruch de Spinoza, *Die Ethik nach geometrischer Methode dargestellt*, Hamburg: Felix Meiner, 1994, S. 221 (= VI. Teil, Lehrsatz 37). Siehe auch: Mary Midgley, *Animals and Why They Matter*, Athens, Ga.: University of Georgia Press, 1983.
76 José Ortega y Gasset, *Meditationen über die Jagd*, Ges. W. IV, Stuttgart: DVA 1978, S. 569.
78 «Der Vergleich scheint ...» Um solche Irrtümer zu vermeiden, hat man vesucht, Tiere als Neutren zu betrachten, mit dem Erfolg, daß sie in die Kategorie der Objekte abrutschten. Als sie für eine wissenschaftliche Zeitschrift über die Kreativität von Delphinen schreiben sollte, wurde Karen Pryor aufgefordert, den Tümmler Hou mit «es» und nicht mit «sie» zu bezeichnen, denn das Personalpronomen «sie» wäre für Menschen reserviert. Wobei das Wort «sie» Frauen noch lange nicht zu Menschen gemacht hat. Die Weigerung, evidente Tatsachen zu diskutieren (Hou war ohne Zweifel weiblich), ist kaum wissenschaftlich. In der Geschlechterfrage die gleichen Fehler bei den Tieren wie zuvor bei den Menschen zu machen, ist keine Lösung des Anthropomorphismus-Tabus. Siehe: Karen Pryor, *Lads Before the Wind: Adventures in Porpoise Training*,

New York: Harper & Row, 1975, S. 240; Karen Pryor, Richard Haag und Joseph O'Reilly, «The Creative Porpoise: Training for Novel Behavior», *Journal of the Experimental Analysis of Behavior*, 12, 1969, S. 653–661.
78 Mike Tomkies, *On Wing and Wild Water*, London: Jonathan Cape, 1987, S. 136–137.
79 J. E. R. Staddon, «Animal Psychology: The Tyranny of Anthropocentrism», in: *Whither Ethology? Perspectives in Ethology*, hg. von P. P. G. Bateson und Peter H. Klopfer, New York: Plenum Press, 1989, S. 123.
80 «Täuschung ...» Robert W. Mitchell und Nicholas S. Thompson (Hg.), *Deception: Perspectives on Human and Nonhuman Deceit*. Albany: State University of New York Press, 1986.
81 «Mit einem lauten Grunzer der Freude ...» Jane Goodall, *In the Shadow of Man*, Collins, 1971, S. 202. Deutsch u. d. T. *Wilde Schimpansen*, Reinbek: Rowohlt, 1971, S. 185.
81 «Eine repräsentative Studie ...» Diana E. H. Russell, *The Politics of Rape: The Victim's Perspective*, New York: Stein & Day, 1977; Diana E. H. Russell, *Rape in Marriage*, New York: Macmillan, 1982; und Diana E. H. Russell und Nancy Howell, «The Prevalence of Rape in the United States Revisited», *Signs: Journal of Women in Culture and Society* 8, Sommer 1983, S. 668–695.
82 Diana E. H. Russell, «The Incidence and Prevalence of Intrafamilial and Extrafamilial Sexual Abuse of Female Children», *Child Abuse and Neglect: The International Journal* 7, 1983, S. 133–146; und Diana E. H. Russell, *The Secret Trauma: Incestuous Abuse of Women and Girls*, New York: Basic Books, 1986.
82 Elizabeth Marshall Thomas, *The Hidden Life of Dogs*, Boston und New York: Houghton Mifflin Co., 1993. Deutsch u. d. T. *Das geheime Leben der Hunde*, Reinbek: Rowohlt, 1994, S. 17 f.

3 Angst, Hoffnung und die Grausamkeit der Träume

83 «... eines ‹Waisenhauses für Elefanten› in Kenia ...» Douglas H. Chadwick, *The Fate of the Elephant*, San Francisco: Sierra Club Books, 1992, S. 129, 327.
83 «Der Wildbiologe Lynn Rogers ...» Adele Conover, «He's Just One of the Bears», *National Wildlife* 30, Juni/Juli 1992, S. 30–36.
84 «Rogers lernte ...» Lynn Rogers in einem Interview mit Susan McCarthy, 15. Juli 1993.
85 «Doch von Furcht ...» Andrew Mayes, «The Physiology of Fear and Anxiety», in: *Fear in Animals and Man*, hg. von W. Sluckin,

New York und London: Van Nostrand Reinhold Co., 1979, S. 32–33.
86 McFarland, *Oxford Companion to Animal Behavior*, S. 180.
86 «Es ist nicht schwer ...» Melvin Konner, *The Tangled Wing: Biological Constraints on the Human Spirit*, New York: Holt, Rinehart and Winston, 1982, S. 215.
86 «Es gibt eine Theorie ...» Marcia Barinaga, «How Scary Things Get that Way», *Science* 258, 6. November 1992, S. 887–888.
87 «Der Bergsteiger ...» Thomson, «The Concept of Fear», S. 3.
88 F. Fraser Darling, *A Herd of Red Deer: A Study in Animal Behavior*, London: Oxford University Press, 1937, S. 70–71.
88 «Auf gewisse Weise überrascht es ...» Pryor, *Lads Before the Wind*, S. 178.
88 «... den Gorillas in Angstsituationen ...» *Gorilla: Journal of the Gorilla Foundation* 15, Nr. 2, Juni 1992, S. 5.
88 «‹Wir sind nicht metaphorisch ...›» Konner, *Tangled Wing*, S. 235.
88 Douglas H. Chadwick, *A Beast the Color of Winter: The Mountain Goat Observed*, San Francisco: Sierra Club Books, 1983, S. 57–58.
89 Wolfgang de Grahl, *The Grey Parrot*, Neptune City, N.Y.: T.F.H. Publications, 1987, S. 44–45.
90 «In den Rocky Mountains ...» Chadwick, *Beast the Color of Winter*, S. 89.
91 «Bei wilden Vögeln ...» P.A. Russell, «Fear-Evoking Stimuli», in: *Fear in Animals and Man*, hg. von W. Sluckin, New York und London: Van Nostrand Reinhold Co., 1979, S. 97–98.
92 «... berichtet von Wingnut ...» Thomas Bledsoe, *Brown Bear Summer: My Life among Alaska's Grizzlies*, New York: Dutton, 1987, S. 129.
92 «... von ihrer Gruppe getrennt ...» Pryor, *Lads Before the Wind*, S. 178.
92 Jack Adams, *Wild Elephants in Captivity*, Dominguez Hills, California: Center for the Study of Elephants, 1981, S. 146.
93 «Ein Ornithologe ...» De Grahl, *Grey Parrot*, S. 210–212.
93 Billy Arjan Singh, *Tiger! Tiger!*, London: Jonathan Cape, 1984, S. 75, 90.
93 «Cody, ein Orang-Utan ...» Keith Laidler, *The Talking Ape*, New York: Stein and Day, 1980. Laidler war schockiert, als Cody Angst vor seinen eigenen Artgenossen hatte. Er brachte Cody mit einem anderen Orang-Utan zusammen und hielt sie schließlich im selben Käfig. Die beiden Affen wurden Freunde und gingen bisweilen Hand in Hand.
93 Jim Crumley, *Waters of the Wild Swan*, London: Jonathan Cape, 1992, S. 85–86.

94 Thomas, *Hidden Life of Dogs*, S. 71. Deutsche Ausgabe auf S. 108.
95 «Bergziegen haben gelernt ...» Chadwick, *Beast the Color of Winter*, S. 115.
95 «Im Hwange-Nationalpark ...» Moss, *Elephant Memories*, S. 315–316.
96 Bledsoe, *Brown Bear Summer*, S. 171–176.
97 Lynn Roberts in einem Interview mit Susan McCarthy am 15. Juli 1993.
97 Paul Leyhausen, *Katzen, eine Verhaltenskunde*, Hamburg: Paul Parey, 1979 (5. Aufl.), S. 245.
97 Chadwick, *Beast the Color of Winter*, S. 19.
98 «Ein Wanderfalke ...» Marcy Cottrell Houle, *Wings for my Flight: The Peregrine Falcons of Chimney Rock*, Reading, Mass.: Addison-Wesley Publishing Co., 1991, S. 105.
98 «In einem Experiment ...» Harvey A. Hornstein, *Cruelty and Kindness: a New Look at Oppression and Altruism*, Englewood Cliffs, N. J.: Prentice-Hall, 1976, S. 81. Hornstein verweist auf Experimente von Professor Donald O. Hebb.
98 «In diesem Fall ist es jedoch ...» Herbert S. Terrace, *Nim: A Chimpanzee who Learned Sign Language*, New York: Washington Square Press, 1979, S. 44. Die Sorgen der Schimpansenmutter waren gerechtfertigt: Sie wurde betäubt, und das Kind wurde ihr weggenommen. Es erhielt den Namen Nim Chimpsky; ihm wurden 125 Worte der Amerikanischen Zeichensprache ASL beigebracht. Jahre später brachte man ihn in das Institut zurück.
99 Hans Kruuk, *The Spotted Hyena: A Study of Predation and Social Behavior*, Chicago: University of Chicago Press, 1972, S. 161.
99 «Pandora, eine zwei Jahre alte ...» Chadwick, *Beast the Color of Winter*, S. 26.
100 «In Afrika wurde ein Büffel ...» George B. Schaller, *The Serengeti Lion: A Study of Predator-Prey Relation*, Chicago: University Press, 1972, S. 266.
100 Kruuk, *Spotted Hyena*, S. 161.
100 «In einem Fernsehfilm ...» «Cheetahs in the Land of Lions», in der Fernsehserie *Nature: with George Page*, 1992.
101 Darwin zit. nach: Peter J. Bowler: *The Fontana History of the Environmental Sciences*, London: HarperCollins, 1992, S. 480–481. Vor dem Zitat heißt es: «Darwin war versucht, diejenigen Berichte über Tierverhalten zu favorisieren, die dieses als ‹beinahe menschlich› ausmalten. Er veranstaltete in dieser Hinsicht keine eigenen Experimente und verließ sich ganz auf Anekdoten, wie sie von Jägern, Zoowärtern und ähnlichen Quellen zur Verfügung gestellt wurden.» Die Geschichte des «he-

roischen» kleinen Affen findet man in Darwins *Die Abstammung des Menschen*. 1. Teil, 4. Kap. Wiesbaden: Fourier, 1992, S. 113.
102 Cynthia Moss, *Elephant Memories*, S. 162.
102 «Die Gorillafrau Koko ...» Francine Patterson und Eugene Linden, *The Education of Koko*, New York: Holt, Rinehart and Winston, 1981, S. 135–136.
103 «Die Schimpansin Viki ...» R. Allen Gardner und Beatrix T. Gardner, «A Cross-Fostering Laboratory», in: *Teaching Sign Language to Chimpanzees*, R. Allen Gardner, Beatrix T. Gardner und Thomas E. Van Cantfort (Hg.), S. 1–28, Albany, N. Y.: State University of New York Press, 1989, S. 8.
104 «Durch den geschickten Einsatz ...» Beatrix T. Gardner, Allen Gardner und Susan G. Nichols, «The Shapes and Uses of Signs in a Cross-Fostering Laboratory», in: *Teaching Sign Language to Chimpanzees*, S. 65.
105 «Eine Gruppe von Biologen ...» «A Letter from the Field», Luis Baptista, *Pacific Discovery*, 16 (4), S. 44–47.
105 Sherwin Carlquist, *Island Life: A Natural History of the Islands of the World*, Garden City, N. Y.: Natural History Press, 1965, S. 337–341.
106 «Als Washoe älter wurde ...» Roger S. Fouts, Deborah H. Fouts und Thomas E. Van Cantfort, «The Infant Loulis Learns Signs from Cross-Fostered Chimpanzees», in: *Teaching Sign Language to Chimpanzees*, S. 280–292.
106 Ludwig Wittgenstein, *Philosophische Untersuchungen*, Frankfurt/Main: Suhrkamp, 1971, S. 277 (= Teil II, I).

4 Liebe und Freundschaft

108 J. H. Williams, *Elephant Bill*, Garden City, N. Y.: Doubleday & Co, 1950, S. 82–84.
109 «Viele Theoretiker betrachten sie ...» So nimmt z. B. Carroll E. Izard *Human Emotions*, New York und London: Plenum Press, 1977, Liebe nicht in die Liste ihrer acht Basisgefühle auf.
109 Catherine Roberts, *The Scientific Conscience: Reflections on the Modern Biologist and Humanism*, New York: George Braziller, 1967.
110 «‹Es ist jedoch wichtig ...›» Janine Benyus, *Beastly Behaviors: A Zoo Lover's Companion: What Makes Whales Whistle, Cranes Dance, Pandas Turn Somersaults, and Crocodiles Roar: A Watcher's Guide to How Animals Act and Why*, Reading, MA: Addison-Wesley Publishing Co., 1992, S. 52.

110 Thomas, *Das geheime Leben der Hunde*, S. 90.
111 «Man hat Thomas dafür kritisiert ...» Patricia Holt, «Puppy Love Isn't Just For People: Author Says Dogs, Like Humans, Can Bond», in: *San Francisco Chronicle*, 9. Dezember 1993.
112 «Die Weibchen des südostasiatischen ...» Ich verdanke diese Beschreibung Professor Richard I. Vane-Wright. Die ursprüngliche Quelle ist: Miriam Rothschild, «Female Butterfly Guarding Eggs», in: *Antenna*, London, Bd. 3, S. 94, 1979.
112 J. Traherne Moggridge, *Harvesting Ants and Trap-door Spiders: Notes and Observations on their Habits and Dwellings*, London: L. Reeve & Co., 1873, S. 113–114.
114 «Am Ende des Experiments ...» Bertold P. Wiesner und Norah M. Sheard, *Maternal Behavior in the Rat*, Edinburgh und London: Oliver & Boyd, 1933, S. 121–122.
114 «‹Es ist nicht ungewöhnlich ...›» Tony Gaston und Garry Donaldson, «Banding Thick-billed Murre Chicks», *Pacific Seabirds* 21, 1994, S. 4–6.
115 «Im Gegensatz zu ...» Clark, *High Hills and Wild Goats*, S. 34.
115 «Einige Biologen ...» Bettyann Kevles, *Females of the Species: Sex and Survival in the Animal Kingdom*, Cambridge, MA: Harvard University Press, 1986, S. 154.
115 «Bei dem Studium ...» Frame und Frame, *Swift & Enduring: Cheetahs and Wild Dogs of the Serengeti*, New York: E. P. Dutton, 1981, S. 157.
116 «Typisch ist ...» Anne Innis Dagg und J. Bristol Foster, *The Giraffe: Its Biology, Behavior, and Ecology*, New York: E. P. Dutton & Co., 1966, S. 38–39.
116 «‹Als ich mich dem Nest näherte ...›» Faith McNulty, *The Whooping Crane: The Bird that Defies Extinction*, New York: E. P. Dutton & Co., 1966, S. 37.
117 «Im Norden der ...» Stanley P. Young, *The Wolves of North America: Their History, Life Habits, Economic Status, and Control* (Teil II: Classification of Wolves by Edward A. Goldman), Washington, D. C.: American Wildlife Institute, 1944, S. 109–110. Hier wird ein Artikel von Peter Freuchen aus dem Jahre 1935 zitiert.
117 «Man schätzt ...» Devra G. Kleiman und James R. Malcolm, «The Evolution of Male Parental Investment in Mammals», in: *Parental Care in Mammals*, hg. von David J. Gubernick und Peter H. Klopfer, New York: Plenum Press, 1981.
117 Gerald Durrell, *Menagerie Manor*, New York: Avon, 1964, S. 127–129.
118 Macdonald, *Running with the Fox*, S. 140–142.
118 «... daß bei den Zebras ...» Cynthia Moss, *Portraits in the Wild:*

Behavior Studies of East African Mammals, Boston: Houghton Mifflin Co., 1975, S. 104–105.

120 «der heranwachsende Pavian» Strum, *Almost Human*, S. 40.

121 «In einer Zookolonie von Pavianen ...» Rowell, *Social Behavior of Monkeys*, S. 76.

122 Montgomery, *Walking with the Great Apes*, S. 43.

122 «... Wissenschaftler junge Mantelpaviane und Pavianbabys entführt ...» Hans Kummer, *Social Organization of Hamadryas Baboons; A Field Study*, Chicago und London: University of Chicago Press, 1968, S. 63. Diese Studie spricht im Hinblick auf solches Verhalten bei männlichen Pavianen von Bemuttern und von mütterlichem Verhalten.

122 «Der Forscher, der einer Ratte ...» Wiesner und Sheard, *Maternal Behavior*, S. 148.

123 «In Northrepps Hall, in der Nähe von Cromer ...» Robert Cochrane, «Some Parrots I Have Known», in: *The Animal Story Book*, The Young Folks Library, Bd. IX, Boston: Hall & Locke Co., 1901, S. 208–209.

123 «... ein Gnu-Kalb, das ...» Kruuk, *Spotted Hyena*, S. 171.

124 «Ein junger Wild-Elefant ...» Moss, *Elephant Memories*, S. 267.

125 «In einem Rudel von Wildhunden ...» Schaller, *Serengeti Lion*, S. 332.

125 Françoise Patenaude, «Care of the Young in a Family of Wild Beavers, *Castor canadensis*», *Acta Zool. Fennica* 174, 1983, S. 121–122.

126 «Ein Affe, den man allein gelassen hat ...» Rowell, *Social Behavior*, S. 110.

126 «Elefanten nehmen anscheinend ...» Moss, *Portraits in the Wild*, S. 16–17.

127 Hans Kruuk, *The Social Badger; Ecology and Behaviour of a Group-living Carnivore, Meles meles*, Oxford: Oxford University Press, 1989, S. 146.

128 John J. Teal, Jr., «Domesticating the Wild and Woolly Musk Ox», *National Geographic*, Juni 1970. Siehe auch: Anne Fadiman, «Musk Ox Ruminations», in: *Life*, Mai 1985.

129 «Ein zahmer Leopard ...» Singh, *Tiger! Tiger!*, S. 207.

129 Michael P. Ghiglieri, *East of the Mountains of the Moon: Chimpanzee Society in the African Rain Forest*, New York: Free Press/Macmillan, 1988, S. 119.

129 «Wildhunde und Hyänen in der Serengeti ...» Frame und Frame, *Swift & Enduring*, S. 85–88.

130 «In Madagaskar hatte man einen ...» Alison Jolly, *Lemur Behavior: A Madagascar Field Study*, Chicago: University of Chicago Press, 1966, S. 123, 126–128.

130 Leyhausen, *Katzen, eine Verhaltenskunde*, S. 208.
131 «Biber tolerieren ...» Hope Ryden, *Lily Pond: Four Years with a Family of Beavers*, New York: William Morrow & Co., 1989.
132 «Lucy, einer Schimpansin ...» E. S. Savage, Jane Temerlin und W. B. Lemmon, «The Appearance of Mothering Behavior Toward a Kitten by a Human-Reared Chimpanzee», Vortrag auf dem Fünften Kongreß für Primatenforschung, Nagoya, Japan, 1974.
132 «Ebenso berichtet man ...» Douglas H. Chadwick, *The Fate of the Elephant*, San Francisco: Sierra Club Books, 1992, S. 270–271.
133 Professor William Jankowiak in einem Interview mit Susan McCarthy, 15. Dezember 1992. Siehe auch: Daniel Goleman, «Anthropology Goes Looking for Love In All the Old Places», *New York Times*, 24. November 1992.
133 Professor Charles Lindholm in einem Interview mit Susan McCarthy, 12. Januar 1993.
134 Jane Goodall, *In the Shadow of Man*, Boston: Houghton Mifflin Company, 1988, S. 194. Deutsch u. d. T. *Wilde Schimpansen*, S. 163.
135 «So weiß man von den Borstenzähnenfischen ...» John P. Hoover, *Hawaii's Fishes: A Guide for Snorkelers, Divers and Aquarists*, Honolulu: Mutual Publishing, 1993, S. 26–27.
135 A. J. Magoun und P. Valkenburg, «Breeding behavior of free-ranging wolverines (Gulo)» *Acta Zool. Fennica* 174, 1983, S. 175–177.
137 «Konrad Lorenz beschreibt ...» Pryor, *Lads Before the Wind*, S. 171.
137 Mattie Sue Athan, *Guide to a Well-Behaved Parrot*, Hauppauge, NY: Barron's Educational Series, 1993, S. 138.
138 «‹Es macht mich krank ...›» David Cantor, «Besitzgegenstände», in: *Menschenrechte für die Großen Menschenaffen*, hg. von Paola Cavalieri und Peter Singer, München: Goldmann, 1994, S. 439. Im August 1994 teilte eine Sprecherin des Cleveland Metropark Zoo mit, daß man Timmy dem Bronx Zoo übereignet habe, wo er der Vater von vier kleinen Gorillas wurde. Katie kam in den Fort Worth Zoo, wo sie sich als Tante um andere kleine Gorillas kümmert.
138 «Aufsehen hat erregt, wie oft ...» Einen Überblick gibt: Natalie Angier, «Mating for Life? It's Not for the Birds or the Bees», *New York Times*, 21. August 1990.
139 «Männliche Prairiemäuse ...» James T. Winslow, Nick Hastings, C. Sue Carter, Carroll R. Harbaugh und Thomas R. Insel, «A Role for Central Vasopressin in Pair Bonding in Monogamous Prairie Voles» *Nature* 365, 7. Oktober 1993, S. 545–548.
139 Moss, *Elephant Memories*, S. 100–101.

139 «Das erste Männchen, mit den sie sich schon gepaart hatte ...» Moss, *Portraits in the Wild*, S. 49.
140 Ryden, *God's Dog*, S. 60–62.
141 George Archibald, «Gee Whiz! ICF Hatches a Whooper», *The ICF Bugle*, Juli 1982. In einem Brief an Jeffrey Masson vom 25. Juli 1994 teilte George Archibald die folgenden Informationen mit: «Nachdem sie im Jahr 1982 ihr Ei gelegt hatte, wurde dieses durch eine Attrappe ersetzt, und ich verbrachte die Nacht in meinem Schuppen neben Tex und ihrem Nest. Ich wollte Tex vor Raubtieren schützen, und wir hofften, daß das Ausbrüten des ersten Eis sie stimulieren würde, ein zweites zu legen. Gegen Mitternacht kamen schwere Regenfälle, begleitet von starken Winden auf die Baraboo Hills nieder. Tex wurde in ihrem Nest völlig durchnäßt. Alle paar Minuten stieß sie einen ihrer leisen Kontaktrufe in Form eines leisen Schnurrens aus, den ich jeweils beantwortete. Wenn ich sie anrief, antwortete sie umgehend mit einem Gegenruf. Als das Radio eine Sturmwarnung durchgab, verließ ich meinen Schuppen, und unter Blitz und Donner ergriff ich Tex, nahm sie unter meinen Arm und ging über das Heufeld zu ihrem Stall. Ich sprach mit ihr, und sie antwortete auf dem ganzen Weg mit Kontaktrufen. Während dieses Notfalls fühlte ich eine starke emotionale Verbindung zu Tex.»
141 Gavin Maxwell, *Raven, Seek Thy Brother*, London: Penguin Books, 1968, S. 59–61.

5 Kummer, Trauer und die Knochen der Elefanten

144 Houle, *Wings for my Flight*, S. 75–87.
146 «Steller, der seine Forschungen ...» Zit. nach: Bernhard Grzimek (Hg.), *Grzimeks Tierleben*, Bd. 12, München: dtv, 1993, S. 526 ff.
146 Thomas, *Das geheime Leben der Hunde*, S. 106–107.
147 «Ackman und Alle, zwei Zirkuspferde ...» Henderson, *Circus Doctor*, S. 78.
148 Pryor, *Lads Before the Wind*, S. 276–277.
148 «Meeresbiologen, die ein Delphinweibchen mit einer Angel gefangen ...» Antony Alpers, *Dolphins: The Myth and the Mammal*, Boston: Houghton Mifflin Co., 1960, S. 104–105.
149 «Löwen bilden keine ...» Thomas, «Reflections: The Old Way», S. 91.
149 Moss, *Elephant Memories*, S. 269–271.
149 «... eine Herde afrikanischer Elefanten, die eine sterbende Matriarchin umgab ...» Moss, *Portraits in the Wild*, S. 34.

149 Moss, *Elephant Memories*, S. 272–273.
150 «Drei kleine Gruppen von Schimpansen ...» Geza Teleki, «Group Response to the Accidental Death of a Chimpenzee in Gombe National Park, Tanzania», *Folia Primatol.* 20, 1973, S. 81–94.
151 «Eine Schimpansin im Zoo von Arnheim ...» De Waal, *Wilde Diplomaten*, S. 81.
152 «‹Wenn sie der Gesellschaft anderer Tiere beraubt sind ...›» Lars Wilsson, *My Beaver Colony*, übers. von Joan Bulman, Garden City, N. Y.: Doubleday & Co., 1968, S. 61–62.
152 «‹Bullen-Regionen›» Moss, *Elephant Memories*, S. 112.
153 Leyhausen, *Katzen, eine Verhaltenskunde*, S. 246 ff.
153 Jane Goodall, *Through a Window: My Thirty Years with the Chimpanzees of Gombe*, Boston: Houghton Mifflin Co., 1990, S. 230. Deutsch u. d. T. *Ein Herz für Schimpansen*, Reinbek: Rowohlt, 1991, S. 264.
154 «‹Hum-Hum hatte alle Freude ...›» Zit. nach: Robert M. Yerkes und Ada W. Yerkes, *The Great Apes: A Study of Anthropoid Life*, New Haven, Conn.: Yale University Press, 1929, S. 472.
155 «Ein berühmter Pilotwal ...» Pryor, *Lads Before the Wind*, S. 82–83.
155 «... Sea World in San Diego ...» Robert Reinhold, «At Sea World, Stress Tests Whale and Man», *New York Times*, 4. April 1988, S. A 9.
156 «‹zu Tode gegrämt› ...» Pryor, *Lads Before the Wind*, S. 132.
156 «‹Mit vernünftigen Gründen ...›» David McFarland (Hg.), *The Oxford Companion to Animal Behavior*, Oxford: Oxford University Press, 1987, S. 599.
157 «... in sogenannte ‹Depressionskammern» gesteckt ...» Harlow sagte, daß «seine Apparatur auf einer intuitiven Basis mit dem Zweck konstruiert worden war, in den Affen einen solchen überwältigenden Zustand [der Verzweiflung] sowohl physisch wie auch psychisch zu erzeugen». Siehe die vernichtende Kritik von: James Rachels «Do Animals Have a Right to Liberty?» in: *Animal Rights and Human Obligations*, hg. von Tom Regan und Peter Singer, Englewood Cliffs: Prentice Hall, 1976, S. 211. Siehe auch: Peter Singers Kritik in Kapitel 2 seines Buches *Animal Liberation*.
157 «Monate später noch ...» «Do Animals Have a Right to Liberty?» in: Regan und Singer, *Animal Rights*, S. 211. Der Artikel von Harlow hatte den Koautor Stephen J. Suomi, «Depressive Behavior in Young Monkeys Subjected to Vertical Chamber Confinement», *Journal of Comparative and Physiological Psychology* 80, 1972, S. 11–18. Harlow publizierte seine Aufsätze in angesehenen Fachzeitschriften. Siehe z. B.: «Love in Infant Monkeys», *Scientific American* 200, 1959, S. 68–74; «The Nature of Love»,

American Psychologist, 13, 1958, S. 673–685. Eine sehr nützliche kritische Würdigung findet man in *Psychology Experiments on Animals: A Critique of Animal Models of Human Psychopathology* von Brandon Kuker-Reines für die New England Anti-Vivisection Society, 1982. Der Autor bemerkt, daß «das Streben, den ‹wahren Menschen› durch Experimente an Affen herauszufinden, eher als Symptom einer Identitätskrise, denn als Zeichen für wissenschaftlichen Fortschritt zu werten ist» (S. 68).

158 «... ‹erlernter Hilflosigkeit› ...» Martin E. P. Seligman, *Helplessness: On Depression, Development, and Death*, San Francisco, California: W. H. Freeman & Co., 1975, S. 23–25. Den angeschnallten Hunden wurden jeweils 64 Elektroschocks mit einer Stärke von 6 Milliampere und einer Dauer von fünf Sekunden verabreicht.

159 «... geschlagene Frauen ...» Lenore Walker hat eindrucksvoll die Auswirkungen erworbener Hilflosigkeit im Leben geschlagener Frauen beschrieben. Siehe ihr Buch: *Terrifying Love: Why Battered Women Kill and How Society Responds*, New York: Harper & Row, 1989.

159 «Ein Forscher zog Rhesusaffen bis zum Alter von sechs Monaten in totaler Isolation auf ...» J. B. Sidowski, «Psychopathological Consequences of Induced Social Helplessness during Infancy», in: *Experimental Psychopathology: Recent Research and Theory*, hg. von H. D. Kimmel, New York: Academic Press, 1971, S. 231–248.

160 «... Heullaute für Trauer oder für Einsamkeit ...» Russell J. Rutter und Douglas H. Pimlott, *The World of the Wolf*, Philadelphia und New York: J. B. Lippincott Co., 1968, S. 138; Lois Crisler, *Captive Wild*, New York: Harper & Row, 1968, S. 210.

161 «Als Marchessa ...» Ian Redmond, «The Death of Digit», *International Primate Protection League Newsletter* 15, Nr. 3, Dezember 1988, S. 7.

161 «‹Wenn sie enttäuscht sind ...›» Yerkes und Yerkes, *Great Apes*, S. 161.

161 «... emotional bedingte Tränen ...» William Frey, II, *Crying: The Mystery of Tears*, mit Muriel Langseth, Minneapolis: Winston Press, 1985. Emotional motivierte Tränen werden auch psychogene Tränen genannt. Es ist nicht klar, wie Tränen des Schmerzes hier eingeordnet werden können.

161 «... das einzige Produkt des menschlichen Körpers ...» S. B. Ortner, «Shera purity», *American Anthropologist* 75, 1973, S. 49–63. Zit. nach: Paul Rozin und April Fallon, «A Perspective on Disgust», in: *Psychological Review* 94, 1987, S. 23–41.

162 «... Nim Chimpsky ...» Terrace, *Nim*, S. 56.

162 «Man hat sie bei einem verletzten Pferd...» De Grahl, *Grey Parrot*, S. 189.
162 «... kommt es vor, daß Tränen über ihr Gesicht rollen.» Victor B. Scheffer, *Seals, Sea Lions, and Walruses: A Review of the Pinnipedia*, Stanford, California, Stanford University Press, 1958, S. 22. Siehe auch: Frey, *Crying*.
162 *Macacus maurus*, heute *Macaca maura*: der Mohren- oder Schwarzmakak. Das Zitat findet sich in Darwins erwähntem Buch auf S. 167–168; 159. Karl Friedrich Burdachs *Blicke ins Leben*, 3 Bde., Leipzig: Leopold Woss, 1842, Bd. 2, S. 130, führt als Beispiele weibliche Robben an, die «reichlich Thränen vergossen, wenn sie geschlagen wurden» oder wenn ihre Jungen geraubt wurden. Ebenso Giraffen, die weinten, als man sie von ihren Gefährten trennte.
163 Frey, *Crying*, S. 141.
163 «Claudia, eine Elefantin...» Volker Arzt und Immanuel Birmelin, *Haben Tiere ein Bewußtsein? Wenn Affen lügen, wenn Katzen denken und Elefanten traurig sind*, München: C. Bertelsmann, 1993, S. 154.
163 R. Gordon Cummings, *Five Years of a Hunter's Life in the Far Interior of South Africa*, 1850. Zit. nach: Richard Carrington, *Elephants: A Short Account of Their Natural History, Evolution and Influence on Mankind*, London: Chatto & Windus, 1958, S. 154–155.
164 George Lewis. Zit nach: Byron Fish, *Elephant Tramp*, Boston: Little, Brown and Co., 1955, S. 52, 188–189.
165 Victor Hugo: *Carnet intime 1870–1871*, hg. von Henri Guillemin. Paris: Gallimard, 1953, 7. Aufl., S. 88.
165 «... der dafür gescholten wurde ...» Chadwick, *The Fate of the Elephant*, San Francisco: Sierra Club Books, 1992, S. 327.
165 «In einem Stall mit jungen verwaisten Elefanten ...» Chadwick, *The Fate of the Elephant*, S. 384.
165 «Möglicherweise ist der Umstand von Bedeutung ...» Dies wurde von Dr. William Frey vorgeschlagen.
166 «Vom Biber wird auch ...» L. S. Lavrov, «Evolutionary Development of the Genus *Castor* and Taxonomy of the Contemporary Beavers of Eurasia», *Acta Zool. Fennica* 174, 1983, S. 87–90.
166 Dian Fossey, *Gorillas in the Mist*, Boston: Houghton Mifflin Co., 1983, S. 110.
166 Michel de Montaigne, *Essais*, Zürich: Diogenes, 1992, Bd. I, S. 858.

6 Die Fähigkeit, Freude zu empfinden

168 «... ‹wußte er, daß er frei war.›» Kenneth S. Norris, *Dolphin Days: The Life and Times of the Spinner Dolphin*, New York: W. W. Norton & Co., 1991, S. 129–130.
168 «In den Theorien ...» Izard, *Human Emotions*, S. 239–245.
170 «Löwen schnurren ...» Schaller, *Serengeti Lion*, S. 104, 304.
170 «Von glücklichen Gorillas sagt man ...» Montgomery, *Walking with the Great Apes*, S. 146.
170 «Wölfe mögen, wenn sie heulen ...» Thomas, *Das geheime Leben der Hunde*, S. 72.
170 Lynn Rogers in einem Interview mit Susan McCarthy, 15. Juli 1993.
170 Charles Darwin an Susan Darwin, 1838, *The Correspondence of Charles Darwin*, Bd. 2; *1837–1843*, Cambridge, Cambridge University Press, 1986.
171 Norris, *Dolphin Days*, S. 42–43.
172 «Als das Eis auf einem Biberteich ...» Ryden, *Lily Pond*, S. 104.
172 «Nim Chimpsky ...» Terrace, *Nim*, S. 412.
172 «... ‹Gorilla-Umarmung›.» Francine Patterson und Eugene Linden, *The Education of Koko*, New York: Holt, Rinehart & Winston, 1981, S. 185.
172 Carolyn A. Ristau und Donald Robbins, «Language in the Great Apes: A Critical Review», *Advances in the Study of Behavior*, Bd. 12, 1982, S. 141–255, 229.
172 «Das sah ganz nach ‹Singing in the Rain› aus.» Roger Fouts in einem Interview mit Susan McCarthy, 10. Dezember 1993.
173 «Sie investieren soviel Energie in diesen Tanz ...» Chadwick, *Beast the Color of Winter*, S. 150–151.
173 Jane Goodall und David A. Hamburg, «Chimpanzee Behavior as a Model for the Behavior of Early Man», in: Silvano Arieti (Hg.), *American Handbook of Psychiatry*, 2. Aufl., New York: Basic Books, 1975, S. 20–27. Zit. nach: Carl N. Degler, *In Search of Human Nature: The Decline and Revival of Darwinism in American Social Thought*, New York: OUP, 1991, S. 336.
173 Terrace, *Nim*, S. 140–142.
174 «Zwei Große Tümmler ...» Alpers, *Dolphins*, S. 102.
174 Moss, *Elephant Memories*, S. 124–125.
175 Wilson, *My Beaver Colony*, S. 92–93.
175 Man sagt, daß das Erkennen des Kindchen-Schemas ...» Richard Monastersky, «Boom in ‹Cute› Baby Dinosaur Discoveries», *Science News* 134, 22. Oktober 1988, S. 261.
176 «Als ein junger Sperling ...» Arzt und Birmelin, *Haben Tiere ein Bewußtsein?*, S. 173.

176 Wilsson, *My Beaver Colony*, S. 131.
177 «... ‹die subjektiven Gefühle des Bibers› ...» Ryden, *Lily Pond*, S. 185–187.
177 «Daß ein Tiger ...» Dagegen ist Elizabeth Marshall Thomas der Ansicht, daß «eine Großkatze in Gefangenschaft die besten Lebensbedingungen im Zirkus findet. Im günstigsten Fall teilt ein Zirkustiger seinen Käfig mit einem anderen, zu ihm passenden Tiger und bewegt sich in der Gesellschaft von zehn oder zwanzig anderen Artgenossen, deren Besitzer diese Tiere nicht nur dressieren und auftreten lassen, sondern mit ihnen ihr Leben teilen». *The Tribe of Tiger: Cats and their Culture*, New York: Simon & Schuster, 1994, S. 194.
178 Gunther Gebel-Williams mit Toni Reinhold, *Untamed*, S. 310.
178 Karen Pryor und Kenneth S. Norris (Hg.), *Dolphin Societies: Discoveries and Puzzles*, Berkeley: University of California Press, 1991, S. 346.
178 «Pferde-Trainer beobachten häufig ...» Heywood Hale Broun, «Ever Indomitable, Secretariat Thunders Across the Ages», *New York Times*, 30. Mai 1993, S. 23.
179 Ralph Dennard in einem Interview mit Jeffrey Masson und Susan McCarthy, 24. September 1993.
180 «Dafür kann es verschiedene Gründe gegeben haben ...» Roger Fouts in einem Interview mit Susan McCarthy, 10. Dezember 1993.
181 «Offenbar macht ihnen ...» De Waal, *Chimpanzee Politics*, S. 26.
181 «‹Er explodierte vor Freude› ...» George B. Schaller, *The Last Panda*, Chicago und London: University of Chicago Press, 1993, S. 66. Deutsch u. d. T. *Der letzte Panda*, Reinbek: Rowohlt, 1995.
181 J. Lee Kavanau, «Behavior of Captive White-footed Mice», *Science* 155, 31. März 1967, S. 1623–1639.
182 «‹Die Variablen ...›» P. B. Dews, «Some Observations on an Operant in the Octopus», in: *Journal of the Experimental Analysis of Behaviors* 2, 1959, S. 57–63. Wieder abgedruckt in: Thomas B. McGill (Hg.), *Readings in Animal Behavior*, New York: Holt, Rinehart and Winston, 1965.
183 F. Fraser Darling, *A Herd of Red Deer: A Study in Animal Behavior*, London: Oxford University Press, 1937, S. 35.
183 «Als Indah ...» «Orangutan Escapes Exhibit, Mingles With Zoo Visitors», *San Francisco Chronicle*, 19. Juni 1993, Associated Press.
185 «Nachdem man dieses Thema in wissenschaftlichen Kreisen lange Zeit klein geschrieben hat ...» Siehe M. Bekoff und J. A. Byers: «A Critical Reanalysis of the Ontogeny and Phylogeny of Mammalian Social and Locomotor Play: An Ethological Hornet's Nest»,

185 in: K. Immelmann et al., *Behavioral Development: The Bielefeld Interdisciplinary Project*. Cambridge: Cambridge University Press, 1981, S. 296–337.
185 Robert Fagen, *Animal Play Behavior*, New York, Oxford: Oxford University Press, 1981, S. 3–4.
185 «Die Biologen schrecken also immer ...» Ebd., S. 17–18. Fagen merkt an, daß nach seinen Vorträgen über das Spiel der Tiere «zu meinem Ärger lauter Laienfragen gestellt wurden».
185 «‹Doch ihr Verhalten ist faszinierend ...›» Robert Fagen, S. 494.
185 Robert A. Hinde, *Animal Behavior*, New York: McGraw-Hill, 1966.
186 Marc Bekoff, «Kin Recognition and Kin Discrimination» (Zuschrift) *Trends in Ecology and Evolution* 7 (3) März 1992, S. 100.
186 Moss, *Elephant Memories*, S. 85, 142–143, 171.
186 Kruuk, *Spotted Hyena*, S. 249–250.
187 «... doch Norma, das jüngere Elefantenweibchen ...» Lewis, *Elephant Tramp*, S. 128–129.
187 Terrace, *Nim*, S. 228–229.
188 «Man hat Büffel in Alaska ... auf dem Eis spielen:» Gary Paulsen, *Winterdance: The Fine Madness of Running the Iditarod*, New York: Harcourt, Brace & Co., 1994, S. 193.
188 «Zwei Grizzlybären ...» Chadwick, *Beast the Color of Winter*, S. 70.
188 «Tiger- und Leopardenkinder ...» Singh, *Tiger! Tiger!*, S. 72–73.
188 «Sie bedecken sich die Augen ...» De Waal, *Wilde Diplomaten*, S. 197.
188 «... auf den Kuppeln des Kremls ...» Jeffery Boswall, «Russia Is for the Birds», *Discover*, März 1987, S. 78.
189 «... Komodo-Waran ... spielte mit einer Schaufel.» Craven Hill, «Playtime at the Zoo», *Zoo-Life* 1, S. 24–26.
189 «... wilder Alligator in Georgia ...» James D. Lazell, Jr. und Numi C. Spitzer, «Apparent play behavior in an American alligator», *Copeia*, 1977, S. 188.
189 «... Koko zum Beispiel gibt vor...» Patterson und Linden, *Education of Koko*, Bildunterschrift.
189 «‹Das ist ein Hut›.» Roger Fouts in einem Interview mit Susan McCarthy, 10. Dezember 1993.
189 «Ein Delphin ...» Alpers, *Dolphins*, S. 90–93.
189 «... spielen ähnliche Fangspiele ...» Norris, *Dolphin Days*, S. 259–260.
189 «Wenn Beluga-Wale Steine ...» Fred Bruemmer, «White Whales on Holiday», *Natural History*, Januar 1986, S. 40–49.
189 «Junge wie ausgewachsene Löwen ...» Schaller, *Serengeti Lion*, S. 163–164.

189 «Ein anderer Delphin schäkerte mit einem Fisch ...» Alpers, *Dolphins*, S. 90.
190 «Raben necken Wanderfalken ...» Houle, *Wings for My Flight*, S. 23.
190 «... Rabenkrähen ...» Crumley, *Waters of the Wild Swan*, S. 53–54.
190 «... Hyänen tatsächlich gelungen ist, den Fuchs zu erwischen und zu töten ...» Macdonald, Running with the Fox, S. 78–79.
191 «... Sifaka-Lemuren ...» Jolly, *Lemur Behavior*, S. 59.
191 «... Elefanten eine vereinfachte Form von Kricket beigebracht.» Carrington, *Elephants*, S. 216–267.
191 «... Delphine ... Fouls ...» Pryor, *Lads before the Wind*, S. 66–67.
192 «Die Känguruhs rangelten und boxten sich lieber ...» Geoffrey Morey, *The Lincoln Kangaroos*, Philadelphia: Chilton Books, 1963, S. 53–60.
193 «Tatu ...» Rasa, *Eine perfekte Familie*, S. 148–150.
193 «Junge Otter und Biber ...» Hope Sawyer Buyukmihci, *The Hour of the Beaver*, Chicago: Rand McNally & Co., 1971, S. 97–98.
193 «Junge Mangaben ...» Ghiglieri, *East of the Mountains of the Moon*, S. 26.
193 Chadwick, *Fate of the Elephant*, S. 423–424.
194 Bert Hölldobler und Edward O. Wilson, *The Ants*, Cambridge, Mass.: Belknap Press/Harvard University Press, 1990, S. 370.
194 Henry Walter Bates, *The Naturalist on the River Amazons: A Record of Adventures, Habits of Animals, Sketches of Brazilian and Indian Life, and Aspects of Nature under the Equator, During Eleven Years of Travel*, New York: Humboldt Publishing Co., 1863, S. 259–260.

7 Wut, Herrschaft und Grausamkeit in Frieden und Krieg

197 «... sperrte Cosimo de' Medici ein solches Tier ...» Dagg und Foster, *The Giraffe: Its Biology, Behavior and Ecology*, New York: Van Nostrand Reinhold Co., 1976, S. 3.
197 «So ist Aggression auch ein beliebter Forschungsgegenstand ...» Konrad Lorenz, einer der Begründer der Verhaltensforschung, schrieb sein berühmtes Buch über Aggression: «*Das sogenannte Böse*». Ruth Klüger macht in ihrem Buch *weiter leben: Eine Jugend*, Göttingen: Wallstein Verlag, 1992, S. 185–186, zu dem Thema programmiertes und flexibles Lernverhalten folgende scharfe Beobachtung: «Indessen konnte man das Verhalten des

Verhaltensforschers nicht voraussagen: Der wurde Nazi und war ein Großordinarius bei denen, und dann wurde er wieder ein vernünftiger Zeitgenosse, mit vertretbaren politischen Ansichten. Allerdings blieb das Böse für ihn immer nur das ‹sogenannte Böse›, und die Versuchung zum Bösen, die in der menschlichen Freiheit liegt, wollte er nicht wahrhaben, sondern verwechselte sie hartnäckig mit den vorprogrammierten tierischen Aggressionen, die er so gründlich erforscht hatte.»

198 «... Hierarchien in wilden Tiergesellschaften ...» Siehe z. B.: Rydens *God's Dog*, S. 223, wo sie sich beschwert, daß «meine Tiere sich so gut miteinander vertrugen, daß es mir nicht möglich war, ihre Rangunterschiede festzustellen».

198 «... Wut und verwandte aggressive Verhaltensweisen ...» Die Bedeutung der Aggression bei Tieren für menschliches Parallelverhalten wird noch diskutiert. Richard Lewontin schreibt, daß «es nicht die Spur eines Beweises dafür gibt, daß die anatomischen, physiologischen und genetischen Grundlagen der Aggression bei Ratten irgend etwas mit dem deutschen Angriff auf Polen im Jahr 1939 zu tun haben». *Biology as Ideology: The Doctrine of DNA*, New York: HarperCollins, 1991, S. 96. Dagegen sagt der Renaissance-Historiker Richard Trexler, daß «ich ohne das Studium tierischen Verhaltens sehr viel weniger vom aggressiven Verhalten der Menschen im Italien des 14. Jahrhundert verstehen würde». [Persönliche Mitteilung.]

199 «‹Tiere kämpfen ...›» Hans Magnus Enzensberger, *Aussichten auf den Bürgerkrieg*. Frankfurt am M.: Suhrkamp, 1993. S. 9.

199 «... Kasakela-Clan am Gombe ...» Jane Goodall, *The Chimpanzees of Gombe; Patterns of Behavior*, Cambridge, MA. und London: Harvard University Press, 1986, S. 502.

200 «Horden von Zwergmungos ...» Rasa, *Die perfekte Familie*, S. 246–249.

201 Kruuk, *Spotted Hyena*, S. 254–256.

203 «Zahme Papageien entwickeln ...» Mattie Sue Athan, *Guide to a Well-behaved Parrot*, Hauppauge, N. Y.: Barron's Educational Series, 1993, S. 138.

204 «Einige Verhaltensforscher ...» Irwin S. Bernstein, «Dominance: The Baby and the Bathwater», *Behavioral and Brain Sciences* 4, 1981, S. 419–429.

204 «... Pavianfrau und ihrer halbwüchsigen Tochter ...» Thelma Rowell hat den Vorschlag gemacht, Rangordnungen als Subordinations- und nicht als Herrschaftsordnung zu beschreiben, denn durch Nachgeben läßt ein Tier erkennen, daß es nicht kämpfen will. Ihr zufolge drückt die Rangposition eines Pavians nicht seinen sozialen Charakter aus, sondern bezeichnet das, was nach sei-

nem Maß an Unterordnung an sozialem Spielraum für ihn übrigbleibt. Thelma Rowell, *Social Behavior of Monkeys*, S. 162–163. Man nehme z. B. Fettschwanzmakis *(Cheirogaleus medius)*, bei denen die weiblichen Tiere die männlichen dominieren. Die Männchen haben anscheinend eine klare Rangordnung unter sich, während das bei den Weibchen weniger auffällig ist. Alison Jolly bemerkt dazu: «Die Weibchen ... waren sehr viel weniger statusbewußt. Ohne Unterschiede zu machen, jagten sie einander oder die Männchen und rempelten alle Tiere an, die ihnen zu nahe kamen. Sie spuckten weniger häufig, noch zeigten sie eine besonders auffällige, aufrechte oder gekrümmte Haltung; auch behielten sie nicht die dominanten Tiere ständig im Auge. Was die allgemeine Dominanz der Weibchen über die Männchen anbelangt, so scheint sie aus den gleichen Haltungen zu resultieren: Ein Weibchen war in der Lage, jedes andere Tier wegzuscheuchen, aber ein Männchen wurde dadurch untergeordnet, daß es bestimmten Tieren nicht in die Quere kommen konnte.» Alison Jolly, *Lemur Behavior: A Madagascar Field Study*, Chicago: University of Chicago Press, 1966, S. 104–107. Siehe auch: Alison F. Richard, «Malagasy Prosimians: Female Dominance», in: *Primate Societies*, hg. von Barbara B. Smuts et al., S. 25–33, Chicago und London: University of Chicago Press, 1986.

204 «Bei den Mantelpavianen ...» Christian Bachmann und Hans Kummer, «Male Assessment of Female Choice in Hamadryas Baboons», *Behavioral Ecology and Sociobiology* 6, 1980, S. 315–321. Dieser Aufsatz bezeichnet die männlichen Mantel-Paviane noch als «Besitzer» von Weibchen.

204 Strum, *Almost Human*, S. 118–120.

205 Leyhausen, *Katzen, eine Verhaltenskunde*, S. 235 f.

205 «Daher kann man auch verstehen ...» Lemuren sind nicht die einzige Tierart, die weibliche Dominanz kennt. Die vor kurzem wiederentdeckte Berg-Pygmäenbeutelratte *(Burramys parvus)* ist ein mausgroßes Beuteltier, das man vorher nur aus fossilen Funden kannte. Es lebt hoch in den Australischen Alpen und trotzt dort härtesten Wintern. Die Form der weiblichen Dominanz, die ihr Leben bestimmt, ist ungewöhnlich. Die Weibchen besetzen die besseren Futtergründe das ganze Jahr über und überwintern mit ihren Töchtern in Nestern. Die Männchen, die sich mit vielen Weibchen paaren und sich nicht um die Kinder kümmern, wechseln in diese Gründe im Sommer. Im Winter dagegen und offenbar von den Weibchen verscheucht beziehen sie ärmere Habitats, wo sie allein oder mit anderen Männchen überwintern. Wenige Männchen überleben den Winter, so daß es bei gleichen Geburtsraten für Männchen und Weibchen weniger männliche als weib-

liche Tiere gibt. Ian Mansergh und Linda Broome, *The Mountain Pygmy-possum of the Australian Alps*. Kensington, NSW: New South Wales University Press, 1994.

205 «In dieser Hinsicht ähneln Wissenschaftler ...» Präsident Theodore Roosevelt, «ein enthusiastischer Imperialist und ein überzeugter Vertreter der Superiorität der angelsächsischen Rasse, war auch als *Great White Hunter* bekannt, der viel Zeit damit verbrachte, Großwild in der ganzen Welt zu erlegen und darüber Bücher zu schreiben». Die frühen kanadischen Naturschützer John Muir (der Gründer des Sierra Club) und William J. Long verwickelten den Präsidenten in eine Debatte, die ein großes Presseecho hatte. Als Roosevelt behauptete, daß es seinen Widersachern an Männlichkeit fehle und daß sie nichts von dem «Herzen des wilden Tieres» verstünden, antwortete Long mit einem berühmt gewordenen Gegenangriff: «Wie kommt er dazu, zu schreiben: ‹Ich glaube keine Sekunde daran, daß diese Naturschriftsteller etwas vom Herzen des wilden Tieres verstehen.› Nachdem ich zwei seiner dicken Bücher sorgfältig gelesen habe, ist mir klar, daß Mr. Roosevelt jedesmal, wenn er dem Herzen des wilden Tieres nahekommt, er ohne Ausnahme eine Kugel durch dasselbe jagt.» Dieses Zitat und das frühere über Roosevelt stammen aus: Matt Cartmill, *A View to a Death in the Morning*, S. 153–154.

206 «... Säbelantilopenbock ...» Clark, *High Hills and Wild Goats*, S. 67–68.

207 «In Arizona hat man solches Verhalten ...» Bil Gilbert, *Chulo*, New York: Alfred A. Knopf, 1973, S. 230–231.

207 «Obwohl die Weißkehlspinte ...» S. T. Emlen und P. H. Wrege, «Forced Copulations and Intra-specific Parasitism: Two Costs of Social Living in the White-fronted Bee-eater», *Ethology* 71, 1986, S. 2–29.

207 «Wasservögel wie Stockenten ...» Robert O. Bailey, Norman R. Seymour und Gary R. Stewart, «Rape Behavior in Blue-winged Teal», in: *Auk* 95, 1978, S. 188–190. Siehe auch: David P. Barash, «Sociobiology of Rape in Mallards *(Anas platyrhynchos)*: Responses of the Mated Male», in: *Science* 197, 19. August 1977, S. 788–789.

208 «In einem Meeresaquarium ...» Pryor, *Lads Before the Wind*, S. 78–79.

208 «Man weiß auch, daß diese Tiere ...» Natalie Angier, «Dolphin Courtship: Brutal, Cunning and Complex», *New York Times*, 18. Februar 1992.

208 Kruuk, *Spotted Hyena*, S. 232.

208 «... daß Pinguine einen ihrer Artgenossen ...» John Alcock, *Ani-*

mal Behavior: An Evolutionary Approach, 4. Aufl., Sunderland, Mass.: Sinauer Associates, 1989, S. 372–373.
209 «Giraffen haben ...» Dagg und Foster, Giraffe, S. 36–37.
209 «Karen Pryor hat festgestellt ...» Pryor, Lads Before the Wind, S. 123.
209 «... eines jugendlichen Kleinen Schwertwals ...» Ebd., S. 214.
210 «Ein Kollege ...» Zit. nach: Thomas M. French, The Integration of Behavior, Bd. 1: Basic Postulates, Chicago: University of Chicago Press, 1952, S. 156–157.
211 «... ‹buchstäblich bei lebendigem Leibe› ...» «What Everyone Who Enjoys Wildlife Should Know», Pamphlet der Abundant Wildlife Society of North America, Gillette, Wyoming. Siehe auch: Abundant Wildlife, Special Wolf Issue, 1992.
212 Michael W. Fox, The Whistling Hunters: Field Studies of the Asiatic Wild Dog (Cuon Alpinus), Albany, N. Y.: State University of New York Press, 1984, S. 63.
212 «Einen Leoparden ...» Moss, Portraits in the Wild, S. 296.
212 Leyhausen, Katzen, eine Verhaltenskunde, S. 120 f.
213 «Man hat beobachtet, wie eine Löwin ...» Thomas, «Reflections: The Old Way», S. 93.
213 «Katzen haben kaum Anlaß ...» Leyhausen, Katzen, eine Verhaltenskunde, S. 123 f.
215 «Bären, die im Fluß ...» Bledsoe, Brown Bear Summer, S. 67.
215 «Hyänen überfallen bei Nacht ...» Kruuk, Spotted Hyena, S. 89.
215 «Surplus killing ...» Siehe z. B.: Troy R. Mader, «Wolves and Hunting», Abundant Wildlife, Special Wolf Issue, 1992, S. 3. Berichte über Wölfe, die in Minnesota Rehe, in Kanada Karibu-Kälber und in Alaska Dall-Schafe im Tötungsrausch gerissen haben, wurden benutzt, um eine Dezimierung der Wölfe zu propagieren. Siehe auch: Bildunterschrift S. 1.
215 «Man hat beobachtet ...» Kruuk, Spotted Hyena, S. 119. Bestätigt durch Stephen E. Glickman in einer persönlichen Mitteilung vom 5. November 1992.
215 «Wenn Hyänen ...» Ebd., S. 165, 204.
215 «Killerwale, die wie im Rausch ...» Gerard Gormley, Orcas of the Gulf; a Natural History, San Francisco: Sierra Club Books, 1990, S. 85.
217 Schaller, The Serengeti Lion, S. 383. Er fügt hinzu, daß Löwen dazu tendieren, Menschen als rivalisierende Jäger und nicht als Beute zu betrachten.
217 «Congo, ein Schimpanse ...» Desmond Morris, Animal Days, New York: Perigord Press/William Morrow & Co., 1980, S. 222–223.

218 Leyhausen, *Katzen, eine Verhaltenskunde*, S. 201 f.
219 William Jordan, *Divorce Among the Gulls: An Uncommon Look at Human Nature*, San Francisco: North Point Press, 1991, S. 30.
219 «... Bimbo ...» Sigvard Berggren, *Berggren's Beasts*, New York: Paul S. Eriksson, 1970, S. 76.
219 Terrace, *Nim*, S. 51–52.
220 «... von einem Studenten ...» Dies ist ein Beispiel für Lernen durch Beobachten, eine Fähigkeit, die Tieren häufig abgestritten wird. Gleichwohl hat man sie auf experimentellem Wege bei so verschiedenen Arten wie Katzen und Tintenfischen nachgewiesen.
220 Irene Pepperberg in einem Interview mit Susan McCarthy, 22. Februar 1993.
221 «Ein zahmer Papagei ...» De Grahl, *Grey Parrot*, S. 46.
221 Athan, *Guide to a Well-behaved Parrot*, S. 11.
221 «Als Nepo ...» Don C. Reed, *Notes from an Underwater Zoo*, New York: Dial Press, 1981, S. 248–251. Kianu wurde von den anderen Orca-Walen getrennt und verfiel darauf in Depression. Man verkaufte ihn an ein japanisches Meeresaquarium. Nepo starb 1980. Yaka lebt immer noch im selben Ozeanarium.
222 De Waal, *Wilde Diplomaten*, S. 114.
223 De Waal, *Wilde Diplomaten*, S. 13.

8 Mitleid, Rettung und die Altruismus-Debatte

224 «An einem Nachmittag ...» Ralph Helfer, *The Beauty of the Beasts: Tales of Hollywood's Animal Stars*, Los Angeles: Jeremy P. Tarcher, 1990, S. 109–110. Auch im Interview mit Susan McCarthy, 11. November 1993.
225 «... National Park in Aberdare ...» Esmond and Chrysse Bradley Martin, *Run Rhino Run*, London: Chatto and Windus, 1982, S. 28.
226 «Junge Spießböcke ...» Clark, *High Hills and Wild Goats*, S. 198.
226 «Eine Thomson-Gazelle ...» Kruuk, *Spotted Hyena*, S. 193.
226 «Das erfuhr zu seinem Schrecken ...» Moss, *Portraits in the Wild*, S. 72.
226 «Als eine Gruppe ...» Jane Goodall, *Ein Herz für Schimpansen*, Reinbek: Rowohlt, 1991, S. 244.
226 «Zebras verteidigen ...» Moss, *Portraits in the Wild*, S. 111–112.
227 «Afrikanische Kaffernbüffel ...» Zit. nach: Schaller, *Serengeti Lion*, S. 262.
227 Bates, *Naturalist on the River Amazons*, S. 251–252.
228 «Man vergleiche ...» Herbert Friedmann: «The Instinctive Emotional Life of Birds», *Psychoanalytic Review* 21, 1934, S. 255. Der

Autor, der als Kurator der ornithologischen Sammlung am Smithsonian Museum arbeitete, hielt seinen Vortrag in Washington vor der Society for Nervous and Mental Diseases. Vögel sind für ihn Lebewesen, die zu niedrig sind, um Gefühle zu haben; von der menschlichen Rasse und ihrer überragenden Stellung hegte er dagegen die Meinung, daß die Jagd auf Papageien bzw. das «dadurch ausgelöste Gefallen an Grausamkeiten auf einer Ebene mit der Befriedigung liegt, die andere Herausforderungen und Leistungen mit sich bringen» (S. 257).

229 Macdonald, *Running with the Fox*, S. 220.
229 «Tatu, ein Zwergmungoweibchen ...» Rasa, *Eine perfekte Familie*, S. 277 ff.
230 «Im Fall einer ...» *Gorilla: Journal of the Gorilla Foundation* 15 (Juni 1992), Nr. 2, S. 8.
231 «Ein ausgewachsener Pilot- oder Grindwal ...» Richard C. Connor und Kenneth S. Norris, «Are Dolphins Reciprocal Altruists?», *The American Naturalist* 119, Nr. 3 (März 1982), S. 363.
231 «Löwen mit Betäubungspfeilen zu schießen ...» Schaller, *Serengeti Lion*, S. 25–26.
232 Ralph Dennard in einem Interview mit Jeffrey Moussaieff Masson und Susan McCarthy, 24. September 1993.
232 «Eine Familie bekam ...» Cindy Ott-Bales in einem Interview mit Susan McCarthy, 30. September 1993. Das Baby kam bei dieser Episode nicht zu Schaden. Gilly, ein Collie, wurde darauf trainiert, Mrs. Ott-Bales' Mann auf das Läuten der Türklingel und andere Geräusche aufmerksam zu machen.
233 «Eine andere Hündin ...» Paul Ogden, *Chelsea: The Story of a Signal Dog*, Boston: Little, Brown and Co., 1992, S. 145.
233 Kearton, 1925. Zit. nach: Yerkes und Yerkes, *The Great Apes*, S. 298.
233 «Man beobachtete einen ...» Goodall, *With Love*.
233 «Wir haben schon ...» Terrace, *Nim*, S. 56–57.
234 «In einem schrecklichen ...» Jules H. Masserman, Stanley Wechkin und William Terris, «‹Altruistic› Behavior in Rhesus Monkeys», in: *American Journal of Psychiatry* 121, 1964, S. 584–585.
235 Richard Dawkins, *The Selfish Gene*, New York und Cambridge: Cambridge University Press, 1976, S. 105–106. Deutsch u. d. T. *Das egoistische Gen*.
235 «Richard Dawkins schreibt ...» Ebd., S. 28.
236 «Sniffs Mutter ...» Goodall, *Ein Herz für Schimpansen*, S. 129.
237 «... einen Haufen Pilze ...» Dawkins, *Das egoistische Gen*, S. 168.
237 «Anhand eines anderen Beispiels ...», Ebd., S. 125–126.
238 Haldane. Zit. nach: Dawkins, *Das egoistische Gen*, S. 166.

239 «Wissenschaftler, die Belugaweibchen ...» Bruemmer, «White Whales on Holiday», *Natural History* (Januar 1986), S. 48.

239 «Ein Großer Tümmler ...» Connor und Norris, «Are Dolphins Reciprocal Altruists?», *The American Naturalist* 119/3 (März 1982), S. 368.

239 «Washoe, die berühmte Schimpansin ...» Linden, *Silent Partners: The Legacy of the Ape Language Experiments*, New York: Times Books, 1986, S. 42–43. Ebenso Roger Fouts in einem Interview mit Susan McCarthy, 10. Dezember 1993.

240 «Als man ihn fragte ...» «Ripples of Controversy After a Chimp Drowns», *New York Times*, 16. Oktober 1990. (Der in der Schlagzeile angesprochene Schimpanse war ein anderes Tier als das hier erwähnte.)

240 «... drei Belugas ...» Bruemmer, «White Whales on Holiday», *Natural History* (Januar 1986), S. 40–49.

241 Connor und Norris, a. a. O., S. 358–374.

242 «Zwei Reporter ...» Michael Hutchins und Kathy Sullivan, «Dolphin Delight», *Animal Kingdom*, Juli/August 1989, S. 47–53.

243 Mike Tomkies, *Out of the Wild*, London: Jonathan Cape, 1985, S. 197.

243 Ryden, *Lily Pond*, S. 217.

243 Moss, *Elephant Memories*, S. 84.

243 Barry Holstun Lopez, *Of Wolves and Men*, New York: Charles Scribner's Sons, 1978, S. 198.

244 «Ein Kaninchen ...» Göran Högstedt, «Adaptation unto Death: Function of Fear Screams», *American Naturalist* 121, 1983, S. 562–570.

244 «... wenn ein Löwe ...» Schaller, *Serengeti Lion*, S. 254.

245 «Einige wenige Studien ...» Hannah M. H. Wu, Warren G. Holmes, Steven R. Medina und Gene P. Sackett, «Kin preference in infant *Macaca nemestrina*», *Nature* 285, 1980, S. 225–257.

245 «Man hat jedoch herausgefunden ...» Chadwick, *Beast the Color of Winter*, S. 15.

246 «Wissenschaftler, die sich mit dem Thema ...» Robert M. Seyfarth und Dorothy L. Cheney, «Grooming, Alliances, and Reciprocal Altruism in Vervet Monkeys», *Nature* 308, Nr. 5, April 1984, S. 541–542.

246 «... ihre Dankesschulden im Kopf zu haben ...» Eugene S. Morton und Jake Page, *Animal Talk: Science and the Voices of Nature*, New York: Random House, 1992, S. 138–139.

247 Joseph Wood Krutch, *The Best of Two Worlds*, New York: William Sloane Associates, 1950, S. 77.

247 «In der Wüste Negev ...» Clark, *High Hills and Wild Goats*, S. 136.

248 Athan, *Guide to a Well-behaved Parrot*, S. 111–122. Ebenso im Interview mit Susan McCarthy, 23. August 1993.
248 «... im Busch von Kenia ...» Rasa, *Eine perfekte Familie*, S. 90–91.
249 Thomas, *The Tribe of Tiger*, S. 25.
250 «Ein junger Pseudo-Killerwal namens Ola ...» Pryor, *Lads before the Wind*, S. 218–219.
250 «... zum Zweck einer Bevorteilung der eigenen Gene ...» Dawkins, *Das egoistische Gen*, S. 174.
251 «... ‹der Natur keinen Raum›» Ebd., S. 237.
251 «Eine wissenschaftliche Untersuchung ...» Gerald S. Wilkinson, «Food Sharing in Vampire Bats», *Scientific American* 262, 1990, S. 76–82. Ebenso Gerald Wilkinson in einem Interview mit Susan McCarthy, 4. März 1994.
252 «Robert Frank ...» Zit. nach: Kohn, *The Brighter Side of Human Nature*, S. 188.
253 Richard C. Connor und Kenneth S. Norris, «Are Dolphins Reciprocal Altruists?», S. 358–374.
253 Robert L. Trivers, «The Evolution of Reciprocal Altruism», in: *Quarterly Review of Biology* 46, 1971, S. 35–57.
254 «... als Märtyrer gestorben.» Jim Nollman, *Animal Dreaming: The Art and Science of Interspecies Communication*, Toronto und New York: Bantam Books, 1987, S. 59.

9 Scham, Schamröte und verborgene Geheimnisse

256 Jane Goodall in einem Interview mit Susan McCarthy, 7. Mai 1994.
257 «Scham ist eines der Gefühle ...» Eine von John McCarthy gemachte Beobachtung.
257 «... ‹master emotion› ...» Robert Karen, «Shame», *Atlantic Monthly* 269, Februar 1992, S. 40–70.
257 Donald Nathanson, *Shame and Pride: Affect, Sex, and the Birth of the Self*, New York: W. W. Norton & Co., 1992, S. 142.
258 «Wenn man solchen Affen ...» Gordon Gallup, «Self-recognition in Primates: A Comparative Approach to the Bidirectional Properties of Consciousness», *American Psychologist* 32, 1977, S. 329–338. Gallup testete die Farbe an sich selbst, bevor er die Tiere damit bemalte.
258 Kennedy, *New Anthropomorphism*, S. 107–108.
258 «Die Schimpansen Sherman und Austin ...» Savage-Rumbaugh, *Ape Language*, S. 308–314.

259 «... Yeroen im Kampf mit einem Artgenossen ...» De Waal, *Chimpanzee Politics*, S. 47–48.
259 «... um das Gesicht zu wahren.» De Waal, *Diplomaten*, S. 240.
260 Craig Packer, «Male dominance and reproductive activity in *Papio anubis*», in: *Animal Behavior* 27, 1979, S. 37–45.
260 «... Löwen in der Serengeti ...» Schaller, *Serengeti Lion*, S. 268.
260 «Eine Bergziege ...» Chadwick, *Beast the Color of Winter*, S. 87–88.
260 «Koko, eine mit Zeichen sprechende ...» Patterson und Linden, *Education of Koko*, S. 136–137.
261 «... der Tümmler Wela ...» Pryor, *Lads before the Wind*, S. 128.
262 «... könnte man auf einen Menschen anwenden ...» Roger Fouts in einem Interview mit Susan McCarthy, 10. Dezember 1993.
263 «Der folgende Text ...» Erika K. Honoré und Peter H. Klopfer, *A Concise Survey of Animal Behavior*, San Diego: Academic Press/Harcourt Brace Jovanovich, 1990, S. 85.
263 Jean-Baptiste de Monet, Chevalier de Lamarck (1744–1829), der französische Naturforscher und Darwin-Vorgänger, stellte die Theorie auf, daß Tiere erworbene Charaktereigenschaften weitervererben können, in diesem Fall die Eigenschaft zu erröten.
264 Darwin, *Der Ausdruck der Gemüthsbewegungen bei dem Menschen und den Thieren*, S. 353.
264 «... gegen die Befürworter der Sklaverei ...» Nathanson, *Shame and Pride: Affect, Sex, and the Birth of the Self*, S. 462.
264 «das Erröthen ...» Darwin, *Der Ausdruck der Gemüthsbewegungen bei dem Menschen und den Thieren*, S. 316.
264 «Die Ohren des tasmanischen Beutelteufels ...» *Grzimeks Tierleben*, Bd. 10, S. 79.
264 «... Rotklunkerhonigfresser ...» Bruce M. Beehler, *A Naturalist in New Guinea*, Austin, Texas: University of Texas Press, 1991, S. 57.
265 Athan, *Guide to a Well-behaved Parrot*, S. 13. Ebenso Mattie Sue Athan in einem Interview mit Susan McCarthy, 23. August 1993.
265 «... Spielzeug ...» Zit. nach: Lewis, *Shame*, S. 5–26.
265 Helen Block Lewis. Zit. nach: Nathanson, *Shame and Pride*, S. 218.
266 «... farbiges Licht ...» Ebd., S. 169–170.
266 «... ‹ein biologisches System› ...» Ebd., S. 140.
266 «... Selbstbeschuldigung ...» Ebd., S. 210–211.
267 «Knochenmarkuntersuchungen von Gnus ...» Schaller, *Serengeti Lion*, S. 231.
267 «Ein Forscher, der Gnus ...» Kruuk, *Spotted Hyena*, S. 99–100, 150.
267 Ebd., S. 153–155.

268 «Wenn man einzelne Mitglieder ...» Zit. nach: Alpers, *Dolphin Days*, S. 188.
268 Leyhausen, *Katzen, eine Verhaltenskunde*, S. 128 f.
269 «Schottisches Rotwild ...» Darling, *Herd of Red Deer*, S. 81.
270 «Elefantenführer berichteten ...» David Gucwa und James Ehmann, *To Whom It May Concern: An Investigation of the Art of Elephants*, New York: W. W. Norton & Co., 1985, S. 200.
271 Terrace, *Nim*, S. 222–226.
271 «Desmond Morris hat überzeugend dargelegt ...» Desmond Morris, *Dogwatching*, London: Jonathan Cape, 1986, S. 29.
272 Nathanson, *Shame and Pride*, S. 15.

10 Die Schönheit, die Bären und die untergehende Sonne

273 Geza Teleki, «Sie sind wir», in: *Menschenrechte für die Großen Menschenaffen: Das Great Ape Projekt*, hg. von Paola Cavalieri und Peter Singer, München: Goldmann, 1994, S. 450–459.
273 «Der Schönheitssinn ...» Izard begreift Kreativität als Teil eines emotionalen Komplexes, zu dem auch Interesse, Begeisterung und Hoffnung gehören. Izard, *Human Emotions*, S. 42.
273 Adriaan Kortlandt, «Chimpanzees in the wild», *Scientific American* 206, Mai 1962, S. 128–138.
274 «... daß viele Tierarten farbenblind sind» Paul Dickson und Joseph C. Gould, *Myth-Informed: Legends, Credos, and Wrongheaded «Facts» We All Believe*, Perigee/Putnam, 1993, S. 21. Die Autoren schreiben, daß «Bullen wie so viele andere Tiere, Hunde eingeschlossen, nur Abstufungen von Hell und Dunkel wahrnehmen können». Siehe auch: John Horgan, «See Spot See Blue: Curb that Dogma! Canines Are Not Color-blind», *Scientific American* 262, Januar 1990, S. 20. Laut Horgan setzt sich diese Erkenntnis nun auch in den Lehrbüchern durch.
275 «... ultraviolettes Licht ...» Gerald Jacobs in einem Interview mit Susan McCarthy, 30. September 1993.
275 «... Magnetfelder ...» Wolfgang Wiltschko, Ursula Munro, Hugh Ford und Roswitha Wiltschko, «Red Light Disrupts Magnetic Orientation of Migratory Birds», *Nature* 364, 5. August 1993, S. 525.
275 «Welche Eigenschaft des ...» Benyus, *Beastly Behaviors*, S. 206.
276 K. von Frisch: «Ein Zwergwels, der kommt, wenn man ihm pfeift», *Biologisches Zentralblatt* 43, 1923, S. 439–446. In diesem Aufsatz ließ von Frisch die Frage unentschieden, ob der Fisch das Pfeifen «hörte» oder «fühlte». In einer späteren Veröffent-

lichung (*Nature*, 141, 1. Januar 1938, S. 8—11) lieferte er den Beweis, daß es sich um Hören handelte. Er verwies auch darauf, daß man lange Zeit glaubte, daß Fische stumm sind. Elritzen machen jedoch leise pfeifende Geräusche: «Es ist von Interesse, daß die Töne einer so bekannten Fischart so lange keine Beachtung fanden. Was die Sprache der Fische anbelangt, so dürften uns in Zukunft noch einige Entdeckungen bevorstehen.»

277 «Zeitlich ist das Hörvermögen von Vögeln ...» Joel Carl Welty und Luis Baptista, *The Life of Birds*, New York: Saunders College Publishing, 1988, S. 82, 215. Was die Funktion des Vogelgesangs anbelangt, so streiten die Autoren, daß «die Möglichkeit nicht einfach ausgeschlossen werden kann, daß manche Vögel aus reiner Freude oder weil sie sich wohl fühlen singen».

277 Gerald Durrell, *My Family and Other Animals*, New York: Viking Press, 1957, S. 38—39.

277 «Graupapageien ...» De Grahl, *Grey Parrot*, S. 168.

278 Ryden, *God's Dog*, S. 70.

278 «Bei den meisten ...» Donna Robbins Leighton, «Gibbons: Territoriality and Monogamy», in: Barbara B. Smuts, Dorothy L. Cheney, Robert M. Seyfarth, Richard W. Wrangham und Thomas T. Struhsaker (Hg.), *Primate Societies*, Chicago und London: University of Chicago Press, 1986, S. 135—145.

279 Nollman, *Animal Dreaming*, S. 94—97.

279 «Michael, ein Gorilla ...» Wendy Gordon, Gorilla Foundation, Woodside, California, in einem Interview mit Susan McCarthy, 29. April 1994.

279 «Siri, eine Indische Elefantin ...» Gucwa und Ehmann, *To Whom It May Concern*, S. 190.

280 «Ein Forscher, der sich in Arizona ...» Gilbert, *Chulo*, S. 202.

281 «... Geier ...» Welty und Baptista, *Life of Birds*, S. 78—79.

281 «Rhesusaffen ...» N. K. Humphrey, «‹Interest› and ‹Pleasure›: Two Determinants of a Monkey's Visual Preferences», *Perception* 1, 1972, S. 395—416.

282 Bernhard Rensch. Zit. nach: Desmond Morris, *The Biology of Art: A Study of the Picture-Making Behavior of the Great Apes and its Relationship to Human Art*, New York: Alfred A. Knopf, 1962, S. 32—34.

282 «Weibliche Witwenvögel ...» Malte Anderson, «Female Choice elects for Extreme Tail Length in a Widowbird», *Nature* 299, 28. Oktober 1982, S. 818—820.

282 «... Lauben- und Paradiesvögel ...» Beide gehören zur Familie der *Paradisaeidae*.

283 «... Seidenlaubenvogel ...» Welty und Baptista, *Life of Birds*, S. 278—280.

284 Beehler, *Naturalist in New Guinea*, S. 45.
284 «‹Ich neige zu der Erklärung› ...» Ebd., S. 147.
285 «... Neuguinea ...» Man sollte auch beachten, daß das Gefieder nicht nur zu potientiellen Geschlechtspartnern oder Rivalen spricht. Beehler und seine Kollegen haben vor kurzem herausgefunden, daß der Zweifarben-Pitohui *(Pitohui dichrous)* Neuguineas ein gefährliches Nervengift in seinen leuchtendorangen und schwarzen Federn hat, das ihn vermutlich vor Raubtieren schützt. Sein Federschmuck hat also zumindest teilweise eine warnende Funktion. Siehe: John P. Dumbacher, Bruce M. Beehler, Thomas F. Spande, H. Martin Garaffo, John W. Daly, «Homobatrachotoxin in the Genus *Pitohui*: Chemical Defense in Birds?» *Science* 258, 30. Oktober 1992, S. 799–801. Die Eingeborenen von Neuguinea wußten schon immer, daß die Pitohuis eine «bittere» Haut haben.
286 «Alpha, ein Schimpanse...» Paul H. Schiller, «Figural Preferences in the Drawings of a Chimpanzee», *Journal of Comparative and Physiological Psychology* 44, 1951, S. 101–111.
287 Desmond Morris, *Animal Days*, London: Jonathan Cape, 1979, S. 197–198. Siehe auch: Desmond Morris, *The Biology of Art: A Study of the Picture-making Behavior of the Great Apes and Its Relationship to Human Art*, London: Methuen, 1962.
288 «Die Schimpansin Moja ...» Kathleen Beach, Roger S. Fouts und Deborah H. Fouts, «Representational Art in Chimpanzees», *Friends of Washoe* 3, Sommer 1984, S. 2–4; Roger Fouts in einem Interview. Siehe auch: A. Gardner und B. Gardner, «Comparative Psychology and Language Acquisition», in: *Annals of the New York Academy of Sciences* 309, 1978, S. 37–76. Zit. nach: Gucwa und Ehmann.
290 Gucwa und Ehmann, *To Whom It May Concern*, S. 119–120.
292 «... Zoo von San Diego ...» Ebd., S. 93–97.
293 Douglas H. Chadwick, *The Fate of the Elephant*, S. 12–15.
293 Pryor, *Lads Before the Wind*, S. 234–253; Karen Pryor, Richard Haag und Joseph O'Reilly, «The Creative Porpoise: Training for Novel Behavior», *Journal of the Experimental Analysis of Behavior* 12, 1969, S. 653–661. Für den Zeitschriftenaufsatz wurde jeweils das Pronomen «sie» durch «es» ersetzt, wenn es um Hou ging.
295 «Beim japanischen Rotgesicht-Makaken ...» Toshisada Nishida, «Local Traditions and Cultural Transmission», in: Barbara B. Smuts, Dorothy L. Cheney, Robert M. Seyfarth, Richard W. Wrangham und Thomas T. Struhsaker (Hg.), *Primate Societies*, Chicago und London: University of Chicago Press, 1986, S. 462–474; Marvin Harris, *Our Kind*, New York: Harper & Row, 1989, S. 63.

295 Thomas, «Reflections: The Old Way».
296 «Bei einer Horde ...» Strum, *Almost Human*, S. 128–133. Diese Tradition des intensiven Jagens nach fleischlicher Nahrung verschwand später.
296 «Ein merkwürdiges Beispiel ...» de Waal, *Chimpanzee Politics*, S. 135.
296 «... University of Washington ...» Roger S. Fouts und Deborah H. Fouts, «Wie sich Schimpansen einer Zeichensprache bedienen», in: Paola Cavalieri und Peter Singer (Hg.), *Menschenrechte für die Großen Menschenaffen: Das Great Ape Projekt*, München: Goldmann, 1994, S. 49–69.
297 «... ‹interessante Raritäten› ...» Dawkins, *The Selfish Gene*, New York: Oxford University Press, 1976, S. 203–204.
297 «Kulturelle Traditionen ...» Richard Dawkins prägte den Begriff «Mem» (*Das egoistische Gen*, S. 309), um einzelne oder gebündelte Informationen zu bezeichnen, die von einem Individuum auf das andere übertragen werden, wie z. B. Melodien, Techniken, Moderichtungen und Phrasen. Es gehört zum derzeitigen Wissenschaftsstil, daß man einen großen Teil des menschlichen und tierischen Verhaltens auf genetische Ursachen zurückführt. Bevor wir nicht in der Lage sind, «Meme» von Genen zu unterscheiden, müssen solche Schlußfolgerungen oft unbewiesen bleiben.
297 Krutch, *The Best of Two Worlds*, S. 92–94.
298 Chadwick, *The Fate of the Elephant*, S. 63.

11 Religiöse Impulse, Gerechtigkeit und das Unsagbare

299 «Wir alle sind Lebewesen ...» Darwin hat sich selbst einmal notiert: «Benutze niemals die Worte *höher* und *niedriger*.» *More Letters of Charles Darwin*, hg. von F. Darwin und A. C. Seward, London: Murray, 1903, Bd. 1, S. 114, Fußnote.
300 Jolly, *Lemur Behavior*, S. 36.
300 «Einige Theoretiker beschreiben Ehrfurcht ...» Nathanson, *Shame and Pride*, S. 474.
301 Thomas, *Das geheime Leben der Hunde*, S. 19–20.
301 «Nim Chimpsky hatte gelernt ...» Terrace, *Nim*, S. 171.
302 de Waal, *Chimpanzee Politics*, S. 171–172.
302 «... Puist ...» Ebd., S. 207.
302 Thomas, *Das geheime Leben der Hunde*, S. 82–84.
303 «... Nasenbären oder Coatis ...» Gilbert, *Chulo*, S. 105–106.
304 Terrace, *Nim*, S. 185–186.
304 «... Zeichensprache unterrichtet ...» Die Schimpansen, die an

dem späteren Spracherwerbprojekt der Gardners teilnahmen, und die Gorillas, die von Patterson unterrichtet wurden, hatten Lehrer, welche die Zeichensprache fließend beherrschten. Dies gilt jedoch nicht für die Leiter der Projekte.

305 Terrace, *Nim*, Appendix B, «Recruiting Nim's Teachers», S. 392–395.
305 Roger Fouts in einem Interview mit Susan McCarthy, 10. Dezember 1993.
306 Donald R. Griffin: «The Cognitive Dimensions of Animal Communication», in: *Fortschritte der Zoologie*, 31, 1984, S. 471–482.
306 Savage-Rumbaugh, *Ape Language*, S. 337.
307 Jim Nollman, *Animal Dreaming: The Art and Science of Interspecies Communication*, S. 105. Vgl. den maßgebenden Artikel in *The Encyclopedia of Mammals*: «Der kontinuierliche Vortrag und die strukturierte Sequenz dieser Gesänge deuten darauf hin, daß diese viele Informationen enthalten. Ihre genaue Funktion ist aber nicht bekannt. Im Moment deuten die meisten Zeichen darauf hin, daß die primäre Funktion der Gesänge eine sexuelle ist.» Hg. von David Macdonald, New York: Facts on File Publication, 1984, S. 229.
308 Schaller, *Serengeti Lion*, S. 50.
309 Joyce Poole. Zit. nach: Chadwick, *Fate of the Elephant*, S. 75–76.
310 «‹Wie stellt sich die Welt› ...» Georg B. Schaller, *Der letzte Panda*, Reinbek: Rowohlt, 1995, S. 162, 163.
311 «Wie Nim die Zeichen gebrauchte ...» Terrace, *Nim*, S. 222–226.
312 «Julian Huxley schrieb ...» Zit. nach: Krutch, *The Best of Two Worlds*.
313 Josef Wood Krutch, *The Great Chain of Life*, Boston: Houghton Mifflin, 1950, S. 106.
314 Lynn Rogers in einem Interview mit Susan McCarthy, 15. Juli 1993 und 11. Mai 1994.
315 Thomas, «Reflections: The Old Way», S. 100.

Schluß: Die Welt mit fühlenden Kreaturen teilen

318 J.-J. Rousseau, *Abhandlung über den Ursprung und die Grundlagen der Ungleichheit unter den Menschen*.
319 Brigid Brophy: «In Pursuit of a Fantasy», in: *Animals, Men and Morals*, S. 125–145, hg. von S. und R. Godlovitch, New York: Taplinger Publications Co., 1972, S. 129.
319 Das Zitat stammt aus Darwins *Abstammung des Menschen*. Teil

1, Kapitel 3. Deutsch von J. Viktor Carus, Stuttgart 1872. Reprint Wiesbaden: Fourier, 1992, S. 77.
319 Zuerst publiziert in: *American Scholar*, Bd. 40, Nr. 3, Sommer 1971 unter dem Titel: «Antivivisection: The Reluctant Hydra», wiederaufgelegt unter dem Titel: «A Defense of Vivisection», in: *Animal Rights and Human Obligations*, hg. von Tom Regan und Peter Singer, New Jersey: Prentice-Hall, 1976, S. 163–169.
320 «Dabei war es schon in den dreißiger Jahren dem Nobelpreisträger ...» Zweifellos ist ihm das gelungen. Doch er wagte sich sogar an noch größere Aufgaben. Am Ende seines Buches *Der Mensch, das unbekannte Wesen* – erschienen 1935, in deutscher Übersetzung 1936 und seither in zahlreichen Auflagen, auch noch 20 Jahre nach dem Verschwinden des Nazireiches – schreibt der 1912 nobelpreisgekrönte französische Physiologe und Chirurg Alexis Carrel (1873–1944):
«Ungelöst bleibt das Problem der ungeheuer großen Zahl von Mißgeburten und Verbrechern. Sie sind eine enorme Last für denjenigen Teil der Bevölkerung, der normal geblieben ist. Gigantische Summen werden heute aufgebracht, um Gefängnisse und Irrenanstalten zu unterhalten und die Öffentlichkeit vor Banditen und Geisteskranken zu schützen. Warum aber halten wir diese unnützen und schädlichen Wesen am Leben? Die Abnormen verhindern die Entwicklung der Normalen. Warum sollte die Gesellschaft sich dieser Kriminellen und Debilen nicht auf sparsamere Weise entledigen? ... Vielleicht sollten Gefängnisse überhaupt abgeschafft werden. Man könnte sie durch kleinere und billigere Anstalten ersetzen. Die Züchtigung von Gelegenheitsverbrechern mit der Peitsche oder durch eine wissenschaftlich probate Methode mit anschließender kurzer Internierung in einer Klinik müßte genügen, um die öffentliche Ordnung aufrechtzuerhalten. Diejenigen, die einen Mord oder mit einer automatischen Pistole oder einem Maschinengewehr einen Raubüberfall oder eine Kindesentführung begangen, die die Armen um ihr Erspartes oder die Öffentlichkeit in wichtigen Fragen irregeleitet haben, sollten auf menschlich und ökonomisch einwandfreie Weise beseitigt werden in kleinen Euthanasieanstalten, die mit geeigneten Gasen ausgestattet sind. Eine ähnliche Behandlung könnte nützlicherweise bei Irren angewendet werden, die sich verbrecherischer Handlungen schuldig gemacht haben. Die moderne Gesellschaft darf nicht zögern, sich zugunsten des normalen Individuums zu organisieren. Philosophische Theorien und sentimentale Vorurteile müssen einer solchen Notwendigkeit Platz machen.» Hitlers Leibarzt Karl Brandt führte während seines Kriegsverbrecherprozesses in Nürnberg dieses Buch zu seiner Verteidigung an.

321 «Als die Tierpsychologin ...» S. Begley und J. Cooper Ramo, «Not Just a Pretty Face», in: *Newsweek* 1, 1993, S. 67.

321 «Vor kurzem stand in der Zeitung ...» «Steer Flees Slaughter and Is Last Seen Going Thataway», in: *New York Times*, 24. Mai 1990.

321 «Vielleicht hat man diesem einen Ochsen ...» Man hat gehört, wie eine deutsche Dame beim Verlassen einer Theateraufführung von *Das Tagebuch der Anne Frank* zu ihrer Begleitung sagte: «Wenigstens *die* hätte nicht ermordet werden dürfen!»

322 «Eher als Biologen scheinen heute einige Philosophen ...» Die neue Schule der kognitiven Verhaltensforschung, die von Donald R. Griffin begründet wurde, ist in dieser Hinsicht eine Ausnahme, und viele der Biologen und Tierverhaltensforscher, die auf diesem Gebiet arbeiten – ich nenne nur Gordon Burghardt, Dorothy Chenney, Robert Seyfarth, Carolyn Ristau, Marc Bekoff, Dale Jamieson, Alison Jolly – würden der Ansicht zustimmen, daß Tiere ein Gefühlsleben haben, wenn sie auch nicht alle die gleiche Meinung bezüglich der Komplexität dieses emotionalen Lebens teilen.

322 Diese Passage aus *Introductions to the Principles of Morals and Legislation* von Jeremy Bentham (Kapitel 18, Abschn. 1, Anm.) wird hier zitiert nach der 2. Auflage von Peter Singers Buch *Praktische Ethik*, Stuttgart: Philipp Reclam jun., 1994, S. 84.

324 «... Tranquilizer Largactil ...» P. N. Witt, «Die Wirkung einer einmaligen Gabe von Largactil auf den Netzbau der Spinne Zillax-notata», in: *Monatsschrift für Psychiatrie und Neurologie* 129, 1955, Nr. 1–3, S. 123–128.

324 Catherine Roberts: *The Scientific Conscience: Reflections on the Modern Biologist and Humanism*, S. 106–107.

324 «‹Die Einzelheiten› ...» Zit. nach: Dr. White, S. 166 in dem von Peter Singer und Tom Regan herausgegebenen Sammelband *Animal Rights and Human Obligations*, Englewood Cliffs, NJ: Prentice Hall, 1976.

325 Goodall: «Schimpansen – Die Überbrückung einer Kluft», in: *Menschenrechte für die Großen Menschenaffen: Das Great Ape Projekt*, hg. von Paola Cavalieri und Peter Singer, München: Goldmann, 1994, S. 19–32 (die zitierte Stelle auf S. 28).

325 Chadwick, *The Fate of the Elephant*. Zit. nach: E. M. Thomas, «The Battle for the Elephants», *New York Review of Books*, 24. März 1994, S. 5.

325 «‹Wie der Mungo Devasharman ...›» Somadeva, *Kathasaritsagara*, hg. von Durgaprasad Parab, Bombay: Nirnaya Sagara Press, 1903, Kap. 64, Ab. 4–12. Siehe auch: *The Ocean of Story*, übersetzt von C. H. Tawney, in 12 Bänden, hg. von N. M. Penzer, London: Chas. J. Sawyer, Bd. 5, 1926, 138 ff. Der Herausgeber

sagt auf Seite 34 der Einleitung: «Es ist wahr, daß Indien die Heimat des Geschichtenerzählens ist. Von hier lernten auch die Perser diese Kunst und gaben sie weiter an die Araber. Vom Nahen Osten fanden die Märchen ihren Weg nach Konstantinopel und Venedig und tauchen schließlich bei Boccaccio, Chaucer und La Fontaine wieder auf.» Die Geschichte ist alt, vermutlich in die Zeit vor Christus zu datieren, und stammt aus der in Sanskrit verfaßten *Pancatantra*. (In der Version der *Pancatantra* wird der Mungo etwas detaillierter beschrieben: «Er hinterließ einen Mungo, den er wie einen Sohn aufgezogen und in dem Zimmer seines Hauses gehalten hatte, wo das heilige Feuer gehütet wurde. Er hatte ihn mit Getreidekörnern und ähnlichem gefüttert...» (Franklin Edgerton, *The Pancatantra Reconstructed*, Bd. 2, Introduction and Translation, New Haven: American Oriental Society, 1924, S. 403.)

326 «Über den Wahrheitsgehalt...» Siehe: M. B. Emeneau, «A Classical Indian Folk-Tale as a Reported Modern Event: The Brahman and the Mongoose», in: *Proceedings of the American Philosophical Society*, Bd. 83, Nr. 3, September 1940, S. 503–513. Hier ist es ein zeitgenössischer Bericht, der die klassische Geschichte widerspiegelt. Emeneau schließt mit der Versicherung, daß der zeitgenössische Bericht «auf einem tatsächlichen Vorfall beruht». Am 17. August 1994 sprach ich mit dem über 90 Jahre alten Professor Emeneau. Er erzählte mir, daß sein Mitarbeiter, der Anthropologe David Mandelbaum, die Frau interviewt hatte, die den Mungo besaß. Emeneau arbeitete in den Jahren 1935–38 mit diesen Bergvölkern, den Kotas in Südindien. Er erwähnte, daß die Geschichtenerzähler so viele Materialien aus der Tiefebene (die Kotas leben auf einer über 3000 Meter hohen Hochebene), darunter literarische Motive, in ihre Erzählungen aufnehmen, daß es unmöglich ist, mit Sicherheit zu sagen, ob ein Ereignis tatsächlich stattgefunden hat oder nicht. Über die Jahre hat er mehrfach seine Meinung geändert und kann nun nicht mehr genau sagen, ob es sich um einen tatsächlichen Vorfall handelt. Die Frau jedoch behauptete fest, der Augenzeuge bzw. in Wirklichkeit die Protagonistin des Geschehens gewesen zu sein – in der aktuellen Fassung ist sie es, die den Mungo tötet. Legende oder Tatsache, die Geschichte stößt beim heutigen Leser auf Resonanz.

327 Aulus Gellius (um 130 – nach 170): *Noctes Atticae*. Deutsch von F. Weiss, Leipzig 1875, 1876. Es existieren nur Fragmente von Apions *Wunder Ägyptens*. Mehr über Apion findet sich in: Pauly, *Realencyclopädie der klassischen Altertumswissenschaft* (1894), Apion 3 bes. auf S. 2805. Hier wird die Tatsache, daß er sich selber

Augenzeuge des Vorfalles nennt, *gegen* seine Glaubwürdigkeit ins Feld geführt.

328 «‹Da ist der Löwe ...›» Es gibt sehr viel Literatur zu diesem Thema. Siehe: August Marx, *Griechische Märchen von dankbaren Tieren und Verwandtes*, Stuttgart: Kohlhammer, 1889. Auf Seite 58 weist er darauf hin, daß der berühmte Brehm (Tierleben I, S. 369, 378) uns darüber im unklaren läßt, ob er die Geschichte mit Androklus für möglich hält oder nicht. Der heilige Hieronymus hat ebenfalls einen Dorn aus der Tatze eines Löwen gezogen (Quellen auf S. 61). Siehe auch das hervorragende Buch von Otto Keller, *Thiere des classischen Alterthums in culturgeschichtlicher Beziehung*, Innsbruck: Verlag der Wagner'schen Universitätsbuchhandlung, 1887. Keller bietet besonders viel Material über Delphine.

328 «Ist dies eine Erfindung ...» Siehe Adrian House, *The Great Safari: The Lives of George and Joy Adamson, Famous for Born Free*, New York: William Morrow & Co., 1993. In ihrem Buch *Die Löwin Elsa* berichtet Joy Adamson: «Die meisten Löwen fressen Menschen, weil sie in irgendeiner Form gehandikapt sind: Entweder sie wurden durch einen Pfeil oder durch eine Falle verwundet, oder ihre Zähne sind in schlechtem Zustand, oder sie haben Stacheln vom Stachelschwein in ihren Pfoten.»

328 «An Interview with John Lilly», in: *New Frontier*, September 1987, S. 10.

BIBLIOGRAPHIE

Adams, Jack: *Wild Elephants in Captivity*. Dominguez Hills, CA: Center for the Study of Elephants, 1981.
Alcock, John: *Animal Behavior: An Evolutionary Approach*, 4. Aufl. Sunderland, MA: Sinauer Associates, 1989.
Alpers, Antony: *Dolphins: The Myth and the Mammal*. Boston: Houghton Mifflin Co., 1960.
Anand, K. J. S., und McGrath, P. J., Hg.: *Pain in Neonates*. Amsterdam: Elsevier, 1993.
Anderson, Malte: «Female Choice Selects for Extreme Tail Length in a Widowbird». *Nature* 299 (1982): 818–820.
Angier, Natalie: «Dolphin Courtship: Brutal, Cunning and Complex». *New York Times*, 18. Februar 1992.
Archibald, George: «Gee Whiz! ICF Hatches a Whooper». *The ICF Bugle* (Juli 1982): 1.
Arzt, Volker, und Birmelin, Immanuel: *Haben Tiere ein Bewußtsein?: Wenn Affen lügen, wenn Katzen denken und Elefanten traurig sind*. München: C. Bertelsmann, 1993.
Athan, Mattie Sue: *Guide to a Well-Behaved Parrot*. Hauppauge, NY: Barron's Educational Series, 1993.
Bachmann, Christian, und Kummer, Hans: «Male Assessment of Female Choice in Hamadryas Baboons». *Behavioral Ecology and Sociobiology* 6 (1980): 315–321.
Bailey, Robert O.; Seymour, Norman R.; Stewart, Gary R.: «Rape Behavior in Blue-winged Teal». *Auk* 95 (1978): 188–190.
Baptista, Luis: «A Letter from the Field». *Pacific Discovery* 16 (4): 44–47.
Barash, David P.: «Sociobiology of Rape in Mallards *(Anas platyrhynchos)*: Responses of the Mated Male». *Science* 197 (19. August 1977): 788–789.
Barber, Theodore Xenophon: *The Human Nature of Birds: A Scientific Discovery with Startling Implications*. New York: St. Martin's Press, 1993.
Barinaga, Marcia: «How Scary Things Get That Way». *Science* 258 (6. November 1992): 887–888.
Beach, Kathleen; Fouts, Roger S.; Fouts, Deborah H.: «Representational Art in Chimpanzees». *Friends of Washoe* 3 (Sommer 1984): 2–4.
Beehler, Bruce M.: *A Naturalist in New Guinea*. Austin, TX: University of Texas Press, 1991.

Begley, Sharon, und Ramo, Joshua Cooper: «Not Just a Pretty Face». *Newsweek* (1. November 1993): 67.

Benyus, Janine M.: *Beastly Behaviors: A Zoo Lover's Companion: What Makes Whales Whistle, Cranes Dance, Pandas Turn Somersaults, and Crocodiles Roar: a Watcher's Guide to How Animals Act and Why*. Reading, MA: Addison-Wesley Publishing Co., 1992.

Berggren, Sigvard: *Berggren's Beasts*. Übers. von Ian Rodger. New York: Paul S. Eriksson, 1970.

Bernstein, Irwin S.: «Dominance: The Baby and the Bathwater». *Behavioral and Brain Sciences* 4 (1981): 419–429.

Bledsoe, Thomas: *Brown Bear Summer: My Life Among Alaska's Grizzlies*. New York: Dutton, 1987.

Boas, George: «The Happy Beast». In: *French Thought of the Seventeenth Century: Contributions to the History of Primitivism*. Baltimore: The Johns Hopkins Press, 1933.

Boswall, Jeffery: «Russia Is for the Birds». *Discover* (März 1987): 78–83.

Broun, Heywood Hale: «Ever Indomitable, Secretariat Thunders Across the Ages». *New York Times*, 30. Mai 1993.

Bruemmer, Fred: «White Whales on Holiday». *Natural History* (Januar 1986): 41–49.

Bullard, Edward: «The Emergence of Plate Tectonics: A Personal View». *Annual Review of Earth and Planetary Science* 3 (1975): 1–30.

Burghardt, Gordon M.: «Animal Awareness: Current Perceptions and Historical Perspective». *American Psychologist* 40 (August 1985): 905–919.

Buyukmihci, Hope Sawyer: *The Hour of the Beaver*. Chicago: Rand McNally & Co., 1971.

Callwood, June: *Emotions: What They Are and How They Affect Us, from the Basic Hates and Fears of Childhood to More Sophisticated Feelings That Later Govern Our Adult Lives: How We Can Deal with the Way We Feel*. Garden City: Doubleday, 1986.

Campbell, Robert Jean: *Psychiatric Dictionary*, 5. Aufl. New York und Oxford: Oxford University Press, 1981.

Candland, Douglas Keith: *Feral Children and Clever Animals: Reflections on Human Nature*. Oxford: Oxford University Press, 1993.

Carlquist, Sherwin: *Island Life: A Natural History of the Islands of the World*. Garden City, NY: Natural History Press, 1965.

Carrington, Richard: *Elephants: A Short Account of Their Natural History, Evolution and Influence on Mankind*. London: Chatto and Windus, 1958.

Carson, Gerald: *Men, Beasts, and Gods: A History of Cruelty and Kindness to Animals*. New York: Charles Scribner's Sons, 1972.

Cartmill, Matt: *A View to a Death in the Morning: Hunting and Nature Through History*. Cambridge, MA: Harvard University Press, 1993. Deutsch u. d. T. *Das Bambi-Syndrom. Jagdleidenschaft und Misanthropie in der Kulturgeschichte*. Reinbek: Rowohlt-TB (re 566), 1915.

Cavalieri, Paola, und Singer, Peter, Hg.: *The Great Ape Project: Equality Beyond Humanity*. London: Fourth Estate, 1993. Deutsch u. d. T. *Menschenrechte für die Großen Menschenaffen. Das Great Ape Projekt*. München: Goldmann, 1994.

Chadwick, Douglas H.: *A Beast the Color of Winter. The Mountain Goat Observed*. San Francisco: Sierra Club Books, 1983.

Chadwick, Douglas, H.: *The Fate of the Elephant*. San Francisco: Sierra Club Books, 1992.

Chalmers, N. R.: «Dominance as Part of a Relationship». *Behavioral and Brain Sciences* 4 (1981): 437–438.

Clark, Bill: *High Hills and Wild Goats*. Boston: Little, Brown and Co., 1990.

Cochrane, Robert: «Working Elephants at Rangoon», «Some Parrots I Have Known». In: *The Animal Story Book*, Band IX in The Young Folks Library. Boston: Hall & Locke Co., 1901.

Colmenares, F., und Rivero, H.: «Male-Male Tolerance, Mate Sharing and Social Bonds Among Adult Male Brown Bears Living under Group Conditions in Captivity». *Acta Zoologica Fennica* 174 (1983): 149–151.

Connor, Richard C., und Norris, Kenneth S.: «Are Dolphins Reciprocal Altruists?» *The American Naturalist* 119, Nr. 3 (März 1982): 358–374.

Conover, Adele: «He's Just One of the Bears». *National Wildlife* (Juni/Juli 1992): 30–36.

Crisler, Lois: *Captive Wild*. New York: Harper & Row, 1968.

Crumley, Jim: *Waters of the Wild Swan*. London: Jonathan Cape, 1992.

Dagg, Anne Innis, und Foster, J. Bristol: *The Giraffe: Its Biology, Behavior, and Ecology*. New York: Van Nostrand Reinhold Co., 1976.

Dagognet, François: *Traité des animaux*. Paris: Librairie Philosophique J. Vrin, 1987.

Darling, F. Fraser: *A Herd of Red Deer: A Study in Animal Behavior*. London: Oxford University Press, 1937.

Darwin, Charles: *The Descent of Man; and Selection in Relation to Sex*. 1871; Reprint, Vorwort von Ashley Montagu, Norwalk, CT: Heritage Press, 1972. Deutsch von J. Victor Carus u. d. T. Die Abstammung des Menschen und die geschlechtliche Zuchtwahl. 3. Aufl. Stuttgart: 1875 (Gesammelte Werke, Band 5 und 6).

Darwin, Charles: *The Expression of the Emotions in Man and Ani-*

mals. 1872; Reprint, Chicago und London: University of Chicago Press, 1965. Deutsch von J. Victor Carus u. d. T. *Der Ausdruck der Gemüthsbewegungen bei dem Menschen und den Thieren.* 1872; Reprint, Nördlingen: Greno, 1986.

Darwin, Charles: *The Correspondence of Charles Darwin. Volume 2; 1837–1843.* Cambridge, England: Cambridge University Press, 1986.

Dawkins, Richard: *The Selfish Gene.* New York: Oxford University Press, 1976. Deutsch von Karin de Sousa Ferreira u. d. T. *Das egoistische Gen.* Berlin, Heidelberg, New York: Springer-Verlag, 1978. Ergänzte und überarbeitete Neuaufl. Heidelberg, Berlin, Oxford: Spektrum Akademischer Verlag, 1994.

De Rivera, Joseph: *A Structural Theory of the Emotions.* New York: International Universities Press, 1977.

De Waal, Frans, siehe: Waal, Frans de.

Dews, Peter B.: «Some Observations on an Operant in the Octopus». *Journal of the Experimental Analysis of Behavior* 2 (1959): 57–63. 1959. *Readings in Animal Behavior,* hg. von Thomas E. McGill. New York: Holt, Rinehart and Winston, 1965.

Dickson, Paul, und Gould, Joseph C.: *Myth-Informed: Legends, Credos, and Wrongheaded «Facts» We All Believe.* Perigee/Putnam, 1993.

Dumbacher, John P.; Beehler, Bruce M.; Spande, Thomas F.; Garaffo, H. Martin; Daly, John W.: «Homobatrachotoxin in the Genus *Pitohui:* Chemical Defense in Birds?» *Science* 258 (30. Oktober 1992): 799–801.

Durrell, Gerald: *Menagerie Manor.* New York: Avon, 1964.

Durrell, Gerald: *My Family and Other Animals.* New York: Viking Press, 1957.

Emde, R. N., und Koenig, K. L.: «Neonatal Smiling and Rapid Eye-movement States». *Journal of the American Academy of Child Psychiatry* 8 (1969): 57–67.

Emeneau, Murray B.: «A Classical Indian Folk-Tale as a Reported Modern Event: The Brahman and the Mongoose». *Proceedings of the American Philosophical Society* 83, Nr. 3 (Sept. 1940), 503 ff.

Emlen, S. T., und Wrege, P. H.: «Forced Copulations and Intraspecific Parasitism: Two Costs of Social Living in the White-fronted Bee-eater». *Ethology* 71 (1986): 2–29.

Fadiman, Anne: «Musk Ox Ruminations». *Life* (Mai 1986): 95–110.

Fagen, Robert: *Animal Play Behavior.* New York und Oxford: Oxford University Press, 1981.

Fisher, John Andrew: «Disambiguating Anthropomorphism: An Interdisciplinary Review». In: *Perspectives in Ethology* 9 (1991).

Fossey, Dian: *Gorillas in the Mist.* Boston: Houghton Mifflin Co.,

1983. Deutsch u. d. T. *Gorillas im Nebel. Mein Leben mit den sanften Riesen*. München: Kindler, 1989.

Fouts, Roger S.; Fouts, Deborah H.; Van Cantfort, Thomas E.: «The Infant Loulis Learns Signs from Cross-Fostered Chimpanzees». In: *Teaching Sign Language to Chimpanzees*, hg. von R. Allen Gardner, Beatrix T. Gardner, und Thomas E. Van Cantfort. Albany: State University of New York Press, 1989.

Fowles, John, mit Horvat, Frank: *The Tree*. Boston: Little, Brown & Co., 1979.

Fox, Michael W.: *The Whistling Hunters: Field Studies of the Asiatic Wild Dog (Cuon alpinus)*. Albany: State University of New York Press, 1984.

Frank, Robert: *Passions Within Reason: The Strategic Role of the Emotions*. New York: Norton, 1988. Deutsch von Ruth Zimmerling u. d. T. *Die Strategie der Emotionen. Passions Within Reason*, München: Oldenbourg, 1992.

French, Thomas M.: *The Integration of Behavior, Volume 1: Basic Postulates*. Chicago: University of Chicago Press, 1952.

Frey, William H., II, mit Langseth, Muriel: *Crying: The Mystery of Tears*. Minneapolis: Harper & Row/Winston Press, 1985.

Gallup, Gordon: «Self-recognition in Primates: A Comparative Approach to the Bidirectional Properties of Consciousness». *American Psychologist* 32 (1977): 329–338.

Gallup, Gordon G., und Suarez, Susan D.: «Overcoming Our Resistance to Animal Research: Man in Comparative Perspective». In: *Comparing Behavior: Studying Man Studying Animals*, hg. von D. W. Rajecki. Hillsdale, NJ: Lawrence Erlbaum Associates, 1983.

Gardner, R. Allen, und Gardner, Beatrix T.: «Comparative Psychology and Language Acquisition». *Annals of the New York Academy of Sciences* 309 (1978): 37–76.

Gardner, R. Allen, und Gardner, Beatrix T.: «A Cross-Fostering Laboratory». In: *Teaching Sign Language to Chimpanzees*. Siehe Fouts, 1989.

Gardner, Beatrix T.; Gardner, R. Allen; Nichols, Susan G.: «The Shapes and Uses of Signs in a Cross-Fostering Laboratory». In: *Teaching Sign Language to Chimpanzees*. Siehe Fouts, 1989.

Gauntlett, Ian S.; Koh, T. H. H. G.; Silverman, William A.: «Analgesia and Anaesthesia in Newborn Babies and Infants». (Letters) *Lancet*, 9. Mai 1987.

Gebel-Williams, Gunther, mit Reinhold, Toni: *Untamed: The Autobiography of the Circus's Greatest Animal Trainer*. New York: William Morrow & Co., 1991.

Gilbert, Bil: *Chulo*. New York: Alfred A. Knopf, 1973.

Godlovitch, Stanley, und Godlovitch, Rosalind, Hg.: *Animals, Men and Morals*. New York: Taplinger Publishing Co., 1972.
Goodall, Jane. *The Chimpanzees of Gombe; Patterns of Behavior*. Cambridge, MA und London: Harvard University Press, 1986.
Goodall, Jane: *In the Shadow of Man*, revised edition. Boston: Houghton Mifflin Co., 1988. Deutsch von Mark W. Rien u. d. T. *Wilde Schimpansen. 10 Jahre Verhaltensforschung am Gombe-Strom*. Reinbek: Rowohlt, 1971.
Goodall, Jane: *Through a Window: My Thirty Years with the Chimpanzees of Gombe*. Boston: Houghton Mifflin Co., 1990. Deutsch von Ilse Strasmann u. d. T. *Ein Herz für Schimpansen. Meine 30 Jahre am Gombe-Strom*. Reinbek: Rowohlt, 1991.
Goodall, Jane: *With Love*. Ridgefield, CT: Jane Goodall Institute, 1994.
Gormley, Gerard: *Orcas of the Gulf; a Natural History*. San Francisco: Sierra Club Books, 1990.
Gould, Stephen Jay: *The Mismeasure of Man*. New York: W. W. Norton & Co., 1981. Deutsch u. d. T. *Der falsch vermessene Mensch*. Frankfurt a. M.: Suhrkamp (stw 583), 1988.
Grahl, Wolfgang de: *Der Graupapagei. Pflege, Zucht und Zähmung. Eine Chronik aus 100 Jahren*. Stuttgart. Ulmer, 8. Aufl. 1991.
Griffin, Donald: *The Question of Animal Awareness: Evolutionary Continuity of Mental Experience*. New York: Rockefeller University Press, 1976. (2nd ed., 1981).
Griffin, Donald: «Prospects for a Cognitive Ethology.» *Behavioral and Brain Sciences* 1 (1978): 527–538.
Griffin, Donald: *Animal Thinking*. Cambridge, MA: Harvard University Press, 1984. Deutsch u. d. T. *Wie Tiere denken. Ein Vorstoß ins Bewußtsein der Tiere*. München: dtv, 1990.
Griffin, Donald: «Animal Consciousness». *Neuroscience & Biobehavioral Reviews* 9 (1985): 615–622.
Griffin, Donald: «The Cognitive Dimensions of Animal Communication». *Fortschritte der Zoologie* 31 (1985): 471–482.
Griffin, Donald: *Animal Minds*. Chicago und London: University of Chicago Press, 1992.
Griffin, Donald, Hg.: *Animal Mind – Human Mind: Report of the Dahlem Workshop on Animal Mind – Human Mind, Berlin, 1981, March 22–27*. Berlin und New York: Springer-Verlag, 1982.
Grzimek, Bernhard, Hg.: *Grzimeks Tierleben in 13 Bänden*. Unveränd. Nachdruck der Ausg. von 1979/1980. München: dtv, 1993.
Gucwa, David, und Ehmann, James: *To Whom It May Concern: An Investigation of the Art of Elephants*. New York: W. W. Norton & Co., 1985.
Gwinner, Eberhard, und Kneutgen, Johannes: «Über die biologische

Bedeutung der ‹zweckdienlichen› Anwendung erlernter Laute bei Vögeln.» *Zeitschrift für Tierpsychologie* 19 (1962): 692–696.

Hall, Nancy: «The Painful Truth». *Parenting* (Juni/Juli 1992): 71–75.

Hargrove, Eugene C., Hg.: *The Animal Rights/Environmental Ethics Debate*. Albany: State University of New York Press, 1992.

Harlow, Harry: «The Nature of Love». *American Psychologist* 13 (1958): 673–685.

Harlow, Harry: «Love in Infant Monkeys». *Scientific American* 200, Nr. 6 (1959): 68–74.

Harlow, Harry, und Suomi, Stephen J.: «Depressive Behavior in Young Monkeys Subjected to Vertical Chamber Confinement». *Journal of Comparative and Physiological Psychology* 80 (1972): 11–18.

Harre, R., und Reynolds, V., Hg.: *The Meaning of Primate Signals*. Cambridge, England: Cambridge University Press, 1984.

Harris, Marvin: *Our Kind*. New York: Harper & Row, 1989.

Hastings, Hester: *Man and Beast in French Thought of the Eighteenth Century*, Band 27. Baltimore: The Johns Hopkins Press, 1936.

Hearne, Vicki: *Adam's Task: Calling Animals by Name*. New York: Alfred A. Knopf, 1986.

Hearne, Vicki: *Animal Happiness*. New York: HarperCollins, 1994.

Helfer, Ralph: *The Beauty of the Beasts: Tales of Hollywood's Animal Stars*. Los Angeles: Jeremy P. Tarcher, 1990.

Henderson, J.Y., mit Taplinger, Richard: *Circus Doctor*. Boston: Little, Brown & Co., 1951.

Hill, Craven: «Playtime at the Zoo». *Zoo-Life* 1: 24–26.

Hinde, Robert A.: *Animal Behavior*. New York: McGraw-Hill, 1966.

Hinsie, Leland E., und Campbell, Robert J.: *Psychiatric Dictionary*, 4. Aufl. New York: Oxford University Press, 1970.

Högstedt, Göran. «Adaptation unto Death: Function of Fear Screams». *The American Naturalist* 121 (1983): 562–570.

Holt, Patricia: «Puppy Love Isn't Just for People: Author Says Dogs, Like Humans, Can Bond». *San Francisco Chronicle*, 9. Dezember 1993.

Honoré, Erika K., und Klopfer, Peter H.: *A Concise Survey of Animal Behavior*. San Diego, CA: Academic Press/Harcourt Brace Jovanovich, 1990.

Horgan, John: «See Spot See Blue: Curb That Dogma! Canines Are Not Colorblind». *Scientific American* 262 (Januar 1990): 20.

Hornocker, Maurice G.: «Winter Territoriality in Mountain Lions». *Journal of Wildlife Management* 33 (Juli 1969): 457–464.

Hornstein, Harvey A.: *Cruelty and Kindness: A New Look at Oppression and Altruism*. Englewood Cliffs, NJ: Prentice-Hall, 1976.

Houle, Marcy Cottrell: *Wings for My Flight: The Peregrine Falcons of Chimney Rock*. Reading, MA: Addison-Wesley Publishing Co., 1991.
Humphrey, N. K.: «‹Interest› and ‹Pleasure›: Two Determinants of a Monkey's Visual Preferences.» *Perception* 1 (1972): 395–416.
Humphrey, N. K.: «The Social Function of Intellect». In: *Growing Points in Ethology*, hg. von P. P. G. Bateson und R. A. Hinde. Cambridge, England: Cambridge University Press, 1976: 303–317.
Humphrey, N. K.: «Nature's Psychologists». In: *Consciousness and the Physical World*, hg. von B. D. Josephson und V. S. Ramachandran. Oxford: Pergamon Press, 1980: 57–80.
Hutchins, Michael, und Sullivan, Kathy: «Dolphin Delight». *Animal Kingdom* (Juli/August 1989).
Huxley, Thomas H.: *Method and Results: Essays*. 1893; Reprint, London: Macmillan, 1901.
Izard, Carroll E.: *Human Emotions*. New York und London: Plenum Press, 1977.
Izard, Carroll E., und Buechler, S. «Aspects of Consciousness and Personality in Terms of Differential Emotions Theory». In: *Emotion: Theory, Research, and Experience, Vol. I: Theories of Emotion*, hg. von Robert Plutchik und Henry Kellerman. New York: Academic Press, 1980: 165–187.
Johnson, Dirk: «Now the Marlboro Man Loses His Spurs». *New York Times* (11. Oktober 1993): A 1, A 8.
Jolly, Alison: *Lemur Behavior: A Madagascar Field Study*. Chicago: University of Chicago Press, 1966.
Jordan, William: *Divorce Among the Gulls: An Uncommon Look at Human Nature*. San Francisco: North Point Press, 1991.
Josephson, B. D., und Ramachandran, V. S., Hg.: *Consciousness and the Physical World*. Oxford: Pergamon Press, 1980.
Karen, Robert: «Shame». *Atlantic Monthly* 269 (Februar 1992): 40–70.
Kavanau, J. Lee: «Behavior of Captive White-footed Mice». *Science* 155 (31. März 1967): 1623–1639.
Kellert, Stephen R., und Berry, Joyce K.: *Phase III. Knowledge, Affection and Basic Attitudes Toward Animals in American Society*. U. S. Fish and Wildlife Service, 1980.
Kennedy, John S.: *The New Anthropomorphism*. Cambridge, England: Cambridge University Press, 1992.
Kevles, Bettyann: *Females of the Species: Sex and Survival in the Animal Kingdom*. Cambridge, MA: Harvard University Press, 1986.
Kitcher, Philip: *Vaulting Ambition: Sociobiology and the Quest for Human Nature*. Cambridge, MA: MIT Press, 1985.
Kleiman, Devra G., und Malcolm, James R.: «The Evolution of Male

Parental Investment in Mammals». In: *Parental Care in Mammals*, hg. von David J. Gubernick und Peter H. Klopfer. New York: Plenum Press, 1981.

Kohn, Alfie: *The Brighter Side of Human Nature: Altruism and Empathy in Everyday Life*. New York: Basic Books, 1990.

Konner, Melvin: *The Tangled Wing: Biological Constraints on the Human Spirit*. New York: Holt, Rinehart, and Winston, 1982.

Kortlandt, Adriaan: «Chimpanzees in the Wild». *Scientific American* 206 (Mai 1962): 128–138.

Krutch, Joseph Wood: *The Best of Two Worlds*. New York: William Sloane Associates, 1950.

Krutch, Joseph Wood: *The Great Chain of Life*. Boston: Houghton Mifflin, 1956.

Kruuk, Hans: *The Spotted Hyena: A Study of Predation and Social Behavior*. Chicago: University of Chicago Press, 1972.

Kummer, Hans: *Social Organization of Hamadryas Baboons; A Field Study*. Chicago und London: University of Chicago Press, 1968.

Laidler, Keith: *The Talking Ape*. New York: Stein & Day, 1980.

Lavrov, L. S.: «Evolutionary Development of the Genus *Castor* and Taxonomy of the Contemporary Beavers of Eurasia». *Acta Zoologica Fennica* 174 (1983): 87–90.

Lawrence, Elizabeth Atwood: *Rodeo: An Anthropologist Looks at the Wild and the Tame*. Knoxville, TX: University of Texas Press, 1982.

Lazell, James D., Jr., und Spitzer, Numi C.: «Apparent Play Behavior in an American Alligator». *Copeia* (1977): 188.

Leighton, Donna Robbins: «Gibbons: Territoriality and Monogamy». In: *Primate Societies*, hg. von Barbara B. Smuts, Dorothy L. Cheney, Robert M. Seyfarth, Richard W. Wrangham und Thomas T. Struhsaker. Chicago und London: University of Chicago Press, 1986.

Lewis, George, mit Fish, Byron: *Elephant Tramp*. Boston: Little, Brown and Co., 1955.

Lewis, Michael: *Shame: The Exposed Self*. New York: The Free Press/Macmillan, 1992.

Leyhausen, Paul: *Katzen. Eine Verhaltenskunde*. 5. Aufl. Berlin und Hamburg: Paul Parey, 1979.

Linden, Eugene: *Silent Partners: The Legacy of the Ape Language Experiments*. New York: Times Books, 1986.

Lopez, Barry Holstun: *Of Wolves and Men*. New York: Charles Scribner's Sons, 1987.

Lorenz, Konrad: Das Jahr der Graugans. München: Piper, 1979.

Lutts, Ralph H.: *The Nature Fakers; Wildlife, Science and Sentiment*, Golden, CO: Fulcrum, 1990.
Macdonald, David: *Running with the Fox*. London und Sydney: Unwin Hyman, 1987. Deutsch u. d. T. *Unter Füchsen. Eine Verhaltensstudie*. München: Knesebeck, 1993.
Mader, Troy R.: «Wolves and Hunting»: *Abundant Wildlife*, Special Wolf Issue (1992): 3.
Magel, Charles R.: *Bibliography of Animal Rights and Related Matters*, University Press of America, 1981.
Magoun, A. J., und Valkenburg, P.: «Breeding Behavior of Free-ranging Wolverines *(Gulo)*». *Acta Zoologica Fennica* 174 (1983): 149–151.
Mahaffy, J. P.: *Descartes*. Edinburgh: Blackwood, 1901.
Mansergh, Ian, und Broome, Linda: *The Mountain Pygmy-possum of the Australian Alps*. Kensington, NSW, Australia: New South Wales University Press, 1994.
Martin, Esmond, und Martin, Chrysse Bradley: *Run Rhino Run*. London: Chatto and Windus, 1982.
Masserman, Jules H. et al.: «‹Altruistic› Behavior in Rhesus Monkeys». *American Journal of Psychiatry* 121 (1964): 584–585.
Mayes, Andrew: «The Physiology of Fear and Anxiety». In: *Fear in Animals and Man*, hg. von W. Sluckin, 24–55. New York und London: Van Nostrand Reinhold Co., 1979.
McFarland, David, Hg.: *The Oxford Companion to Animal Behavior*. Oxford und New York: Oxford University Press, 1987.
McNulty, Faith: *The Whooping Crane: The Bird That Defies Extinction*. New York: E. P. Dutton & Co., 1966.
«Medicine and the Media». Editorial. *British Medical Journal* 295 (12. September 1987), 659–660.
Midgley, Mary: «The Concept of Beastliness: Philosophy, Ethics and Animal Behavior». *Philosophy* 48 (1973): 111–135.
Midgley, Mary: *Beast and Man: The Roots of Human Nature*. Ithaca, NY: Cornell University Press, 1978.
Midgley, Mary: *Animals and Why They Matter*. Athens, GA: University of Georgia Press, 1983.
Midgley, Mary: «The Mixed Community». In: *The Animal Rights/Environmental Ethics Debate*, hg. von Eugene C. Hargrove. Albany: State University of New York, 1992.
Mitchell, Robert W., und Thompson, Nicholas S.: *Deception: Perspectives on Human and Nonhuman Deceit*. Albany: State University of New York Press, 1986.
Moggridge, J. Traherne: *Harvesting Ants and Trap-Door Spiders: Notes and Observations on Their Habits and Dwellings*. London: L. Reeve & Co., 1873.

Monastersky, Richard: «Boom in ‹Cute› Baby Dinosaur Discoveries». *Science News* 134 (22. Oktober 1988): 261.

Montaigne, Michel de: *Essais*. Deutsch von Johann Daniel Tietz. 3 Bände. Zürich: Diogenes, 1992.

Montgomery, Sy: *Walking with the Great Apes*. Boston: Houghton Mifflin, 1991.

Moore, J. Howard: *The Universal Kinship*. 1906; Reprint, Sussex, England: Centaur Press, 1992.

Morey, Geoffrey: *The Lincoln Kangaroos*. Philadelphia: Chilton Books, 1963.

Morris, Desmond: *The Biology of Art: A Study of the Picture-Making Behavior of the Great Apes and Its Relationship to Human Art*. New York: Alfred A. Knopf, 1962. Deutsch u. d. T. *Biologie der Kunst. Ein Beitrag zur Untersuchung bildnerischer Verhaltensweisen bei Menschenaffen*. Düsseldorf: Rauch, 1963.

Morris, Desmond: *Animal Days*. London: Jonathan Cape, 1979; New York: Perigord Press/William Morrow and Co., 1980. Deutsch u. d. T. *Mein Leben mit Tieren*. München und Zürich: Piper, 1981.

Morton, Eugene S., und Page, Jake: *Animal Talk: Science and the Voices of Nature*. New York: Random House, 1992.

Moss, Cynthia: *Portraits in the Wild: Behavior Studies of East African Mammals*. Boston: Houghton Mifflin Company, 1975.

Moss, Cynthia: *Elephant Memories: Thirteen Years in the Life of an Elephant Family*. New York: William Morrow and Co., 1988. Deutsch u. d. T. *Die Elefanten vom Kilimandscharo. 13 Jahre im Leben einer Elefantenfamilie*. München: Goldmann, 1992.

Nathanson, Donald: *Shame and Pride: Affect, Sex, and the Birth of the Self*. New York: W. W. Norton & Company, 1992.

Nishida, Toshisada: «Local Traditions and Cultural Transmission». In: *Primate Societies*. Siehe Leighton, 1986.

Nollman, Jim: *Animal Dreaming: The Art and Science of Interspecies Communication*. Toronto und New York: Bantam Books, 1987. Deutsch von Anita Ehler u. d. T. *Die Botschaft der Delphine. Tiere lehren uns die Natur verstehen*. Neuaufl., München: Nymphenburger, 1992.

Norris, Kenneth S.: *Dolphin Days: The Life and Times of the Spinner Dolphin*. New York und London: W. W. Norton & Co., 1991.

Ogden, Paul: *Chelsea: The Story of a Signal Dog*. Boston: Little, Brown and Co., 1992.

Orleans, R. Barbara: *In the Name of Science: Issues in Responsible Animal Experimentation*. New York: Oxford University Press, 1992.

Packer, Craig: «Male Dominance and Reproductive Activity in *Papio anubis*.» *Animal Behavior* 27 (1979): 37–45.

Patenaude, Françoise: «Care of the Young in a Family of Wild Beavers, *Castor canadensis*». *Acta Zoologica Fennica* 174 (1983): 121–122.

Patterson, Francine, und Linden, Eugene: *The Education of Koko*. New York: Holt, Rinehart & Winston, 1981.

Patterson, Francine: *Gorilla: Journal of the Gorilla Foundation* 15, Nr. 2 (Juni 1992).

Paulsen, Gary: *Winterdance: The Fine Madness of Running the Iditarod*. New York: Harcourt Brace & Co., 1994.

Plotnicov, Leonard: «Love, Lust, and Found in Nigeria». Vortrag bei der Jahrestagung 1992 der American Anthropological Association, San Francisco, 2. Dezember 1992.

Premack, D., und Woodruff, G.: «Does the Chimpanzee Have a Theory of Mind?» *Behavior and Brain Science* 1 (1978): 515–526.

Pryor, Karen: *Lads Before the Wind: Adventures in Porpoise Training*. New York: Harper & Row, 1975.

Pryor, Karen, und Norris, Kenneth S.: *Dolphin Societies: Discoveries and Puzzles*. Berkeley, CA: University of California Press, 1991.

Pryor, Karen; Haag, Richard; O'Reilly, Joseph: «The Creative Porpoise: Training for Novel Behavior». *Journal of the Experimental Analysis of Behavior*, 12 (1969): 653–661.

Rachels, J.: *Created from Animals: The Moral Implications of Darwinism*. Oxford: Oxford University Press, 1990.

Rajecki, D. W., Hg.: *Comparing Behavior: Studying Man Studying Animals*. Hillsdale, NJ: Lawrence Erlbaum Associates, 1983.

Rasa, Anne: *Mongoose Watch: A Family Observed*. Garden City, NY: Anchor Press/Doubleday & Co., 1986. Deutsch u. d. T. *Die perfekte Familie. Leben und Sozialverhalten der afrikanischen Zwergmungos*. Stuttgart: DVA, 1984.

Reed, Don C.: *Notes from an Underwater Zoo*. New York: Dial Press, 1981.

Regan, Tom: *The Case for Animal Rights*. Berkeley, CA: University of California Press, 1983.

Regan, Tom, und Singer, Peter, Hg.: *Animal Rights and Human Obligations*. Englewood Cliffs, NJ: Prentice-Hall, 1976.

Reinhold, Robert: «At Sea World, Stress Tests Whale and Man». *New York Times*, 4. April 1988: A9.

Ristau, Carolyn A., Hg.: *Cognitive Ethology: The Minds of Other Animals (Essays in Honor of Donald R. Griffin)*. New Jersey: Lawrence Erlbaum Associates, 1991.

Roberts, Catherine: *The Scientific Conscience: Reflections on the Modern Biologist and Humanism*. New York: Braziller, 1967.

Romanes, George J.: *Animal Intelligence*. London: Kegan Paul, Trench, Trubner and Co., 1882.

Romanes, George J.: *Mental Evolution in Animals*. London: Kegan Paul, Trench, Trubner and Co., 1883.

Rosenfield, Leonora Cohen: *From Beast-Machine to Man-Machine: Animal Soul in French Letters from Descartes to La Mettrie*. 1940; Neuausgabe, New York: Octagon Books, 1968.

Rowell, Thelma: *The Social Behaviour of Monkeys*. Harmondsworth, Middlesex, England: Penguin Books, 1972.

Rowley, Ian, und Chapman, Graeme: «Cross-fostering, Imprinting and Learning in Two Sympatric Species of Cockatoo». *Behaviour* 96 (1986): 1–16.

Rozin, Paul, und Fallon, April: «A Perspective on Disgust». *Psychological Review* 94 (1987): 23–41.

Rupke, Nicolaas A., Hg.: *Vivisection in Historical Perspective*. London: Croom Helm, 1987.

Russell, Diana E. H.: *The Politics of Rape: The Victim's Perspective*. New York: Stein & Day, 1977.

Russell, Diana E. H.: *Rape in Marriage*. New York: Macmillan, 1982.

Russell, Diana E. H.: «The Incidence and Prevalence of Intrafamilial and Extrafamilial Sexual Abuse of Female Children». *Child Abuse and Neglect: The International Journal* 7 (1983): 133–146.

Russell, Diana E. H.: *The Secret Trauma: Incestuous Abuse of Women and Girls*. New York: Basic Books, 1986.

Russell, Diana E. H., und Howell, Nancy: «The Prevalence of Rape in the United States Revisited». *Signs: Journal of Women in Culture and Society* 8 (Sommer 1983): 668–695.

Russell, P. A.: «Fear-Evoking Stimuli». In: *Fear in Animals and Man*. Siehe Mayes, 1979.

Rutter, Russell J., und Pimlott, Douglas H.: *The World of the Wolf*. Philadelphia und New York: J. B. Lippincott Co., 1968.

Ryden, Hope: *God's Dog*. New York: Coward, McCann & Geoghegan, 1975.

Ryden, Hope: *Lily Pond: Four Years with a Family of Beavers*. New York: William Morrow & Co., 1989.

Sadoff, Robert L.: «The Nature of Crying and Weeping». In: *The World of Emotion: Clinical Studies of Affects and Their Expression*, hg. von Charles W. Socarides. New York: International Universities Press, 1977.

Savage, E. S.; Temerlin, Jane; Lemmon, W. B.: «The Appearance of Mothering Behavior Toward a Kitten by a Human-Reared Chimpanzee». Vortrag beim 5. Kongreß für Primatologie, Nagoya, Japan, 1974.

Savage, Rumbaugh, E. Sue: *Ape Language: From Conditioned Response to Symbol*. New York: Columbia University Press, 1986.

Schaller, George B.: *The Serengeti Lion: A Study of Predator-Prey Re-*

lations. Chicago und London: University of Chicago Press, 1972. Deutsch u. d. T. *Unter den Löwen in der Serengeti*. Freiburg, Basel, Wien: Herder, 1976.

Schaller, George B.: *The Last Panda*. Chicago und London: University of Chicago Press, 1993. Deutsch von Kurt Neff u. d. T. *Der letzte Panda*. Reinbek: Rowohlt 1995.

Schechter, Neil; Berde, Charles B.; Yaster, Myron, Hg.: *Pain in Infants, Children, and Adolescents*. Baltimore: Williams and Wilkins, 1993.

Scheffer, Victor B.: *Seals, Sea Lions, and Walruses: A Review of the Pinnipedia*. Stanford, CA: Stanford University Press, 1958.

Schiller, Paul H.: «Figural Preferences in the Drawings of a Chimpanzee». *Journal of Comparative and Physiological Psychology* 44 (1951): 101–111.

Schullery, Paul: *The Bear Hunter's Century*. New York: Dodd, Mead & Co., 1988.

Seligman, Martin E. P.: *Helplessness: On Depression, Development, and Death*. San Francisco: W. H. Freeman & Co., 1975.

Seyfarth, Robert M., und Cheney, Dorothy L.: «Grooming, Alliances, and Reciprocal Altruism in Vervet Monkeys». *Nature* 308, Nr. 5 (April 1984): 541–542.

Sidowski, J. B.: «Psychopathological Consequences of Induced Social Helplessness During Infancy». In: *Experimental Psychopathology: Recent Research and Theory*, hg. von H. D. Kimmel. New York: Academic Press, 1971.

Singer, Peter: *Animal Liberation*. 1. Aufl., New York: The New York Review of Books, 1975. 2. Aufl., London: Thorsons, 1991. Deutsch von Claudia Schorcht und Karin Karcher u. d. T. *Die Befreiung des Tieres*. Reinbek: Rowohlt Tb, 1996.

Singh, Arjan. *Tiger! Tiger!* London: Jonathan Cape, 1984.

Small, Meredith F., Hg.: *Female Primates: Studies by Women Primatologists*. New York: Alan R. Liss, 1984.

Smith, J. Maynard, und Ridpath, M. G.: «Wife Sharing in the Tasmanian Native Hen, *Tribonyx mortierii:* A Case of Kin Selection?» *The American Naturalist* 106 (Juli/August 1972): 447–452.

Smuts, Barbara: «Dominance: An Alternative View». *Behavioral and Brain Sciences* 4 (1981): 448–449.

Spiegel, Marjorie: *The Dreaded Comparison: Human and Animal Slavery*. Philadelphia: New Society Publishers, 1988.

Staddon, J. E. R.: «Animal Psychology: The Tyranny of Anthropocentrism». In: *Whither Ethology?*, hg. von P. P. G. Bateson und Peter H. Klopfer. New York: Plenum Press, 1989.

Starobinski, Jean: «Rousseau et Buffon». *Gesnerus* 21 (1964): 83–94.

Strum, Shirley C.: *Almost Human: A Journey into the World of Baboons*. New York: Random House, 1987.

Symons, Donald: *The Evolution of Human Sexuality*. New York: Oxford University Press, 1979.

Teal, John J., Jr.: «Domesticating the Wild and Woolly Musk Ox». *National Geographic* (Juni 1970).

Terrace, Herbert: *Nim: A Chimpanzee Who Learned Sign Language*. New York: Washington Square Press, 1979.

Thomas, Elizabeth Marshall: «Reflections: The Old Way». *The New Yorker* (15. Oktober 1990): 78–110.

Thomas, Elizabeth Marshall: *The Hidden Life of Dogs*. Boston und New York: Houghton Mifflin Co., 1993. Deutsch von Lieselotte Mietzner u. d. T. *Das geheime Leben der Hunde*. Reinbek: Rowohlt, 1994.

Thomas, Elizabeth Marshall: *The Tribe of Tiger*. New York: Simon & Schuster, 1994.

Thomson, Robert: «The Concept of Fear». In: *Fear in Animals and Man*. Siehe Mayes, 1979.

Tomkies, Mike: *On Wing and Wild Water*. London: Jonathan Cape, 1987.

Tomkies, Mike: *Last Wild Years*. London: Jonathan Cape, 1992.

Trivers, Robert L.: «The Evolution of Reciprocal Altruism». *Quarterly Review of Biology* 46 (1971): 35–57.

Turner, E. S.: *All Heaven in a Rage*. Sussex, England: Centaur Press, 1992.

Turner, J.: *Reckoning with the Beast: Animals, Pain, and Humanity in the Victorian Mind*. Baltimore: The Johns Hopkins University Press, 1980.

Tyack, Peter: «Whistle Repertoires of Two Bottle-nosed Dolphins, *Tursiops truncatus*: Mimicry of Signature Whistles?» *Behavioral Ecology and Sociobiology* 18 (1989): 251–257.

Voltaire, François-Marie Arouet de: *Dictionnaire philosophique*, hg. von Julien Benda und Raymond Naves. Paris: Garnier Frères, 1961.

Voltaire, François-Marie Arouet de: «Die Tiere» Artikel 6 in *Le philosophe ignorant*. *Les Œuvres Complètes de Voltaire, Vol. Mélanges*, hg. von Jacques van den Heuvel. Paris: Gallimard.

Waal, Frans de: *Chimpanzee Politics: Power and Sex Among Apes*. New York: Harper & Row, 1982.

Waal, Frans de: *Peacemaking Among Primates*. Cambridge, MA und London: Harvard University Press, 1989. Deutsch von Ellen Vogel u. d. T. *Wilde Diplomaten. Versöhnung und Entspannungspolitik bei Affen und Menschen*. München: Hanser, 1991.

Walker, Ernest P.: *Mammals of the World*, 2. Aufl. Baltimore: The Johns Hopkins Press, 1986.

Walker, S.: *Animal Thought*. London: Routledge & Kegan Paul, 1983.

Welty, Joel Carl, und Baptista, Luis: *The Life of Birds*, 4. Aufl. New York: Saunders College Publishing, 1988.

Wierzbicka, Anna: «Human Emotions: Universal or Culture-Specific?» *American Anthropologist* 88 (1986): 584–594.

Wiesner, Bertold P., und Sheard, Norah M.: *Maternal Behavior in the Rat*. Edinburgh und London: Oliver & Boyd, 1933.

Wigglesworth, V. B.: «Do Insects Feel Pain?» *Antenna* 4 (1980): 8–9.

Wilkinson, Gerald S.: «Food Sharing in Vampire Bats». *Scientific American* 262 (1990): 76–82.

Williams, J. H.: *Elephant Bill*, Garden City, NY: Doubleday & Co., 1950.

Wilsson, Lars: *My Beaver Colony*. Übersetzt von Joan Bulman. Garden City, NY: Doubleday & Co., 1968.

Wiltschko, Wolfgang; Munro, Ursula; Ford, Hugh Ford; Wiltschko, Roswitha: «Red Light Disrupts Magnetic Orientation of Migratory Birds». *Nature* 364 (5. August 1993): 525.

Winslow, James T.; Hastings, Nick; Carter, C. Sue; Harbaugh, Carroll R.; Insel, Thomas R.: «A Role for Central Vasopressin in Pair Bonding in Monogamous Prairie Voles». *Nature* 365 (7. Oktober 1993): 545–548.

Wittgenstein, Ludwig: *Philosophische Untersuchungen*. Frankfurt am Main: Suhrkamp, 1971.

Wu, Hannah M. H.; Holmes, Warren G.; Medina, Steven R.; Sackett, Gene P.: «Kin Preference in Infant *Macaca nemestrina*». *Nature* 285 (1980): 225–227.

Yerkes, Robert M., und Yerkes, Ada W.: *The Great Apes: A Study of Anthropoid Life*. New Haven, CT: Yale University Press, 1929.

Young, Stanley P.: *The Wolves of North America: Their History, Life Habits, Economic Status, and Control*, Teil II: «Classification of Wolves» von Edward A. Goldman. Washington, DC: American Wildlife Institute, 1944.

DANKSAGUNGEN

Während der Vorarbeiten für dieses Buch haben wir mit zahlreichen Wissenschaftlern, Tiertrainern und anderen Fachleuten gesprochen, deren Wissen für unser Vorhaben unschätzbar wertvoll war. Besonderen Dank schulden wir George Archibald, Mattie Sue Athan, Luis Baptista, Kim Bartlett, John Beckman, Mark Bekoff, Tim Benneke, Joseph Berger, Nedim Buyukmihci, Lisa De Nault, Ralph Dennard, Pat Derby, Ian Dunbar, Mary Lynn Fischer, Maria Fitzgerald, Lois Flynne, Roger Fouts, William Frey II, Jane Goodall, Wendy Gordon, Donald Griffin, David Gucwa, Nancy Hall, Ralph Helfer, Abbie Angharad Hughes, Gerald Jacobs, William Jankowiak, Marti Kheel, Adriaan Kortlandt, Charles Lindholm, Sarah McCarthy, David Mech, Mary Midgley, Myrna Milani, Jim Mullen, Kenneth Norris, Cindy Ott-Bales, Joel Parrott, Irene Pepperberg, Leonard Plotnicov, Karen Reina von Bristol-Myers Squibb, Diana Reiss, Lynn Rogers, Vivian Siegel, Barbara Smuts, Elizabeth Marshall Thomas, Ron Whitfield, Gerald S. Wilkinson und anderen mehr für ihre Geduld in den Gesprächen mit uns. Dankbar sind wir ferner Jennifer Conroy, Joanne Ritter, Mike Del Ross und Kathy Finger von Guide Dogs for the Blind in San Rafael, Kalifornien. Eventuelle Fehler und sämtliche Spekulationen, vor allem die für unwissenschaftlich gehaltenen, gehen allein auf unsere Kappe.

Persönlichen Dank schulden wir auch unseren Angehörigen und Freunden für ihre Unterstützung und konkrete Hilfe, besonders Daniel Gunther, Joseph Gunther, Kitty Rose McCarthy, Martha Coyote, John McCarthy, Mary Susan Kuhn, Andrew Gunther, Barbara und Gerald Gunther, Thomas Goldstein, Martin Levin und Bernard Taper; und Daidie Donnelley, Fred Goode, Justine Juson, Marianne Loring, Jane Matteson, Eileen Max und Barbara Sonnenborn.

Wir bedanken uns bei Elaine Markson, dieser hervorragenden Literaturagentin. Bei Tony Colwell, weil er an unser Projekt von Anfang an geglaubt hat. Bei Steve Ross für seine Begeisterung und unentbehrliche Hilfe bei der Gestaltung des vorliegenden Buches. Und bei Kitty, die am besten weiß, was wir Kitty verdanken.

REGISTER

Abhandlung über den Ursprung und die Grundlage der Ungleichheit unter den Menschen (Rousseau) 318
Ackman (ein Pferd) 147
Adams, Jack 92
Adamson, George 18
Adamson, Joy 18, 70, 328
Adler 34, 78, 154
Ado (eine Graugans) 54, 137
Adoption 122, 250
Adrenalin 46, 86
Affen 43, 47, 62, 90, 96, 118–120, 151, 160, 202, 275
  Brüllaffe (Alouatta) 279
  Eulen- oder Nachtaffe *(Aotes rufipes)* 118
  Grüne Meerkatze *(Cercopithecus)* 246
  Kapuzineräffchen *(Cebus capucinus)* 286
  Löwenäffchen *(Leontocebus)* 118
  Paviane *(Papio)* 34, 78, 120, 121, 122, 126, 204, 296
  Mandrill *(Mandrillus sphinx)* 275, 312
  Pinseläffchen *(Callithrix)* 117
  Rhesusaffe *(Macaca rhesus)* 29, 109, 157, 159, 222, 234, 281, 282, 324
  Schweinsaffe *(Macaca nemestrinus)* 245
  siehe auch Menschenaffen
Afrikanischer Wildhund *(Lycaon pictus)* 32 f., 115, 125, 129, 130, 226
Aggression 197–223
Albatrosse *(Diomedeidae)* 281
Alex (ein Graupapagei) 51 f., 71, 220, 261, 321
Alexithymie 38
Alligatoren *(Alligatoridae)* 103, 189
Altruismus 41, 246, 251 ff.
Ameisen 80, 194, 199

American Sign Language (ASL) 50
Analogie 46
Androkles 327 f.
Angst 83–107, 168
Anthropomorphismus 17, 19, 23, 64–69, 73–75, 77, 138, 186, 252
Anthropozentrik 54, 79 f.
Antilope 248
Ape Language (Savage-Rumbaugh) 21
Apion Pleistonices (altgriech. Autor) 327
Ara 121
Arabische Beisa (Oryx leucoryx) 226
Archibald, George 141
Ariosto, Ludovico 57
Arzt, Volker 63
Athan, Mattie Sue 137, 221, 248, 264
Attische Nächte (Gellius) 327
Ausdruck der Gemüthsbewegungen bei dem Menschen und den Thieren, Der (Darwin) 16, 27, 88, 162
Aussichten auf den Bürgerkrieg (Enzensberger) 199
automata (Descartes) 49 f.

Bären 36, 84, 152, 188, 199, 215, 273 f.
  Braunbär *(Ursus arctos)* 91 f., 170, 205
  Grizzly- oder Graubär *(Ursus arctos horribilis)* 96, 97
  Nasenbär oder Coati *(Nasua narica)* 207, 280, 303
  Panda oder Bambusbär *(Ailuropoda melanoleuca)* 181, 310
  Schwarzbär *(Ursus americanus)* 83, 97, 122, 314 f.
Bärenmakak *(Macaca arctoïdes)* 222
Balzverhalten 284
Bantamhuhn 122
Bates, Henry Walter 194, 195, 227 f.

Beehler, Bruce 284
Befreiung des Tieres, Die (Animal Liberation) (Peter Singer) 323
Behaviorismus 70, 86, 228
Beisa, Arabische *(Oryx leucoryx)* 226
Bekoff, Marc 72, 186
Bell Curve, The (Murray und Herrnstein) 62
Beluga-Wal *(Delphinapterus leucas)* 189, 240
Bentham, Jeremy 322 f.
Berggorilla *(Gorilla gorilla beringei)* 161, 172
Bergziegen 91, 95, 97, 99, 173, 205, 245, 260
Bescheidenheit 260–263
Beutelteufel, tasmanischer *(Sarcophilus harrisii)* 264
Biber *(Castoridae)* 119, 124 f., 131, 152, 166 f., 172, 175, 176 f., 193, 243
Bienen 306
Bienensprache 276
Birmelin, Immanuel 63
Blauhäher oder Bluejay *(Cyanocitta cristata)* 211
Bledsoe, Thomas 92, 96 f.
Blindenhund 179, 233
Bluejay oder Blauhäher *(Cyanocitta cristata)* 211
Bluthund 197
Bonobo oder Zwergschimpanse *(Pan satyrus paniscus)* 60, 188, 222
Border-Collie 232
Borstenzähnerfisch *(Chaetodontidae)* 135
Brophy, Brigid 319, 322
Braunbär *(Ursus arctos)* 91 f., 170, 205
Brüllaffe *(Alouatta)* 279
Buckelwal *(Megaptera novaeangliae)* 278, 307
Büffel (Kaffernbüffel, *Syncerus caffer*) 100, 187, 188, 227
Büffelweber *(Bubalornis albirostris)* 193
Buffon, Georges-Louis Leclerc de 58 f.
Burghardt, Gordon 42
Buschschwein *(Potamochoerus porcus)* 226

Caligula, römischer Kaiser 327 f.
Carlquist, Sherwin 104, 105
Carrel, Alexis 320
Case for Animal Rights, The (Regan) 323
Cartmill, Matt 62
Chadwick, Douglas 88 ff., 97 ff., 165, 193, 293, 325
Coati oder Nasenbär *(Nasua narica)* 207, 280, 303
Connor, Richard 241, 253
Corpus amygdaloideum (Mandelkörper) 86
Countryman, The 247
Cousteau, Jacques 195
Crumley, Jim 93
Cummings, R. Gordon 163

Dachs *(Meles meles)* 128
Dämonisierung 80
Dankbarkeit 246–249
Darling, F. Fraser 88, 183
Darwin, Charles 11, 16, 27, 88, 101, 161 ff., 167, 256, 263 ff., 284
Dawkins, Richard 235, 237 ff., 250, 251
Del Ross, Mike 31, 179, 210
Delphine 17, 27, 35, 62, 81, 88, 148, 168, 171, 178, 184, 189, 190 f., 198, 207, 208, 230 f., 239, 242, 253 f., 293, 294, 312
 Flußdelphin (Ganges-Delphin; *Platanista gangetica*) 27
denkökonomisches Prinzip (Ockhams Rasiermesser) 42
Dennard, Ralph 179, 232
Depression 144–167
Descartes, René 39, 49 f.
Diadem-Schmetterling 112
Dichromaten 275
Dickhornschaf *(Ovis canadensis)* 207, 249
Dickschnabellummen *(Uria lomvia)* 114
Dickschnabelsittiche *(Rhynchnopsitta pachyrhyncha)* 182
Dohle *(Coloeus monedula)* 45, 282
Dominanzbeziehung 204
Dominanzhierarchie 203

Dominanzränge 204
Dominanztheorie 204, 205
Douglas-Hamilton, Iain 163
Dronte *(Raphidae, Didinae)* 105
Durrell, Gerald 117, 277

egoistische Gen, Das (Dawkins) 235, 251
Ehmann, James 290
Eidechse 34, 192
Eifersucht 218–222
Einsamkeit 152–153
Eisbär *(Thalasarctos maritimus)* 184, 242
Elefanten *(Elephantidae)* 30, 32, 36, 62, 78, 80, 92, 95 f., 102, 108, 109, 121, 124, 126, 132, 139, 149 f., 152, 163 ff., 167, 171, 174, 186 f., 191, 193, 219, 224 f., 230, 231, 243, 270, 277, 298, 299, 309, 311
  Afrikanischer Elefant *(Loxodonta africana)* 293
  Indischer Elefant *(Elephas maximus)* 11–13, 163, 187, 279, 289, 290, 291, 292
  Körpersprache 13
  Waisenhaus für 83, 325
Elephant Tramp (Lewis) 164
Emotionen, unbewußte 310–312
Empathie 46
Encyclopedia of Religion and Ethics 61, 67
Enten 124
Enzensberger, Hans Magnus 199
Erdhörnchen oder Ziesel *(Citellus)* 34, 192 f.
Erikson, Albert 83
Erröten 256–272
Erzähltrieb 303–308
Ethik (Spinoza) 75
Ethnologie 134
Eulen- oder Nachtaffe *(Aotes rufipes)* 118
Evolutionsbiologie 20, 43, 44, 125, 126, 135, 254, 265

Fagen, Robert 185
Falldeckelspinne *(Cteniza)* 112

falsch vermessene Mensch, Der (Gould) 62
Farbensehen 274 ff.
Faszinationsverhalten 87
Fenichel, Otto 87
Feuerbach, Ludwig 67
Finger, Kathy 31, 180, 210
Fischadler *(Pandion haliaetus)* 202
Fischkatze *(Felis viverrina)* 153
Fischotter *(Lutra lutra)* 141, 188, 193
Fisher, John Andrew 68
fitness for survival 44
Flaschennasendelphin *(Tursiops truncatus)* 73, 171, 174, 239
Fledermaus, Vampirfledermaus *(Vampyrum spectrum)* 251
Folter 212–215
Fossey, Dian 72, 166
Fouts, Roger 104, 106, 119, 239, 240, 271, 288, 310
Frame, Lory 32
Frank, Robert 252
Frettchen *(Mustela putorius domesticus)* 248
Freuchen, Peter 116
Freud, Sigmund 15, 38
Freude 168–196, 216
Frey, William 163, 166
Friedensstiftung 222
Frisch, Karl von 276, 306
Frosch 77
Froude, James 57
Fuchs 54, 81, 190, 211, 215 f.
Funktionslust 43–45, 154, 176, 216
Furcht 83–107, 158

Gaffer-Phänomen 87
Gänse, Graugänse *(Anser anser anser)* 35, 54, 124, 137, 140
Gardner, Allen und Beatrix 296
Gazellen 87, 130, 215, 226
Gebel-Williams, Gunter 31, 178
Gefangenschaft 153–157
Gefühle
  Definition 39–41
  Funktion und Nutzen 41–43
  in Gefangenschaft 32–34
  Intensität 312–313
  Komplexität 35 f.

Laien- und Experten-Ansichten 37f.
noble 60–62
Gefühllosigkeit 63 f.
Gegenphobie 87f.
Gellius, Aulus 327
Geier 202, 281
geistige Welt der Primitiven, Die (Lévy-Bruhl) 40
Gemse *(Rupicapra rupicapra)* 173
Gepard *(Acinonyx jubatus)* 74, 78, 87, 100, 101, 154, 169, 213
Gerechtigkeitssinn von Tieren 301–303
Geschmackssinn 279
Ghiglieri, Michael 129
Gibbon *(Hylobates)* 124, 278
Giraffe *(Giraffa camelopardalis)* 116, 197, 209
Glück 169
Gnu *(Connochaetes)* 87, 99, 100, 121, 202, 244, 267f.
Goodall, Jane 17, 21, 29, 80, 81, 121, 122, 134, 153, 173, 201, 245, 256, 272, 325
Gorilla 16, 88, 102, 103, 132, 138, 154, 161, 170, 172, 189, 192, 219, 230, 231, 260, 279, 288
Gould, Stephen Jay 62
Grahl, Wolfgang de 89
Grasmücke *(Sylviidae)* 281
Graupapagei oder Jaco *(Psittacus erithacus)* 89, 92, 162, 220, 248, 277
Grausamkeit 212–218
Griffin, Donald R. 16, 306
Grin (Katta) 130
Grind- oder Pilotwal *(Globicephala melaena)* 155, 231
Grizzly- oder Graubär *(Ursus arctos horribilis)* 96, 97
Gros, Karl 185
Großer Panda *(Ailuropoda melanoleuca)* 310
Großer Tümmler *(Tursiops truncatus)* 73, 171, 174, 189, 209, 239, 261
Großer Weißer Hai *(Carcharodon carcharias)* 242
Grüne Meerkatze *(Cercopithecus)* 246
Gucwa, David 289, 290, 291
Gurnemanz (Gans) 54

Haben Tiere ein Bewußtsein? (Arzt und Birmelin) 63
Hackordnung 203
Hai, Großer Weißer *(Carcharodon carcharias)* 242
Haldane, J. B. S. 238
Hamburg, David 173
Harlow, Harry 109, 157, 324
Hawaii-Mönchsrobbe *(Monachus schauinslandi)* 156
Hazlitt, William 58
Heeres- oder Wanderameise *(Ecitonini)* 194
Heilige und Helden, Tiere als 80
Herabqualifizierung 80
Herd of Red Deer, A (Darling) 183
Herrnstein, Richard J. 62
Hinde, Robert 185
Hocking, William Ernest 58
Höhenangst 91
Hölldobler, Bert 194
Hörvermögen 276, 277
Hoffnung 105
Honigfresser 264
Hormone 46
Horner, John 176
Houle, Marcy Cottrell 144, 145
Huber 194
Hugo, Victor 165
Huhn 203, 204
Humphrey, N. K. 59, 75
Hund 15, 65, 82, 90, 94, 110, 111, 121, 127, 128, 129, 146, 147, 158, 159, 166, 179, 192, 195, 196, 210, 232, 233, 247, 270, 271, 272, 275, 302, 303
Hüttengärtner *(Amblyornis inornatus)* 284
Huxley, Julian 70f., 312
Hyäne *(Hyaenidae)* 81, 87, 99, 100, 129, 130, 187, 201, 202, 208, 215, 216, 217, 226, 267, 268
Tüpfelhyäne *(Crocuta crocuta)* 127, 186

Ichbezogenheit des Menschen 75–77
Intensität von Gefühlen 312–313
Izard, Caroll 39

Jagd 76f.
Jagdtrieb 62
Jahr der Graugans, Das (Lorenz) 54
James, William 39, 58
Jamieson, D. 72
Jankowiak, William 133
Jevons, Frank B. 67
Jolly, Allison 300
Jordan, William 219

Kaffernbüffel *(Syncerus caffer)* 100, 187, 188, 227
Kalifornischer Kondor *(Gymnogyps californianus)* 156
Kampfstiere 197
Känguruh *siehe* Riesenkänguruh, Rotes
Kanincheneule *(Speotyto cunicularia)* 104
Kant, Immanuel 39
Kapuzineräffchen *(Cebus capucinus)* 286
Karakal *(Caracal caracal)* 247
Karibu *(Rangifer)* 269
Katta *(Lemur catta)* 130, 191
Katze 43, 47, 65, 86, 97, 117, 121, 132, 158, 169, 192, 195, 205, 213, 214, 218, 270, 275
Kavanau, J. Lee 181
Kearton, Cherry 233
Kennedy, John S. 67, 74, 258
Kenny, Anthony 87
Killerwal *siehe* Schwertwal
Kindchen-Schema 175
Kiwi *(Apteryx australis)* 119, 281
Kleiner Schwertwal *(Pseudorca crassidens)* 209
Körpersprache 33, 170
Kojote oder Präriewolf *(Canis latrans)* 35, 90, 124, 125, 140, 196, 278
Kolsun *(Cuon dukhensis)* 211
Kommunikation ohne Sprache 52, 73
Komodo-Waran *(Varanus komodoënsis)* 189
Kondor *(Vultur gryphus)* 36
Kondor, Kalifornischer *(Gymnogyps californianus)* 156
Konner, Melvin 88
Kooning, Elaine de 290
Kooning, Willem de 290, 291

Kortlandt, Adriaan 273
Krähen *(Corvus)* 188, 190, 282
Nebelkrähe *(Corvus corone cornix)* 188
Rabenkrähe *(Corvus corone corone)* 190
Kraken oder Achtarmige Tintenfische *(Octopoda)* 182
Kräuselkammtukan *(Ramphastidae)* 227f.
Kreativität 274, 286ff.
Krickente *(Anas crecca)* 124, 207
Krieg unter Tieren 199–206
Krokodile *(Crocodylia)* 112
Krutch, Joseph Wood 247, 297, 313
Kruuk, Hans 87, 88, 99, 100, 127, 128, 186, 187, 201, 208, 267
Kudu *(Strepsiceros)* 249
Kultur 295–298
Kummer 144–167
künstlerische Schöpfung 286ff.
Kurzschnabel-Ameisenigel *(Tachyglossus aculeatus)* 114

Langeweile bei Tieren 71
Last Wild Years (Tomkies) 73
Laubenvögel *(Amblyornidae)* 282, 283
Le philosophe ignorant (Descartes) 50
learned optimism 158
Leguan *(Iguana iguana)* 103
Lemuren oder Makis *(Lemurinae)* 205, 300
Leopard *(Panthera pardus)* 93, 102, 129, 152, 188, 192, 212, 296
Lernen 78f.
Lévy-Bruhl, Lucien 40
Lewis, George 164
Lewis, Helen Block 265
Lewontin, Richard 201
Leyhausen, Paul 97, 130, 153, 205, 212, 214, 218, 268
Liebe 108–143
Lilly, John C. 328
Lily Pond (Ryden) 243
Lindbergh, Charles 320
Lindholm, Charles 134
Linné, Carl 77
Locke, John 50
Löwe *(Panthera leo)* 74, 80, 100, 101,

115, 116, 126, 149, 154, 170, 189,
197, 202, 213, 217, 227, 228, 231,
244, 249, 260, 267, 269, 295, 296,
308, 309, 315, 327 f.
Löwin Elsa, Die (Adamson) 18, 328
Löwin Elsa und ihre Tochter, Die
  (Adamson) 70
Lopez, Barry 243
Lorenz, Konrad 20, 54, 137
Luchs, hier Rotluchs *(Lynx rufus)* 90, 91
Wüstenluchs *(Caracal caracal)* 247, 248
Lummen, hier Dickschnabellummen
  (Uria lomvia) 115
Lust am Töten 54; siehe auch: Surplus
  killing

Macdonald, David 53, 118, 216, 229
Magoun, A. J. 135
Makaken *(Macaca)* 60
Mandarinente *(Aix galericulata)* 140
Mandrill *(Mandrillus sphinx)* 275, 312
Mangabe *(Cercocebus)* 193
Mantelpavian *(Papio hamadryas)* 122,
  204
Marshall Thomas, Elizabeth *siehe* Thomas, Elizabeth Marshall
Maxwell, Gavin 141
McFarland, David 67
Medici, Cosimo de' 197
Meerkatze, Grüne *(Cercopithecus)* 246
Menschenaffen *(Pongidae) siehe unter*
  Bonobo, Gorilla, Orang-Utan,
  Schimpanse
Mensch-Tier-Vergleich 57–59
Midgley, Mary 30, 73, 75, 322
Mitleid 224–255
Modell-Rivale-Methode 220
Möwe 41
Moggridge, J. T. 112
Mohrenmaki *(Lemur macaco)* 130
Monopolisieren 221
Montaigne, Michel Eyquem de 166
Montgomery, Sy 72, 122
Moral bei Tieren 301–303
Morgan, Lloyd 42
Morris, Desmond 271, 272, 287
Moschusochse *(Ovibos moschatus)* 128
Moss, Cynthia 72, 139, 149, 150, 174,
  175, 186, 231, 243

Mungo, Indischer *(Herpestes edwardsi)*
  325 f.
Zwergmungos oder Zwergichneumons *(Helogale parvula)* 34, 80,
  119, 192, 193, 200, 201, 229,
  248, 249
Murray, Charles 62
Mutterliebe 117

Nacht- oder Eulenaffe *(Aotes rufipes)*
  118
Namensgebung bei Tieren 71–73
Nasenbär oder Coati oder Weißrüsselbär *(Nasua narica)* 207, 280, 303
Nashorn, hier: Spitzmaulnashorn *(Diceros bicornis)* 139, 152, 171, 224,
  225
Nathanson, Donald 257, 266, 272
Naturgeschichte (Plinius) 57
Nebelkrähe *(Corvus corone cornix)*
  188
Neo-Behaviorismus 68
Neophobie 93
New Anthropomorphism, The (Kennedy) 67
Newton, Isaac 50
Nollman, Jim 279, 307
Noradrenalin 86
Norris, Kenneth 168, 171, 241, 253
Nubischer Steinbock *(Capra ibex nubiana)* 115

Oceana (Froude) 57
Ockhams Rasiermesser 42
Oertzen, Jasper von 154
Of Wolves and Men (Lopez) 244
Oran-Utan *(Pongo pygmaeus)* 16, 80,
  93, 138, 161, 171, 183, 207, 258
Orca *siehe* Schwertwal
«organes de sentiment» (Voltaire) 50
Orgasmus bei Tieren 59 f.
Orlando Furioso (Ariosto) 57
Ortega y Gasset, José 76
Oryxantilopen oder Spießböcke *(Oryx gazella)* 226
Otter oder Fischotter *(Lutra lutra)* 141,
  188, 193
Oxford Companion to Animal Behavior, The 37, 86, 156

Oxytocin 46, 313
Ozean der Erzählströme 325 f.
Ozelot *(Leopardus pardalis)* 130

Packer, Craig 260
Pandämonium der Paarung 309
Papageien 93, 121, 182, 183, 203, 221, 228, 248, 250, 281
 Arakangas 264
 Graupapagei oder Jaco *(Psittacus erithacus)* 51 f., 71, 89, 92, 162, 220, 248, 261, 277, 321
Paradiesvögel *(Paradisaeidae)* 282, 284
Paradigma 134
Passions Within Reason (Frank) 252
Patenaude, Françoise 125
Paviane *(Papio)* 34, 78, 120, 121, 122, 126, 204, 296
Pawlow, Iwan 210
Payne, Roger 307
Peinlichkeit 260–263
Pepperberg, Irene 51 f., 71, 220, 261, 321
perfekte Familie. Leben und Sozialverhalten der afrikanischen Zwergmungos, Die (Rasa) 34
Pfau *(Pavo cristatus)* 275
Pferd *(Equus)* 89, 90, 132, 147, 162, 170, 178, 179
Pilot- oder Grindwal *(Globicephala melaena)* 155, 231
Pinguine *(Spheniscidae)* 208
Pius II., Papst 197
Plinius, Gajus, d. Ä. 57
Plutchik, Robert 39
Polarfuchs *(Alopex lagopus)* 80
Poole, Joyce 309
Prägung 124
Präriewühlmaus *(Microtus ochrogaster)* 139
Preston, J. W. 116
Pryor, Karen 148, 178, 209, 262, 293, 294
psychoanalytisches Paradigma 118
Psychologie, vergleichende 20
Puma *(Panthera concolor)* 184, 249

Question of Animal Awareness, The (Griffin) 16

Rabe *(Corvus corax)* 73, 190
Rabenkrähe *(Corvus corone corone)* 190
Rache 250–255
Rasa, Anne 34, 229, 230
Ratte *(Rattus rattus)* 90, 114, 115, 122, 158, 275
Raven, Seek Thy Brother (Maxwell) 141
Redmond, Ian 170
Regan, Tom 322 f.
Reh *(Capreolus capreolus)* 199
Reiss, Diana 18
religiöse Gefühle bei Tieren 299–316
Rensch, Bernhard 282
Reptiliengehirn 47
Reue 271–272
Rhesusaffe *(Macaca rhesus)* 29, 109, 157, 159, 222, 234, 281, 282, 324
Rhinozeros 139, 152, 171, 224, 225
Richter, C. P. 158
Riesenalk *(Pinguinus impennis)* 105
Riesenkänguruh, Rotes *(Macropus rufus)* 192, 199
Ristau, Carolyn 172
Robbe *(Pinnipedia)* 156, 162, 166, 167, 242
Roberts, Catherine 109, 324
Rogers, Lynn 83, 84, 97, 170, 314, 315
Rolle, geschlechtsspezifische 77–79
Rollin, Bernard 322
Roosevelt, Theodore 36
Roter Kardinal *(Richmondena cardinalis)* 298
Rotfuchs *(Vulpes vulpes)* 54, 118, 229
Rotgesicht-Makak *(Macaca fuscata)* 295
Rotkehlchen *(Erithacus rubecula)* 35 f.
Rotklunkerhonigfresser *(Anthochaera carunculata)* 264
Rotschwanzaffe 193
Rotwild *(Cervus elaphus)* 88, 183, 269
Rousseau, Jean-Jacques 318
Running with the Fox (Macdonald) 54, 216
Rushby, G. G. 28
Ryden, Hope 35, 140, 243, 278

Säbelantilope *(Oryx algazel)* 206

Savage-Rumbaugh, Sue 21, 28, 306
Schaller, George 32, 181, 217, 308, 310
Scham 256–272
Schamadrossel *(Kittacincla malabarica)* 73
Scheu 260–263
Schimpanse *(Pan troglodytes)* 21, 28f., 72, 80, 81, 98, 103, 104, 106, 121, 129, 132, 134, 135, 151, 162, 172, 173, 174, 176, 180, 181, 187, 189, 199, 200, 201, 217, 220, 221, 222, 223, 226, 233, 234, 236, 239, 240, 256, 258, 259, 262, 271, 272, 273, 286, 288, 289, 296, 297, 301, 302, 304, 305, 306, 307, 310, 311, 315, 325; *siehe auch* Bonobo oder Zwergschimpanse
Schirmvogel *(Cephalopterus ornatus)* 137
Schlange 34, 94, 104, 281
Schmerz 63–65
Schock 99
Schönheitssinn bei Tieren 273–298
Schrecken 168
Schreikranich *(Grus americana)* 116, 141
Schuldgefühle 271–272
Schutz der Jungen 74
Schwan 136, 140, 190
Schwarzbär *(Ursus americanus)* 83, 97, 122, 314f.
Schweinsaffe *(Macaca nemestrinus)* 245
Schweinswal *(Phocaena phocaena)* 92
Schwertwal *(Orcinus orca)* 155, 215, 221, 242, 250
Schwertwal, Kleiner *(Pseudorca crassidens)* 209
See-Elefanten *(Mirounga)* 104, 135, 190, 238
Seehund *(Phoca vitulina)* 156, 207
Seekuh, Stellersche *(Rhytina Stelleri Desmarest)* 146
Seele bei Tieren 300–301
Seeleopard *(Hydrurga leptonyx)* 209
Seelöwe *(Zalophus californianus)* 127, 190
Seetaucher *(Gavia)* 190

Seidenlaubenvogel *(Ptilonorhynchus violacëus)* 283
Sekundenherztod 92
Selbstmitleid 244–246
Selektionsprinzip 41
Seligman, Martin 94, 158, 159
Serotonin 46
Serval *(Leptailurus serval)* 214
Sifaka-Lemuren *(Propithecus)* 191, 300
Silberbrillenvogel *(Zosterops lateralis)* 275
Singer, Peter 322, 323
Singh, Billy Arjan 93, 95
Singschwan *(Cygnus cygnus)* 93
Singvogel 44, 138, 139
Solipsismus 75
Spiel 185, 186, 189, 191–196
Spießbock oder Oryxantilope *(Oryx gazella)* 226
Spießente *(Anas acuta)* 207
Spinoza, Baruch de 75f.
Spitzmaulnashorn *(Diceros bicornis)* 224
Sprache
ihre Ungewißheit 48–52
Taubstummen- (→ASL) 28, 50
Stachelschwein *(Hystrix cristata)* 90
Staddon, J. E. R. 79
Steinbock, Nubischer *(Capra ibex nubiana)* 115
Steller, Georg Wilhelm 146
Stinktier oder Skunk *(Mephitinae)* 121
Stockente *(Anas platyrhynchos)* 124, 207
Strum, Shirley 204
Stumper 194
Surplus killing (Tötungsrausch) 215–216
Symons, Donald 59

Tasmanisches Huhn *(Tribonyx mortierii)* 35f.
Taube 198, 277, 294
Taubstummensprache *siehe* American Sign Language
Teal, John 128
Teleki, Geza 236, 273
Tennant, Sir E. 163

Terrace, Herbert 219, 220, 304, 305, 311
Testosteron 46
Thomas, Elizabeth Marshall 53, 82, 94, 110, 146, 249, 295, 301, 302, 303, 315
Thomson-Gazelle *(Gazella thomsoni)* 226
Tiefland- oder Weißrüssel-Nasenbär *(Nasua narica)* 207
Tier
als gefühllose Bestie 57–82
als Maschine 49 f.
Tiger *(Panthera tigris)* 93, 95, 152, 154, 177 f., 188, 199, 211, 213
Tigerhai *(Galeocerdo tigrinus)* 239
Timur-Leng (Tamerlan), mongolischer Eroberer (1336–1405) 165
Tölpel *(Sula)* 104, 209
Tomkies, Mike 73, 78
Tomkins, Silvan 39
Trauer 144–167
Trichromaten 275
Trivers, Robert 253
Tukan *(Ramphastidae)* 227
Tümmler, Großer *(Tursiops truncatus)* 73, 171, 174, 189, 209, 239, 261
Turnbull, Colin 72

Über die Natur der Tiere (Buffon) 58
Überlebenskampf 44 f.
unbewußte Emotionen 310–312
Unbewußte, Das (Freud) 38

Valkenburg, P. 135
Van Lawick, Hugo 226
Vaterliebe 117
Vergewaltigung 207–208
Verteidigen 221
Vielfraß *(Gulo gulo)* 135, 136
Vögel 91, 192, 242, 275, 280, 282, 284, 294, 297
Voltaire 50
Von der Grausamkeit (Montaigne) 166

Waal, Frans de 21, 45, 53, 60, 221, 222, 223, 259, 302
Waffenkiebitz *(Hoplopterus armatus)* 193

Wale *(Cetaceae)* 62, 195, 209, 230, 231, 307
Belugawal *(Delphinapterus leucas)* 189, 239 f.
Buckelwal *(Megaptera novaeangliae)* 278, 307
Grind- oder Pilotwal *(Globicephala melaena)* 231
Killerwal *siehe* Schwertwal
Pilot- oder Grindwal: *siehe dort* 231
Schweinswal *(Phocaena phocaena)* 92
Schwertwal oder «Killerwal» *(Orcinus orca)* 155, 209, 221, 242, 250
Weißwal oder Beluga *(Delphinapterus leucas)* 240
Wander- oder Heeresameise *(Ecitonini)* 194
Wanderfalke *(Falco peregrinus)* 98, 144, 190
Wapiti *(Cervus elaphus canadensis)* 35
Warzenschwein *(Phacochoërus aethiopicus)* 213
Waschbär *(Procyon lotor)* 183, 265
Washoe (ein Schimpanse) 103, 104, 106, 180, 239, 240, 262, 271, 288, 296, 297, 305, 306
Watson, J. B. 39
Weißfußmaus *(Peromyscus leucopus)* 181, 182
Weißkehlspint *(Merops albicollis)* 207
Weißrüsselbär *(Nasua narica)* 207, 280, 303
Weißwal oder Beluga *(Delphinapterus leucas)* 189, 239 f.
White, Robert 319, 324
Wierzbicka, Anna 39
Wiesel *(Mustela)* 215
Wildhund, Afrikanischer *(Lycaon pictus)* 32 f., 125, 129, 130, 226
Wildkatze *(Felis silvestris)* 152, 153
Williams, J. H. 108, 109
Williams, Lars 175
Wilson, Edward O. 194
Wilsson, Lars 176
Witt, P. N. 324
Wittgenstein, Ludwig 106, 107
Witwenvögel *(Viduinae)* 282

Wolf *(Canis lupus)* 16, 117, 119, 120, 127, 160, 170, 183, 196, 198, 199, 202, 211, 216, 237, 244, 269, 278
Wolfsspinnen *(Lycosa)* 112, 113
Wulsthonigfresser *(Stomiopera unicolor)* 264
Wunder Ägyptens (Apion) 327
Wut 197–223

Xenophanes 67

Zaunkönig *(Troglodytes troglodytes)* 105
Zebra *(Equus zebra)* 118, 126, 226, 227
Zeligs, Jennifer 127
Ziege *(Mountain goat)* 90, 91, 132, 154
Zoomorphismus 82
Zur Verteidigung der Vivisektion (White) 319
Zutrauen 84
Zwergmungo oder Zwergichneumon *(Helogale panvula)* 34, 80, 119, 192, 193, 200, 201, 229, 248, 249
Zwergschimpanse oder Bonobo *(Pan satyrus paniscus)* 60, 188, 222
Zwergwels oder Katzenwels *(Ictalurus nebulosus)* 277

ÜBER DIE AUTOREN

Jeffrey Moussaieff Masson wurde am 28. März 1941 in Chicago geboren. Kindheit und Jugend in der Schweiz und in Uruguay. Studium der Indologie am Harvard College mit Abschluß 1964 *magna cum laude* in Sanskritistik. Von 1964 bis 1965 als *exchange fellow* von Harvard an der École Normale Supérieure in Paris. 1966 als Fulbright-Stipendiat in Kalkutta, Madras, Colombo und Bombay. Lehrte Sanskrit an der Brown University in Providence, Rhode Island. Nach einem zweijährigen Forschungsaufenthalt im indischen Poona 1970 Promotion zum Ph.D. in Sanskritistik an der Harvard-Universität. Anschließend Gastdozent für Sanskrit an der University of Toronto in Kanada. 1976 Berufung zum ordentlichen Professor dortselbst. Neben seiner akademischen Lehrtätigkeit von 1970 bis 1978 Ausbildung zum Psychoanalytiker und Aufnahme in die International Psychoanalytical Association. Lehrte an der University of California, Berkeley, und arbeitete zugleich als niedergelassener Psychoanalytiker (wofür er jedoch, wie er selber bald spürte, nicht geeignet war). Für kurze Zeit war er Projektleiter der Sigmund Freud Archives in Washington, D.C. 1980 arbeitete er sechs Monate in München, das Jahr 1994 forschte er am Wissenschaftskolleg zu Berlin. J. M. Masson lebt heute mit der deutschen Kinderärztin Dr. Leila Siller sowie drei Hunden und zwei Katzen in der kalifornischen Universitätsstadt Berkeley. Von ihm sind bisher 13 Bücher erschienen, darunter:
The Peacock's Egg: Love Poems from Ancient India
The Complete Letters of Sigmund Freud to Wilhelm Fliess 1887–1904
(Deutsch unter dem Titel *Sigmund Freud: Briefe an Wilhelm Fließ 1887–1904*)
The Oceanic Feeling: The Origins of Religious Sentiment in Ancient India
The Assault on Truth: Freud's Suppression of the Seduction Theory
(Deutsch unter dem Titel *Was hat man dir, du armes Kind, getan? Sigmund Freuds Unterdrückung der Verführungstheorie*)
A Dark Science: Women, Sexuality and Psychiatry in The Nineteenth Century
Against Therapy: Emotional Tyranny and the Myth of Psychological Healing
(Deutsch unter dem Titel *Die Abschaffung der Psychotherapie: Ein Plädoyer*)
Final Analysis: The Making and Unmaking of a Psychoanalyst
My Father's Guru: A Journey Through Spirituality and Disillusion
When Elephants Weep: The Emotional Lives of Animals (zusammen mit Susan McCarthy Deutsch unter dem Titel *Wenn Tiere weinen*).

Susan McCarthy wurde am 10. Mai 1955 in Hanover, New Hampshire, geboren. Nach der High School in Palo Alto studierte sie seit 1972 am Reed College in Portland, Oregon, mit Abschluß als Bachelor of Arts in Biologie. Erwarb den Master of Journalism an der School of Journalism der University of California, Berkeley. Sie schreibt als freie Autorin vor allem über naturwissenschaftliche Themen und Umweltfragen. Ihre Beiträge erscheinen in Zeitschriften wie *Smithsonian*, *Wired*, *Parenting*, *Sierra*, *Health*, *Outside* und *High Country News*. Susan McCarthy lebt mit ihrem Mann und zwei Kindern, mit Hunden, Vögeln und einem Opossum in San Francisco.